现代电子制造系列丛书

现代电子制造装联工序链缺陷与故障经典案例库

樊融融　编著

电子工业出版社

Publishing House of Electronics Industry

北京·BEIJING

内 容 简 介

本书从现代微电子装备生产、使用中所发生的大大小小的数百个缺陷和故障中，筛选出 201 个较典型的案例，按照现象描述及分析、形成原因及机理、解决措施等层次，将其编辑成册，旨在为现代微电子装备生产、使用中所发生的缺陷与故障的诊断提供一个较为敏捷的解决方法。

本书可作为大中型电子制造企业中从事微电子装备制造工艺、质量、用户服务、计划管理以及相关设计等工作的高端工程技术人员的工作手册。

图书在版编目（CIP）数据

现代电子制造装联工序链缺陷与故障经典案例库／樊融融编著 . —北京：电子工业出版社，2020. 6
（现代电子制造系列丛书）
ISBN 978-7-121-37664-1

Ⅰ.①现…　Ⅱ.①樊…　Ⅲ.①电子装联-工序质量-案例　Ⅳ.①TN305.93

中国版本图书馆 CIP 数据核字(2019)第 242978 号

责任编辑：宋　梅
印　　刷：天津千鹤文化传播有限公司
装　　订：天津千鹤文化传播有限公司
出版发行：电子工业出版社
　　　　　北京市海淀区万寿路 173 信箱　邮编 100036
开　　本：787×1 092　1/16　印张：31.25　字数：800 千字
版　　次：2020 年 6 月第 1 版
印　　次：2021 年 7 月第 2 次印刷
定　　价：239.00 元

此书为读者介绍大量的实践经验、案例，体现了中芯通讯专家对社会的贡献。

信维

2018.12.27

前　言

　　现代电子制造以各种封装的微电子芯片（诸如 FBGA、CSP、QFN、LGA 等）、多芯片组件（诸如 SoC、SiP、HIC、MCM 等）、微细元件（诸如 0201、01005 等），以及装焊工艺新技术（高密度智能安装、微细焊接和微细焊接机器人）等的大量应用为主要特征。产品在生产和使用的全过程中的缺陷与故障，将人们解决问题的技术视野引入了一个完全陌生的世界。往往一项隐性材料元素成分的微小偏离，就可以造成一项重大的产品质量事故，而且还能让人长时间"丈二和尚摸不着头脑"，陷入无所适从的地步，花费大量的人力、物力和时间去攻关，往往效果甚微。

　　现代电子产品制造和服役中所发生的各种缺陷与故障现象，都具有鲜明的实践性和分析手段的微观性，其表现在：

　　① 处理现代微电子装备制造中的缺陷和服役中的故障，就有如对人体诊病，在全面掌握和融会贯通各类疾病的病理学的基础上，还要察言观色，关注各种对病理有影响的因素，如物理的、化学的、机械的、金属的、气候的、地理的、环境的、长期的、短期的因素等，辅以各种现代化的检测手段，再结合长期的实践，以及以往多次失败的教训和实际中积累的解决问题的经验，才可能做到一次准确诊断、不误诊。

　　② 解决一个案例中的问题往往要通过微观分析手段，深入到分子和原子级的微观组织结构中去提取信息。通过对获取的信息的判读和识别，才能迅速弄清楚失效模式和机理，使缺陷与故障问题能迅速得到解决。

　　③ 现代微电子装备在制造和服役中所发生的缺陷与故障是多种多样的，有简单的，也有复杂的；有单因素的，也有多因素的；有凭经验就能解决的，也有要专项攻关才能攻克的。本书筛选了具有一定难度和典型性的案例，汇集成册。

　　④ 随着微电子学的迅猛发展，现代微电子装备在制造和服役中的缺陷与故障现象也具有了新的时代性，人们对其认识和驾驭所需要的学识和技能经常跟不上其发展。因此，先吃螃蟹的单位和个人，应以高度的社会责任心，加强对新生案例的解析、归纳和积累，形

成大数据并奉献给祖国现代微电子装备制造业，助力祖国电子制造业迅速屹立于世界电子制造强国之巅。

⑤ 一个典型缺陷与故障的解决，往往会形成一大批工艺"诀窍"，最先获得"诀窍"的单位必然会付出人力、物力的代价，而后获取"诀窍"的单位则是"一本万利"。这里就折射了一个巨大的社会责任心和价值观。一种人只求"个人和本单位好，置社会全局的进步于事外"；另一种人则"既要个人和本单位好，也为社会全局进步尽心尽责"，他们懂得在祖国现代化建设园地里，"一花独放不是春，百花齐放春满园"的哲理。

笔者于 2002 年进入中兴通讯公司，近 20 年的耳濡目染，在笔者心中树立了"中兴通讯公司是一家具有社会责任心的伟大公司"的丰碑，其创始人侯为贵先生是笔者心目中最崇敬的杰出企业家。他在科技上的高瞻远瞩，他为中兴通讯公司营造的"尊重科学、尊敬人才、对国家和社会的高度责任心"的企业文化，一直在潜移默化地影响着笔者的行为准则。中兴通讯公司为祖国电子制造行业所奉献的工艺软实力是全行业均可感受到的。

2017 年秋，遵循侯为贵先生的嘱咐，在原公司执行副总裁庞胜清博士、邱未召先生等领导的关心下，笔者着手筛选、整理、归纳近 20 年来笔者在公司内外亲手处理过的较为典型的案例，从中选出了 187 个，与笔者的弟子刘哲、邱华盛、孙磊、赵丽、付红志、梁剑、王世埕、统雷雷、陈伟雄、徐伟明等，以及马俊、唐昕、王翰骏、康湘衡、杨龙龙、王乐等人提供的 14 个案例（参见书中注释），汇编成《现代电子制造装联工序链缺陷与故障经典案例库》一书。

本书在编著过程中，得到了中兴通讯公司高级副总裁杨建明先生，中兴通讯公司制造中心丁国兴主任、钱国民副主任，制造工程研究院黄睿副院长，新产品导入及工艺部郑华伟部长、工艺研究部石一遑部长等人的热情关心和帮助，在此表示衷心的感谢。笔者的弟子辛宝玉、杨卫卫承担了书稿的校核工作，在此也向他们道一声谢。

笔者无论是在退休前还是退休后，一直得到了中国电子科技集团公司第 20 研究所历任所领导干国强、桂棉安、李跃、张修社、赵鸣等的长期关心、照顾和鼓励，在此表示衷心的感谢。

在本书的编著过程中，涉及许多电子文件编辑，以及大量的图像处理和辨析工作，笔者女儿樊颜博士和儿子樊宏为此付出了很多心血，在此对他们表示感谢。

在现代各种高精度、高清晰的检测手段中，颜色构成了图像判读的重要物理量。为确保本书出版后社会利用效果的最大化，提高现场处理缺陷与故障的快速性和准确性，降低现代微电子装备的制造成本，本书将全彩印刷。深圳亿铖达工业有限公司、深圳唯特偶新材料有限公司、中山翰华锡业有限公司对本书的出版提供了帮助，笔者对他们的公益性善举表示由衷的钦佩。

樊融融

2020 年春

目　录

第五篇 PCBA-SMT 工序中安装焊接缺陷（故障）经典案例   257

第六篇 PCBA 产品在服役期间发生的故障经典案例 ·········· **409**

第一篇

PCBA 安装焊接中元器件缺陷（故障）经典案例

No. 001　碳膜电阻器断路

1. 现象描述及分析

（1）现象描述

① 碳膜电阻器在使用中出现的故障几乎都是断路。特别是在 PCBA 组装焊接后，不时会发生碳膜电阻器出现断路现象。

② 电阻体出现机械损坏：1206 或更大的片式电阻器以及有引线的圆柱电阻器，在组装过程中陶瓷本体上出现断裂缝或崩口，造成电阻体损坏而开路。

（2）现象分析

断裂现象大多都发生在元件体沿长度方向的中间部位。有引线圆柱电阻器的电阻体崩口如图 No. 001-1 所示。片式电阻器的电阻体出现横向断裂纹如图 No. 001-2 所示。

图 No. 001-1　有引线圆柱电阻器的
电阻体崩口

图 No. 001-2　片式电阻器的电阻体
出现横向断裂纹

2. 形成原因及机理

（1）形成原因

在组装过程中元件体受到了不恰当的外力作用所导致。

（2）形成机理

① 在组装过程中元件体受到了较大翘曲应力：在组装焊接过程中，PCB 基板发生翘曲变形，将所形成的翘曲应力通过元件两端引脚同时传递给了元件体，从而使其发生断裂，如图 No. 001-1 所示。

② 电阻体碳膜发生了阳极氧化：当出现这一现象时，观察断路处的碳膜电阻器，在多数情况下，可以发现，在螺旋形刻槽的"十"极侧的碳膜部分地消失了。这是由于阳极氧化的原因，碳膜变成了二氧化碳。

碳膜电阻器发生阳极氧化的可能原因是，电阻在制造过程中，在涂覆保护层之前就有某种污染物质附着在电阻体的表面上了。在此情况下，污染物有可能是操作者的手触摸了电阻体表面产生的，或者是电阻体表面附着了操作者的唾液飞沫。

③ 材料的热膨胀系数不匹配导致电阻体断裂：例如，在尺寸较大的陶瓷基板上，用厚膜电阻器和导体布线而制造的混合元件，再在其表面用树脂涂覆的结构中，由于陶瓷基板和树脂的热膨胀系数的不同，在陶瓷基板和树脂的界面上就会产生机械应力，而使厚膜电

阻体产生与厚度方向平行的裂纹，该裂纹导致厚膜电阻体断路，如图 No.001-2 所示。这种故障随着陶瓷基板尺寸的增大，发生的概率也将急剧增加。

3. 解决措施

① 加强供货源产品的质量管理与控制。

② 加强组装工艺过程控制。

③ 强化生产现场的 7S 管理。

No. 002　4 通道压敏电阻器虚焊

1. 现象描述及分析

（1）现象描述

4 通道压敏电阻器在有铅再流焊接中，共电极表面焊料严重不润湿，造成大量的虚焊，引脚跟部焊料不足。有缺陷的电极表面的形貌如图 No.002-1 所示。

电极表面不润湿

电极表面不润湿

图 No.002-1　有缺陷的电极表面的形貌

（2）现象分析

① 镀层：

- 压敏电阻器电极镀层为纯锡；
- PCB 焊盘镀层为 ENIG Ni/Au。

② 焊接工艺条件：

- 有铅再流焊接，焊膏中焊料合金为 Sn37Pb；
- 再流焊接峰值温度为 220~225℃。

2. 形成原因及机理

（1）形成原因

造成本案例压敏电阻器电极表面在有铅再流焊接工艺过程中不润湿和虚焊的根本原因是：该电极表面为纯锡镀层，因与有铅焊接工艺条件不匹配而导致可焊性不良所造成。

（2）形成机理

镀纯锡的元器件引脚及 PCB 焊盘适合采用有铅、无铅波峰焊接，也适合采用无铅再流焊接和有铅、无铅手工焊接，但不适合采用纯有铅再流焊接。这是由 Sn 元素固有的物理化学特性所决定的。Sn 熔点为 232℃，具有负的表面氧化自由能（$-\Delta F$）。根据热力学理论可知：在 $-\Delta F$ 区域内的所有金属都能自动被氧化。金属氧化物的稳定性也和其 $-\Delta F$ 值直接有关；稳定性差的氧化物具有小的 $-\Delta F$ 值，稳定性较高的氧化物具有大的 $-\Delta F$ 值。Sn 与 Cu、Pb、Ni 等相比，Sn 在大气中更易与氧作用形成不可见的、极薄（一个单分子层厚度）的、致密的、稳定的氧化膜，人们常将其称之为纯态膜。正是这层膜的存在，才使得焊点能长年累月地保持银闪闪的光泽。

元器件引脚或 PCB 焊盘表面纯锡镀层上的这层纯态膜，在焊接时 RAM 级助焊剂是很难去掉它的（一般都要活性助焊剂 RA 级才可以）。然而当焊接温度≥232℃（Sn 的熔点）后，Sn 在熔化过程中将自动将这层纯态膜撕裂，此时即使是中性助焊剂也能获得良好的焊接效果。正是由于目前电子制造中所采用的焊接工艺和焊接温度上的差异，才导致了下述的不同的焊接质量效果。

① 波峰焊接。

不论是有铅波峰接还是无铅波峰焊接，其焊接温度均>232℃（纯锡的熔点），故其工艺参数对纯锡镀层均有很好的温度适应性，因而均能获得良好的焊接效果。

② 手工烙铁焊接。

不论是有铅手工焊接还是无铅手工焊接，其烙铁头上的温度高达 300℃（>232℃），故也都能获得良好的焊接效果。

③ 再流焊接。

● 无铅再流焊接：常用峰值温度范围为 235～245℃，（>232℃），故不论是无铅器件引脚还是 PCB 焊盘镀纯锡层都有很好的温度匹配性，都不会造成焊接问题。

● 有铅再流焊接：其峰值温度通常为 220～225℃（<232℃），此时因焊接温度不匹配，元器件电极镀锡层表面覆盖的薄而致密的锡的纯态膜不能获得镀层熔融时的机械撕裂效果，而只能依靠提高助焊剂的活性才有可能除去这层锡的纯态膜。但是在目前所普遍使用的免清洗焊接工艺的前提下是不允许的。因此，元器件引脚或电极以及 PCB 焊盘上的纯锡镀层是不适合采用有铅情况下的再流焊接工艺的。

3. 解决措施

当采用有铅再流焊接工艺时，可以采取如下措施：

① 在元器件引脚或电极等表面，可将电镀 Sn 改为电镀 Sn37Pb 合金。

② 可将 PCB 焊盘的镀锡层或 HASL-Sn 改为 HASL-Sn37Pb 合金。

No. 003　某型号感温热敏电阻器在再流焊接中的立碑现象

1. 现象描述及分析

（1）现象描述

某 PCBA 在组装焊接中，某型号感温热敏电阻器在再流焊接过程中立碑现象严重，对立碑电阻进行外观检查，发现被立起的顶部镀层仅带有少量焊料。某型号感温热敏电阻的立碑现象如图 No. 003-1 所示。立碑电阻器外观形貌如图 No. 003-2 所示。

图 No. 003-1　某型号感温热敏电阻器的立碑现象

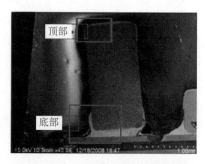

图 No. 003-2　立碑电阻器外观形貌

（2）现象分析

① 对被焊料熔融的底部切片进行 SEM 分析，发现 AgPd 镀层已耗尽，焊料已直接接触电阻器本体。热敏电阻器立碑底部截面切片的 SEM 照片如图 No. 003-3 所示。

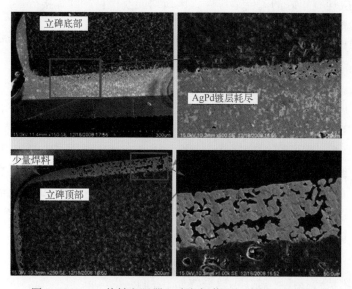

图 No. 003-3　热敏电阻器立碑底部截面切片的 SEM 照片

② 对其顶部表面进行 SEM 分析，发现电阻器 AgPd 镀层表面有较多的疏松孔洞。热敏电阻器镀层顶部 SEM 形貌如图 No. 003-4 所示。

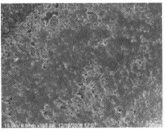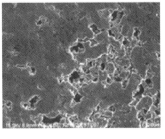

图 No.003-4　热敏电阻器镀层顶部 SEM 形貌

③ 对热敏电阻器镀层侧部表面进行 SEM 分析，发现也存在较多的疏松孔洞。热敏电阻器镀层侧面 SEM 照片如图 No.003-5 所示。

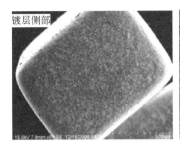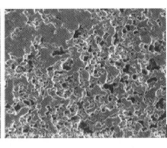

图 No.003-5　热敏电阻器镀层侧面 SEM 照片

④ 对热敏电阻器侧面镀层切片并进行 SEM 分析，图 No.003-6 所示为热敏电阻器侧面镀层截面切片的 SEM 形貌，该图展示了其镀层内部组织结构。

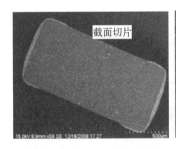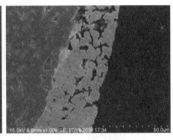

图 No.003-6　热敏电阻器侧面镀层截面切片的 SEM 形貌

2. 形成原因及机理

（1）形成原因

故障发生的原因是该感温热敏电阻器的电极只采用了一层 AgPd 合金镀层，该层既作为内层镀层，又作为外层焊接用镀层。

（2）形成机理

① AgPd 电极中的 Ag 溶解度和溶解速度远比 Pd 大许多，故在再流焊接过程中 Ag 首先被熔融焊料溶解而大量迁移，留下了大量的像火山石那样的富 Pd 的空穴和缝隙，如图 No.003-1~图 No.003-6 所示。

② 由于无铅钎料均属高 Sn（>95wt%）合金，且熔点更高，Ag 的扩散迁移能力更大，故

上述情况在无铅应用中将更严重。

③ 由于 Ag 原子与 Sn 原子有相当好的亲和性，在缺乏中间阻挡层的情况下，直接在底层的 AgPd 镀层上再流焊接，Ag 原子迅速向熔融的 Sn 中迁移和扩散，底层 AgPd 镀层将迅速被耗损而不复存在，造成 Sn 与电阻体直接接触，而 Sn 熔液是不能润湿电阻体的，再加上 AgPd 镀层厚薄的差异，在再流焊接过程中，镀层较薄处自然被首先溶解完，而在镀层较厚的地方，便形成疏松结构（见图 No.003-6）。

基于以上各种原因的综合作用，便导致了该型号感温热敏电阻器两焊端电极在再流焊接过程中受力不均匀而产生立碑现象。

3. 处理建议

在早期的产品中有采用在陶瓷坯上直接烧结 AgPd 合金作为电极的，在焊接时必须使用 62Sn36Pb2.0Ag 这种成分的焊料，理由是：

① 加入的 2.0wt% 的 Ag 可明显地降低在焊接过程电极上的 Ag 原子向 Sn 中扩散的浓度梯度，由此可大大减少电极镀层中 Ag 的损失和消耗。

② 由于该型号感温热敏电阻器焊接采用电极，所采用的镀层结构是不能采用无铅焊接工艺的，故对该批元件建议退货。

③ 在无铅焊接情况下，建议采用镀层结构为 AgPd/Ni/Sn 的感温热敏电阻器。

No.004 瓷片电容器烧损

1. 现象描述及分析

（1）现象描述

某产品在运行过程中，发生多层陶瓷电容器（以下简称瓷片电容器）在加电运行中冒烟烧毁的情况。被损坏的实物照片如图 No.004-1 所示。

图 No.004-1　被损坏的实物照片

（2）现象分析

① 先在陶瓷薄片的两面印刷银钯浆，然后将其重叠加压放入高温炉烧结成带多层内部电极的叠层瓷片电容器体，再在电容器体的两端面涂上银浆料，在 400℃ 温度下烧结成端面为银的被膜，将内部的各电极连接起来，然后再在端子的银膜上先后镀上 Ni、Sn 或焊料。多层瓷片电容器的内部结构如图 No.004-2 所示。

② 瓷片电容器存在的问题是，由于陶瓷是多孔的，在烧结之前，在陶瓷片上含有水分、有机溶剂和黏结剂等，在烧结温度下，这些物质都变成了无数的微细空洞散布在电容器的内部，多层瓷片电容器内瓷片的多针孔断面如图 No.004-3 所示，从照片上可以明显地看到很多的小孔。

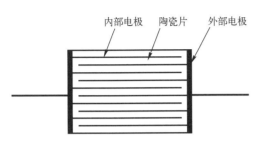

图 No.004-2　多层瓷片电容器内部构造

图 No.004-3　多层瓷片电容器内瓷片的多针孔断面

③ 由于瓷片电容器的电极大多采用银制成，而由于瓷片电容器的吸湿性导致在其内部微细空洞内壁上生成的水膜能够溶解银，溶解了的银离子在电场的作用下，将向相对的另一电极方向迁移，所形成的漏电流造成瓷片电容器被损坏。

2. 形成原因及机理

（1）形成原因

瓷片电容器具有吸湿性，在其内部微细空洞内壁上生成的水膜能够溶解银，溶解了的银（Ag）离子在电场的作用下，将向相对的另一电极方向迁移，并在另一电极侧还原成金属银。

（2）形成机理

Ag 离子迁移是电化腐蚀的特殊现象，它的发生机理是在绝缘基板上的 Ag 电极（镀 Ag 引脚）间加上直流电压后，当绝缘板吸附了水分时，阳极被电离。Ag 迁移机理如图 No.004-4 所示。

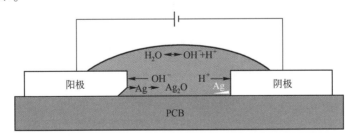

图 No.004-4　Ag 迁移机理

水（H_2O）在电场作用下被电离：

$$H_2O \Longleftrightarrow OH^- + H^+$$

H^+ 向阴极运动，从阴极上获得电子变成氢气（H_2）向空间逸放掉，而 OH^- 则反向移向阳极，在阳极形成氢氧化银：

$$Ag \Longrightarrow Ag^+ + e \quad （氧化反应）$$
$$Ag^+ + OH^- \Longrightarrow AgOH \quad （还原反应）$$

由电化反应生成的 AgOH 是不稳定的，很容易和空气中的氧或者合成树脂中的基团反应，在阳极侧生成氧化银：

$$2AgOH \Longrightarrow Ag_2O + H_2O$$

假如阳极侧不断地被溶蚀，氧化银不断地生长，直到抵达阴极时，便从阴极侧被还原而析出金属银，其反应如下：

$$Ag_2O + H_2O \Longrightarrow 2AgOH \Longrightarrow 2Ag^+ + 2OH^-$$

由于上述反应是不断循环的，故 Ag_2O 不断地从阳极向阴极方向呈树枝状生长，Ag_2O 在阴极不断地被还原而析出 Ag。Ag 离子沿绝缘体表面方向的迁移现象如图 No.004-5 所示。Ag 离子沿绝缘体厚度方向的迁移现象如图 No.004-6 所示。陶瓷内部有较多的银参与扩散，而使陶瓷由绝缘体演变为半导体。故只要在电极间加上电压，陶瓷便变成加热器，瓷片电容器因过热而冒烟，甚至引发火灾。

图 No.004-5　Ag 离子沿绝缘表面
方向的迁移现象

沿厚度方向
Ag 的迁移

图 No.004-6　Ag 离子沿绝缘厚度
方向的迁移现象

3. 解决措施

① 加强对元件制造商的产品质量验收和控制。

② 加强对产品组装场地环境条件的控制和生产现场的 7S 管理。

No.005　钽电容器冒烟烧损

1. 现象描述及分析

（1）现象描述

在某 PCBA 生产过程中，用户发现某钽固体电容器冒烟烧损。从钽电容器内喷出的火焰如图 No.005-1 所示。

（2）现象分析

① 经过外观观察和分析，冒烟起火是由于钽电容器内部有短路现象。

② 矩形钽电容器的外形结构和电极如图 No.005-2 所示。

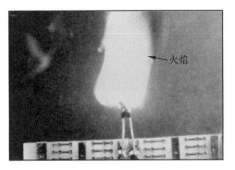

图 No.005-1 从钽电容器内喷出的火焰

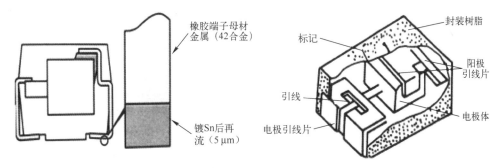

橡胶端子母材金属（42合金）

镀Sn后再流（5μm）

封装树脂

标记

阳极引线片

引线

电极体

电极引线片

图 No.005-2 矩形钽电容器的外形结构和电极

矩形钽电解电容以高纯度的钽金属粉末为原料，与黏合剂混合后，将钽引线埋入，加压成型，在1800~2000℃的真空炉中烧结，形成多孔性的烧结体作为阳极。应用硝酸锰发生的热解反应，使烧结体表面被覆固体电解质的二氧化锰作为阴极。在被覆二氧化锰的烧结体上涂覆接触电阻很小的石墨层和 Ag 的合金层，然后焊接阳极端子和阴极端子封装成型。

2. 形成原因及机理

（1）形成原因

通过查阅有关文献并对市场大多数电子设备使用中发生故障的长期追踪发现，钽电容器发生故障的主要原因是在其制造过程中绝缘被膜存在缺陷，而且其故障模式主要是短路。

（2）形成机理

对绝缘被膜存在的微细欠缺，钽电容器具有自修复功能，这是由于在欠缺处流过的电流，将局部发热而产生高温，使该处的二氧化锰释放出氧，使欠缺处的钽氧化形成氧化钽膜，覆盖在有缺陷的地方而使故障现象得到缓解。钽电容器内部构造原理如图 No.005-3 所示。

因高温而引发绝缘膜被破坏，以及被破坏处绝缘膜的自修复同时存在，假定与绝缘膜的自修复速度相比，绝缘膜被破坏的速度更快，那么钽电容器内部就会出现短路模式的故障。

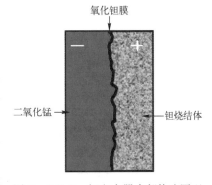

氧化钽膜

二氧化锰

钽烧结体

图 No.005-3 钽电容器内部构造原理

正是由于短路时的大电流流过钽烧结体内部而产生的高温，使得其封装树脂分解产生的气体吹出，并由此引起电容器冒烟和产生耀眼的火焰。

3. 解决措施

① 对钽电容器采取在额定温度环境下加载老化筛选，剔除漏电流大的元件。

② 负极选用高导电性高分子材料来代替二氧化锰，可大幅度减小等效串联电阻（ESR），与以往产品相比，在构造上可大幅度降低冒烟、起火的危险性。

③ 使用时应避免功率超过正常额定值。当环境温度≥85℃时，降低电压等级使用，焊接时请勿使用含卤素的助焊剂。

No. 006　电解电容器在无铅再流焊接中外壳鼓胀

1. 现象描述及分析

（1）现象描述

在实施产品的无铅制程中，某产品的直流电源 PCBA 上的贴片铝电解电容器的防爆纹，在无铅再流焊接中大范围地出现鼓胀，如图 No.006-1 所示。

图 No.006-1　铝电解电容器的防爆纹鼓胀

（2）现象分析

① 铝电解电容器采用铝圆筒外壳作为负极，里面装有液体电解质，插入卷绕状的铝带作为正极制成，再经过直流电压处理，在正极上形成一层氧化铝膜作为介质。铝电解电容器结构如图 No.006-2 所示。

② 由于铝氧化膜介质上浸有液体电解液，在施加电压重新形成氧化膜或修复氧化膜时，会产生一种很小的被称之为漏电流的电流。通常，漏电流会随着温度和电压的升高而增大。正常使用情况下，最大的影响就是温度，因为温度越高电解液的挥发损耗越快，而且铝电解电容器的工作温度每增高 10℃，寿命就要减少一半。例如，在 105℃时其寿命为 1000 h，当温度降至 55℃ 时使用，由于温度差了 50℃，故其寿命可望达到 1000×2^5 h，即 32000 h。

③ 当铝电解电容器的特性恶化到使其失效时，它的寿命也就终止了。温度和纹波电压是影响其寿命的两个重要因素，厂商通常会将铝电解电容器纹波电压和测试温度标注在电容器本体上。

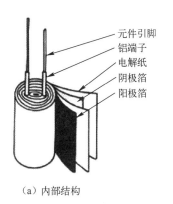

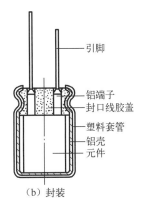

（a）内部结构　　　　　　　　　　（b）封装

图 No.006-2　铝电解电容器结构

④ 当产品制造实施无铅制程中，由于无铅再流焊接温度高，导致其内部液体电解质膨胀甚至汽化产生很大的内压，从而导致外壳鼓胀甚至炸裂。

2. 形成原因及机理

（1）形成原因

元件的技术属性不符合无铅元件的定义，是造成此次事故的真正原因。元件不含铅不等于就一定是适合无铅制程的元件。不含铅仅仅是满足了 ROHS 要求，而只有同时具备无铅元件应用的温度特性要求，才是真正的适合无铅制程的元件，概念不能混淆。

无铅元器件的准确定义，必须满足下述两个条件：

● 符合 ROHS 规定：$Pb < 10^{-3}$；

● 极限耐温须达到 260℃（有铅为 240℃）。

（2）形成机理

① 非工作状态下温度超过安全的耐温范围时导致的鼓胀损坏：经过长时间的存储之后，无论是否装配在设备中，铝电解电容的漏电流都会增加，当周围温度较高时，这种趋势将更为显著。因为温度越高液体电解液的挥发损耗越快，铝壳内的压力增大，当达到铝金属的塑变强度时，便使铝外壳发生鼓胀。

② 再流焊接属于一种浸泡式焊接，即整个元件都必须置于高温气氛之中，而且浸泡的时间都很长，一般都在 60 秒以上。这种浸泡式受热的特点是，元件内外整体受热，温度变化较缓慢，峰值稳定（受再流焊接峰值温度制约），虽然不会形成因瞬时温度骤变而导致突变性的超强内压引起爆炸，但会引起铝外壳鼓胀变形。

3. 解决措施

① 采用钽电解电容器替代铝电解电容器：与铝电解电容相比，钽电解电容在串联电阻、感抗、对温度的稳定性等方面都有明显的优势，但是它的工作电压较低。

② 采用耐高温（例如 260℃）的液体电解质，即选择适合无铅制程要求的铝电解电容器。

③ 在满足无铅再流焊接质量要求的前提下，应尽量控制再流焊接的峰值温度，不要使其超过 250℃。

No. 007　某固定线绕电感器在组装过程中直流电阻值下降

1. 现象描述及分析

（1）现象描述

① 某型号固定线绕电感器在组装过程中某二引脚间直流电阻值偏低，如图 No.007-1 所示。

② 对所有不良品进行解剖分析，由外到内逐层拆开胶纸和绕组，每拆开一层胶纸或绕组，均测试某二引脚间的直流电阻值，直至拆到最内层绕组时测试某二引脚之间的直流电阻值均为 0.3 Ω 左右。而当抬起最内层绕组的横拉漆包线时，该二引脚间阻值立即上升为 0.7~0.8 Ω，恢复到正常水平。

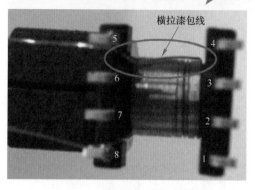

图 No.007-1　某固定线绕电感器在组装过程中某二引脚间直流电阻值偏低

（2）现象分析

① 良品电感器横拉漆包线的外观如图 No.007-2 所示。在 100 倍显微镜下观察，发现电感器 5~8 绕组横拉线漆膜均有机械变形，但变形坑较小，且变形坑底部未见有漆膜剥落痕迹。

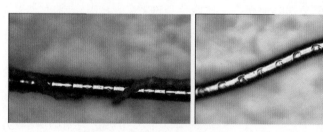

图 No.007-2　良品电感器横拉漆包线的外观

② 不良品电感器横拉漆包线的外观如图 No.007-3 所示。从该图中可以观察到明显的机械变形，变形坑较大，坑底部有明显的漆膜剥落痕迹，而且在压坑的侧面还存在漆包层开裂现象。

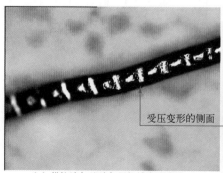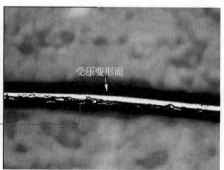

（a）横拉漆包线漆包层机械变形痕迹　　　（b）漆包层在受压变形的侧面出现开裂

图 No.007-3　不良品电感器横拉漆包线的外观

③ 该物料在 2008 年 8 月—2009 年 8 月使用期间均未发现此类质量问题。据供方反馈信息：在该型号产品中曾使用过耐热等级为 F 级和 B 级的两种漆包线。

2. 形成原因及机理

（1）形成原因

从上述现象描述和分析中可以判定，不良原因为最内层绕组横拉漆包线漆包层破裂，绝缘性能局部遭到破坏而导致某二引脚之间电阻值偏低。

（2）形成机理

① 所用漆包线的绝缘材料耐热等级低，不能耐受再流焊接的峰值温度（有铅再流焊接温度为 220~225℃，无铅再流焊接温度为 235~250℃）作用。目前所用漆包线的耐热可分为 A 级（105℃）、B 级（130℃）、F 级（155℃）、H 级（180℃）、C 级（≥180℃）。显然 B 级是远远不能耐受较长时间（>1 min）的再流焊接峰值温度的作用的。

② 在再流峰值温度较长时间的作用下，铜线在受到由线匝卷绕时横拉力所形成的压应力作用会发生塑性变形而形成压坑。

正是由于漆包线表面的绝缘材料耐温性能差，再加上机械力的共同作用，在圆柱截面的铜线发生变形过程中，导致了绝缘层的剥离和破裂，使铜芯直接暴露在外而引起局部短路，使某二引脚间直流电阻值变小。

3. 解决措施

① 应选择耐热等级较高（可与再流温度基本匹配）的漆包线来绕制电感器。

② 在确保 PCBA 整体焊接质量的情况下，应考虑降低再流焊接的峰值温度，减少在峰值温度下的作用时间。

③ 加强对物料来料质量的控管。

④ 加强对再流焊接工艺过程的控制。

⑤ 建议供应商对横拉漆包线进行强化设计，例如，加套耐热等级高的绝缘导管，以增强横拉漆包线的机械强度和绝缘性能。

No. 008　某厚膜电路板在应用中出现白色粉状物

1. 现象描述及分析

（1）外观描述

① 在应用中，用户发现某 PCBA 单板的部分厚膜电路的部分器件引脚及顶部位置出现白色粉末状物质，如图 No. 008-1、图 No. 008-2 和图 No. 008-3 所示。

② 所用厚膜电路板表面均涂覆过三防涂层。

（2）现象分析

① 根据缺陷的表现，初步分析这些在器件引脚及顶部出现的白色粉末状物质，可能是该型号厚膜电路板在某微电子器件公司组装焊接后，板上所留下的助焊剂残留物在喷涂三防涂层前未被清除干净。

图 No.008-1　白色粉末状物质（一）

图 No.008-2　白色粉末状物质（二）

图 No.008-3　白色粉末状物质（三）

② 显微红外光谱分析（FT-IR）。

A. 样品器件顶部及引脚位置的白色粉末物质 FT-IR 检测：为辨别这些白色粉末物质的属性，将器件顶部和引脚位置的白色粉末物质，以及所用助焊剂焊后残留物样品用红外光谱分析仪进行检测。样品器件顶部及引脚位置的白色粉末物质 FT-IR 检测结果如图 No.008-4 所示。

图 No.008-4（a）、（b）、（c）中各器件测试位置的白色粉末物质的红外光谱图较为相似，其主要特征吸收峰的数目及位置相近，故三者主要成分相同。

B. 白色粉末物质的红外谱图与所用两种助焊剂焊后残留物的红外谱图比较：将白色粉末物质的红外谱图与良品测试位置所用两种助焊剂焊后残留物的红外谱图分别进行比较，如图 No.008-5 所示。

通过比较发现，白色粉末物质的红外谱图与两种助焊剂焊后残留物的红外谱图较为相似，其主要特征吸收峰的数目和位置均相近，显然三者主要成分相同。

2. 形成原因及机理

（1）形成原因

该型号厚膜电路板在某微电子器件公司组装焊接后，板上留下的助焊剂残留物在喷涂三防涂层前未被清除干净。

（2）形成机理

通过对器件相应位置的白色粉末物质与所用助焊剂焊后残留物进行红外光谱测试和比对，可以确定白色粉末物质就是助焊剂残留物。

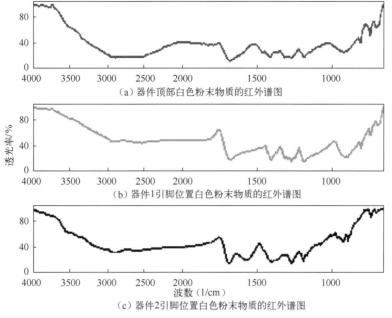

（a）器件顶部白色粉末物质的红外谱图

（b）器件1引脚位置白色粉末物质的红外谱图

（c）器件2引脚位置白色粉末物质的红外谱图

图 No.008-4　样品器件顶部及引脚位置的白色粉末物质 FT-IR 检测结果

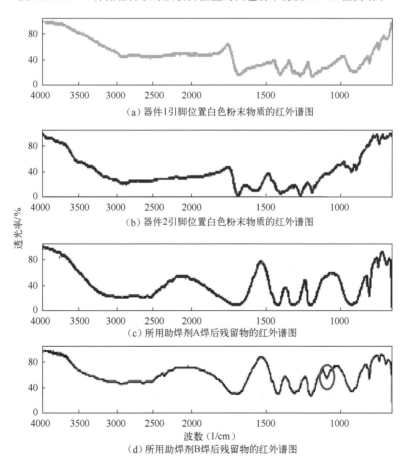

（a）器件1引脚位置白色粉末物质的红外谱图

（b）器件2引脚位置白色粉末物质的红外谱图

（c）所用助焊剂A焊后残留物的红外谱图

（d）所用助焊剂B焊后残留物的红外谱图

图 No.008-5　白色粉末物质的红外谱图与所用两种助焊剂焊后残留物的红外谱图比较

3. 解决措施

将问题反馈给该产品的供货方，要求他们加强生产工艺过程控制，确保产品的洁净度，在喷涂三防漆前，必须仔细清除所有多余物，特别是助焊剂残留物。

No. 009　CMD（ESD）器件引脚可焊性不良

1. 现象描述及分析

（1）现象描述

① 某公司 2007 年 5 月从美国 CMD 公司购进一批 ESD 器件，在进行某通信终端产品组装再流焊接过程中，虚焊比率非常高。组装的某通信终端产品如图 No.009-1 所示。

② 引脚材料及镀层结构为在 Cu 基材上涂覆 Ni-Pd-Au。

（2）现象分析

图 No.009-1　组装的某通信
终端产品

① 对焊点进行沿引脚纵向的金相切片 SEM 分析，其形貌代表性照片，即沿引脚方向的纵向切片如图 No.009-2 所示。从图中可见，ESD 引脚表面润湿性差（$\theta > 90°$），引脚与焊料界面上未见生成 IMC（Intermetallic Compound，金属间化合物）层。

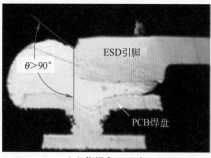
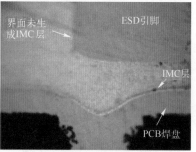

（a）润湿角 $\theta > 90°$　　　　　　（b）ESD引脚和焊料界面未见IMC层

图 No.009-2　沿引脚方向的纵向切片

② 沿引脚方向的横向切片如图 No.009-3 所示，横向切片显示了主要判断位润湿性明显不良，焊料沿二侧壁爬升高度<25%引脚高度。

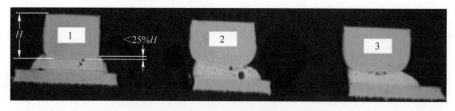

图 No.009-3　沿引脚方向的横向切片

③ 在再流焊接过程中冶金反应进行得是否充分表现在 IMC 层的形成上，在界面上是否形成了合适厚度的 IMC 层，是判断焊点是否虚焊的判据。图 No.009-4 所示为对 CMD 公司

的 ESD 器件再流焊后焊点进行 IMC 层分析的金相切片，图中在 PCB 焊盘侧的界面上可以明显看到 IMC 层，而在 ESD 引脚侧的界面上未见到 IMC 层。

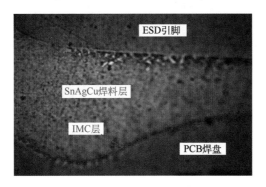

图 No. 009-4　对 CMD 公司的 ESD 器件再流焊后焊点进行 IMC 层分析的金相切片

2. 形成原因及机理

（1）形成原因

器件的引脚采用 ENIG Ni/Pd/Au 涂层作为保护层，与用户所用焊膏不匹配。

（2）形成机理

① ENIG Ni/Pd/Au 镀层特点：在 Cu 基材上 ENIG Ni/Pd/Au 可以根除 ENIG Ni/Au 的黑盘问题。在组装焊接中，对 Ni/Pd/Au 镀层来说，当镀 Au 层与熔化焊料接触后，Au 被融入焊料中形成 $AuSn_4$ 等金属间化合物。而熔融的焊料不与 Pd 形成化合物，它只能极缓慢地溶入焊料并稳定地漂浮在焊料表面。

② Pd 镀层可焊性差，只有待 Pd 层的 Pd 全部融入焊料后，焊料中的 Sn 才能与底层的 Ni 发生冶金反应而生成 Ni_3Sn_4 的 IMC 层。

③ 对常用的免清洗焊膏来说，要在再流焊接的有限的时间内，将 Pd 完全溶入熔融的焊料中谈何容易。因而，这正是导致本案例在再流焊接中大面积发生虚焊的根源所在。

3. 解决措施

① 选用与 ENIG Ni/Pd/Au 镀层再流焊接匹配性好的焊膏（如由 CMD 公司提供的在美国与 ESD 器件配套使用的 ALPHA OL213 焊膏）是解决问题的主要途径。

② 选用其他镀层（如 Ni/Sn 镀层）的器件取代 ENIG Ni/Pd/Au 镀层的器件。

No. 010　某射频功分器件外壳的腐蚀现象

1. 现象描述及分析

（1）现象描述

① 机顶盒 STBHG 单板，由整机库房返回单板组装中发现插件器件引脚氧化，发生氧化的器件如图 No. 010-1 所示，不良率超过 50%。

② 插件普遍存在引脚氧化问题，X9 及 G3 位号的器件氧化较为严重，氧化大多发生在

引脚位置，如图 No.010-2 所示，也有少量单板在器件正面有氧化痕迹，如图 No.010-3 所示。

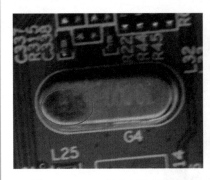

图 No.010-1　发生氧化的器件

图 No.010-2　氧化发生在
管脚位置

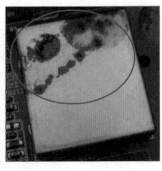

图 No.010-3　器件正面有
氧化痕迹

③ 从库存中随意抽检插件查看外观原态：

- 插件外壳金属表面的沟槽明显可见，表面局部隐约可见块状雾状区域，如图 No.4 所示；
- 局部区域在 100~200 倍的显微镜下可见针孔分布，正是这些针孔对光的漫反射导致了局部表面的色泽变化，如图 No.5 所示，由此可判断外壳金属表面镀层很薄。

图 No.010-4　表面局部隐约可见块状雾状区域

表面局部色泽发生变化

图 No.010-5　局部表面的色泽变化

④ 根据实验室分析，X9 和 G3 位号器件材料均为马口铁（镀锡钢板），由于镀锡层的颗粒状结晶结构和多针孔性，只有达到了规定的镀层厚度将针孔完全封堵住后，才能发挥其保护性能。图 No.010-3 所示为典型的在钢上镀锡层不良所诱发的电化腐蚀，它反映了该镀锡层厚薄不均匀，且镀层厚度不足。

（2）现象分析

① 对发黑区域进行的 SEM/EDX 形貌和成分检测的结果表明，腐蚀后的镀锡层表面形成类似沟壑状形貌，基体金属 Fe 元素已经被微电池腐蚀并游离到锡镀层的表面，从图 No.010-6 中可以明显看到发黑区的腐蚀黑点和斑块，这些均是镀层针孔密布区的外观表现。图 No.010-6 给出了发黑区的 SEM/EDX 分析。

② 对正常镀层区域与腐蚀后镀层区域表面变化进行对比试验：正常镀锡层区域表面为光亮无针孔的纯锡层，而腐蚀后镀层区域沟壑底部变得疏松多孔，表面灰暗且同时存在 Sn 和 Fe 两种元素，这进一步证实了该镀锡层厚薄不均，厚的地方，针孔已被封堵住，镀层底下的钢制零件被保护；而镀层薄的有沟壑的地方，疏松多孔，为电化腐蚀的发生提供了条

件。正常镀层与腐蚀后的镀层的表面变化如图 No. 010-7 所示。

成分测试结果（wt%）

谱图	O	Fe	Sn	合计
谱图1	41.14	16.53	42.33	100.00
谱图2	28.02	28.20	43.78	100.00
谱图3	6.40	11.16	82.44	100.00
谱图4	27.12	15.09	57.79	100.00

500 μm   电子图像

图 No. 010-6　发黑区的腐蚀黑点和斑块

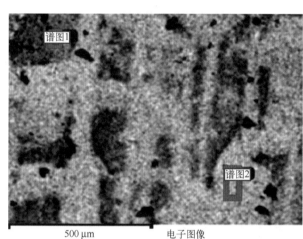

成分测试结果（wt%）

谱图	Fe	Sn	合计
谱图1	22.51	77.49	100.00
谱图2	—	100.00	100.00

500 μm   电子图像

图 No. 010-7　正常镀层与腐蚀后的镀层的表面变化

2. 形成原因及机理

（1）形成原因

STBHG 单板器件射频功分器出现的缺陷，系插件外壳和屏蔽罩的镀锡工艺不完善，镀锡层质量不良（厚度不足），再加上在不通风的湿热环境下敞露存放所造成。

（2）形成机理

该镀锡层的厚度不足，局部区域镀层的多针孔性，加上地处滨海地区湿热的海洋性气候环境中，在长时间敞露存放的综合因素作用下，导致器件在存放过程中发生了电化腐蚀现象。

3. 解决措施

① 敦促供应商要按国家标准生产，一定要确保镀锡层结构和厚度完全符合国家标准要求。

② 对该单板采用三防涂覆措施，可有效提高该单板和该器件抗恶劣环境侵蚀的能力。

③ 中间工序暂存处的湿度应≤70%RH，且通风条件好。因为空气不流动的死角正是湿气集聚的地方。

No. 011　电源模块虚焊

1. 现象描述及分析

（1）现象描述

电源模块的个别焊脚开路，如图 No. 011-1 所示，表现为焊脚与 PCB 焊盘脱离。

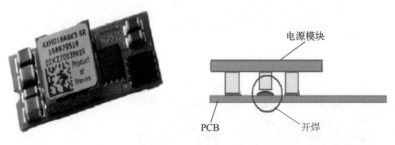

图 No. 011-1　电源模块的个别焊脚开路

（2）现象分析

共面性测试：测量贴片插针厚度和贴完贴片后模块的共面度。将平面度大于 0.1 mm 的模块的贴片插针取下测量厚度，并将 PCB 焊盘上的锡去掉测量平面度数据，如图 No. 011-2 所示。

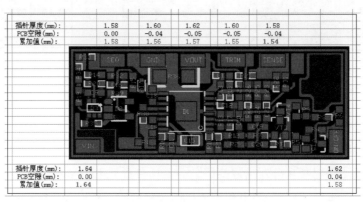

图 No. 011-2　共面度测试

从图 No. 011-2 可知，最高与最低相差 0.1 mm，因此平面度误差应该是贴片插针的公差与 PCB 的公差累加的结果。从现场收集的物料看，个别电源模块的共面度在 0.3 mm 以上。

2. 形成原因

由以上分析可知，导致电源模块个别焊脚开路（焊脚与 PCB 焊盘脱离）缺陷的根源是来料的共面度不符合要求。

3. 解决措施

① 优化电源模块的钢网开口设计，厚度至少保证在 0.15 mm 以上，开口面积为焊盘的 130% ~ 150%。

② 加强对物料共面性的监控，从物料结构看，影响电源模块共面度的因素有三个：贴片插针加工精度、PCB 变形量和焊膏量。

③ 改进贴片插针的加工工艺，减小贴片插针的加工公差，由 ±0.1 mm 提高为 ±0.05 mm。

No. 012 陶瓷片式电容器的断裂和短路

1. 现象描述及分析

（1）现象描述

① 在阻容元件中，陶瓷片式电容器发生缺陷概率是最高的。陶瓷电容器由多层陶瓷和金属组成，并焙烧到它们的最终状态。陶瓷片式电容器的结构如图 No.012-1 所示。

② 渗透：渗透是表面的有害污斑。陶瓷片式电容器上发现的典型渗透如图 No.012-2 所示。

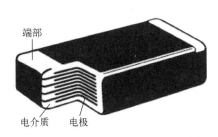

图 No.012-1　陶瓷片式电容器的结构

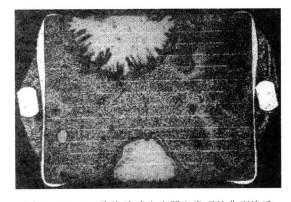

图 No.012-2　陶瓷片式电容器上发现的典型渗透

（2）现象分析

① 陶瓷片式电容器内部的常见缺陷：陶瓷片式电容器内部各层之间的分层以及多孔性和裂纹，可用 C 型扫描声学显微镜（C-SAM）和扫描激光声学显微镜（SLAM）两种声学微成像方式来检查，这两种方式可用来筛选大量未安装的陶瓷片式电容器的内部缺陷。陶瓷片式电容器的典型结构缺陷如图 No.012-3 所示。

② 图 No.012-4 所示为无缺陷和有缺陷的陶瓷片式电容器的 SLAM 图像，该图显示出了缺陷和内部有大的分层的陶瓷片式电容器的 100 MHz 定格的 SLAM 图像。在"无缺陷"的元件中，电容器的整个工作层明显发亮，相反，由于分层或裂纹形成的薄空气层（小于 0.1 μm）将阻碍超声波传播，并在透射扫描图像中显得比较暗。空洞将显示为暗点，多孔性对超声波的散射将引起信号损失（衰减）。正因为如此，透射传输成像对快速评估陶瓷片式电容器、集成电路等的内部缺陷非常有用。

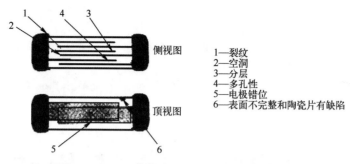

1—裂纹
2—空洞
3—分层
4—多孔性
5—电极错位
6—表面不完整和陶瓷片有缺陷

图 No.012-3　陶瓷片式电容器的典型结构缺陷

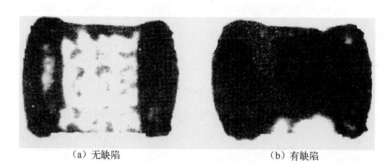

（a）无缺陷　　　　　　　　　　（b）有缺陷

图 No.012-4　无缺陷和内部有大的分层的陶瓷片式电容器的 SLAM 图像

尽管用户从各个不同制造商买进的陶瓷片式电容器都通过了严格的电试验，但一些元件在表面安装过程中仍然会出现问题，而另一些元件在组件被用户使用之后也会意外失效。

2. 形成原因及机理

（1）形成原因

陶瓷片式电容器各层之间以及陶瓷片的多孔性和裂纹是引起电气故障的根源。

（2）形成机理

① 陶瓷片式电容器的裂纹、空洞、分层及多孔性等形成原因：陶瓷片式电容器中的介质材料是一点也不能弯曲的，这种不可弯曲性加上为取得所需电容值而要求最小电容器极板间距，导致结构稍显脆弱，使得陶瓷电容器受机械应力作用可能引起机械断裂。机械应力的来源包括：陶瓷片式电容器与 PCB 材料之间的热膨胀系数不同，PCB 的机械弯曲，装配产生的应力和机械冲击或振动。

陶瓷电容器中机械断裂的影响要经过一段时间方可显现出来。例如，如果由弯曲的 PCB 引起的应力使陶瓷电容器断裂，那么当弯曲应力取消时，陶瓷电容器就会回到正常位置。这样回到正常位置后不会引起显著损坏或者性能变坏，因为分裂的电容器极板实际上又重新接触上。然而，平行隔行交错插入的极板只要稍微有点错位，就会引起短路。

② 陶瓷片式电容器的渗透机理：这是一种人为现象，是从环氧树脂与样品表面之间的间隔中或从样品内的分层中渗漏出并被截留的润滑剂或刻蚀剂产生的结果。

3. 解决措施

① 加强对陶瓷片式电容器的筛选：对每一批进货的陶瓷片式电容可抽取 200 件样品进

行 C-SAM 和 SLAM 筛选，如果发现内部缺陷达到了不可接受的程度，便将信息反馈给该电容器制造商进行改进。

② 组装和使用中应尽力避免弯曲应力作用：在将陶瓷片式电容器在 PCB 上组装过程中，以及装有陶瓷片式电容器的 PCBA 产品在用户服役期间，均应尽力减小 PCB 的变形和弯曲。

③ 渗透的除去：烘干前，用低沸点流体如异丙醇浸透样品表面；或用柔性洗涤剂和水溶液洗涤样品，在异丙醇槽中浸泡约 1 min，然后，放入真空烘箱中 100℃烘 5 min。

No. 013　MSD 元器件在再流焊接中的爆米花现象

1. 现象描述及分析

（1）现象描述

潮湿敏感元器件（MSD）在再流焊接过程中，出现封装塑料树脂外封装起泡、开裂、碎裂，碎裂时还会发出响声，人们便把这种现象称为爆米花现象。元器件裂纹如图 No. 013-1 所示。元器件开裂如图 No. 013-2 所示。

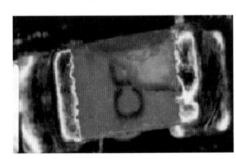

图 No. 013-1　元器件裂纹　　　　　　　图 No. 013-2　元器件开裂

（2）现象分析

这种与塑封器件（如 BGA、CSP 等）相关的爆米花现象缺陷，属于封装芯片内部的隐性缺陷，为什么只会在再流焊接制程中爆发呢？这与这种封装芯片的内部结构的耐湿性紧密相关。如图 No. 013-3 所示为与安装状态相关的元器件的耐湿性。

由图 No. 013-3 可知，在芯片封装中大量使用环氧树脂作为主要封装材料，由于环氧树脂的分子中含有氧原子等，因而具有吸收空气中水分的吸湿特性。这些水分被包裹在封装体内，构成了一种潜在的可靠性隐患。

2. 形成原因及机理

（1）形成原因

① 由上述现象分析可知，引发爆米花现象发生的主要原因是芯片在储存及安装过程中吸湿。

② 形成原因的背景如图 No. 013-4 所示。

③ 耐湿性的劣化如图 No. 013-5 所示。

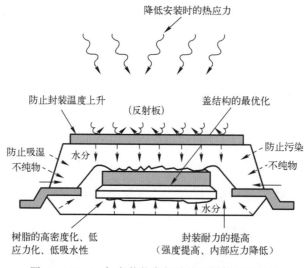

图 No. 013-3　与安装状态相关的元器件的耐湿性

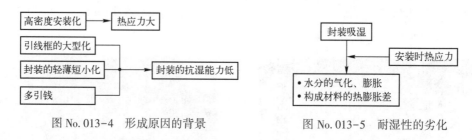

图 No. 013-4　形成原因的背景　　　　　　图 No. 013-5　耐湿性的劣化

（2）形成机理

由于在保管或使用中树脂吸湿，当含有水分的封装体进入再流焊接工序时，伴随着急剧的升温，导致这些水分迅速气化膨胀，从而使封装体发生爆裂。PBGA 芯片的爆米花现象案例如图 No. 013-6 所示。

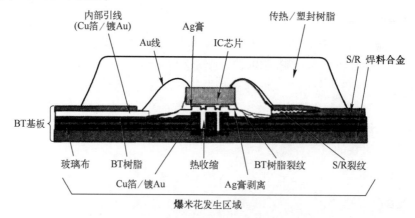

图 No. 013-6　PBGA 芯片的爆米花现象案例

3. 解决措施

① 对潮湿敏感元器件（MSD）而言，温度每提高 10℃，其可靠性级别就将降低 1 级。

解决措施是在满足质量要求的前提下尽量降低再流焊接的峰值温度，以及对潮湿敏感器件进行去潮烘烤处理。

② MSD 元器件开封后必须在规定时间（车间寿命期）内组装焊接完。

③ 在车间寿命期内如果组装焊接不完，要存放在 MSD 的专用柜（干燥柜）内，并保持该柜内温度为 23±5℃ 、湿度<10% RH。当温度异常时，对物料需要进行如下紧急处理：

- 保证元器件从卸下到入库 10 分钟内都处于风扇的风力作用的范围内；
- 把物料卸下放入可移动干燥箱内，随干燥箱一起入库，并保证物料从卸下到入干燥箱的时间不超过 10 分钟。

④ 改善对元器件的保存环境条件。

⑤ 在焊接之前进行预热处理，推荐的预热温度和时间是：温度为 125℃；时间为 4~6 小时。

No. 014　静电敏感元器件（SSD）的 ESD 损伤

1. 现象描述及分析

（1）现象描述

由静电电源产生的电能进入电子组件后迅速发生放电现象，当放电电能与 SSD 接触或接近时会对元器件造成损伤，即 ESD 损伤。ESD 损伤外观如图 No. 014-1 所示。ESD 损伤的 PCBA 如图 No. 014-2 所示。功放管的 ESD 损伤如图 No. 014-3 所示。

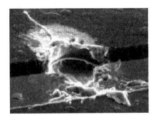

图 No. 014-1　ESD 损伤外观

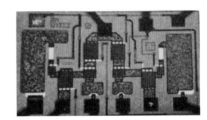

图 No. 014-2　ESD 损伤的 PCBA

图 No. 014-3　功放管的 ESD 损伤

（2）现象分析

① 这些损伤的来源很多，如生产设备或所使用的工具，如电烙铁、吸锡器、测试仪器，或者在操作其他电子设备时，产生的 ESD 或尖峰电脉冲等导致的元器件损害。

② 因不正确的操作或处理而导致 SSD 性能发生改变的静电失效也是一种 ESD 损伤。

2. 形成原因及机理

（1）形成原因

在操作过程中，操作者未严格按规定的静电防护工艺规范要求进行操作所导致的结果。

（2）形成机理

① 静电是一种电能，它存留于物体表面，是正负电荷在局部范围内失去平衡的结果。它是通过电子或离子的转换而形成的。

② 当两种材料之间发生摩擦时，一种材料丢失电子，而另一种材料则收集电子。前者正充电，而后者则负充电。静电是一个物体上的非移动的充电。如果有机会，该物体将放掉充电，又回到中性。这种充电释放就是静电放电（ESD）。绝缘体趋向于保持其静电充电集中在一个不变的区域，因此电压可能很高。而导体趋向于均衡充电，并把它传导给接触到的接地物体。

③ 人体活动与衣服、鞋、袜等之间摩擦、接触和分离时产生的静电是电子产品制造过程中主要静电源之一。人体静电是导致元器件产生硬（软）击穿的主要原因。人体活动产生的静电电压为 0.5~2 kV。

④ 静电的产生在许多领域会带来重大危害和损失。在电子工业中，随着集成度越来越高，集成电路的内绝缘层越来越薄，互连导线宽度与间距越来越小，例如，CMOS 元器件绝缘层的典型厚度约为 0.1 μm，其相应耐击穿电压为 80 ~ 100 V；VMOS 元器件的绝缘层更薄，击穿电压为 30 V。而在电子产品制造及运输、存储等过程中，所产生的静电电压远远超过 MOS 元器件的击穿电压，因而会使元器件产生硬击穿或软击穿（元器件局部损伤）现象，使其失效或严重影响产品的可靠性。带负极的塑料板表面和接地金属电极间发生的静电放电现象如图 No.014-4 所示。

图 No.014-4　带负极的塑料板表面和接地金属电极间发生的静电放电现象

⑤ 远远低于人类所能感觉的静电可能毁坏敏感的电子元器件。微小的 ESD 闪电渗透到电子元器件脆弱的结构内，对元器件将是毁灭性的。有些集成电路（IC）含有多达数百万个单独的元器件，单个元器件的尺寸只有 0.18 μm。只需要 10 V 的 ESD 就可毁坏 IC 内部的某些极小零件和迹线。故对这些潜在问题必须有高度的警觉。

3. 解决措施

① 在电子产品制造中，不产生静电是不可能的。产生静电不是危害所在，其危害所在是静电积聚以及由此产生的静电放电。静电防护的核心是"静电消除"。静电防护原理是：

- 对可能产生静电的地方要防止静电积聚，必须采取措施将其控制在安全范围内；
- 对已经存在的静电积聚迅速消除掉，即时释放。

② 操作必须在配备有各种防静电设备和器材、能限制静电电位、具有确定边界和专门标记的适于从事静电防护操作的场所，以及具有能防止在操作过程中产生的尖峰脉冲和静电释放造成对 SSD 损害的工作台面上进行。

③ 按照静电敏感度的级别，在实际使用时针对不同类别的元器件，实施相应的静电防护措施，从而最大限度地减小对元器件的 ESD 损害。不同的 SSD 对 ESD 的敏感度是不同的，这些差别由于元器件设计的不同和构成这些元器件的成分不同而不同。

④ 在操作前，需要仔细测试工具和设备，保证它们不产生破坏性能量，包括尖峰脉冲。通常小于 0.5 V 的电压和脉冲是可以接受的。如果要使用大量的高敏感度 SSD，则测试仪器等不能产生大于 0.3 V 的脉冲。

⑤ 在插、装、焊工序传递过程中，应使含 SSD 的 PCB 完全处在防静电的容器（如防静电箱、防静电袋、防静电车等）中进行，这些容器均应符合法拉第笼的要求。

⑥ 操作人员应正确佩戴腕带（腕带应直接套在手腕皮肤上，不得套在衣袖布上），正确与错误佩戴腕带方式分别如图 No.014-5 和图 No.014-6 所示。

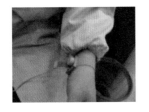
图 No.014-5　正确佩戴腕带方式

图 No.014-6　错误佩戴腕带方式

No.015　元件引脚上的 Au 脆现象

1. 现象描述及分析

（1）现象描述

当在元件镀 Au 引脚上热浸 Sn-Pb 焊料时会使引脚上的 Au 层变脆。在镀 Au 引脚上热浸恰当的 Sn-Pb 焊料涂覆层时，要让引脚在焊料槽中滞留一定的时间，以使元件引脚上的镀 Au 层能充分溶解到焊料槽的熔化焊料中去。在这一过程中，引脚上随后被涂覆上一层 Sn-Pb 焊料层，以取代原镀 Au 层。在元件镀 Au 引脚上热浸 Sn-Pb 焊料层而诱发焊料层的脆性如图 No.015-1 所示。

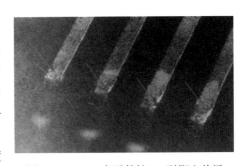
图 No.015-1　在元件镀 Au 引脚上热浸 Sn-Pb 焊料层而诱发焊料层的脆性

（2）现象分析

此涂覆层 Au 的含量应<3wt%，超过此值焊料可能变脆，往往引起焊料涂覆层剥落，在经受张力负荷的地方（即已被弯曲处）尤其如此，如图 No.015-1 中红箭头所示的从元件引脚上的第一个弯曲处剥落的、变脆的焊料涂覆层的一些小薄片。

2. 形成原因及机理

（1）形成原因

此现象的发生是由于在热浸的 Sn-Pb 焊料涂层中，Au 含量>3wt% 所导致的结果。

（2）形成机理

Au 含量在 2~6wt% 浓度范围内易产生变脆的焊点，这正是 Au 在电子工业中只用作焊料焊盘的薄镀层的原因之一。在热浸 Sn-Pb 焊料中，Au 薄膜溶解到焊料中，当凝固时 $AuSn_4$ 析出并均匀地分布在焊料中。焊料合金的拉伸、剪切强度随 Au 含量的增加而增加。延伸率随 Au 含量的增加而减小，在约 3wt% 处达到峰值。在老化过程中，析出的 $AuSn_4$ 颗粒会从焊料内部向焊料和引脚基材界面运动，并在界面处发生脆性断裂。

3. 解决措施

① 当引脚去 Au 时，引脚必须在熔融焊料中保持足够长的时间，以让最初被污染的焊料涂覆层和残留的 Au 溶解到熔化的焊料中。

② 若元件已经安装到 PCB 组件上，那么就必须将元件从 PCBA 组件上卸下来，然后用烙铁或焊料槽完成手工再搪焊料工作。

③ 在 PCBA 上可能包含有受污染焊料的众多连接点，要返工重新装焊，首先应对已被 Au 污染的焊料用吸锡枪吸附干净，然后对 PCBA 的通孔或焊盘用新鲜的焊料再填充。这种处理至少应重复 2~3 次，以确保 Au 的浓度低于会导致脆化的浓度。

No. 016 表面安装陶瓷电容器的损坏

1. 结构描述及故障分析

（1）结构描述

① 陶瓷电容器有许多不同的封装形式，如盘式、管式和多种表面安装形式。表面安装形式的陶瓷电容器如图 No. 016-1 所示。陶瓷电容器中的介质材料是泥土经极高温度烧制而成的。

图 No. 016-1 表面安装形式的陶瓷电容器

② 陶瓷电容器的故障模式有机械断裂、浪涌电流和介质击穿。

（2）故障分析

① 机械断裂：陶瓷电容器中的介质材料是一点也不能弯曲的。这种不可弯曲性加上为取得所需要的电容量而要求有最小电容器极板间距导致结构较脆弱，故陶瓷电容器受机械应力作用可能引起机械断裂。机械应力来源包括：陶瓷电容器与 PCB 材料之间的膨胀系数不同，PCB 的机械弯曲，装配产生的应力和机械冲击或振动。

陶瓷电容器中机械断裂的影响要经过一段时间方可显现出来。例如，如果是由弯曲的 PCB 引起的应力使陶瓷电容器断裂，那么当弯曲应力消除后，陶瓷电容器就会回到正常位置。这样就不会引起电容量的显著损失及性能变坏，因为分裂的电容器极板实际上又重新接触上。然而，平行交错插入的极板只要稍微有点错位，就会引起短路。

② 浪涌电流：过强的电流（所谓浪涌电流）超过介质局部区域的瞬时功率耗散能力导致热失控状态。

③ 介质击穿：可能由过压状态或对介质造成损伤的制造缺陷引起。介质击穿引起电容器两个端子之间的电流不受控制地流动，从而导致过大的功率耗散且可能发生爆炸。介质

击穿的电容器故障通常很容易看出，因为这种故障的典型现象是爆炸，用肉眼就能明显看见。在测试可疑电容器时，为不致给故障电容器加电而引起突发故障，应当用一个电灯泡与待测电容器串联，以防止电源能量进入故障电容器。

2. 典型案件分析

（1）案例介绍

① 某个人计算机制造商在个人计算机中使用的外设卡制造过程中发现，许多外设卡插入计算机之后不久就失效了。在对故障外设卡进行检查时发现大块碳化区，检查没有烧焦区的失效外设卡，在其中一块上发现有一个陶瓷电容器出现过热现象，在显微镜下发现该电容器的侧面有一小裂纹。

② 进一步调查发现，该制厂商在将外设卡装入计算机的安装过程中，采用先将外设卡装入计算机然后连接带状电缆和先连接带状电缆然后再将外设卡装入计算机的两种安装方法。前者安装容易些，但发现偶尔会使陶瓷电容器断裂。

（2）形成机理

前一种安装带状电缆的方法使外设卡的 PCB 弯曲较大，弯曲应力导致陶瓷电容器断裂。

3. 解决措施

确保符合 PCB 的安装规则就能在生产中有效地避免上述问题。

No. 017　薄膜电容器的短路、开路和介质击穿

1. 现象描述及故障分析

① 金属化薄膜电容器通常由交替的电极和紧紧卷绕并压成扁平状的介质层构成。电极由涂覆了锌或铝的非导电膜制成。典型的薄膜包括聚酯、聚苯乙烯、聚碳酸酯、聚苯烯、电容器纸等。

② 薄膜电容器外观形谱如图 No. 017-1 所示。

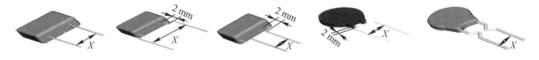

图 No. 017-1　薄膜电容器外观形谱

- 电极构成：内部电极通常采用蒸发铝膜制作而成，外部电极底层采用镀黄铜，外层则采用无铅合金（SnAgCu）作为可焊性保护涂层。为了阻断底层中的 Zn 向表层扩散影响表层的可焊性，在它们之间再涂覆一层磷青铜合金作为中间涂层。磷青铜合金本身具有在大气和海水中耐蚀性极好的特点。
- 典型产品外形结构：以松下薄膜电容器为例，其外形结构如图 No. 017-2 所示。

图 No. 017-2（a）所示松下薄膜电容器的外形结构与图 No. 017-2（b）所示松下薄膜电容的外形结构基本相同，唯一的区别就在于外电极的中间镀层，用导电树脂胶替代了磷青铜合金。

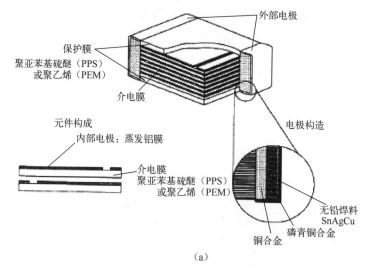

（a）

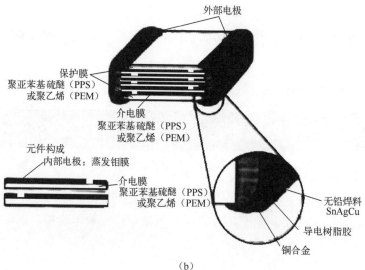

（b）

图 No. 017-2　松下薄膜电容器外形结构

③ 金属化薄膜电容常见的电气故障有短路、开路和介质击穿等。

2. 故障形成原因及机理

（1）短路故障

短路故障机理：

① 由于接线端和电极之间的高阻接触而引起过热。

② 电极之间产生接触，这是由于接入高频能量脉冲，引起电极移动，足以使环氧树脂封装断裂而发生原地接触。

（2）介质击穿

由于外加电压过高或电容器内部的气体电离而发生介质击穿。

（3）开路

由于引线上的实际应力而使引线与电极之间未连接。

3. 典型案例分析

某医院特护区，一台用于显示病人信息的显示器引发了蔓燃性故障，烧毁了大部分高压扫描控制极，烟雾散发到房间内。经现场勘察确定，故障始发于扫描控制板的一个大的薄膜电容器。解剖发现在薄膜电容器引线与它的外层金属薄膜之间有一处可疑连接，即引线与金属薄膜之间有一处间歇性连接，此电容器在正常情况下使用时出现打火和过热情况。进一步测试发现，当持续向故障电容器馈给电能时，薄膜电容器便能维持燃烧。应用这一故障机理进行测试证明，在这个薄膜电容器位置上始发的故障可以再现该事故。

No. 018 电解电容器的介质击穿、电容损失和开路

1. 结构描述及分析

（1）结构描述

铝电解电容器由表面有氧化物薄层的铝带制成，与绝缘铝板电隔离的液态电解质在与未氧化的铝板接触时形成另一电极，电解电容器的典型结构如图 No.018-1 所示。

（2）结构分析

① 氧化物绝缘体起整流器的作用，即在一个方向传导电流而在另一方向阻断电流。因此，铝电解电容器两端电压的极性不正确将损坏电容器。

② 电解电容器在正常连续工作期间，叠加在直流电压上的纹波电压峰值不允许超过最大直流工作电压。按规定其承受的偶然浪涌电压虽可超过它的最大直流工作电压，但最大浪涌电压额定值很可能导致电容器产生突发故障。

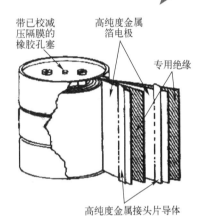

图 No.018-1　电解电容器的典型结构

③ 由于介质绝缘层薄和导体表面积大，故电解电容器的漏电流相当大。由于发热是缩短电解电容器预期寿命的主要因素，所以必须限制纹波电流以免电容器过热。在高频转接应用中，不仅基频纹波电流产生损耗（发热），而且高频谐波电流也产生损耗。

④ 常见的铝电解电容器的故障现象有介质击穿、电容损失和开路等。

2. 故障原因及机理

（1）形成原因

① 由环境温度或纹波电流引起的温升。

② 连续或瞬间的过高的电压。

（2）形成机理

① 介质击穿：介质击穿可能由过压或对介质造成损伤的制造缺陷引起。介质击穿引起电容器两个端子之间的电流不受控制地流动，从而导致过大的功率耗散且可能发生爆炸。

② 电容损失：当有电解质损失时就会发生电容损失。当电解电容器的密封外壳存在泄漏时，便发生电解质损失。通常，某些清洗溶剂、温度升高、振动或制造缺陷都会加速密

封性能变坏。电解质损失的典型结果是电容损失，等效串联电阻值增大，以及功率耗散相应增大。

③ 开路：当电容器内部连接端子性能变差及失效时，通常便发生开路。电连接性能变差可能是腐蚀、振动或机械应力作用的结果。开路故障的结果是电容损失。

3. 解决措施

电解质流失的根源是：厂商对电容器引线周围未进行密封，导致电解质过了一段时间便流失。加速电解质流失的因素包括环境的剧烈振动、电容器支撑不当、环境温度升高和电压纹波明显。

No. 019 钽电容器的短路和开路故障

1. 结构描述及特性介绍

（1）结构描述

① 钽电解电容器有固体钽电解电容器和液体钽电解电容器两种，它们分别被称为固体钽电解电容器和非固体钽电解质电容器。固体钽电解电容器结构如图 No.019-1 所示。

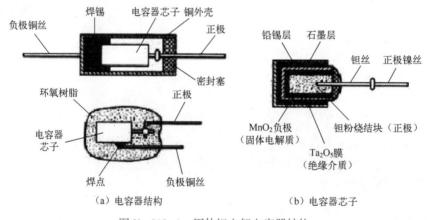

（a）电容器结构　　　　（b）电容器芯子

图 No.019-1　固体钽电解电容器结构

② 钽电解电容器的正极是钽粉烧结块，绝缘介质为 Ta_2O_5，负极是 MnO_2 固体电解质。将电容器的芯子焊上引出线再装入外壳内，然后用橡胶塞封装，便构成了固体钽电解电容器。有的电容器芯子采用环氧树脂包封构成固体钽电解电容器。

（2）特性介绍

① 由于钽电容器采用颗粒很细的钽粉烧结成多孔的正极，所以单位体积内的有效面大，而且钽氧化膜的介电常数比铝氧化膜的介电常数大，因此在相同耐压和电容量等条件下，钽电解电容器的体积比铝电解电容器要小得多。

② 漏电流小、损耗低、绝缘电阻大、频率特性好、容量大、寿命长。

③ 钽电解电容器主要用于铝电解电容器性能参数难以满足要求的场合，如要求电容器体积小、上下限温度范围大、频率特性及阻抗特性好、产品稳定性高的军用和民用整机电路。

④ 钽电容器具有自恢复特性，即由介质击穿产生的能量将 MnO_2 层中的局部缺陷转化

成电阻性更强的氧化物。反复的自恢复过程会导致元件的电容值稍微增加。

⑤ 钽电解电容器常见的故障现象有短路、介质击穿及开路。

2. 故障形成原因及机理

① 短路：短路故障形成的原因和机理如下：

- 由于介质性能降低或者外加电压过高而引起介质击穿（打火）；
- 过大的电流（浪涌电流）超过介质局部区域的瞬时功率耗散能力导致热失控；
- 过大的纹波电流引起的热失控；
- 由于接线端与电极之间的高阻接触而导致过热，或外加电压极性接反。

② 介质击穿：由于外加电压过高或电容器内部气体电离而引发介质击穿。

③ 开路：开路故障形成的原因和机理如下：

- 由于温度循环或机械振动，致使电容器的内部连接分开；
- 由于强热或大电流而熔化或汽化电容器内部电接点。

3. 解决措施

按故障形成原因及机理，可有针对性地采取措施予以解决。

No. 020　微调电容器的寄生电流和电容量发生变化

1. 结构描述及分析

① 微调电容器允许电路装配好之后将电路中的电容值调整到最终值。

② 微调电容器用于补偿元件电容值的变化，可能影响频率敏感电路性能的可变寄生电容。

③ 典型微调电容器用螺丝刀进行调节。一块（或一组）极板相对于另一块（或一组）极板旋转，将改变极板的重叠部分，从而改变电容值。典型微调电容器的调节结构如图 No. 020-1 所示。

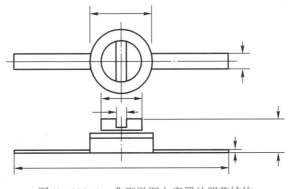

图 No. 020-1　典型微调电容器的调节结构

2. 故障形成原因及机理

（1）形成原因

要求能实际调节一块（或一组）极板的位置以及在外壳内存在的腔室，就可能引起微调电容器产生以下两种常见故障：

- 由于污染物在两块极板之间引起的寄生电阻，从而引起寄生电流；
- 由于两块极板之间实际距离的机械不稳定性，从而引起电容值发生变化。

（2）形成机理

上述两种故障的形成机理如下所述。

① 污染物：在微调电容器的使用过程中，污染物可能在任何时候进入微调电容器。然而，由于以下原因，污染物更可能在装配操作中进入微调电容器：

- 在装配工具中存在污染物；
- 在装配操作期间会先将微调电容器加热，之后立刻进行冷却。这种冷热顺序将使电容器内部气体的压力增加，然后再降低。如果电容器不是密封的，污染物就可能因冷却阶段造成的相对低的气压被吸入封装内部。

微调电容器中的污染物最有可能通过增大电容器两块极板（或一组极板）之间的漏电流来影响电容器的性能。

② 机械不稳定性：微调电容器的实际结构可以引起机械不稳定性，特别是由于装配过程剩余应力造成的机械不稳定性。对于微调电容器，应在弯曲和移动都减小到最小限度的稳定平台上进行安装。微调电容器两块极板（或一组极板）之间，出现任何相对运动都将改变电容值。

3. 解决措施

① 注意装配场地的洁净度和 7S 管理。

② 可将故障微调电容器与样品微调电容器的电容值进行比较，确定故障是否为机械不稳定性所造成。

No. 021 电感器和变压器的过热和电感量的永久性改变

1. 结构描述及特性分析

（1）结构描述

电感器和变压器由环绕一个中心铁芯的一系列平行的导体绕组组成。绕组使用的导体为电磁线，其横截面的形状可以为圆形、方形或矩形。电磁线一般由铜或铝制成。为防止重叠绕组之间或绕组与铁芯材料之间导电，电磁线具有绝缘涂层。

（2）特性分析

① 电磁线应具有柔韧性、介质强度、绝缘厚度连续性、可焊性、热塑流动性、耐热性等要求。电磁线常用的绝缘材料类型如表 No. 021-1 所示。

表 No. 021-1 电磁线常用的绝缘材料类型

耐 热 性/℃	绝 缘 类 型
105	油性树脂磁漆，聚氨酯
130	高温聚氨酯，聚氨酯-尼龙
155	聚酯

续表

耐　热　性/℃	绝 缘 类 型
180	聚酯-酰亚胺，聚酯-酰亚胺-尼龙
200	聚酯-酰亚胺
220	酰胺，聚四氟乙烯
500	氧化铝，陶瓷涂层

② 铁芯材料：选择在工作频率范围内具有高磁导率（μ）的材料作为铁芯材料，典型的铁芯材料包括铁、矽钢片和铁氧体。

③ 电感器和变压器常见的故障是过热、电感量永久性改变及变压器初、次级线组间短路。

2. 故障形成原因及机理

① 过热。引起过热的原因是：

- 绕组横截面太小；
- 铁芯损耗过大——电压过高、电流过大、频率过高；
- 铁芯内部缺陷（破裂）；
- 铁芯绝缘击穿；
- 绕组绝缘击穿。

② 电感量永久性改变。引起电感量永久性改变的原因是：

- 过热；
- 铁芯或绕组的机械损伤；
- 铁芯或绕组的铁芯绝缘性能下降；
- 绕组受到腐蚀。

③ 变压器初、次级绕组短路。引起原因是：

- 存在离子污染的潮气；
- 初、次级绕组间或绕组与铁芯之间绝缘性能下降。

3. 解决措施

基于上述不同故障的形成原因，针对具体的故障现象采取相应的技术措施予以解决。

No. 022　电阻器的开路、短路及电阻值改变

1. 结构描述及特性分析

（1）结构描述

1）电阻器常被认为是电路和系统中使用的最简单的元件，因此电阻器出故障而导致电路或系统跟着出故障的可能性往往被忽略。

2）目前所使用的电阻器可分为下述三种类型。

① 轴向双引线电阻器：两根引线固定在电阻器两端的中心，此类型的电阻器包括下述三种。

- 合成电阻器：该类电阻器经常由碳合成材料制成，阻值范围很宽。
- 线绕电阻器：由某些高阻合金线绕在绝缘芯上构成，该类电阻器具有阻值精度高和高功率的特点。
- 薄膜电阻器：采用材料薄膜在绝缘基片（诸如陶瓷）上真空淀积而成的电阻器。制造薄膜电阻器使用了包含金属在内的各种各样的材料。

② 表面安装电阻器：有矩形或圆柱形电阻器，具有金属化端面区域。

③ 厚膜电阻器：在基片（陶瓷）上采用厚膜工艺印刷而成的电阻器，电阻器的引线固定在陶瓷上以提供电接触。

（2）特性分析

① 尽管每种故障各有各的特性，但每类电阻器发生的故障类型都是相似的。

② 常见的电阻器在电路或系统中的故障是开路、电阻性短路及电阻值改变等。

2. 故障形成原因及机理

（1）故障形成原因

① 机械应力：电阻器暴露在超过其物理环境极限或极热环境中均可能引起开路，即引线与电阻器基体在机械上分离，或者电阻器基体断裂。

② 电流强度过大：电阻器是耗散功率的，若某一时间段流过电阻器的电流过大，或两端电压过高而引发大的功耗，会导致电阻器因过热而开路。

（2）故障形成机理

① 电压过高：电压过高是指超过元件正常工作电压的许多倍，但持续时间很短，还不致因功率耗散使元件特性改变的电压。过电压状态可能引起介质膜被击穿，从而导致电流流过先前为电绝缘的区域。电压过高还能导致局部区域损伤程度相对较大，而其他相邻区域的损伤则很小或者没有损伤。

② 腐蚀：腐蚀会通过除去电阻器或其引线的导电材料，或与之起反应而使电阻器的电阻增大。一部分电阻器外观的改变是可以观察到的，而当有 Ag（或相似材料）时，腐蚀则可能形成使电阻器中的部分电阻或全部电阻短路的导电丝。

③ 污染：曾观察到高阻值（>1 MΩ）的电阻器因表面污染而使电阻减小的案例。

3. 解决措施

根据上述对电阻器常见故障现象形成原因及其机理的分析，可以有针对性地采取相应措施予以解决。

No. 023　金属氧化物变阻器（MOV）的故障

1. 结构描述及特性分析

（1）结构描述

金属氧化物变阻器（MOV）是一种非线圈的器件，其外观与结构如图 No. 023-1 所示。

（2）特性分析

① 器件常用于在交、直流电路中吸收浪涌及瞬态高压的情况下，限制元件两端的电

压。器件所呈现的尖锐而又对称的击穿特性，故允许其在交、直流电路中工作。器件的伏安特性如图 No.023-2 所示。

（a）外观

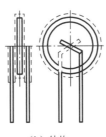

（b）结构

图 No.023-1　MOV 外观与结构

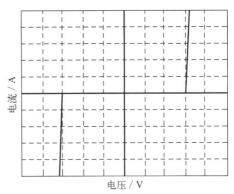

图 No.023-2　器件的伏安特性

② MOV 是一种半导体器件，它由大量的氧化锌（ZnO）颗粒构成。其基本导电机理来自烧结的氧化锌颗粒边界多重半导体结。先将氧化锌粉末烧结成陶瓷组分，然后将这些陶瓷组分用厚银膜或用电弧/火焰喷射金属形成电极。MOV 的微观结构如图 No.023-3 所示。ZnO 颗粒由晶粒间边界分隔开，ZnO 每个颗粒边界起一个 PN 结的作用。器件的厚度决定额定电压的高低，而横截面的大小则决定额定电流的大小。图 No.023-4 给出了 MOV 等效电路，引线电感在快速瞬态电压抑制方面起重要作用。

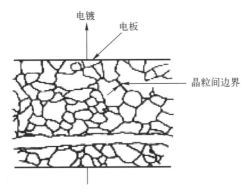

图 No.023-3　MOV 的微观结构

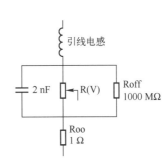

图 No.023-4　MOV 等效电路

2. MOV 典型故障及形成机理

① 短路：与二极管相似，MOV 在受到过高电压或过大电流作用时，在热失控状态中往往会发生短路损伤。为了分流故障电流，需要加装熔丝之类的保护措施。

② 开路：当故障能量过大时，MOV 可能爆炸造成开路损坏。已知的 MOV 爆炸有若干种情况，可引起人身伤害或造成设备的重大损伤。MOV 被烧坏的故障表明，过高的温度可以引发器件开路故障。由于 MOV 的典型应用是将故障电流分流到地或中线而不影响设备的正常工作，故开路故障不一定被 MOV 保护仪器所觉察。

③ 退化：由于工作期间频繁地受浪涌电流冲击，MOV 的退化将缩短器件的工作寿命并有漏电流危害。浪涌电流在 MOV 中产生热量，其值可能超过熔化氧化锌颗粒间边界的热量

值，从而引起钳位电压的逐渐降低。这样一来，MOV 在工作中会自损，使漏电流增加，随后是降低钳位电压，进而导致 MOV 爆炸。

④ 电阻性故障：MOV 爆炸后被损坏而呈电阻性，通常这会引起 MOV 过热，根据引起故障 MOV 功率的大小，可导致开路或短路。

No. 024　石英晶体振荡器常见的故障类型

1. 结构描述及特性分析

（1）结构描述

石英晶体振荡器是利用石英晶体（二氧化硅的结晶体）的压电效应制成的一种振荡器，在振荡器的两个对应面上涂敷银层作为电极，在每个电极上各焊一根引线接到引脚上，再加上封装外壳就构成了石英晶体振荡器，简称为石英晶体或晶体、晶振，其产品一般用金属外壳封装，也有用玻璃、陶瓷或塑料封装的。晶体振荡器如图 No. 024-1 所示。

　（a）石英晶体振荡器　　　　　（b）温度补偿式晶体振荡器　　　　（c）电压控制式晶体振荡器

图 No. 024-1　晶体振荡器

（2）特性分析

① 石英晶体振荡器是由品质因素极高的石英晶体振子（振荡器和振荡电路）组成。晶体的品质、切割取向、晶体振子的结构及电路形式等共同决定振荡器的性能。国际电工委员会（IEC）将石英晶体振荡器分为普通晶体振荡器（TCXO）、电压控制式晶体振荡器（VCXO）、温度补偿式晶体振荡器（TCXO）和恒温控制式晶体振荡器（OCXO）4 类。目前发展中的还有数字补偿式晶体振荡器（DCXO）。

② 石英晶体振荡器常见的故障有：（a）谐振频率频偏；（b）内部开路；（c）内部漏电；（d）与其相连的外围电容器漏电。从这些故障看，使用万用表的高阻挡和测试仪的 VI 曲线功能应能检查出（c）和（d）的故障，但这将取决于它的损坏程度。

③ 石英晶体振荡器实际应用的环境需要慎重考虑，例如，高强度的振动或冲击会给振荡器带来问题。除了可能产生物理损坏，振动或冲击可在某些频率下引起错误的动作。这些外部感应的扰动会产生频率跳动、增加噪声，导致间歇性振荡器失效。对于要求特殊 EMI 兼容的应用（EMI 是另一个要优先考虑的问题），除了采用合适的 PC 母板布局技术，重要的是选择可提供辐射量最小的时钟振荡器。一般来说，具有较慢上升/下降时间的振荡器呈现较好的 EMI 特性。

2. 故障形成原因及机理

石英晶体振荡器最可能的故障类型是谐振频率的永久性变化。这种变化可能由下列问题中的一个或几个所引起。

① 污染物的吸收或析出改变了石英晶体振荡器的质量。

② 电极界面与晶面之间的应力释放。

③ 空气透进密封组件，使晶体振荡受到衰减。

④ 石英晶体振荡器所加电压过高。

⑤ 放射性辐射引起晶体电离。

⑥ 机械振动、冲击加速（过大的力可能使电极结合或者使结构形变）。

3. 解决措施

根据上述对主要故障现象形成原因及其机理分析，可有针对性地采取对应措施予以解决。

No. 025　继电器常见的故障类型

1. 结构描述及特性分析

（1）结构描述

1）继电器是具有隔离功能的自动开关元件，广泛应用于遥控、遥测、通信、自动控制、机电一体化及电力电子设备中，是最重要的控制元件之一。

2）继电器的种类很多，常用的两种类型是机电继电器和固态继电器。

① 机电继电器：利用电信号来"断开"和"闭合"机械触点，以接通第二个电路。由控制电路产生的磁场施加引起触点机械弯曲并围绕铰链旋转或沿直线移动的力，继电器在控制电路与接触电路之间提供有效的电隔离。常用的机电继电器类型如下所述。

- 闩锁继电器：复位前触点一直锁定在其一特定位置；
- 极化继电器：动作取决于控制线圈电流的极性；
- 步进继电器：当控制线圈有脉冲电流激励时，触点跃变到相应位置；
- 联锁继电器：继电器的状态只能依靠不同继电器的状态来改变；
- 延时继电器：控制信号的加入与继电器状态改变之间的时间可以通过程序控制。

常见的机电继电器的结构外观如图 No.025-1 所示。

| 微型 | 超小型 | 小型 | 半封闭式 | 封闭式 | 单组触点 | 多组触点 |

图 No.025-1　常见的机电继电器的结构外观

② 固态继电器：固态继电器由背对背的晶闸管或其他半导体器件组成，是一种两个接线端为输入端，另两个接线端为输出端的四端器件，中间采用隔离器件实现输入与输出的电隔离。常见的固态继电器类型如下所述。

- 按负载电源类型可分为交流型和直流型；
- 按开关形式可分为常开型和常闭型；
- 按隔离形式可分为混合型、变压器隔离型和光电隔离型，以光电隔离型为最多。

常见的固态继电器结构外观如图 No. 025-2 所示。

图 No. 025-2　常见的固态继电器结构外观

（2）特性分析

① 继电器是一种当输入量（电、磁、声、光、热）达到一定值时，输出量将发生跳跃式变化的自动控制器件。继电器实质是一种传递信号的电器，它通过输入信号达到不同的控制目的。

② 只要条件允许，继电器的线圈保护应使继电器线圈和铁芯无论在线圈导通或断开时都处于等电位，以避免电化学腐蚀。

③ 触点保护继电器的触点保护的线路很多，对电感性负载通常采用负载并联二极管消除火花，与触点并联 RC 吸收网络或压敏电阻器来保护触点；对容性负载和灯负载通常采用在负载回路串联小阻值功率电阻器或串联 RL 抑制网络来抑制浪涌电流的冲击。

④ 在电磁干扰或射频干扰比较敏感的装置周围，最好不要选用交流电激励的继电器。直流继电器要选用带线圈瞬态抑制电路的产品。在那些用固态器件或电路提供激励以及对尖峰信号比较敏感的地方，也要选择有瞬态抑制电路的产品。

⑤ 国内外长期实践证明，约 70% 的故障发生在触点上，这足见正确选择和使用继电器触点非常重要。

2. 故障形成原因及机理

由上述分析可知，继电器的故障主要是触点系统发生的故障，诸如：

- 触点电路开路；
- 触点衔铁机械损坏，如断裂或弯曲；
- 来自污染物的黏附或过热使衔铁固定在原位不动；
- 触点表面存在有机污染物或无机物并形成薄膜；
- 触点表面被腐蚀；
- 触点电路闭路；
- 触点电流过大，使触点接触部分金属熔化、粘连而不能断开；
- 控制线圈开路；
- 线圈电流过大将线圈导线烧损；
- 线圈导线出现机械断裂；
- 控制线圈与触点短路。

3. 解决措施

① 正确选择继电器吸合电流：吸合电流是指使继电器能够产生吸合动作的最小电流。在正常使用时，给定的电流必须略大于吸合电流，这样继电器才能稳定地工作。

② 对于线圈所加的工作电压，一般不要超过额定工作电压的 1.5 倍，否则会产生较大的电流而把线圈烧毁。

③ 正确选择继电器释放电流：释放电流是指使继电器产生释放动作的最大电流。当继电器吸合状态的电流减小到一定程度时，继电器就会恢复到未通电的释放状态，这时的电流远远小于吸合电流。

④ 合理地选择触点切换电压和电流：触点切换电压和电流是指继电器允许加载的电压和电流，它决定了继电器能控制电压和电流的大小，在使用时不能超过此值，否则很容易损坏继电器的触点。

⑤ 尽可能采用固态继电器：固态继电器灵敏度高，可防电磁干扰和射频干扰。

⑥ 尽可能选用组合和多功能继电器：组合和多功能继电器能与 IC 兼容，可内置放大器，灵敏度可提高到微瓦级。

⑦ 在现代高可靠性的微电子设备中，尽可能采用小型化和片状化等新型继电器，如 IC 封装的军用 TO-5（8.5 mm×8.5 mm×7.0 mm）继电器，就具有很高的抗震性，可使设备更加可靠。

第二篇

PCBA 安装焊接中 PCB 缺陷（故障）经典案例

No.026　Cu 离子沿陶瓷基板内空隙的迁移

1. 现象描述及分析

Cu 离子在陶瓷基板内树脂中的空隙迁移（见图 No.026-1），使电极之间相连接造成短路。

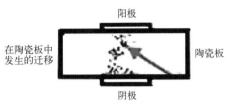

图 No.026-1　Cu 离子在陶瓷基板内树脂中的空隙迁移

此种迁移现象基本上与在界面上的迁移相同。但是，因其表面不规则，看起来不相同。有代表性的例子如图 No.026-2 所示的陶瓷空隙中发生的铜迁移和空洞迁移。

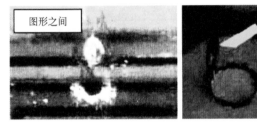

图 No.026-2　陶瓷空隙中发生的铜迁移和空洞迁移

2. 形成原因及机理

（1）形成原因

该现象是由在加电压试验或实际使用中，Cu 离子沿着电极之间的空隙迁移所导致的。

（2）迁移机理

电迁移是在直流电压影响下发生的离子运动，潮湿是造成电迁移的重要原因。在潮湿条件下，金属离子会在阳极形成并向阴极迁移形成树枝状晶体（简称树枝晶）（见图 No.026-1），当树枝晶连接了两个导体时就会造成短路。

影响电迁移的因素很多，包括基板和金属种类、污染物、电压梯度和足够的湿气。其中，足够的湿气是关键，因为如果表面没有足够的水单分子层，就不可能发生离子迁移。

在电迁移中，导致失效的原因可能有树枝晶的生长、电路短路或者形成导电阳极细丝（CAF）。树枝晶在表面形成可能是焊膏中助焊剂残留或其他残留物的污染所致。在偏压情况下，阳极金属发生溶解移向阴极并在阴极还原，形成金属树枝晶。偏压下发生的电迁移如图 No.026-3 所示。

树枝晶的特性与表面金属相关，在阳极可能发生如下的氧化反应：

$$Cu \Rightarrow Cu^{n+} + ne^-$$

$$Pb \Rightarrow Pb^{2+} + ne^-$$
$$Sn \Rightarrow Sn^{n+} + ne^-$$

产生的树枝晶分别有铜的树枝晶（见图 No. 026-4）和夹杂着多面体状氧化锡的铅的针状树枝晶（见图 No. 026-5）；铜的树枝晶和铅的针状树枝晶在阴极生长，多面体状氧化锡在阳极周围沉淀。

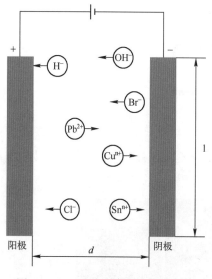

图 No. 026-3　偏压下发生的电迁移

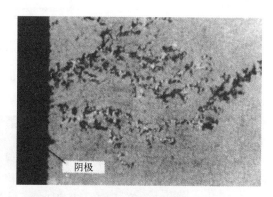

图 No. 026-4　铜的树枝晶

当阳极部分被完全腐蚀穿时就会导致断路，如图 No. 026-6 所示。

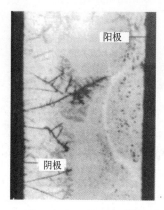

图 No. 026-5　夹杂着多面体状氧化锡
的铅的针状树枝晶

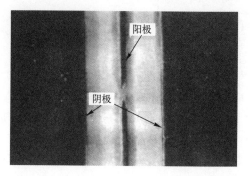

图 No. 026-6　当阳极部分被完全腐蚀穿时
就会导致开路

3. 解决措施

① 在储存、运输、组装和应用中要采取妥善可靠的防湿措施。

② 在各工序操作中，要贯彻执行 7S 要求，阻断一切污染源。大多数工艺中引入的污染物都不是相互孤立的，而是几种离子同时存在的，部分离子之间还会反应生成新的离子。其中一个简单的例子就是铜与湿空气的反应，通常形成 Cu^{2+} 离子，然而氯化物的存在有利

于 Cu^{2+} 离子的生成，形成诸如 $(CuCl_2)^-$ 的络合物。

③ 要不断改善电子装备的储存和使用环境条件，保持工作环境的干燥。

④ 要尽可能选用抑制电迁移性能好的基板材料。

No. 027　单板背面局部位置出现白色斑点

1. 现象描述及分析

某 PCB 基板在组装生产中，发现在基材背面的导线边缘附近的局部位置出现白色斑点，如图 No.027-1 所示。

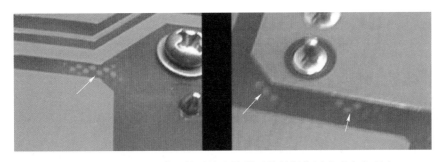

图 No.027-1　在基材背面的导线边缘附近的局部位置出现白色斑点

这种在组装过程中发生在基材内部的白色斑点和微裂纹，通常不会进一步扩展。基材内白色斑点的切片图如图 No.027-2 所示，该图显示了这种发生在基材内部的、在织物交织处玻璃纤维与树脂分离的现象。

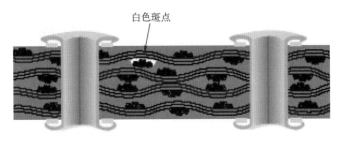

图 No.027-2　基材内白色斑点的切片图

2. 形成原因及机理

上述的在基材表面下出现分散的白色斑点或十字纹通常与热应力有关。例如，PCB 在制造或组装过程中吸收了湿气，这些渗入到基材内部的湿气，在组装焊接过程中以微小气泡的形式挥发出来。由于铜箔的不透气性，这些小气泡在铜箔底下越集越多，气泡中的压力也越来越大，铜箔底下便成了挥发气体的高压区。它们必然要向无铜箔的低压区迁移，从而在铜箔的边缘附近的玻璃纤维织物的交织处（通常是树脂不易浸透处）聚集，形成小的气泡颗粒（空洞）。从板面的外观看，就是如图 No.027-1 所示的白色斑点。

3. 解决措施

① PCB 在制造、运输、储存和组装过程中均要采取防湿措施，特别是在湿热环境中更

要重点关注。

② 对非真空密封包装的 PCB，在开包后要先在 120℃的烘箱中烘烤 2 小时后再上线组装。

No. 028　PCB 基板晕圈和晕边

1. 现象描述及分析

在 PCB 组装焊接中（特别是波峰焊接中），常能出现非 PTH（Plating Through Hole，电镀通孔，通孔）过孔边缘或者 PCB 边缘发白的现象。通常将环绕在孔周围的发白区域称为晕圈，如图 No. 028-1 所示，而将发生在其他机械加工部位的发白区域称为晕边，如图 No. 028-2 所示。

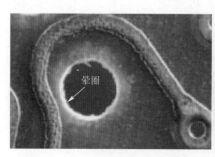
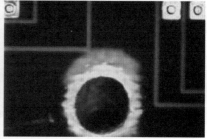

图 No. 028-1　晕圈

图 No. 028-2　晕边

这种现象大多在 PCB 基板加工过程中就已潜伏下来了，例如，受到了不锋利钻头和冲切的模具的冲击，使加工的孔壁和板边缘胶层稍有剥落，形成粗糙的毛刺。

2. 形成原因

晕圈和晕边是一种由机械性原因引起的基材表面或表面下的局部区域的碎裂或分层现象。由于 PCB 制造过程中所形成的粗糙的孔壁和边缘正是最易吸收和积蓄湿气的地方，故在波峰焊接的突发高温下（例如，250~260℃），湿气瞬间剧烈蒸发的巨大蒸汽压，将毛糙的孔和板边缘撕裂，从而形成白色的孔周边的晕圈和板边缘的晕边。

3. 解决措施

① PCB 供方要改进 PCB 机械加工质量，提高加工面的平整性和光洁度。

② PCB 上线组装前，可将其置入 120℃ 的烘箱中烘烤 2 小时。

No. 029　PCBA 组装中暴露的 PTH 缺陷

1. 现象描述

（1）PTH 内壁空洞

特征：在 PTH（通孔）内壁导体内存在空洞。PTH 内壁空洞如图 No. 029-1 所示。

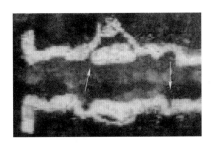

图 No. 029-1　PTH 内壁空洞

（2）PTH 缺口

特征：在焊环的局部具有缺口形成的缺陷。PTH 缺口如图 No. 029-2 所示。

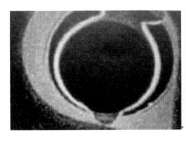

图 No. 029-2　PTH 缺口

（3）PTH 焊环缺口

特征：PTH 内壁局部缺铜。焊环缺口如图 No. 029-3 所示。

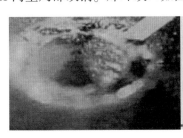

图 No. 029-3　焊环缺口

（4）通孔拐角鼓起

特征：PTH 拐角处的镀铜层鼓起。PTH 拐角鼓起如图 No. 029-4 所示。

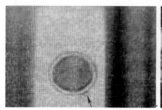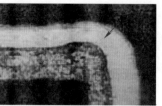

图 No. 029-4　PTH 拐角鼓起

（5）PTH 拐角损坏

特征：从焊环到 PTH 的拐角有损坏。PTH 拐角损坏如图 No. 029-5 所示。

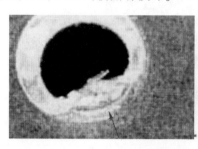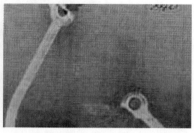

图 No. 029-5　PTH 拐角损坏

2. 形成原因

（1）PTH 内壁空洞

在对 PTH 进行电镀时，活化处理、催化处理、增速处理等的钯核具有非吸附性，由此引起了该缺陷。

（2）PTH 缺口

在图形转移时焊环就有缺口，由此导致了 PTH 缺口。

（3）焊环缺口

由于 ET（蚀刻）图形与 PTH 的相关位置偏移，造成抗蚀膜破裂或者剥落，使得浸入的 ET（蚀刻）液腐蚀了 PTH 导体的局部，从而造成焊环缺口。

（4）通孔拐角鼓起

钻孔条件不合适引发拐角的毛刺，在镀铜前的表面处理时又没有消除这些毛刺，而就在其上镀铜，由此引起通孔拐角鼓起。

（5）通孔拐角损坏

图形转移后，焊环因接触某些物体或者受到某种冲击，导致通孔拐角损坏。

3. 解决措施

（1）通孔内壁空洞

PCB 承制方应加强工艺过程控制和工艺参数的监控，确保产品制造质量。

（2）PTH 缺口

同（1）。

（3）焊环缺口

同（1）。

（4）通孔拐角处鼓起

同（1）。

（5）通孔拐角处损坏

同（1）。

No. 030　OSP 涂层缺陷

1. 现象描述及分析

（1）现象描述

采用 OSP 工艺的 PCBA 在施焊过程中，首先由于助焊剂和温度的联合作用，使得由 OSP 和 Cu 反应形成的铜的络合物分解，在 Cu 箔表面留下润湿性非常好的活性 Cu 层，和焊料合金发生冶金反应所生成的界面反应层与 Sn 基焊料合金和 Cu 的反应完全一样。OSP 膜本身不具备助焊能力，焊接前应保证在孔内涂上足够量的助焊剂，保证有足够的预热时间，以使孔内 OSP 膜被彻底溶解掉。OSP 涂层在应用中经常出现的缺陷是：涂布不均匀、表面发黏、表面黏附异物、选用型号不合适及表面有凹陷等。

（2）现象分析

① OSP 涂层涂布不均匀，如图 No.030-1 所示。形成的原因是，在涂布时 OSP 物料供应不足。

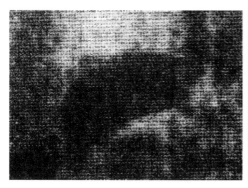

图 No.030-1　OSP 涂层涂布不均匀

② OSP 涂层发黏，如图 No.030-2 所示。该缺陷主要是由 OSP 的黏度异常或者涂布之后烘干不充分等引起的。

③ 所涂布的 OSP 选用型号不合适。OSP 有几种不同的类型，诸如溶剂型 OSP、水溶性 OSP 及耐热性 OSP 等，该缺陷由涂布操作人员的选用错误所致。

④ OSP 涂层表面黏附异物，如图 No.030-3 所示。表面黏附异物主要是在 OSP 涂覆后的各个工序中附着上去的。

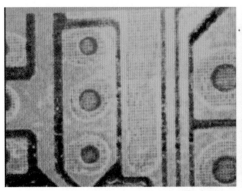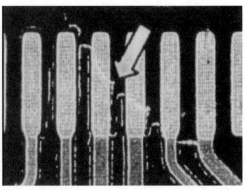

图 No. 030-2　OSP 涂层发黏

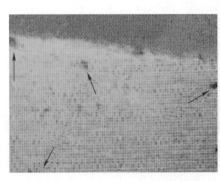

图 No. 030-3　OSP 涂层表面黏附异物

⑤ OSP 涂层凹陷，局部有不黏结现象，如图 No. 030-4 所示。该现象是由于在 OSP 涂布前，基底面有油类等妨碍 OSP 附着所致。

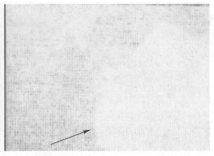

图 No. 030-4　OSP 涂层凹陷，局部有不黏结现象

2. 形成原因及机理

（1）形成原因

归纳上述分析，可以得出结论：上述所列举的 OSP 涂层的缺陷，均系上游 PCB 制造过程所出现的问题，责任均在上游制造方。

（2）形成机理

请参阅相关专业书籍和资料，此处不多介绍。

3. 解决措施

① PBC 制造方：应改善 OSP 涂布工艺，强化工艺过程控制，切实确保产品质量。

② 应用方：应加强对来料入库前的产品质量验收，坚决杜绝不良品流入生产线。

No. 031　PCB 镀 Au 层不良

1. 现象描述及分析

（1）现象描述

由于 PCB 基板镀 Au 层抗腐蚀好，故通常不能用外观来判定 PCB 基板镀 Au 层的质量，多数情况下是要在焊接后进行检查或者在使用中出现故障后才能判断其质量。镀 Au 层质量问题只有当出现焊料漫流性不良时才能被发现。

① 在进行再流焊接时，焊料呈球状不漫流，如图 No. 031-1 所示。

② 焊盘有黑色腐蚀层，黑焊盘如图 No. 031-2 所示。

图 No. 031-1　焊料呈球状不漫流

图 No. 031-2　黑焊盘

（2）现象分析

① 针对图 No. 031-1：

● 即使变更焊料后仍不能漫流开，如图 No. 031-3 所示。

● 调整再流焊接"温度-时间曲线"后焊料的漫流性有所变化，如图 No. 031-4 所示。

图 No. 031-3　变更焊料后仍
不能漫流开

图 No. 031-4　调整"温度-时间曲线"
后漫流性有变化

● 使用强活性助焊剂后润湿性有改善，如图 No. 031-5 所示（此种情况不推荐使用）。

② 针对图 No. 031-2：

● 剥除引脚后的焊盘，如图 No. 031-6 和图 No. 031-7 所示。

图 No.031-5　使用强活性助焊剂
后润湿性有改善

图 No.031-6　剥除引脚后的焊盘（一）

● 再流焊接后未被焊料润湿的焊盘，如图 No.031-8 所示。

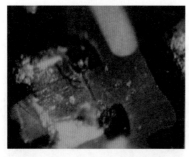

图 No.031-7　剥除引脚后
的焊盘（二）

图 No.031-8　再流焊接后未被焊料
润湿的焊盘

③ 再流焊接后的焊点质量：

● 再流焊接后的焊点形貌如图 No.031-9 所示。从图中可以看出，在焊盘的周围有助焊剂残余物和被润湿焊料的一部分残留，焊料未漫流。

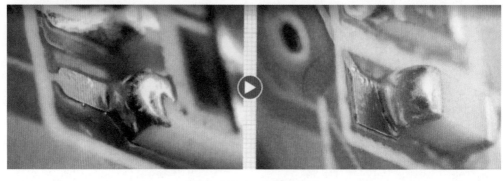

图 No.031-9　焊料未漫流

● 因焊膏印刷偏位，造成焊点焊料不足，且在焊盘周围有助焊剂残渣。焊料不足而引起的印刷偏移如图 No.031-10 所示。

● 由于镀 Au 层不良造成焊料堆积（未漫流），如图 No.031-11 所示，助焊剂残留物覆盖在焊盘上。

图 No.031-10 焊料不足而引起的印刷偏移

图 No.031-11 由于镀 Au 不良造成
焊料堆积（未漫流）

2. 形成原因及机理

（1）形成原因

上述现象由 PCB 制程中镀 Au 工艺不良所造成。

（2）形成机理

PCB 制造方在 PCB 镀 Au 制程中，镀 Au 的置换反应过度，由于镀槽药水侵蚀或者氧化了镀 Ni 层的沉积颗粒所引起（即发生在镀 Ni 后→镀 Au 制程中）。

3. 解决措施

① PCB 基板制造方应改进工艺，加强对镀 Au 制程的工艺控制，切实确保镀 Au 层的质量。

② 应用方可酌情优化再流焊接的"温度-时间曲线"。

③ 通过试验优选综合性能更好的焊膏材料。

No.032 PCB 镀 Cu 层缺陷

1. 现象描述及分析

（1）现象描述

镀 Cu 工艺在现代 PCB 基板的制程中，大都用于使用超薄 Cu 箔的覆铜板刻蚀后的图形加厚和 PTH 壁金属化的工序中。因此，镀 Cu 层的质量对其下游电子组装质量的影响极大，主要缺陷是镀 Cu 层粗糙、有胶迹、起泡、镀 Cu 瘤、厚度异常、剥落、烧焦、空洞、分散能力差等。

（2）现象分析

在电子组装末端工序中，经常遇到的镀 Cu 层的主要缺陷现象分析如下。

① 表面粗糙、有胶迹：镀 Cu 层表面粗糙，有小的凸出缺陷，如图 No.032-1 所示。这是由于以镀铜液中细微杂物为晶核，电镀沉积物集中在镀层表面而引起的。

② 安装面有胶迹：它表现为镀层安装面有异常凹凸形状的缺陷，如图 No.032-2 所示。这是由于镀 Cu 层基底的导线附着了黏性物质，然后再在其上镀 Cu 而引起的。

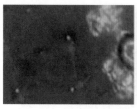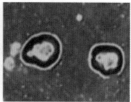

图 No. 032-1　表面粗糙　　　　　　　图 No. 032-2　安装面有胶迹

③ 镀 Cu 层起泡：镀 Cu 层表面有起泡形貌的缺陷，如图 No. 032-3 所示。该缺陷是由于 Cu 层表面附着有某种杂物，影响了镀 Cu 层的结合力所造成的。

④ 镀 Cu 层异常：表面有麻点，如图 No. 032-4 所示。该缺陷主要是由镀 Cu 面在镀前残留的某种杂物引起的。

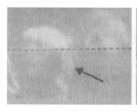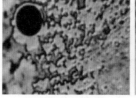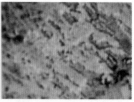

图 No. 032-3　镀 Cu 层起泡　　　　　图 No. 032-4　镀 Cu 层异常

⑤ 镀 Cu 瘤：在镀 Cu 层表面可见有较大凸瘤缺陷，如图 No. 032-5 所示。该缺陷是由于在镀 Cu 时，以 Cu 箔表面残留的细微杂物为晶核，异常地沉积 Cu 而引发的。

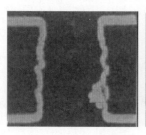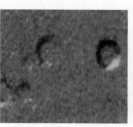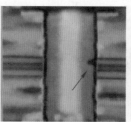

图 No. 032-5　镀 Cu 瘤

⑥ 镀层厚度异常：不能满足标准要求，如图 No. 032-6 所示。原因是在镀 Cu 时电流密度、镀液温度、电镀时间等失控。

⑦ 镀 Cu 层抗剥离强度差，如图 No. 032-7 所示，主要原因是镀层的基底被玷污。

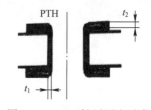

图 No. 032-6　镀层厚度异常

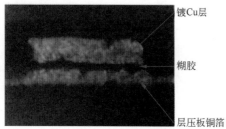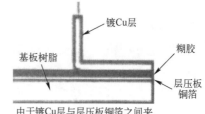

由于镀 Cu 层与层压板铜箔之间夹杂胶层，故抗剥离强度极低

图 No. 032-7　镀 Cu 层抗剥离强度差

⑧ 镀 Cu 层烧焦：镀 Cu 层表面粗糙、无光泽，偶尔可见少量的粉状物沉积，如图 No.032-8 所示。该缺陷是因镀 Cu 时电流过大所导致的。

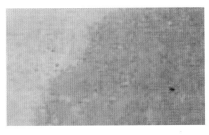

图 No.032-8　镀铜层烧焦

⑨ 镀 Cu 层空洞：在镀 Cu 沉积导线的局部可见沉积铜的空洞，如图 No.032-9 所示。其主要形成原因是在镀 Cu 时，由于某种原因，使得局部不沉积 Cu 所造成的。

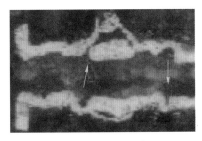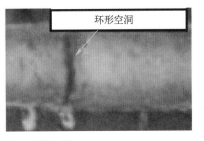

图 No.032-9　镀 Cu 层空洞

2. 形成原因及机理

（1）形成原因

由上述分析可知，PCB 基板镀 Cu 层的缺陷均是由 PCB 供应商在 PCB 基板镀 Cu 制程中工艺不良或工艺过程参数失控造成的。

（2）形成机理

请参阅相关专业文献和资料，本处不再重复。

3. 解决措施

① PCB 生产方应不断改进工艺，加强工艺过程监管，确保成品出厂质量。

② 应用方应加强对来料的入库验收，拒收一切不合格品入库。

No.033　PCB 焊料热风整平（HAL）涂层的缺陷

1. 现象描述及分析

（1）现象描述

PCB 焊料热风整平（HAL）涂层是电子制造末端（装联）工艺，特别是在有铅工况中最常采用的一种比较成熟的常规工艺。在应用中常见的缺陷现象是：焊料局部堆积、厚薄不均、无光泽、润湿性不良、桥连等。

（2）现象分析

① 焊料涂层表面有半圆形隆起、局部堆积，如图 No.033-1 所示。出现此现象的原因大多是焊料中杂质成分（特别是铜）超标。

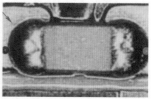

图 No.033-1　焊料涂层表面有半圆形隆起、局部堆积

② 焊料涂层无光泽，如图 No.033-2 所示。产生该缺陷的主要因素是焊料成分异常（如含 Cu 量超标）或者热风整平后表面被摩擦。

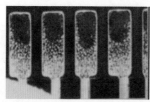

图 No.033-2　焊料涂层无光泽

③ 焊料涂层润湿性差，如图 No.033-3 所示。该缺陷主要是由于焊料中含 Cu 量超标，成分异常所导致的。

图 No.033-3　焊料涂层润湿性差

④ 桥连，如图 No.033-4 所示。产生桥连的主要原因是焊料中含 Cu 过多，焊料成分异常。

⑤ 焊料中卷入异物，如图 No.033-5 所示。该缺陷主要是由于落入焊料槽中的异物又被转移到热风整平层所引起的。

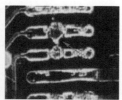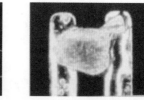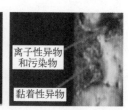

图 No.033-4　桥连　　　　　　　　　图 No.033-5　焊料中卷入异物

⑥ 孔内堵塞焊料，如图 No.033-6 所示。该缺陷主要是热风整平制程中风压太低，或者定时受吹风不良而造成的。

⑦ 热风整平时划伤，如图 No. 033-7 所示。该缺陷主要是在进行热风整平时，板件翘曲或者压板不合适，板件提升时碰撞 HAL 装置所引起的。

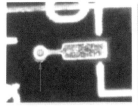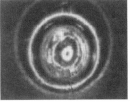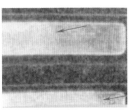

图 No. 033-6　孔内堵塞焊料　　　　　　　图 No. 033-7　热风整平时划伤

⑧ 焊料层厚度不均匀，如图 No. 033-8 所示。该缺陷主要是由于 HAL 喷射风压太低或者喷嘴被堵塞引起的。

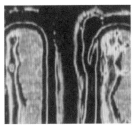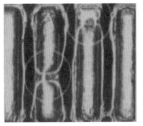

图 No. 033-8　焊料层厚度不均匀

⑨ 焊料黏附，如图 No. 033-9 所示。该缺陷是由于在 SR（阻焊剂）剥落部位附着了焊料所引起的。

⑩ 焊料珠黏附，如图 No. 033-10 所示。这是因在 HAL 工序的传送过程中，SR（阻焊剂）表面压入焊珠所引起的。

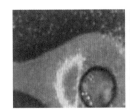

图 No. 033-9　焊料黏附　　　　　　　图 No. 033-10　焊料珠黏附

2. 形成原因及机理

（1）形成原因

综上分析可归纳出：形成焊料热风整平（HAL）涂层的各种缺陷现象的根源均在 PCB 的热风整平制程。

（2）形成机理

可参阅相关专业资料和书籍。

3. 解决措施

① PCB 制造方：应完善焊料热风整平（HAL）工艺，强化其工艺过程参数的监控，确

保产品的制造质量。

② 应用方：应加强对来料入库前的产品质量验收，坚决拒绝不合格品入库。

No. 034　PCB 铜通孔（PTH）缺陷

1. 现象描述及分析

（1）现象描述

镀铜通孔（PTH）是制造多层 PCB 中用于各层 PCB 电路图形之间实现电气上互连的主要手段。镀铜通孔的互连质量对 PCBA 及电路系统的可靠性起着关键性作用。在电子制造末端装联工艺中，最常见的 PTH 加工异常现象有：钉头、通孔毛刺、孔内壁粗糙、孔内残留钻污、通孔内空洞、孔内壁镀瘤、反向凹蚀、通孔缺口、焊环缺口、通孔拐角鼓起、灯芯、通孔拐角损坏等。

（2）现象分析

① 采用通孔连接，内层导线的截面形状好像牵牛花，如图 No. 034-1 所示。该缺陷主要是由钻孔条件不良引起的。

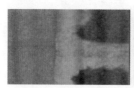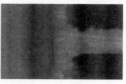

图 No. 034-1　内层导线的截面形状好像牵牛花

② 通孔毛刺，如图 No. 034-2 所示，该缺陷是由铜通孔入口残留的毛刺未被消除就直接在其上镀铜产生的。

图 No. 034-2　通孔毛刺

③ 通孔内壁粗糙，如图 No. 034-3 所示，该现象的出现主要是钻孔条件不合适，转速偏低所导致的。

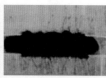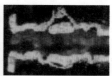

图 No. 034-3　通孔内壁粗糙

④ 通孔内残留钻污，如图 No. 034-4 所示。该现象的出现主要是钻孔条件不合适，产生了过多的钻污，在除钻污工序未将其消除干净，便在钻污上镀铜所导致的。

⑤ PTH 内壁导线内有空洞，如图 No. 034-5 所示。该现象主要是在通孔电镀工序的活

化处理、催化处理、增速处理等过程中，由钯核的非吸附性所引起的。

 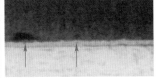 

图 No. 034-4　通孔内残留钻污　　　　　图 No. 034-5　通孔内壁导线
内有空洞

⑥ 通孔内壁有疙瘩形状的凸瘤，如图 No. 034-6 所示。该现象是在钻孔时形成的凸瘤，或者由于细微杂物等的晶核在通孔镀铜过程中异常沉积而造成。

  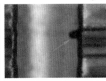 

图 No. 034-6　通孔内壁有疙瘩形状的凸瘤

⑦ 通孔焊环局部缺口以及通孔内壁局部无铜，分别如图 No. 034-7 和图 No. 034-8 所示。形成的原因：前者是在图形转移时焊环就有缺口；而后者是由于 ET（蚀刻）图形与通孔的相关位置偏移，造成抗蚀膜破裂或者剥落，浸入的 ET 液局部腐蚀了通孔导线而引起的。

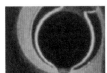   

图 No. 034-7　通孔焊环局部缺口　　　　图 No. 034-8　通孔内壁局部无铜

⑧ 通孔内壁内层导线部位有环形凹陷以及通孔拐角的镀铜层鼓起，分别如图 No. 034-9 和图 No. 034-10 所示。前者是在多层板钻孔后，在进行除钻污处理时内层导线被咬掉，造成反向凹蚀而引起的；而后者系钻孔条件不合适引发拐角毛刺，在镀铜前进行表面处理时没有除去这些毛刺，直接在其上镀铜而引起的。

 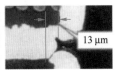

13 μm

图 No. 034-9　通孔内壁内层导线　　　　图 No. 034-10　通孔拐角的镀铜层鼓起
部位有环形凹陷

⑨ 灯芯现象，如图 No. 034-11 所示，该缺陷是由于药液沿着通孔外壁的玻璃纤维浸入并沉积铜造成的，产生的原因是钻孔条件不合适，孔内壁严重粗糙，除钻污液和电镀液沿着该部位的玻璃纤维浸入，镀铜层在玻璃纤维内延伸所引起的。

⑩ 通孔焊环到通孔的拐角有损坏，如图 No. 034-12 所示。该缺陷造成的原因是图形转移后，焊环接触了某种物体或者受到冲击。

图 No.034-11　灯芯现象

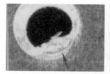

图 No.034-12　通孔焊环到通孔的拐角损坏

2. 形成原因及机理

（1）形成原因

综上分析可知，形成镀铜通孔的各种缺陷均由于 PCB 制造中各相关工序不良。

（2）形成机理

请参阅相关的专业资料和书籍，为节约本书篇幅故此处从略。

3. 解决措施

① PCB 制造方：应改善并不断完善工艺，切实确保产品质量，为用户负责。

② PCB 应用方：加强对 PCB 来料入库前的质量验收，决不让不合格品入库。

No. 035　PCB 银通孔（PTH）缺陷

1. 现象描述及分析

（1）现象描述

对导电性要求高的射频产品，对 PCB 上的通孔往往采用银膏填充，以提高电路工作的可靠性，在此我们将其简称为银通孔。在采用银通孔的 PCB 的应用中，最常见的缺陷现象有：银通孔填充不足、银通孔的银膏过剩、表面涂层偏移、银膏飞溅、银膏填充过量、银膏渗出、银膏中卷入杂物、银通孔表面涂层有缺口、银通孔局部欠缺、银通孔内有空洞等。

（2）现象分析

① 银膏没有充分地连接表里线路，银通孔填充不足如图 No.035-1 所示。其形成原因为在通孔内或者银膏内夹杂细微的纤维，妨碍了银膏的填充。

② 银通孔颈部位银膏过剩，如图 No.035-2 所示。其主要形成原因是银膏的黏度异常。

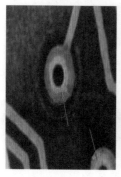
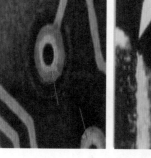

图 No.035-1　银通孔填充不足

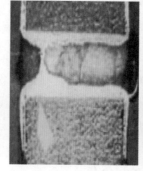

图 No.035-2　银通孔颈部位银膏过剩

③ 银通孔的表面涂层偏移（见图 No.035-3），局部露出银膏。其主要形成原因是在印刷工序中，因为银通孔表面涂层的对位不准或者网板偏移等，致使表面涂层不能覆盖银膏。

④ 银膏飞溅（见图 No.035-4），溅落到 SR（阻焊剂）表面或者导线表面。其形成原因是操作人员疏忽职守，在印刷时使银膏飞溅，溅落在指定部位以外区域。

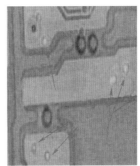

图 No.035-3　银通孔的表面涂层偏移　　　　　　　图 No.035-4　银膏飞溅

⑤ 银膏太多，银膏填充过量（见图 No.035-5），挤出后与相邻的焊环连接造成短路。此现象的发生主要是由于银膏印刷条件或者黏度不合适。

⑥ 银膏渗出（见图 No.035-6），银膏被从表面涂层挤出。该现象由银膏黏度或者印刷环境湿度等不合适所造成。

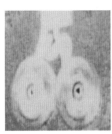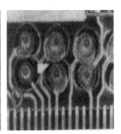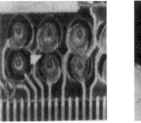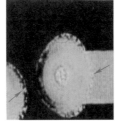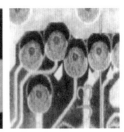

图 No.035-5　银膏填充过量　　　　　　　　图 No.035-6　银膏渗出

⑦ 银膏中卷入杂物，如图 No.035-7 所示。该现象因在印刷银膏时，银膏中卷入纤维及其他杂物所引起。

⑧ 银通孔的表面涂层有缺陷，如图 No.035-8 所示。该缺陷因表面涂层网板局部被堵塞或者表面涂层印刷后接触某种物体而产生。

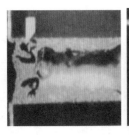

图 No.035-7　银膏中卷入杂物　　　　　图 No.035-8　银通孔的表面涂层有缺陷

⑨ 银通孔局部欠缺，如图 No.035-9 所示。该缺陷由制作银通孔网板时漏掉数据，或者网板的局部被堵塞而引起。

⑩ 银通孔内有空洞，如图 No.035-10 所示。该缺陷由层压板中喷出的气体所引起。

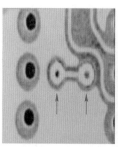

图 No.035-9　银通孔的局部欠缺　　　　图 No.035-10　银通孔内有空洞

2. 形成原因及机理

（1）形成原因

综上分析可知，形成银通孔的各种缺陷均由于 PCB 制造中各相关工序不良。

（2）形成机理

请参阅相关专业资料和书籍，为节约本书篇幅故此处从略。

3. 解决措施

① PCB 制造方：应改善并不断完善工艺，切实确保产品质量，为用户负责。

② PCB 应用方：加强对 PCB 来料入库前的质量验收，决不让不合格品入库。

No.036　PCB 基板可靠性不良

1. 现象描述及分析

（1）现象描述

PCB 基板是电子制造末端装联工序的安装平台，基板制造的可靠性是确保电子产品高可靠性的前提和基础，常见的基板可靠性不良主要表现为基板的分层、剥离、裂缝、鼓起等现象。

（2）现象分析

① 分层：在多层板的层间或者铜箔与树脂层间有剥离、偏白形状的分层缺陷，如图 No.036-1 所示。

② 剥离（爆板）：存在微细的剥离，板面有鼓起状缺陷，如图 No.036-2 所示。

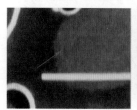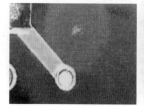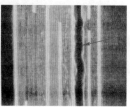

图 No.036-1　分层　　　　　　　　图 No.036-2　剥离（爆板）

③ 白斑：基材间玻璃纤维和树脂在玻璃布的织纹处分离而显示偏白点的缺陷，如图 No. 036-3 所示。

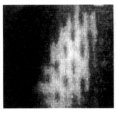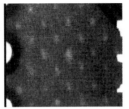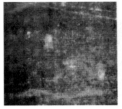

图 No. 036-3　白斑

④ 焊环翘起：焊环像牵牛花那样翘起，如图 No. 036-4 所示。

⑤ PTH 拐角裂纹：在通孔和焊环的拐角有裂纹现象，如图 No. 036-5 所示。

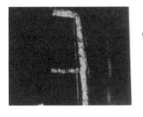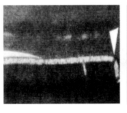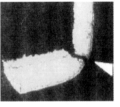

图 No. 036-4　焊环翘起　　　　　　　图 No. 036-5　PTH 拐角裂纹

⑥ 通孔裂纹：在通孔与内层连接的内侧有圆形裂缝现象，如图 No. 036-6 所示。

⑦ 通孔壁裂纹：在通孔壁上有环形裂纹，如图 No. 036-7 所示。

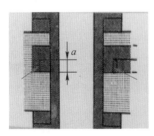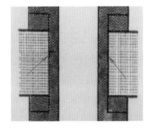

图 No. 036-6　通孔裂纹　　　　　　　图 No. 036-7　通孔壁裂纹

⑧ 微裂缝：在基材上玻璃纤维束剥离或者玻璃纤维折断等部位出现白色线形状现象，如图 No. 036-8 所示。

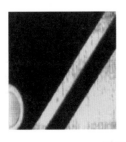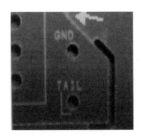

图 No. 036-8　微裂缝

⑨ PTH 树脂凹缩：通孔外壁从树脂层剥离，通孔内壁向内侧稍微隆起的缺陷，如图 No. 036-9 所示。

⑩ 抗电强度差：导线之间的绝缘层不能抵御电压而被破坏，如图 No. 036-10 所示。

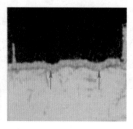

图 No. 036-9　PTH 树脂凹缩　　　　　　　图 No. 036-10　抗电强度差

2. 形成原因及机理

（1）形成原因

① 分层：各层界面的残留异物影响了黏结强度，使得 PCB 基板不能承受热应力的作用而分层。

② 剥离（爆板）：各层的界面残留异物影响黏结强度，使得 PCB 基板不能承受热应力的作用而逐渐剥离。

③ 白斑：吸湿的 PCB 受到了周期性应力或者热应力作用。

④ 焊环翘起：周期性应力造成焊环剥离。

⑤ PTH 拐角裂纹：周期性应力和集中在拐角的内应力的作用导致了疲劳破坏。

⑥ 通孔裂纹：因受周期性应力的影响，集中在通孔连接内层的内应力引发了疲劳破坏。

⑦ 通孔壁裂纹：在周期应力的作用下，集中在通孔的内应力引发了疲劳破坏。

⑧ 微裂缝：由强烈的物理应力（严重弯曲、冲击等）作用所引起。

⑨ PTH 树脂凹缩：在周期性应力的作用下，集中在通孔外壁的应力造成通孔外壁从树脂层分离，从而引起该缺陷。

⑩ 抗电强度差：由于导线之间残留某种异物或者缺陷，使其不能抵御电压而破损、断裂。

（2）形成机理

请参阅相关技术资料和书籍，此处不详述。

3. 解决措施

① PCB 制造方：应改善并不断完善工艺，切实确保产品质量，为用户负责。

② PCB 应用方：加强对 PCB 来料入库前的质量验收，决不让不合格品入库。

No. 037　在 PCBA 组装中 PCB 的断路缺陷

1. 现象描述

在 PCBA 组装中发现 PCB 的断路缺陷，常见的主要表现形式有下述几种。

（1）残液腐蚀导致的通孔开路

特征：多数通孔在通孔内壁变黑的同时下侧的内壁被腐蚀而无铜，这种情况大多数发生在组装过程或长期保存过程中。断裂壁的局部放大图如图 No.037-1 所示，被残液腐蚀的通孔有裂缝，表面变色（箭头所示）如图 No.037-2 所示。

   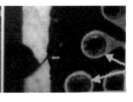

图 No.037-1　断裂壁的局部　　　　　　图 No.037-2　被残液腐蚀的通孔有裂缝，
　　　　放大图　　　　　　　　　　　　　　　　　表面变色（箭头所示）

（2）层间剥离导致的通孔开路

特征：PCB 基板内部的层间剥离导致的通孔开路，如图 No.037-3 所示。

（3）玷污导致的盲孔开路

特征：盲孔的镀层和盲孔连接盘之间存在树脂或其他污染物，导致接触不良而开路，玷污导致的盲孔开路如图 No.037-4 所示。

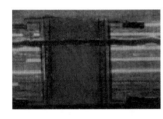 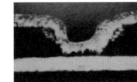 

图 No.037-3　层间剥离导致的通孔开路　　　图 No.037-4　玷污导致的盲孔开路

（4）焊料熔蚀导致的开路

特征：PCB 的铜层过薄，在采用 HASL 工艺或波峰焊接工艺时铜导线被熔蚀而开路，被焊料熔蚀了的铜导线如图 No.037-5 所示。

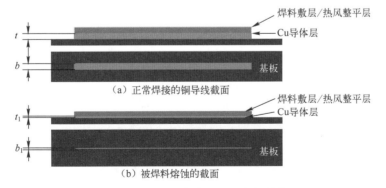

图 No.037-5　被焊料熔蚀了的铜导线

（5）静电损伤疑似断路

特征：三角形伤痕较深，前端稍微连接，其他部位断开，形成开路。静电损伤疑似断路如图 No.037-6 所示。

图 No.037-6　静电损伤
疑似断路

2. 形成原因

（1）残液腐蚀导致的通孔开路

在 PCB 制造过程中残留的蚀刻液没有清除干净，封闭在通孔内，长期地腐蚀通孔的内壁所引起。

（2）层间剥离导致的通孔开路

① PCB 基材吸潮。

② HASL 工艺温度过高或时间过长。

③ 在 PCBA 组装再流焊接时峰值温度过高或在峰值温度下浸泡时间过长。

（3）玷污导致的盲孔开路

在采用积层工艺制作多层板时，在进行激光钻孔时清除钻污不完全，导致树脂残留在盲孔的连接盘上，从而导致开路。

（4）焊料熔蚀导致的开路

此现象通常发生在 HASL 工序或波峰焊接工序，由于基板上设计的铜导线厚度过薄或导线宽度过窄，在焊接的高温下，熔融的焊料对 Cu 的熔蚀作用将使铜导线变得更薄更纤细，在 PCBA 使用中一受应力作用便会断裂而开路。

（5）静电损伤疑似断路

静电破坏出现的特有的三角形伤痕，图形转移后尖端稍微连接，一旦受某种应力作用就会断开而引起断路。

3. 解决措施

① 残液腐蚀导致的通孔开路：向供应商反馈，加强对 PCB 制造过程中的质量监控。

② 层间剥离导致的通孔开路：

● 在 PCB 基板制造过程中加强防潮措施，严格监控 HASL 工艺参数（温度和时间）；

● 在组装过程中注意 PCB 防潮，选择合适的再流峰值温度及在峰值温度下的浸泡时间，避免温度过高或时间过长。

③ 玷污导致的盲孔开路：PCB 制造厂商应加强对 PCB 制造工艺过程中质量的监管和控制。

④ 焊料熔蚀导致的开路：

● 在进行布线设计时应避免采用过薄过细的铜导线；

● 在执行 HASL 和波峰焊接工艺时，应加强对操作温度和时间的管控，切忌操作温度过高和操作时间过长。

⑤ 静电损伤疑似断路：在 PCB 制造、储存、运输及组装过程中都要执行严密的静电防护措施，严防静电损伤。

No. 038　PCBA 组装中暴露的 PCB 镀层缺陷

1. 现象描述

（1）镀铜层起泡剥落

特征：镀铜层表面起泡（见图 No.038-1），镀铜层抗拉强度低（见图 No.038-2）不满足标准要求。

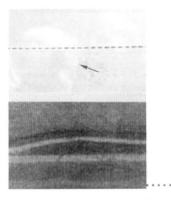

图 No.038-1　镀铜层表面起泡

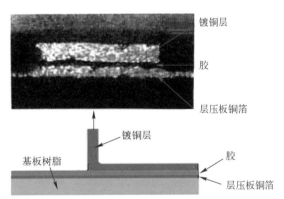

图 No.038-2　镀铜层抗拉强度低

（2）镀金层变色

特征：镀金层表面局部变色，如图 No.038-3 所示。

图 No.038-3　镀金层表面局部变色

（3）镀金层针孔

特征：镀金层局部有针孔形状的不黏结的缺陷。镀金层针孔如图 No.038-4 所示。

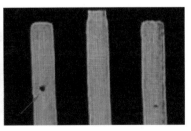

图 No.038-4　镀金层针孔

（4）镀金层被玷污

特征：镀金表面可见模糊形状的缺陷，镀金层被玷污如图 No.038-5 所示。

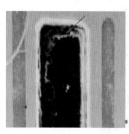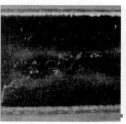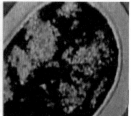

图 No.038-5　镀金层被玷污

（5）基底镍层被腐蚀引起镀金层凹坑

特征：在镀金表面局部有黑色腐蚀的凹坑。基底镍层被腐蚀引起镀金层凹坑如图 No.038-6 所示。

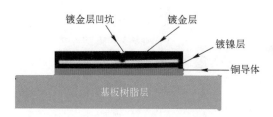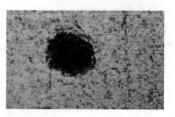

图 No.038-6　基底镍层被腐蚀引起镀金层凹坑

2. 形成原因

（1）镀铜层起泡剥落

① 层压板铜箔表面附着某种污染物未被清除干净，影响了镀铜层的结合力，在后续工序加热温度的作用下，污染物发生汽化，导致了起泡缺陷发生。

② 在镀铜工序中，基底铜箔被玷污或电镀条件的管理不善等导致起泡缺陷发生。

（2）镀金层变色

镀金层表面附着杂物或药液残渣等导致镀金层变色。

（3）镀金层针孔

镍金镀层的基底残留了某种杂物，妨碍金的沉积，导致镀金层针孔。

（4）镀金层被玷污

该缺陷是在用酒精擦拭镀金层表面的杂物时没有完全擦除所导致的。

（5）基底镍层被腐蚀引起镀金层凹坑

镀镍后的镀金工序置换反应过度，侵蚀了镀镍层析出的晶粒或氧化镍的沉积颗粒，导致基底镍层被腐蚀引起镀金层的凹坑。

3. 解决措施

① 镀铜层起泡剥落：

- PCB 制造商应严格执行操作规范要求，严格质量管理措施，根除质量隐患；
- 用户应加强对 PCB 来料质量状态的监控，不让有质量隐患的来料进入组装生产线。
② 镀金层变色：同上①。
③ 镀金层针孔：同上①。
④ 镀金层被玷污：同上①。
⑤ 基底镍层被腐蚀引起镀金层凹坑：同上①。

No. 039　PTH（通孔）可焊性差

1. 现象描述

（1）焊料填充不足

特征：在 PTH（通孔）内焊料填充不足，如图 No.039-1 所示。

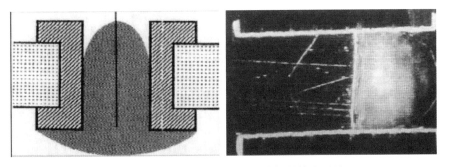

图 No.039-1　在 PTH（通孔）内焊料填充不足

（2）不润湿

特征：焊料只附着在 PTH（通孔）入口，不润湿，如图 No.039-2 所示。

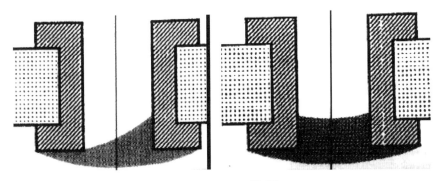

图 No.039-2　不润湿

（3）焊盘润湿，孔壁不润湿

特征：焊料只附着在焊环上，孔壁无焊料，焊盘润湿，孔壁不润湿，如图 No.039-3 所示。

（4）焊料中有气孔

特征：在焊料中或者 PTH（通孔）入口的焊料中有空洞。焊料中的气孔如图 No.039-4 所示。

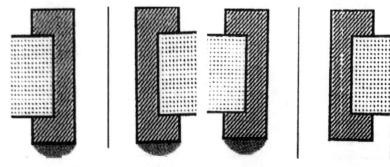

图 No.039-3　焊盘润湿，孔壁不润湿

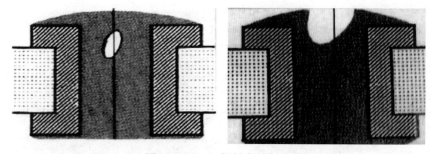

图 No.039-4　焊料中的气孔

2. 形成原因

（1）焊料填充不足

未涂布助焊剂或者助焊剂局部未黏附，抑或附着油脂等异物，使得 PTH（通孔）内不润湿，润湿条件不良。

（2）不润湿

未涂布助焊，附着异物，润湿条件不合适。

（3）焊盘润湿、孔壁不润湿

未涂布助焊剂，附着异物，润湿条件不良。

（4）焊料中有气孔

焊料中夹杂异物或者气泡，润湿条件不良。

3. 解决措施

（1）焊料填充不足

- PCB 承制方：应加强工艺过程控制和工艺参数的监控，确保产品制造质量；
- 用户方：加强对 PCB 来料质量状态的监控，不让有质量隐患的来料进入组装生产线。

（2）不润湿

- PCB 承制方：应加强工艺过程控制和工艺参数的监控，确保产品制造质量；

- 用户方：加强对 PCB 来料质量状态的监控，不让有质量隐患的来料进入组装生产线。

（3）焊盘润湿，孔壁不润湿

- PCB 承制方：应加强工艺过程控制和工艺参数的监控，确保产品制造质量；
- 用户方：加强对 PCB 来料质量状态的监控，不让有质量隐患的来料进入组装生产线。

（4）焊料中有气孔

- PCB 承制方：应加强工艺过程控制和工艺参数的监控，确保产品制造质量；
- 用户方：加强对 PCB 来料质量状态的监控，不让有质量隐患的来料进入组装生产线。

No. 040　PCBA 组装中暴露的 PCB 机械加工缺陷（一）

1. 现象描述

（1）冲切裂缝

特征：孔或者槽口至外形距离尺寸小，在板的脆弱部位发生裂缝。冲切裂缝如图 No.040-1 所示。

注：以外形作为尺寸定位的参考坐标。

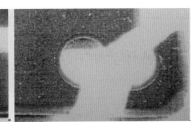

图 No.040-1　冲切裂缝

（2）镀镍金层龟裂

特征：在外形附近的镀镍金插脚或者焊环表面可见龟裂性缺陷，镀镍金层龟裂如图 No.040-2 所示。

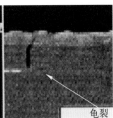

龟裂

图 No.040-2　镀镍金层龟裂

（3）邮票孔爆裂

特征：冲切外形后的 PCB 沿着邮票孔裂开。邮票孔爆裂如图 No.040-3 所示。

（4）冲切缺口

特征：冲切 PCB 件存在缺口，冲切缺口如图 No.040-4 所示。

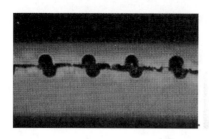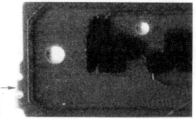

图 No.040-3 邮票孔爆裂

（5）晕圈

特征：在冲切 PCB 时，边缘稍微剥落，为形状颜色偏白的缺陷，晕圈如图 No.040-5 所示。

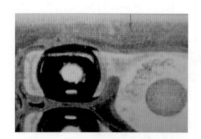

图 No.040-4 冲切缺口

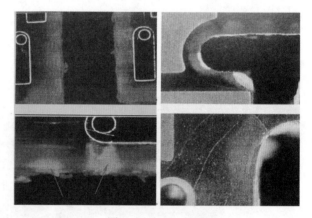

图 No.040-5 晕圈

2. 形成原因

（1）冲切裂缝

冲切模具不锋利或上下模具配合的空隙不良等导致冲切力集中在脆弱部位。

（2）镀镍金层龟裂

冲切力的冲击导致镀金层龟裂。

（3）邮票孔爆裂

当采用不锋利模具进行冲切时，PCB 受到冲击，或者设计上脆弱的邮票孔受到冲击。

（4）冲切缺口

冲切模具不锋利或冲切时夹杂杂物。

（5）晕圈

受到不锋利模具的冲击，PCB 边缘剥落。

3. 解决措施

（1）冲切裂缝

优化冲压模具设计的配合公差，改善冲切模具的制造质量。

（2）镀镍金层龟裂

改善冲切模具的锋利度，减小冲击力度。

（3）邮票孔爆裂

改善冲切模具的锋利度，减小冲击力度。

（4）冲切缺口

改善冲切模具的锋利度，减小冲击力度。

（5）晕圈

改善冲切模具的锋利度，减小冲击力度。

No. 041　PCBA 组装中暴露的 PCB 机械加工缺陷（二）

1. 现象描述

（1）上下 V 形槽不一致

特征：上下 V 形槽位置不一致，难以掰开，如图 No. 041-1 所示。

（2）V 形槽位置偏移

特征：V 形槽的位置偏移，如图 No. 041-2 所示。

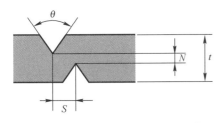

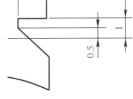

图 No. 041-1　上下 V 形槽不一致　　　　图 No. 041-2　V 形槽位置偏移

（3）V 形槽厚度不足

特征：V 形槽的厚度不足，不满足标准要求，如图 No. 041-3 所示。

（4）V 形槽掰开困难

特征：尽管 V 形槽加工正确，但存在掰开困难的缺陷，如图 No. 041-4 所示。

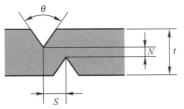

图 No. 041-3　V 形槽厚度不足　　　　图 No. 041-4　V 形槽掰开困难

（5）V 形槽露铜

特征：V 形槽附近的阻焊膜（SR）剥落，露出导体铜。V 形槽露铜如图 No. 041-5 所示。

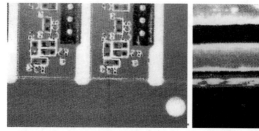

图 No. 041-5　V 形槽露铜

2. 形成原因

（1）上下 V 形槽不一致

上下 V 形槽的切割位置设计不良，或者刀具的形状不良。

（2）V 形槽位置偏移

V 形槽的位置设计有误，或者操作人员在设定 V 形槽位置时有误。

（3）V 形槽厚度不足

V 形槽设计有误，或者 V 形槽加工深度的设定有误，板厚度不良等。

（4）V 形槽掰开困难

设计 V 形槽时考虑不周，V 形槽的咽喉部有基材的玻璃纤维等。

（5）V 形槽露铜

V 形槽有若干个位置偏移或者铣刀不锋利等。

3. 解决措施

（1）上下 V 形槽不一致

正确设计切割位置和刀具的形状。

（2）V 形槽位置偏移

改进 V 形槽的位置设计精度，增强操作责任心。

（3）V 形槽厚度不足

改进设计，视板厚情况正确设定加工深度。

（4）V 形槽掰开困难

改善上下 V 形槽的位置精度，使上下二 V 形槽对准，根据基材玻璃纤维的纹向情况，正确设计 V 形槽的位置。

（5）V 形槽露铜

控制好各 V 形槽的位置偏差，改善刀具的锋利性。

No.042 积层板缺陷

1. 现象描述

(1) 积层基板空洞

特征：在多层积层基板上可见变白的空洞，如图 No.042-1 所示；或者积层基板自身就有空洞，如图 No.042-2 所示。

 　　　　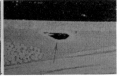

图 No.042-1　变白的空洞　　　　　　　图 No.042-2　积层基板空洞

(2) 积层板内层剥离分层

特征：积层板铜箔剥离，或者基板层间树脂剥离。积层板内层剥离分层如图 No.042-3 所示。

(3) 层压时树脂流动不畅

特征：在多层积层板层压后的周边可见变白的空洞，如图 No.042-4 所示；或在积层板外部可见局部集中的空洞，如图 No.042-5 所示。出现此现象是由于在进行层压时树脂流动不畅。

 　　　　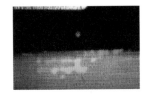

图 No.042-3　积层板内层剥离分层　　　　图 No.042-4　变白的空洞

(4) 多层积层板内层粗化处理不均匀

特征：在多层积层板的内层表面可见粗化处理不均匀的缺陷。多层积层板内层粗化处理不均匀如图 No.042-6 所示。

图 No.042-5　局部集中的空洞　　　　图 No.042-6　多层积层板内层粗化处理不均匀

（5）基板板纹方向不符合要求

特征：基板板材的经纬方向与标准不符合。基板板纹方向不符合要求，如图 No.042-7 所示。

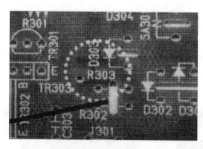

要求板纹方向：
合格品：板纹方向为 凵
不良品：板纹方向为 工

图 No.042-7　基板板纹方间不符合要求

2. 形成原因

（1）积层基板空洞

在进行多层积层板层压时，由于升温速度和加压速度不良而导致树脂填充不充分，或者在层压过程中由于某种原因，使得树脂中残留空气。

（2）积层板内层剥离分层

积层板铜箔的下表面夹杂异物或基材树脂有缺陷。

（3）层压时树脂流动不畅

在进行积层板层压时选用的工艺参数不合适，导致树脂流动不畅，在冲切时引起表层镀金层龟裂。

（4）多层积层板内层粗化处理不均匀

内层表面在粗化处理前附着某些杂物，或者粗化条件不合适等。

（5）基板板纹方间不符合要求

抑或是设计指示有误，抑或是裁剪时出了差错。

3. 解决措施

（1）积层基板空洞

优化真空层压工艺，加强层压工艺过程控制。

（2）积层板内层剥离分层

加强对基材原材料质量的监管，优化层压工艺参数。

（3）层压时树脂流动不畅

调整冲切工艺参数，减小冲切时的冲击。

（4）多层积层板内层粗化处理不均匀

改善处理场地的文明卫生条件和粗化工艺条件。

（5）基板板纹方向不符合要求

● 在进行 PCB 图形设计时要正确选择基板的纹向；

● 增强操作者的责任心。

No. 043　常见的 FPC（柔性印制电路）缺陷

1. 现象描述

（1）FPC 增强板偏移

特征：FPC（柔性印制电路）增强板偏移，如图 No. 043-1 所示。

图 No. 043-1　FPC（柔性印制电路）增强板偏移

（2）FPC 端子折断

特征：FPC 局部有锐角变形，如图 No. 043-2 所示；FPC 端子折断或起皱，如图 No. 043-3 所示。

（3）FPC 起皱

特征：FPC 局部或者整体有波纹状的变形，出现起皱现象，如图 No. 043-4 所示。

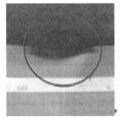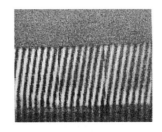

图 No. 043-2 FPC 局部有锐角变形　　　　　图 No. 043-3　FPC 端子折断或起皱

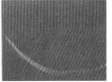

图 No. 043-4　FPC 起皱

（4）FPC 增强板下吸附气泡

特征：FPC 增强板下有白色的气泡，即增强板下吸附气泡，如图 No. 043-5 所示。

图 No. 043-5　FPC增强板下吸附气泡

（5）FPC基底有压痕

特征：FPC基底有压痕，如图 No. 043-6 所示。

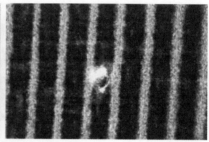

图 No. 043-6　FPC基底有压痕

2. 形成原因

（1）FPC增强板偏移

增强板临时固定时偏移，压合时滑动或者冲切外形的模具不锋利等。

（2）FPC端子折断

FPC制造过程中存在某种负荷应力集中现象，或者FPC的端子受到某种外力作用。

（3）FPC起皱

在制造过程中，受到不均匀的外力或者热应力的影响。

（4）FPC增强板下吸附气泡

在贴增强板时吸收了气泡，在压合工序时又没有将其驱除，因而残留下来。

（5）FPC基底有压痕

覆盖层压合或者冲切时夹杂了杂物。

3. 解决措施

（1）FPC增强板偏移

改善模具的锋利性，加强工艺过程的监控和操作者的责任心。

（2）FPC端子折断

精心操作，尽量减小操作中可能出现的受力不均及外力作用等现象。

（3）FPC 起皱

改善操作方法，避免操作过程中出现受力不均匀现象。

（4）FPC 增强板下吸附气泡

在贴增强板时注意仔细驱除残留的气泡。

（5）FPC 基底有压痕

保持操作环境卫生，确保空气的洁净度符合要求。

No. 044　常见的阻焊膜（SR）缺陷（一）

1. 现象描述

（1）网板对位偏移

特征：线路图形与 SR 图形整体相对偏移，导致部分 SR 图形爬上了同一方向的线路图形。其特点是沿同一方向，网板对位偏移，如图 No.044-1 所示。

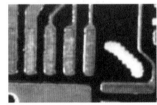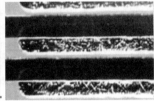

图 No.044-1　网板对位偏移

（2）SR 溶剂渗出

特征：SR 溶剂从 SR 图形边缘渗出，如图 No.044-2 所示。

图 No.044-2　SR 溶剂从 SR 图形边缘渗出

（3）SR 吸附气泡

特征：SR 吸附多个气泡，如图 No.044-3 所示。

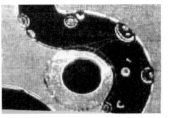

图 No.044-3　SR 吸附气泡

（4）SR 的颜色局部不均匀

特征：由于 SR 厚度有差异，导致 SR 的颜色局部不均匀，如图 No.044-4 所示。

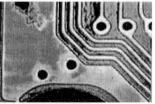

图 No.044-4　SR 的颜色局部不均匀

（5）SR 碰撞剥落

特征：SR 表面受到某种碰撞而剥落，SR 碰撞剥落如图 No.044-5 所示。

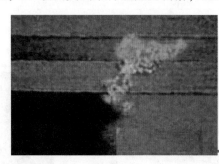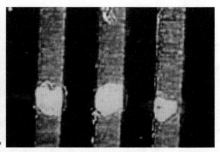

图 No.044-5　SR 碰撞剥落

2. 形成原因

（1）网板对位偏移

在进行 SR 网板对位时操作不当。

（2）SR 溶剂渗出

SR 油墨的黏度不合适，或者印刷环境的温湿度不合适。

（3）SR 吸附气泡

SR 油墨黏度不合适，印刷或者涂布环境条件不合适，抑或印刷或者涂布后到烘干的停留时间不足。

（4）SR 的颜色局部不均匀

在进行 SR 印刷作业时油墨的供给不均匀或者不充分。

（5）SR 碰撞剥落

涂布 SR 后，在进行搬运作业时，碰撞了某种物体而引起 SR 剥落。

3. 解决措施

（1）网板对位偏移

在操作时要注意网板的对位。

（2）SR 溶剂渗出

及时调节 SR 油墨的黏度，操作间应安装温、湿度自动控制装置。

（3）SR 吸附气泡

在操作中要随时关注油墨黏度的变化，严格按工艺要求操作。

（4）SR 的颜色局部不均匀

在印刷 SR 时，要严格按工艺要求精心操作。

（5）SR 碰撞剥落

在工序传递和搬运中不可发生碰撞。

No. 045　常见的阻焊膜（SR）缺陷（二）

1. 现象描述

（1）SR 划伤

特征：在 SR 表面有细的锐利的深伤痕。SR 划伤如图 No. 045-1 所示。

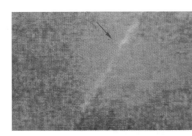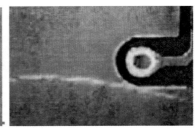

图 No. 045-1　SR 划伤

（2）SR 分层

特征：在 SR 和板面之间有局部剥离和分层现象，SR 分层如图 No. 045-2 所示。

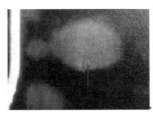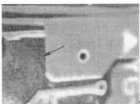

图 No. 045-2　SR 分层

（3）SR 基底被指纹玷污

特征：SR 基底被指纹玷污，如图 No. 045-3 所示。

（4）覆盖层基底的铜箔变色

特征：在覆盖层基板上的铜箔表面变色，如图 No. 045-4 所示。

图 No. 045-3　SR 基底被指纹玷污

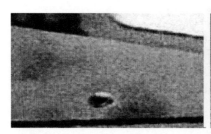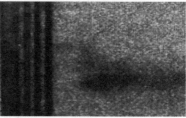

图 No. 045-4　覆盖层基底的铜箔变色

（5）SR 针孔

特征：SR 有较小的孔状剥落点，SR 针孔如图 No. 045-5 所示。

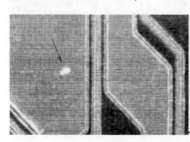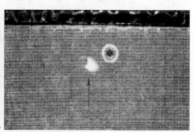

图 No. 045-5　SR 针孔

2. 形成原因

（1）SR 划伤

不注意接触到了锋利的切刀之类的刀具。

（2）SR 分层

板面存在水分、药液、油等，减弱了 SR 与板面间的结合力，事后在热应力的作用下，这些水分、药液等汽化引起 SR 分层。

（3）SR 基底被指纹玷污

在 SR 印刷前的表面处理中未能完全清除指纹，或者完成表面处理后有人触摸了板面而留下指纹。

（4）覆盖层基底的铜箔变色

在图形转移后的 FPC 铜箔表面附着了药液等杂物，然后压合覆盖层，在加热工序受热药液与铜箔间发生化学反应引起铜箔变色。

（5）SR 针孔

SR 网版的局部被堵塞，不能挤出油墨，或者 PSR（感光性阻焊剂）图形在曝光时夹杂小异物，在显影时不能清除未曝光部分所引起。

3. 解决措施

（1）SR 划伤

加强操作现场的 7S 管理。

（2）SR 分层

基片在储存和加工过程中均要注意防潮，避免各种污染物所造成的污染。

（3）SR 基底被指纹玷污

操作时必须戴上洁净的手套。

（4）覆盖层基底的铜箔变色

图形转移工序后必须仔细清除残留的药液等。

（5）SR 针孔

严格执行 SR 印刷工艺规程，按工艺规范要求操作，保持 SR 网板的洁净和场地的 7S 要求。

第三篇

PCBA/PCB 安装焊接中
缺陷（故障）经典案例

No.046 PTH 绿油塞孔口发生黑色物堆集现象

1. 现象描述及分析

（1）现象描述

① 某产品在某地服役中用户发现 PCB 的 PTH 绿油塞孔口堆集了一层黑色物质，覆盖在绿油塞孔口的黑色物质如图 No.046-1 所示。

② 该物质与 PCB 结合得很牢固，用酒精或者异丙醇擦拭都很难将其擦掉。

③ 用刀子轻轻刮掉黑色物质，底下露出的是 PTH，PTH 内塞满了绿油，在显微镜下观察未看到塞孔的绿油有破损。

（2）现象分析

① EDX 分析：为了进一步验证这种呈颗粒状黑色物质的元素组成，以确定其失效模式和机理，特对这种颗粒状黑色物质进行了 EDX 分析，颗粒状黑色物质的 EDX 分析如图 No.046-2 所示。

图 No.046-1 覆盖在绿油塞孔口的黑色物质

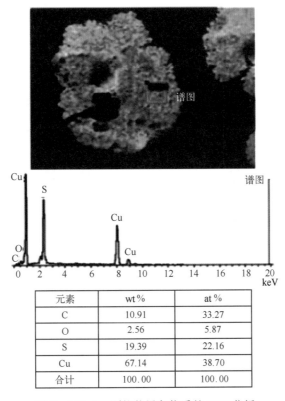

元素	wt%	at%
C	10.91	33.27
O	2.56	5.87
S	19.39	22.16
Cu	67.14	38.70
合计	100.00	100.00

图 No.046-2 颗粒状黑色物质的 EDX 分析

② 由图 No.046-2 可知，构成这种颗粒状黑色物质的主要元素是 Cu（67.14wt%）和 S（19.39wt%）。

2. 形成原因及机理

（1）形成原因

通常在 PCBA 板面上出现黑色物质有以下两种可能。

① 当采用 ENIG Ni/Au 镀层工艺时，焊盘上的 Ni 层受到化学侵蚀后生成了黑色的氧化镍，即黑盘现象。其特点是这种黑色物质仅出现在焊盘表面，其元素成分主要是 Ni 和 O。

② Cu 元素受 S 等腐蚀性气体侵蚀后，不断生成呈颗粒状的黑色硫化铜物质，该物质沿焊盘和 PCB 基材表面不断漫延扩展而形成连续的呈颗粒状黑色覆盖物。S 对 Cu 的侵蚀而诱发的爬行腐蚀所生成的颗粒状黑色物质如图 No.046-3 所示，即所谓的爬行腐蚀，其特征是：它可同时在焊盘 Cu 表面和 PCB 基材表面形成连续的呈颗粒状黑色物质覆盖层，将这种黑色物质进行 SEM/EDX 检测，一定可同时检测到 S（Cl）和 Cu 元素的存在。

③ 黑色覆盖物质中主要元素 S 和 Cu 的来源如下所述。

- S：主要来源于产品服役环境污染。例如，大气中有 H_2S 气体、煤燃烧产物以及各种工业废气，动植物尸体腐蚀均可能排出 S 元素。

- Cu：对黑色物质覆盖的孔进行切片分析，过孔里阻焊剂塞孔饱满，未发现异常。但在塞孔阻焊剂上方的拐角有露 Cu 现象。黑色覆盖物中 Cu 元素的供给源如图 No.046-4 所示。正是这部分裸露的 Cu 层，被 S 侵蚀后，在黑色覆盖物的生成过程中源源不断地提供了 Cu 元素。

图 No.046-3　S 对 Cu 的侵蚀而诱发的爬行腐蚀所生成的颗粒状黑色物质

图 No.046-4　黑色覆盖物中 Cu 元素的供给源

（2）形成机理

产品在服役环境中因 S 对 Cu 的侵蚀行为而发生的爬行腐蚀现象。

3. 解决措施

① 用户应按要求改善产品服役的环境条件，环境中不能有 S 和 Cl 等有害气体的来源。

② 产品制造方应确保 PCBA 上无露 Cu 现象。

③ 如果有条件，PCBA 应采用三防涂覆层防护。

No. 047　PCBA 键盘脏污

1. 现象描述及分析

（1）现象描述

有脏污缺陷的 PCBA 外观，如图 No. 047-1 所示。从图中的缺陷局部放大图中可明显观察到，在脏污的核心区，其周围可见稍呈淡黄色的浸渗区。

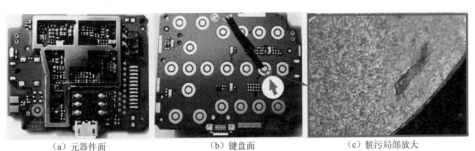

（a）元器件面　　　　　　　　（b）键盘面　　　　　　　　（c）脏污局部放大

图 No. 047-1　有脏污缺陷的 PCBA 外观

（2）现象分析

① SEM/EDX 分析：通过对脏污缺陷进行 SEM/EDX 分析得到谱图 3 元素分布、谱图 4 元素分布、谱图 1 元素分布和谱图 5 元素分布，分别如图 No. 047-2～图 No. 047-5 所示。其中图 No. 047-2 中的谱图 3 为正常的未受到 O 元素侵蚀的 ENIG Ni(P)/Au 镀覆层表面的元素分布，而图 No. 047-3 中的谱图 4 为脏污浸润区的元素分布。与图 No. 047-2 中的谱图 3

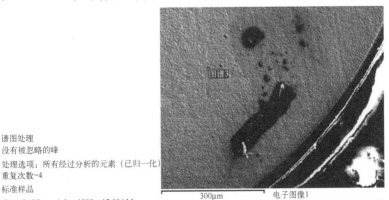

谱图处理
没有被忽略的峰
处理选项：所有经过分析的元素（已归一化）
重复次数=4
标准样品

C	CaCO₃	1-Jun-1999	12:00AM
P	GaP	1-Jun-1999	12:00AM
Ni	Ni	1-Jun-1999	12:00AM
Au	Au	1-Jun-1999	12:00AM

元素	wt%	at%
CK	7.16	31.62
PK	7.61	13.03
NiK	51.12	46.17
AuM	34.11	9.18
总量	100.00	100.00

300μm　　电子图像1

图谱3

满量程3417 cts光标0.021(8111 cts)

图 No. 047-2　谱图 3 元素分布

相比，浸润区的谱图 4 多出了 O、Sn 元素，而且 C 的含量也有所增加。C、O、Sn 是焊膏中助焊剂残液的主要元素成分，显然淡黄色的浸润区的形成，主要是由焊膏中助焊剂残液污染所导致的。

谱图处理
没有被忽略的峰
处理选项：所有经过分析的元素（已归一化）
重复次数=4
标准样品

C	CaCO₃	1-Jun-1999	12:00AM
O	SiO₂	1-Jun-1999	12:00AM
P	GaP	1-Jun-1999	12:00AM
Ni	Ni	1-Jun-1999	12:00AM
Sn	Sn	1-Jun-1999	12:00AM
Au	Au	1-Jun-1999	12:00AM

元素	wt%	at%
CK	26.36	66.47
OK	2.17	4.11
PK	5.71	5.59
NiK	37.58	19.39
SnL	1.07	0.27
AuM	27.11	4.17
合计	100.00	100.00

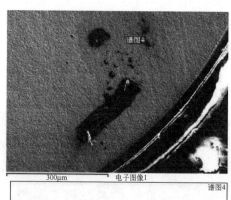
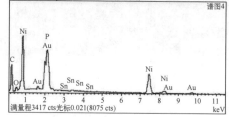

图 No.047-3　谱图 4 元素分布

② 比较图 No.047-4 的谱图 1 与图 No.047-5 的谱图 5，该异物它们有完全相同的元素成分，显然它们是属于同一物质。再从元素分布来粗略分析，它们包含了焊膏中助焊剂残留物的元素成分（C、O、Sn）。元素 Ni、Au 可以判断是来自镀覆层，而元素 Na、Si、Cl、Ca 的出现似乎与汗渍相关，但从脏污的表观来看，异物似有固定的形态，而汗渍是无固定形态的，故该异物应该是烧焦了的毛发（汗毛）。

谱图处理
没有被忽略的峰
处理选项：所有经过分析的元素（已归一化）
重复次数=4
标准样品

C	CaCO₃	1-Jun-1999	12:00AM
O	SiO₂	1-Jun-1999	12:00AM
Na	AIbite	1-Jun-1999	12:00AM
Si	SiCO₂	1-Jun-1999	12:00AM
Cl	KCl	1-Jun-1999	12:00AM
Ca	Wollastonite	1-Jun-1999	12:00AM
Ni	Ni	1-Jun-1999	12:00AM
Sn	Sn	1-Jun-1999	12:00AM
Au	Au	1-Jun-1999	12:00AM

元素	wt%	at%
CK	70.93	87.86
OK	9.75	9.06
NaK	0.51	0.33
SiK	0.33	0.18
ClK	0.69	0.29
CaK	0.53	0.20
NiK	2.75	0.70
SnL	5.91	0.74
AuM	8.60	0.64
合计	100.00	100.00

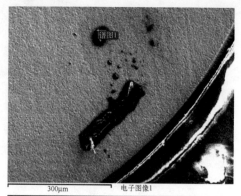
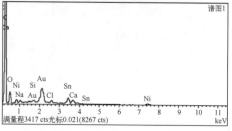

图 No.047-4　谱图 1 元素分布

谱图处理
没有被忽略的峰
处理选项：所有经过分析的元素（已归一化）
重复次数=4
标准样品

C	CaCO$_3$	1-Jun-1999	12:00AM
O	SiO$_2$	1-Jun-1999	12:00AM
Na	Albite	1-Jun-1999	12:00AM
Si	SiCO$_2$	1-Jun-1999	12:00AM
Cl	KCl	1-Jun-1999	12:00AM
Ca	Wollastonite	1-Jun-1999	12:00AM
Ni	Ni	1-Jun-1999	12:00AM
Sn	Sn	1-Jun-1999	12:00AM
Au	Au	1-Jun-1999	12:00AM

元素	wt%	at%
CK	54.89	73.01
OK	22.50	22.47
NaK	0.55	0.38
SiK	1.21	0.69
ClK	0.56	0.25
CaK	1.55	0.62
NiK	4.06	0.10
SnL	5.20	0.71
AuM	9.48	0.77
合计	100.00	100.00

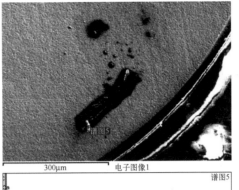

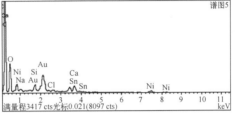

图 No.047-5　谱图 5 元素分布

2. 形成原因及机理

① 拆开原包装发现 PCB 按键来料就有脏污/印痕，个别 PCB 按键表面还有绿油残留，不同原包装 PCB 不良比率不同，不良比率在 5%～25% 之间。

② 再流焊接过程溅落有焊膏中的残液。

3. 解决措施

① 加强对 PCB 来料的质量监控，对关键产品可按国家相关标准规定取样抽验。

② PCB 光板投入生产前必须坚持用洁净的黏性滚筒清洁 PCB，100% 地进行，必须注意黏性滚筒的洁净状态，以防止交叉污染。

③ 注意操作环境的文明卫生情况和温、湿度控制，保持环境洁净。

④ 操作场地应限制无关人员进入，尽量减少操作场地因空气扰动而增加空气中的悬浮物。

No. 048　RTR/PCBA 库存中板面出现疑似霉菌黄色多余物

1. 现象描述及试验分析

（1）现象描述

该 PCBA 单板完成再流焊→波峰焊等全部组装程序后，装入纸箱（未经密封包装）在库房储存近一年后，领出时发现板面局部出现疑似霉菌的黄色多余物堆积，且均发生在波峰焊接面的上表面。缺陷 PCBA 单板外观如图 No.048-1 所示，堆积在 SMC 元件周围的呈淡黄色的物质如图 No.048-2 所示。

（2）试验分析

1）SEM/EDX 谱图

① 对疑似霉菌的黄色多余物进行 SEM/EDX 分析，多余物的 SEM/EDX 图像，如

图 No.048-3 所示。

图 No.048-1　缺陷 PCBA 单板外观

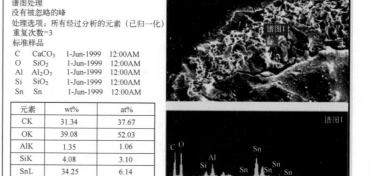

谱图处理
没有被忽略的峰
处理选项：所有经过分析的元素（已归一化）
重复次数=3
标准样品

C	CaCO₃	1-Jun-1999	12:00AM
O	SiO₂	1-Jun-1999	12:00AM
Al	Al₂O₃	1-Jun-1999	12:00AM
Si	SiO₂	1-Jun-1999	12:00AM
Sn	Sn	1-Jun-1999	12:00AM

元素	wt%	at%
CK	31.34	37.67
OK	39.08	52.03
AlK	1.35	1.06
SiK	4.08	3.10
SnL	34.25	6.14
合计	100.00	100.00

图 No.048-2　堆积在 SMC 元件
周围的呈淡黄色的物质

图 No.048-3　多余物的 SEM/EDX 图像

② 谱图分析：

- 图 No.048-2 中多余物的成分为 C、O、Al、Si、Sn 等元素，未发现任何带腐蚀性元素，如 Cl、Br 等卤素成分，表明该多余物不是化学腐蚀所形成的。

- 图 No.048-3 中多余物中的元素 C、O 是来自助焊剂残留物中的松香等有机物，元素 Sn 来自焊料，而元素 Al、Si 则来自空气中的 Al_2O_3 和 SiO_2。

2）FT-IR 分析

① FT-IR 谱图：

为进一步探索黄色堆积物的属性，我们提取了如图 No.048-2 所示的积聚在 PCBA 单板上的某些 SMC 元件周围的黄色堆积物，进行傅里叶-红外光谱（FT-IR）分析，黄色物质的傅里叶-红外光谱（FT-IR）谱图如图 No.048-4 所示。

② 谱线分析：

- 比较图 No.048-4 中的 6 条谱线，发现其均不完全相同（只有最下面的 2 条稍稍相似），这揭示了上述物质中可能同时存在 6 种不同的化学基团。

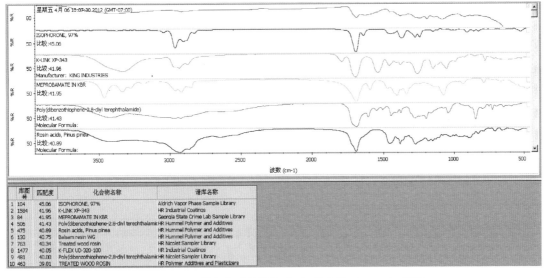

库图录	匹配度	化合物名称	谱库名称
1	104	45.06	ISOPHORONE, 97%	Aldrich Vapor Phase Sample Library
2	1584	41.96	K-LINK XP-343	HR Industrial Coatings
3	84	41.95	MEPROBAMATE IN KBR	Georgia State Crime Lab Sample Library
4	506	41.43	Poly(dibenzothiophene-2,8-diyl terephthalamic	HR Hummel Polymer and Additives
5	475	40.89	Rosin acids, Pinus pinea	HR Hummel Polymer and Additives
6	130	40.75	Balsam resin WG	HR Hummel Polymer and Additives
7	763	40.34	Treated wood rosin	HR Nicolet Sampler Library
8	1477	40.05	K-FLEX UD-320-100	HR Industrial Coatings
9	481	40.00	Poly(dibenzothiophene-2,8-diyl terephthalamic	HR Nicolet Sampler Library
10	463	39.01	TREATED WOOD ROSIN	HR Polymer Additives and Plasticizers

图 No.048-4　黄色物质的傅里叶-红外光谱（FT-IR）谱图

- 再与以前我们所做的白色残留物和松香助焊剂的傅里叶-红外光谱（FT-IR）谱图（见图 No.048-5）相比对，发现也不相同。说明其中并不包含以往所遇到过的白色污染物和松香助焊剂等类似的化学基团。

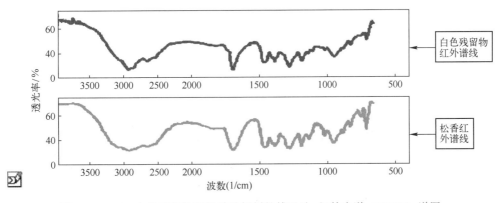

图 No.048-5　白色残留物和松香助焊剂的傅里叶-红外光谱（FT-IR）谱图

2. 是霉菌吗?

（1）霉菌生长的条件

① 有霉菌孢子繁殖的营养基：据有关文献记载，助焊剂残留物松香、纤维材料、落在绝缘材料表面上的灰尘，以及轻微的脏污，如手指印等都是霉菌孢子繁殖的营养基。

② 适合霉菌孢子繁殖的环境条件：温度和湿度以及不流动的空气是霉菌孢子最适宜的繁殖环境。

（2）黄色多余物就是霉菌

形成原因：上述霉菌生长条件本案例完全具备。

① 营养基的来源：由于波峰焊接过程中排气不畅，加上对排气管路未经常进行洁净处

理，导致助焊剂挥发物中含有大量的诸如松香等有机化合物，都在排气口附近管路上以半液态的黏状物积聚，积聚量多了便会滴落在 PCBA 的上面而形成不易发现的营养基。

② 温度和湿度以及不流动的空气，是霉菌孢子最适宜的繁殖环境。深圳典型的滨海湿热气候，PCBA 单板未经任何密封包装放在纸箱内库存了一年，正好造就了不流动的空气环境。特别是雨季和干旱季交替的气候，对于设备来说，较之恒定湿度的气候更具危险性，春末夏初最易长霉。

3. 改善措施

① 切实加强 PCBA 生产过程中的 7S 管理。

② 当组装的 PCBA 成品或半成品需要库存时，应采取密封抽真空包装，并置于通风良好的库存环境中存放。

No. 049　UPFUJZ/PCBA 模块 M1A7A38 输出异常（断路）

1. 现象描述及分析

（1）现象描述

UPFUJZ/PCBA 大板经选择性波峰焊焊接后（焊接温度 275℃、时间 1.5 秒），模块 M1A7A38 输出异常，缺陷现象是断路，而且不同的供应商，不同的料号，不同的批次，出现的缺陷现象都是相同的，不良板只要是经选择性波峰焊过的地方都有问题，初步判定为 PCB 内层线路有断裂现象。异常位置上面有 1 载板，通过一些铜柱与此排孔连接，并在大板背面焊接，拆掉该位置载板后，测试 A-B 及 C-D 间阻值为无穷大，而测试 A、B、C、D 四个 PTH 则均未见异常，内层走线均在 L20 层。发现开路缺陷的 PCB 内层连线图如图 No. 049-1 所示。

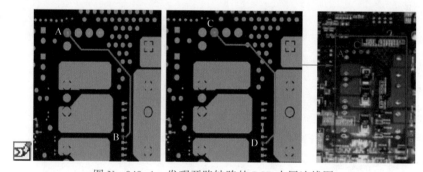

图 No. 049-1　发现开路缺陷的 PCB 内层连线图

（2）切片分析

① 对缺陷位置垂直切片：发现孔壁镀铜层与内层基板分离，内层导线与孔壁镀铜层分离，如图 No. 049-2 所示。

② 对缺陷位置水平切片：在 L20 层，观察线路状况，发现 L20 层铜与孔壁铜分离，L20 层的形貌如图 No. 049-3 所示。断线现象大多发生在孔的上下两端内层连接处（例如 L20 层），中间一般无异常。

图 No.049-2　孔壁镀铜层与内层基板剥离，内层导线与孔壁镀铜层分离

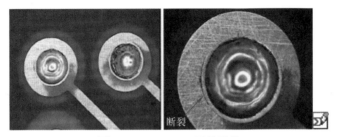

图 No.049-3　L20 层的形貌

③ 焊接工艺甄别：分别针对选择性波峰焊接与非选择性波峰焊接的 PTH 进行对比切片试验，其结果如图 No.049-4 所示。经选择性波峰焊接的孔均有开路现象，而非选择性波峰焊接的孔均无异常。

工艺	孔径	图示		结果
选择性波峰焊接	0.9 (mm)			开路
	1.1 (mm)			开路
非选择性波峰焊接	1 (mm)			ok
	2 (mm)			ok

图 No.049-4　选择性波峰焊接与非选择性波峰焊接的 PTH 对比切片试验结果

④ PTH 中填充焊料与否的影响：未填充与填充焊料的 PTH 缺陷切片的 SEM 形貌，分别如图 No.049-5 和图 No.049-6 所示。

在图 No.049-5 中，由于受上半部基材的 Z 方向膨胀压力作用，造成了内层导线与焊环间的断口处发生了明显的撕裂性错位，且基材与孔壁镀铜层之间也发生了明显的分离现象。

在图 No.049-6 中，由于受上半部基材的 Z 方向膨胀压力作用下，内层铜导线已出现了向下弯曲现象，且在内层导线与孔壁铜镀层间应力集中的上角部位，出现了撕裂性的裂缝。

上述二图共同揭示了无论 PTH 内是否填充焊料，均会发生内层导线与孔环间的断裂现象，且未填充焊料时裂缝更厉害。

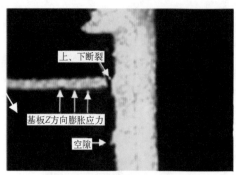

图 No. 049-5　未填充焊料 PTH
缺陷切片的 SEM 形貌

图 No. 049-6　填充焊料 PTH
缺陷切片的 SEM 形貌

2. 缺陷形成原因及机理

（1）形成原因

显然，经选择性波峰焊后的 PTH 周围的基材承受了局部热冲击，使得基材沿 Z 方向膨胀形成应力，从而导致内层导线与 PTH 焊环相接的界面被撕裂而造成电气上的断路。

（2）形成机理

① 针对目前所用 PCB 几乎均是 FR-4 基材制成的多层板，当选择性波峰焊接温度过高时，就极易形成 PTH 周围基材局部受到过大的瞬间热冲击，而导致基材局部瞬间热量的大量积聚，从而造成 PTH 周边基材沿厚度（Z）方向的局部区域产生过大的膨胀力，使得内层导线与孔壁焊环间断裂而导致开路。采用选择性峰焊时的相关物理变化如图 No. 049-7 所示。

② 就膨胀系数（CTE）而言，E-玻纤布的 CTE 为 $5.04×10^{-6}/℃$，铜箔的 CTE 为 $1.7×10^{-5}/℃$，双酚 A 环氧树脂的 CTE 为 $8.5×10^{-5}/℃$，环氧树脂的固化收缩率是铜箔的 $5～6$ 倍，是玻纤布的十几倍。

FR-4 CCL 的 CTE 沿 X、Y、Z 方向有不同的值，在温度从 30℃→150℃升温条件下，沿板厚度（Z）方向膨胀率为 0.85%，而冷却时收缩率仅为 0.36%，FR-4 基材 Z 方向热膨胀率与收缩尺寸变化如图 No. 049-8 所示。当选择焊接温度过高时，就将造成基材局部过热而产生膨胀压力，导致 PCB 基材内层互连导线断裂，致使层压板结构的完整性遭到破坏。

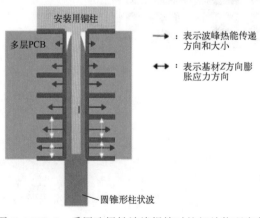

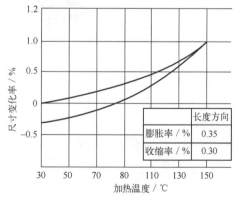

图 No. 049-7　采用选择性波峰焊接时的相关物理变化

图 No. 049-8　FR-4 基材 Z 方向热膨胀率与收缩率的尺寸变化

3. 处理和预防

① 合理地设置选择性焊接的工艺窗口，焊接温度不可超过 255℃。

② 在设计 PCB 时尽可能选择玻璃化温度较高的基材。

No. 050　PCBA 键盘上出现白点缺陷

1. 现象描述及分析

（1）现象描述

不良 PCBA 白点缺陷外观，如图 No.050-1 所示。从图中的缺陷局部放大图中可明显看到，在被污染核心区的周围还存在浸渗区。

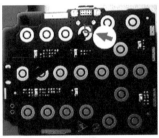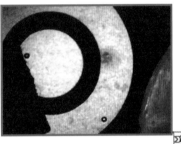

（a）元器件面　　　　　　（b）键盘面　　　　　（c）被污染区域局部放大

图 No.050-1　不良 PCBA 白点缺陷外观

（2）现象分析

① SEM/EDX 分析：通过对白点缺陷进行 SEM/EDX 分析，得到的谱图 1 元素分布、谱图 2 元素分布和谱图 3 元素分布分别如图 No.050-2～图 No.050-4 所示。

- 由图 No.050-2 谱图 1 元素分布可知：O 含量达 15.02wt%，它是以黑色的 Ni_xO_y（氧化镍）的化合物形式存在于 Ni（P）的表面上而形成缺陷的黑色区域。

- 图 No.050-3 中的谱图 2 给出了白色区域物质的元素成分，它具有典型助焊剂残留物的元素成分，显然白点缺陷中的白色物质的形成与助焊剂相关。

- 图 No.050-4 的谱图 3 揭示了正常的 ENIG Ni（P）/Au 镀覆层缺陷周围的浸润区表面元素分布。C 含量为 11.55wt%，其来源应为浸润区溶液中的固体成分在再流焊接高温下碳化所致，正是由于表面 C 的存在，才形成了浸润区域的较深的颜色。

② 图 No.050-4（谱图 3）给出了按键浸润区域的元素分布，而图 No.050-2（谱图 1）和图 No.050-3（谱图 2）分别给出了缺陷黑色区域和白色区域的元素分布。比较图 No.050-2和图 No.050-3 可知：谱图 2 的元素分布为 C：61.86wt%；O：16.29wt%；Sn：21.85wt%，这是典型的焊膏中助焊剂残留物（在 C、O 有机物中混有来自焊膏中焊料微细粉末的 Sn 元素）。而图 No.050-2 中 C 元素比图 No.050-3 中有所增加，且增加了 Ni 元素，显然在黑色区存在薄薄的氧化镍层。

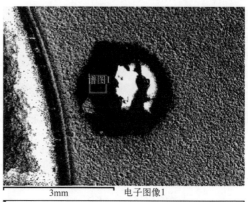

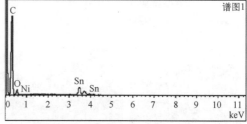

谱图处理
没有被忽略的峰
处理选项：所有经过分析的元素（已归一化）
重复次数=3
标准样品

C	CaCO₃	1-Jun-1999	12:00AM
O	SiO₂	1-Jun-1999	12:00AM
Al	Al₂O₃	1-Jun-1999	12:00AM
Ni	Ni	1-Jun-1999	12:00AM
Sn	Sn	1-Jun-1999	12:00AM

元素	wt%	at%
CK	62.88	82.14
OK	15.02	14.73
NiK	1.62	0.43
SnL	20.48	2.70
合计	100.00	100.00

图 No.050-2　谱图 1 元素分布

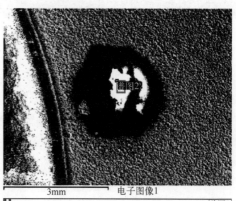

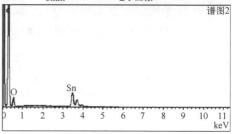

谱图处理
没有被忽略的峰
处理选项：所有经过分析的元素（已归一化）
重复次数=3
标准样品

C	CaCO₃	1-Jun-1999	12:00AM
O	SiO₂	1-Jun-1999	12:00AM
Sn	Sn	1-Jun-1999	12:00AM

元素	wt%	at%
CK	61.86	81.07
OK	16.29	16.03
SnL	21.85	2.90
合计	100.00	100.00

图 No.050-3　谱图 2 元素分布

2. 形成原因及机理

（1）形成原因

当微量呈胶体态的助焊膏残余物掉落在按键上后，其黏度较小的溶剂部分沿周围 Au 晶粒的晶隙和针孔浸渗和漫延，其中的 O 对底层 Ni 迅速侵蚀而形成黑色氧化镍，而 Au 被溶

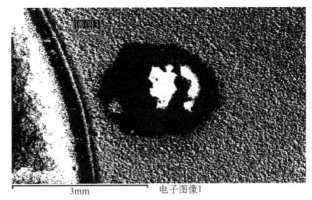

谱图处理
没有被忽略的峰
处理选项：所有经过分析的元素（已归一化）
重复次数=3
标准样品
C   CaCO₃   1-Jun-1999   12:00AM
P   GaP   1-Jun-1999   12:00AM
Ni   Ni   1-Jun-1999   12:00AM
Au   Au   1-Jun-1999   12:00AM

元素	wt%	at%
CK	11.55	44.27
PK	5.77	8.58
NiK	50.52	39.63
AuM	32.17	7.52
合计	100.00	100.00

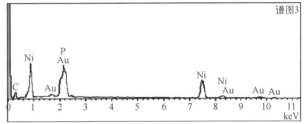

图 No.050-4　谱图 3 元素分布

剂推向了浸渗的边界，溶剂中的微量固体部分在再流焊接高温下发生了碳化现象，因而使得 C 元素有所增加。黏度很小的溶剂部分流失后，留下黏度极大的由 C、O 合成的有机化合物构成了白色区域，它覆盖在 Ni/Au 涂层上保护了此部分涂层不受侵蚀。

（2）形成机理

由于 PCB 工艺边的取消，不得不采用托架来辅助再流焊接过程。由于托架反复多次过炉使用，在托架表面和微孔内积聚了很多的助焊剂残留物。这样当托架每次进入再流焊接的高温区后，积聚在托架表面上的助焊剂残留物液化和微孔内的残液剧烈膨胀爆裂，形成细小的助焊剂残液珠四处飞散，当溅落到 PCB 面和键盘表面时，便形成助焊剂残留物的污染点。

3. 解决措施

① 改善再流炉腔内排气系统的排气能力。

② 定期清洗托架。

③ 非焊接的键盘可采用高 P 的 ENIG Ni(P)/Au 镀覆层，以增强 Ni 的抗蚀能力。

No.051　PCBA 键盘水印

1. 现象描述及分析

（1）现象描述

有水印缺陷的 PCBA 外观，如图 No.050-1 所示。从图 No.050-1 中的缺陷局部放大图中可明显看到，在被污染核心区的周围未见浸渗区。

（a）元器件面　　　　　　　　（b）键盘面　　　　　　　　（c）被污染区域局部放大

图 No.051-1　有水印缺陷的 PCBA 外观

（2）现象分析

① SEM/EDX 分析：通过对水印缺陷进行 SEM/EDX 分析，得到谱图 1 元素分布和谱图 4 元素分布，分别如图 No.051-2 和图 No.051-3 所示。

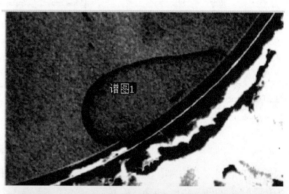

谱图处理
没有被忽略的峰
处理选项：所有经过分析的元素（已归一化）
重复次数=3
标准样品

C	CaCO₃	1-Jun-1999	12:00AM
O	SiO₂	1-Jun-1999	12:00AM
P	GaP	1-Jun-1999	12:00AM
Ni	Ni	1-Jun-1999	12:00AM
Au	Au	1-Jun-1999	12:00AM

元素	wt%	at%
CK	9.93	37.37
OK	2.70	7.64
PK	6.85	10.00
NiK	49.02	37.76
AuM	31.50	7.23
合计	100.00	100.00

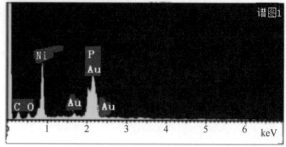

图 No.051-2　谱图 1 元素分布

② 图 No.051-2 为水印污染区谱图 1 的元素分布。谱图 1 中的元素 P、Ni 和 Au 等是来自 ENIG Ni(P)/Au 镀覆层上的元素，而谱图 1 中的元素 O 是以 Ni_xO_y 的形式存在的，表明 Ni 层已受 O 的侵蚀。而 C 的形成应该是来自污染物中溶液挥发后留下的碳化物。由于碳化物和微量的 Ni_xO_y 的覆盖，使得被污染的区域表面色泽比正常的 ENIG Ni(P)/Au 镀覆层表面的颜色要稍暗些。

③ 图 No.051-3 描述了谱图 4 的元素分布，其中元素 P、Ni 和 Au 等是来自 ENIG Ni(P)/Au 镀覆层上的元素，以 Ni_xO_y 化合物的形式存在的 O 含量非常高，表明 Ni 受 O 的侵蚀非常

严重。Na、Cl、K、Ca 等元素应该是来自手的汗液。

谱图处理
没有被忽略的峰
处理选项：所有经过分析的元素（已归一化）
重复次数=4
标准样品

O   SiO₂   1-Jun-1999   12:00AM
Na AIbite   1-Jun-1999   12:00AM
P   GaP   1-Jun-1999   12:00AM
Cl KCl   1-Jun-1999   12:00AM
K   MAD-10 Feldspar 1-Jun-1999   12:00AM
Ca Wollastonite   1-Jun-1999   12:00AM
Ni Ni   1-Jun-1999   12:00AM
Au Au   1-Jun-1999   12:00AM

元素	wt%	at%
OK	20.48	47.60
NaK	4.09	6.61
PK	6.18	7.42
ClK	7.36	7.72
KK	12.16	11.56
CaK	1.06	0.97
NiK	20.06	12.72
AuM	28.61	5.40
合计	100.00	100.00

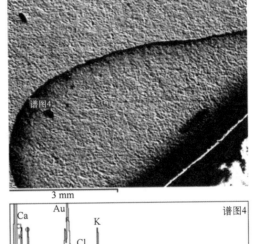

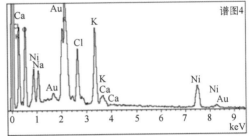

图 No. 051-3　谱图 4 元素分布

2. 形成原因及机理

根据水印缺陷元素组成，再与汗液成分进行对比，可以确定形成水印缺陷乃是由人手上汗液的侵蚀所造成的。导致具有同一属性的水印与黄点形态上的差异，应该和汗液量的多少有关。黄点可能是被汗液浸渍污染了的手套接触 PCB 按键面所留下的接触痕，所以仅形成的是点状腐蚀，而水印应该是在汗液量较多时发生了汗液扩散现象。例如，假如有一滴微小的汗珠掉落在键盘上，汗珠中汗液便沿着镀覆层的表面漫流，汗液中的水分不断被镀层上的针孔所吸收，而汗液中的其他成分因分子量较大，不易被针孔所吸收。汗液在漫流过程中水分不断流失，浓度越来越高，最后在漫流的边缘推动漫流的水分已完全流失，漫流过程终止，在漫流的边缘汗液浓度达到最高，从而成为腐蚀最严重的黑色边界。

3. 解决措施

- 操作场地室温最好不要超过 28℃，否则人身体易出汗而造成汗珠污染腐蚀；
- 适量增减衣服，避免过热让人身体上的微汗演变成汗珠；
- 接触 PCB 和 PCBA 的人员必须戴洁净的手套，手套要勤洗勤换；
- 非焊接的键盘应采用高 P 的 ENIG Ni(P)/Au 镀覆层，以增强 Ni 的抗蚀能力。

附录：汗液中主要成分实测数据

汗液中主要成分实测数据

成　　分	C	O	Na	Si	Cl	K	Ca
含量（wt%）	5.14~38.01	27.8~32.96	10.77~20.43	0.56~1.51	9.10~15.92	3.53~4.60	1.40~2.58

No. 052　某 OEM 代工背板加电试验中被烧损

1. 现象描述及分析

（1）现象描述

由某外协公司手工代工焊接的背板产品，在上机架调试中，机柜发出很浓的焦味，随即对该机架断电检查，发现机架上某背板被严重烧毁。某背板的局部烧毁区域外观如图 No.052-1 所示。

（2）现象分析

① 从烧损的外观特性看，表面及内层的铜导线均未变色（短路电流将使铜颜色变暗），也未出现熔化的金属瘤。显然，造

图 No.052-1　某背板的局部烧毁区域外观

成烧损的大电流不是来源于铜导线的短路电流，因而可以排除内部铜导线短路的因素。

② 从烧毁区域的外观形貌看，可以判断烧损是从基板表面开始的，然后再往内层渗透及至烧穿，烧毁区域呈盆形，表面面积最大，随向底面的深度的增加而递减。由于基板材料基本上是不导热的，若事故是由内层铜导线短路所形成的大电流引起的，热量基本上均应集中在短路导线周围的有限空间内，在该区域中首先被烧损掉的是基材中的环氧树脂，环氧树脂分解后便会只留下分层的玻璃纤维布。

③ 从事故中机架电源的保护开关未跳闸，汇流条-48 V 电源线完好的情况看，也可以排除出现过短路的情况。

④ 从两件缺陷样品看，烧损均发生在 X134 插座处，如图 No.052-2 所示。

⑤ 背板是通过 X134 电源插座为子板供电的。从第二块样品烧毁情况来看，最初的烧毁是发生在-48 V 和 48 V GND 引脚间，如图 No.052-3 所示。

图 No.052-2　烧损均发生在 X134 插座处　　图 No.052-3　最初烧毁是发生在-48 V 和 48 V GND 引脚间

⑥ 在拆卸 X134、X135 后，发现一些器件的底面上有黄色黏稠物，经过烙铁加热后，该黏稠物散开。经过与外协厂沟通确认，此黄色黏稠物为个别员工使用了禁用的助焊剂膏，

焊后又未对焊接过的背板进行仔细的清洗。

⑦ 现场查看证明，造成烧损事故的根源就在于手工焊接过程中使用了一种由日本大洋电机产业株式会社生产的 BS-10 焊接用助焊剂膏。在该产品的使用说明中明文规定：在印制电路板上不能使用。

（3）复现故障现象

① 测试环境：常温。

② 测试工具与方法：

● 采用 2 块某背板产品，模拟外协厂加工手法，焊接电源插座，涂上助焊剂膏；

● 模拟使用现场，对这 2 块板加电（DC 48 V）。

③ 复现试验结果。

给这 2 块背板加电（DC 48 V）不到一分钟，背板开始燃烧，有较大的明火，与以前在机架上测试时发生的现象极为相似，故障现象的复现如图 No.052-4 所示。

图 No.052-4　故障现象的复现

2. 形成原因及机理

（1）形成原因

外协厂使用了禁用的 BS-10 焊接用助焊剂膏是导致本次某背板烧损的主要原因。

（2）形成机理

本故障形成的机理是：表面存在的某种离子污染物产生的漏电流造成短路故障。

BS-10 焊接用助焊剂膏属于一种弱酸性手工焊接用助焊剂膏，这种助焊剂膏大多使用凡士林和弱酸调配而成。由于此助焊剂膏的酸性以及凡士林的吸湿性，焊接后在 PCB 表面及引脚周围残留下来的离子（极性）残留物过多，这些极性污染物在一定的环境中，譬如阴雨天气，在 PCB 上会产生轻微的凝露现象，极性污染物与水等液体形成导电溶液，在电场的作用下，使两个引脚（-48 V 和 48 V GND）之间出现短路现象。这种因电化过程产生的漏电流，其峰值虽然不如铜导体短路电流峰值大，然而由于其作用于绝缘体表面的电化过程时间长，热量积累多，对电气产品照样能形成极大的危害。

3. 解决措施

① 严格遵守工艺纪律，按工艺规范要求操作，未经主管工艺师许可，任何人不得私自滥用禁用材料。

② 手工烙铁焊接的焊点，焊后的各种残留物均必须仔细清除。

No.053　芯片 QFN 封装焊点失效

1. 现象描述及分析

（1）现象描述

① 某产品 PCBA 芯片 QFN 封装焊点失效，对缺陷进行金相切片分析，发现焊点在靠近芯片侧有一条贯通性的微裂缝，其金相切片形貌，如图 No.053-1 所示。

② 对图 No.053-1 红框 I 区域进行局部放大，其形貌如图 No.053-2 所示。从该图中可见，发生裂缝的途程是沿着冶金特性不完善的区域蔓延的。

③ 进一步对图 No.053-1 中红框区域 II 进行局部放大，其形貌如图 No.053-3 所示。图中可见局部发生了粉粒状相变，焊膏中的焊料粉粒未熔化而呈现粉粒状。这是焊膏中焊料粉粒尚未重熔而完成熔聚的冶金过程，是典型的冷焊缺陷。

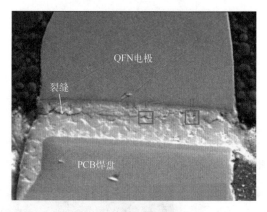

图 No.053-1　QFN 封装芯片
失效焊点金相切片形貌

图 No.053-2　图 No.053-1 中红框 I
区域局部放大形貌

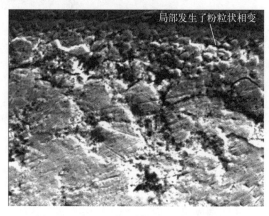

图 No.053-3　图 No.053-1 中红框 II
区域局部放大形貌

（2）现象分析

针对谱图1的元素成分进行 SEM/EDX 分析，结果表明只有元素 Sn，表明焊点焊接区域焊料中各金属成分未充分熔合，如图 No.053-4 所示。

2. 形成原因及机理

（1）形成原因

缺陷形成的主要原因是再流焊接制程中温度过低。

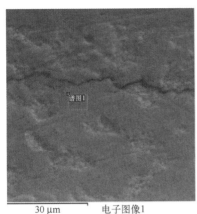

元素	at%	at%
Sn	100	100
合计	100	100

满量程2709 cts光标19.392(9 cts)　keV

谱图处理：可能被忽略的峰：1.490, 10.569 keV

处理选项：所有经过分析的元素(已归一化)

重复次数=1

标准样品：Sn　Sn 1-Jun-1999 12:00 AM

30 μm　电子图像1

图 No.053-4　焊料中各金属成分未充分熔合

（2）形成机理

由于再流焊接制程中热量供给明显不足，局部区域焊料粉根本未熔化，即使在熔化了的区域，也由于热量不足，导致了焊料中的各金属成分间未能充分熔合而形成了冷焊点。

3. 解决措施

优化再流焊接"温度-时间曲线"，增加再流区域的峰值温度和时间。

No. 054　采用 HASL-Sn(SnPb)工艺的 PCB 储存一年后涂层发黄

1. 现象描述及分析

（1）现象描述

某产品采用 HASL-Sn(SnPb)工艺的 PCB，入库验收时未发现有不良，但在库房储存一年后，发现 HASL-Sn(SnPb)涂层发黄，如图 No.054-1 所示。由图可知，可焊性很差，虚焊率非常高。

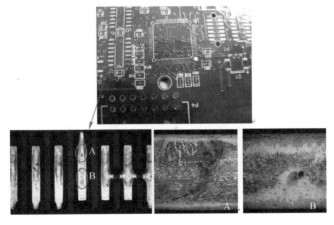

图 No.054-1　采用 HASL-Sn(SnPb)工艺的 PCB 储存一年后涂层发黄

（2）现象分析

对样品进行 SEM/EDX 分析，SEM/EDX 分析元素成分如图 No.054-2 所示。从该图中可知：

- 谱图 1 是贴近镀 Sn 层表面的采样点，元素成分 Cu 已高达 27.11wt%；
- 纯 Sn(SnPb)层已经不存在，涂层表面已经出现了 Cu。

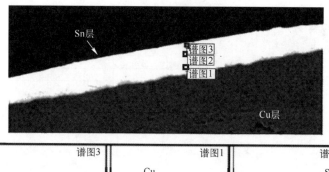

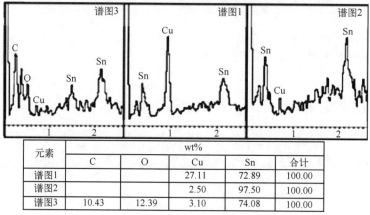

元素	wt%				
	C	O	Cu	Sn	合计
谱图1			27.11	72.89	100.00
谱图2			2.50	97.50	100.00
谱图3	10.43	12.39	3.10	74.08	100.00

图 No.054-2　SEM/EDX 分析元素成分

2. 形成原因及机理

（1）形成原因

导致 HASL-Sn(SnPb)涂层在储存一年后涂层表面发黄的原因是铜导体上的铜原子已经扩散至 Sn 的表面，使原纯 Sn(SnPb)镀层演变为铜锡金属间化合物层，即 Cu_6Sn_5 层。这样不仅使得涂层表面颜色变黄，而且由于 Cu_6Sn_5 存在可焊性不良的缺陷，故焊接时不容易被焊料润湿，从而导致大面积的不润湿和反润湿，造成虚焊现象丛生。

（2）形成机理

金属间化合物的生长速度是温度和时间的指数函数，并按指数 n（这里，$n=1$ 或 1/2）上升。在特定的焊料/基片系统和使用环境（时间和温度）条件下，金属间化合物层能够在超过组件寿命时间内继续生长。可以变得非常厚（超过 20 μm）。图 No.054-3 描述了在室温下的各种 Su-Pb 镀层合金层的生长速度。

在 Cu 焊盘上预涂 Sn 或 SnPb 可熔性涂层，本来是为了保持可焊性的，但因其所形成的金属间化合物层若过分地固态生长，将导致可焊性不足或丧失。金属间化合物层会消耗很薄的 Sn 层或 SnPb 焊料层。

从图 No. 054-2 SEM/EDX 分析中可知：本案例用于保护和维持良好可焊性的纯 Sn 层或者纯 SnPb 层均已消耗殆尽，已有 3.10wt% 的 Cu 元素已扩散至涂层表面，并以氧化亚铜的形式存在于涂层的表面，从而导致了涂层表面发黄和可焊性不良甚至丧失的缺陷。

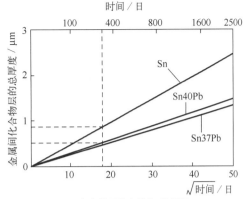

在室温下的各种Sn-Pb镀层

图 No. 054-3　在室温下的各种 Su-Pb 镀层合金层的生长速度

3. 解决措施

（1）PCB 制造方

① 修改现有的 HASL-Sn（SnPb）涂层的最小厚度，由 0.8 μm 增加到 ≥1 μm。

② 严格控制 HASL-Sn（SnPb）工艺的温度和时间，切不可温度过高和时间过长。

③ 改善操作环境和中间存放条件，不可滥用烘烤程序。

（2）用户方

① 必须严格执行 PCB 产品 6 个月储存期要求，避免超期使用。

② 改善储存环境条件，加强物料管理和计划性。

③ 对来料，除在不得已的情况下（例如吸潮了），尽量不要滥用烘烤程序。

No. 055　PXX2 焊接中的黑盘缺陷

1. 现象描述及分析

（1）现象描述

某 SMT 生产线生产的 PXX2 PCBA 上的侧键及 USB 连接器焊盘发黑（见图 No. 055-1），不润湿；PHT 中从背面也能看到部分孔壁发黑，对焊料不润湿，焊料填充不饱满，沿孔壁有空洞，不良率高达 6.7%。

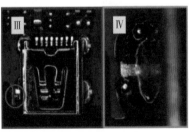

图 No. 055-1　PXX2 PCBA 上的侧键及 USB 连接器焊盘发黑

PCB 表面涂层工艺为 ENIG Ni(P)/Au，而器件引脚表面涂层工艺为电镀 Ni/Au。

（2）现象分析

① 针对上述 PTH 不良现象进行 PTH 孔壁切片分析，如图 No. 055-2 所示。

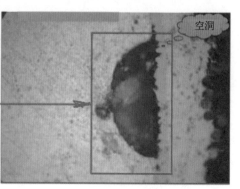

（a）PTH部分孔壁发黑，对焊料不润湿　　　　　　　（b）沿孔壁有空洞

图 No.055-2　PTH 孔壁切片分析

　　从图 No.055-2 中可以看到，器件引脚焊接良好，有明显的锐角润湿；而 PCB 的 PTH 局部孔壁和焊盘一样对焊料不润湿，沿孔壁有空洞，分界处可明显见到微裂纹，同时可以看到凹坑的地方对焊料完全不润湿。

　　② 发黑焊盘焊点切片如图 No.055-3 所示，从图中可以看到，焊接处没有形成 IMC 层，且沿界面有一条贯穿的断裂裂纹。因此，用镊子就可以很容易地将焊点剥离掉就不难理解了。

图 No.055-3　发黑焊盘焊点切片

　　③ 发黑焊盘切片放大后的图像，如图 No.055-4 所示，从图中可看到，Ni 层不平整、不润湿且有较多的凹坑。

　　④ USB 连接器的 PTH 焊点的切片图，如图 No.055-5 所示，从图中可见器件引脚焊接良好，有明显的锐角润湿；而 PCB 的 PTH 局部孔壁和焊盘表面一样对焊料不润湿，相邻焊接界面连接处的润湿角明显大于 90°，如图 No.055-5（a）所示。可以看出，在 PTH 孔壁的焊接界面上，分布着大量的不连续的完全不润湿的点状区域，在分界面上除在个别位置断续地夹杂着点状的 IMC 层外，其他区域的 Ni 层已被侵蚀而演变为完全不可焊的黑色的氧化镍，在焊点内部的界面上形成了几乎要连通的裂缝，如图 No.055-5（b）所示。

　　⑤ 图 No.055-6 展示了器件与 PCB 焊接情况比较。从中可以看出器件侧 Ni 层平整，IMC 层连续且清晰可见，焊料对器件引脚的润湿状况良好。而在 PCB 侧的焊点界面上，由

于不润湿导致了较多的断裂裂纹，使得焊点存在严重的质量隐患。

图 No.055-4　发黑焊盘切片放大后的图像

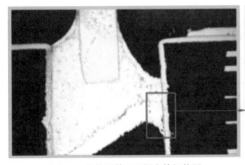

（a）USB连接器的PTH焊点的切片图

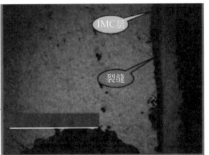

（b）USB连接器的PTH孔壁的焊接界面

图 No.055-5　USB 连接器的 PTH 焊点的切片图

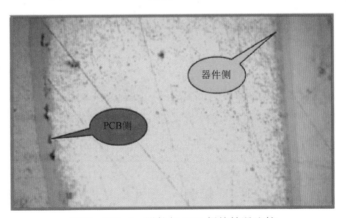

图 No.055-6　器件与 PCB 焊接情况比较

2. 形成原因及机理

（1）形成原因

本案例中的侧键和 USB 连接器的焊接缺陷，是 PCB 表面 ENIG Ni/Au 涂层工艺不良造成的。

（2）形成机理

- ENIG Ni/Au 工艺在置换过程中底层 Ni 受到了 Au 置换药水的侵蚀；
- Au 层厚度薄、针孔多，因而抗环境侵蚀能力差，底层 Ni 极易被氧化而生成黑色的氧化镍。

3. 解决措施

① 采用 OSP 工艺替代 ENIG Ni/Au 工艺。

② 在有特殊要求的情况下，可采用电镀 EG Ni/Au 涂层工艺替代 ENIG Ni/Au 涂层工艺。

③ PCB 制造商一定要强化 ENIG 工艺过程控制，确保镀 Au 层质量。

No. 056　GXYC ENIG Ni/Au 焊盘虚焊

1. 现象描述及分析

（1）现象描述

某通信终端产品在批量生产中，由于 PCB 焊盘可焊性差，焊接中虚焊缺陷发生概率很高，不良率高达 4.5%。该 PCB 焊盘表面及元器件引脚表面均采用 ENIG Ni/Au 涂层工艺。

（2）现象分析

① 脱落后的元器件引脚表面的 SEM 形貌如图 No.056-1 所示。该图展示了由于 Au 层已溶入焊料中，暴露的 Ni 层表面 SEM 形貌，在脱落的元器件引脚表面，明显见到 Ni 被氧化发黑的现象。

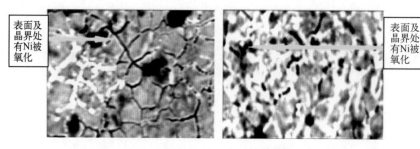

图 No.056-1　脱落后的元器件引脚表面的 SEM 形貌

② 元器件脱落后的 PCB ENIG Ni/Au 焊盘表面的 SEM 形貌如图 No.056-2 所示。该图展示了由于 PCB 焊盘 Au 层已溶入焊料中，暴露的 Ni 层表面的 SEM 形貌，从图中可以明显看到，元器件脱离后的 PCB 焊盘的 Ni 层表面，均可见 Ni 被氧化发黑的现象。

③ 图 No.056-3 显示了未焊接的 PCB 焊盘表面的 SEM 形貌，PCB 焊盘 Au 面 SEM 形貌正常；而未焊接的 PCB 焊盘表面剥除金后的 Ni 面形貌，如图 No.056-4 所示，从图中可见 Ni 被氧化发黑现象，这说明 Ni 层表面晶界的氧化发黑现象是在焊接前的 ENIG 工序中形成的。

④ 为了重复验证上述现象，另取了一块同一批次的未焊接的 PCB 重新进行类似的分析试验，其结果是，未焊接的 PCB 焊盘金面如图 No.056-5 所示，未焊接的 PCB 焊盘金面剥金后的 Ni 面如图 No.056-6 所示。

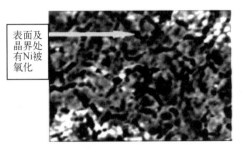

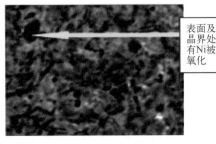

表面及晶界处有Ni被氧化

表面及晶界处有Ni被氧化

图 No. 056-2　元器件脱落后的 PCB ENIG Ni/Au 焊盘表面的 SEM 形貌

图 No. 056-3　未焊接的 PCB 焊盘
表面的 SEM 形貌

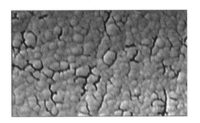

图 No. 056-4　未焊接的 PCB 焊盘
剥除金后的 Ni 面形貌

图 No. 056-5　未焊接的 PCB 焊盘金面

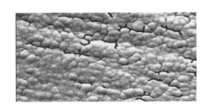

图 No. 056-6　未焊接的 PCB 焊盘金面剥金后的 Ni 面

两次试验均重现了 Ni 层表面晶界的氧化发黑现象，再次证明缺陷是在焊接前的 ENIG 工序中形成的。

⑤ 元器件脱落后的 PCB 焊盘纵向切片分析，如图 No. 056-7 所示。从图中可以看到在 Sn 和 Ni 的接合界面上的 IMC 层存在大量的间断点区域。

⑥ 元器件脱落后 PCB 焊盘纵向切片的 EPMA 分析，如图 No. 056-8 所示，从该图可知，Ni 层存在氧元素分布。

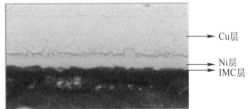

Cu层
Ni层
IMC层

图 No. 056-7　脱落元器件后的
PCB 焊盘纵向切片分析

2. 形成原因及机理

（1）形成原因

造成本案例发生虚焊的原因是，在 PCB 制造过程中 ENIG Ni/Au 工艺不良。

（2）形成机理

在焊盘表面进行 ENIG Ni/Au 的工序中，Au 槽液对 Ni 层表面发生了化学侵蚀，生成了不可焊的氧化镍（黑镍）。

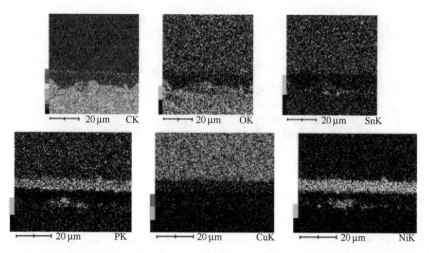

图 No.056-8　元器件脱落后的 PCB 焊盘纵切片的 EPMA 分析

3. 解决措施

① 用 OSP 涂层工艺取代 ENIG Ni/Au 工艺是解决本案例虚焊缺陷的首选方案。

② PCB 生产商应加强对 ENIG Ni/Au 工艺过程的监控。

No. 057　WXYXB 侧键绿油起泡

1. 现象描述及分析

（1）现象描述

① 某 PCB 制造厂的 WQ8A-PCB 在上线组装中，发现阻焊层（绿油）起泡，不良率 100%。取不良样品 2 件进行分析，其现象特征如表 No.057-1 所示。

表 No.057-1　不良样品的现象特征

序号	不良板图片	侧键位置绿油鼓起图片
1	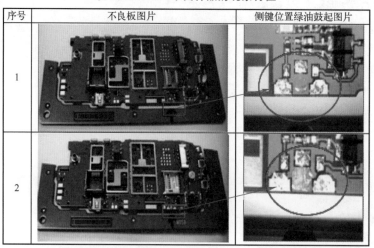	
2		

② 观察两件不良样品发现，拆除侧键或不拆除侧键底部绿油均有起泡现象，如图 No.057-1 所示，并且发现绿油起泡位置下面均有焊料，如图 No.057-2 所示。

图 No.057-1　拆除或不拆除侧键底部绿油均有起泡现象　　　图 No.057-2　绿油起泡位置下面均有焊料

③ 分析缺陷 PCBA 外观图像发现，所有起泡位置均发生在焊膏附近，如图 No.057-3 所示。在不良样品的屏蔽罩位置焊膏再流焊后阻焊层起泡（见图 No.057-4），位置不固定。

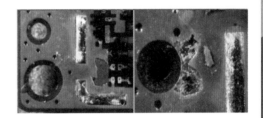

图 No.057-3　所有起泡位置均发生在焊膏附近　　　　图 No.057-4　屏蔽罩位置焊膏再流焊
　　　　　　　　　　　　　　　　　　　　　　　　　　　　　　　后阻焊层起泡

（2）现象分析

① 为了对缺陷现象进一步定性，特在起泡位置进行切片分析，可见焊膏已经渗入阻焊层下面，起泡位置的切片图如图 No.057-5 所示。

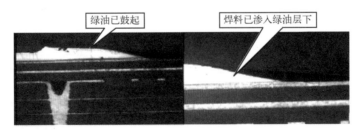

图 No.057-5　起泡位置的切片图

② 在没起泡位置，将缺陷板阻焊层经 280℃/3 次热冲击后切片分析，没有起泡。没有起泡位置经 280℃/3 次热冲击后切片图如图 No.057-6 所示。

③ 焊膏助焊剂与阻焊层油墨的匹配性，如表 No.057-2 所示。

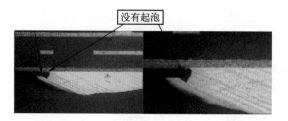

图 No. 057-6 没有起泡位置经 280℃/3 次热冲击后切片图

表 No. 057-2 焊膏助焊剂与阻焊层油墨的匹配性

编组	焊膏类型	阻焊油墨	效　果	图　示
1	ALPHA-OM340	330S50-99G，光板	没有起泡	
	KOKI/S3X58-M650		没有起泡	
2	ALPHA-OM340	330S50-99G，贴装元器件	100% 起泡	
	KOKI/S3X58-M650		100% 起泡	
3	ALPHA-OM340	太阳 PSR-4000GEC50，贴装元器件	没有起泡	
	KOKI/S3X58-M650		没有起泡	
4	Kester/EM918AP	太阳 PSR-4000GEC50，光板	没有起泡	
5	Kester/EM918AP	太阳 PSR-4000GEC50，贴装元器件	没有起泡	

2. 形成原因及机理

（1）形成原因

造成本案例缺陷的原因可以定性为所用焊膏与阻焊层油墨的匹配性不良。

（2）形成机理

在再流焊接过程中，由于焊膏与阻焊层油墨的匹配性不良，焊膏中的助焊剂对阻焊层油墨的攻击导致阻焊层起泡，进而出现阻焊层脱落的缺陷。

3. 解决措施

（1）PCB 供货方

优选颗粒度细（黏度大些）的阻焊油墨，如太阳 PSR-4000GEC5 和 TAMURA 改良优化后的 DSR330S50-99G 阻焊油墨等。

（2）组装方

尽量选用活性适宜的无卤素焊膏，以改善焊膏与阻焊层油墨的匹配性。

No. 058　NWWB 跌落试验失效

1. 现象描述及分析

（1）现象描述

① NWWB 通信终端产品是采用A 制造厂制造的 8 层 HDI-PCB 组装的成品，跌落试验失效样本如图 No.058-1 所示。跌落试验为两个循环，每个循环次序为正→反→左→右→顶→底等面及四个角。

图 No.058-1　跌落试验失效样本

② 在进行例行跌落试验时，6 部成品中有 4 部出现死机，不识 SIM 卡，拆开其中 1 部样品的外壳，目检 PCBA 发现有弯曲现象。而采用B 制造厂 PCB 组装的成品，抽取 10 部进行跌落试验，全没有问题。

（2）现象分析

切片 SEM 分析：样品跌落失效的位置，如图 No.058-2 所示，大致为图 No.058-2 中标注红框圈的两个芯片，故将不良样品退回 A 制造厂进行切片分析，以查清原因。

A 制造厂提供的失效样品切片 SEM 分析代表性照片分别如图 No.058-3 ~ 图 No.058-5 所示。

① 在图 No.058-3 中有以下发现：

● 在 PCB 侧盲孔焊环与 BGA 焊球之间有明显的开裂现象；

● 盲孔口焊环铜层与基板 PP 片（半固化片）之间有撕裂痕；

● 盲孔内壁铜层有断裂现象；

不良样品图	磨切片的方向

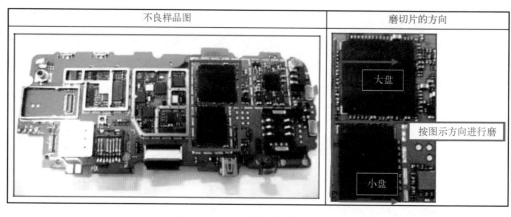

图 No.058-2　样品跌落失效位置

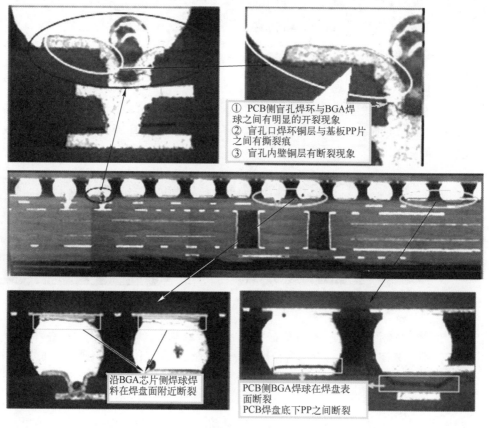

① PCB侧盲孔焊环与BGA焊球之间有明显的开裂现象
② 盲孔口焊环铜层与基板PP片之间有撕裂痕
③ 盲孔内壁铜层有断裂现象

沿BGA芯片侧焊球焊料在焊盘面附近断裂

PCB侧BGA焊球在焊盘表面断裂
PCB焊盘底下PP之间断裂

图 No.058-3　失效样品切片 SEM 分析代表性照片（一）

- 沿 BGA 芯片侧焊球焊料在焊盘面附近断裂；
- PCB 侧 BGA 焊球沿焊盘表面断裂；
- PCB 焊盘底下 PP 片之间断裂；
- 在外层盲孔焊环外缘，铜层明显翘起。

② 从图 No.058-4 中可以看到，在 HDI-PCB 内第 1、2 层之间有明显的裂纹且盲孔与内层连接处断裂。

③ 从图 No. 058-5 中可以看到，HDI-PCB 内第 1、2 层之间基材内发生开裂，由此形成了盲孔内连接断裂痕。

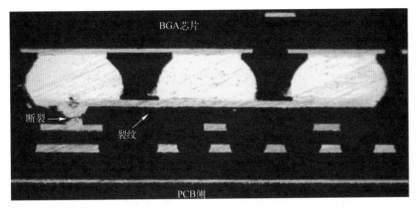

图 No. 058-4　失效样品切片 SEM 分析代表性照片（二）

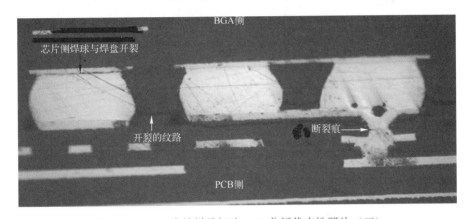

图 No. 058-5　失效样品切片 SEM 分析代表性照片（三）

2. 形成原因及机理

（1）形成原因

HDI-PCB 制造工艺不良。

（2）形成机理

① 盲孔口焊环铜层与基板 PP 片之间有撕裂痕，HDI-PCB 内的第 1、2 层基材 PP 片之间断裂等现象均是 PCB 耐受瞬间冲击载荷性能不良所导致的缺陷。

② 盲孔内连接断裂痕是由于焊盘底下的 PP 片内部开裂产生的拉伸力作用于盲孔壁而导致的。

③ 焊球与 BGA 芯片焊盘开裂属于 PCB 基材开裂而引起的填充胶开裂，然后再沿着填充胶开裂的纹路继续发展为焊球与 BGA 芯片的焊盘开裂。

④ PCB 侧盲孔焊环处与 BGA 焊球之间开裂与 ENIG Ni/Au 工艺质量有关（黑盘或富 P 层）。

3. 解决措施

本案例给出了一个 HDI-PCB 制造质量不良的范例，制造方应着力改善制造工艺，提高

PCB 的抗冲击能力。

No. 059　电解电容器漏液引起铜导体溶蚀

1. 现象描述

电解电容器在再流焊接和设备服役运行中，电解电容器插脚下面的通孔周围的铜导体被溶蚀，如图 No. 059-1 所示。

图 No. 059-1　电解电容器插脚下面的通孔周围的铜导体被溶蚀

2. 形成原因及机理

（1）形成原因

电解电容器在再流焊接和设备服役运行中，从其内部漏出来的液态电解质溶蚀了引脚附近的铜导体造成了该故障。

（2）形成机理

在所有无源元件中，铝电解电容器的故障率是最高的，其故障模式主要有下述三种。

① 加电工作后漏电流过大：漏电流会随着温度和电压的升高而增大，工作温度和电压对漏电流具有很大的影响，质量不良的铝电解电容器通电工作不久，便会因为过大的漏电流产生的热能积累而导致内部液态电解质膨胀，铝电解电容器内部压力增大，液态电解质有可能沿着密封不良的引脚流到引脚附近的铜导体上，从而使铜发生腐蚀。

② 非工作状态下温度超过安全的耐温范围：在经过长时间的存储之后，无论是否装配在设备中，铝电解电容器的漏电流都会增加，当周围温度较高时（如在再流焊接工序中），这种趋势将更为显著。因为温度越高液态电解液的挥发损耗越快，铝壳内的压力增大，液态电解质也有可能沿着密封不良的引脚流到引脚附近的铜导体上，从而使铜发生腐蚀。

③ 引脚处密封不良：如密封橡胶圈质量差，造成内部电解质液体沿引脚间隙流出而溶蚀了铜导体。

3. 解决措施

为确保产品工作的可靠性，在使用铝电解电容器时，需要注意以下事项。

① 注意直流电解电容器的正负极：如果正负极接反，将产生异常电流，导致电路短

路，甚至损坏元件本身。

② 在额定电压范围内使用：如果电容器两端电压超过其额定电压，急剧增加的漏电流将导致电容器特性恶化或元件损毁。

③ 在需要快速充放电的电路中不要使用电解电容器：如果在需要快速充放电的场合使用电解电容器，则电容器发热将导致电容器特性恶化甚至损坏。

④ 在额定纹波电流下使用：如果纹波电流超过其额定纹波电流，电容器寿命将缩短，在极端情况下，其内部发热会将其烧毁。在这种电路中，要使用高纹波类型的电解电容器。

⑤ 注意操作温度对电容器特性的影响：电解电容器的特性随着温度的改变而改变，如果使用温度超出其规定的温度范围，增加的漏电流将损坏电容器。要注意诸多因素对电容器温度的影响，比如周边温度的影响，设备内部温度的影响，电路单元中其他发热器件的热辐射影响，还有电容器本身由于纹波电流而引起的发热产生的影响。

⑥ 电容器和阴极引出端间的绝缘：电容器和阴极引出端是通过电解液连接在一起的，电解液的阻值又是不确定的，因此，在装配时应该加装绝缘器。

⑦ 带压力阀的电容器：当电容器两端加的反向电压或正向电压过大时，电容器内部压力会增大。为了防止电容器爆炸，电容器的一部分被做得很薄以具有压力阀的功能。一旦电容器被当作压力阀工作而损毁，就需要更换电容器，因为压力阀损毁是不能恢复的。

⑧ 两层板：当在两层板上使用电解电容器时，注意装配电容器的地方，其下方不能有走线，否则可能导致短路。

⑨ 电容器的连接：在焊接电容器时，如果没有将其紧贴在电路板上，在使用时，电容器会因机器震动或碰撞而引起电极损伤或铜皮脱落。

⑩ 再流焊接的峰值温度和时间：有铅类铝电解电容器不要超过230℃，无铅类铝电解电容器不要超过245℃。

⑪ 如果封口橡胶接触到助焊剂，会被助焊剂的卤素腐蚀。

⑫ 如果有残余的助焊剂或清洁剂留在线路板与电容器之间，卤化物会渗透进封口橡胶引起腐蚀。

No. 060　在无铅制程中铝电解电容器出现的热损坏现象

1. 现象描述及分析

（1）现象描述

① 在无铅制程的再流焊接中或产品的服役中，不时会出现铝电解电容器的热损坏现象，诸如漏电解液、爆炸、着火或其他的意外损伤等。

② 为正确认识铝电解电容器在再流焊接过程或产品的服役中发生的热损坏现象，必先了解其内部的构造。铝电解电容器由铝制圆筒外壳作为负极，里面装有液体电解质，插入一片弯曲的铝带作为正极制成，还需经过直流电压处理，使正极片上形成一层氧化铝膜作为介质。铝电解电容器的结构如图 No. 060-1 所示。

③ 电容器工作时会产生热能，需要关注因此而引起的设备内部温度升高。电解液是导电体，从安全阀喷出时可引起易燃气体燃烧，产生事故。

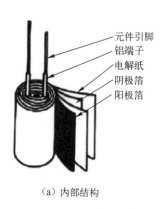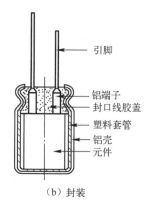

（a）内部结构　　　　　　　　　（b）封装

元件引脚
铝端子
电解纸
阴极箔
阳极箔

引脚
铝端子
封口线胶盖
塑料套管
铝壳
元件

图 No.060-1　铝电解电容器的结构

④ 当对电容器施加超出标准规定的电压时，可能导致其过热，最终造成短路、着火或其他意外损伤。

⑤ 当设备在工作时，有时会产生超过 100℃ 的气体从压力阀中冒出，易导致人体受伤害。

（2）现象分析

① 影响电容器寿命的原因有很多，过电压、逆电压、高温、急速充放电等。在正常使用的情况下，最大的影响就是温度，因为温度越高电解液的挥发损耗越快。需要注意的是，这里提到的温度不是指环境或表面温度，而是指铝箔的工作温度。

② 铝电解电容器热损坏有以下两种模式。

- 加电工作后漏电流过大导致的热炸裂：漏电流会随温度和电压的升高而增大，质量不良的电容器通电工作不久，便会因为过太的漏电流产生热能积聚而导致内部液体电介质过热，电容器内部压力增大，当铝壳内压力大于铝的抗拉强度时，将导致铝电解电容器因过热而炸裂。

- 在非工作状态下，当温度超过安全的耐温范围时导致的鼓胀损坏：非工作状态下的高温主要是在组装焊接过程中产生的。

③ 电容器的介质对直流电流具有很大的阻碍作用，然而，由于铝氧化膜介质上浸有电解液，在施加电压时，重新形成的以及修复氧化膜时产生的一种很小的被称为漏电流的电流通常会随着温度和电压的升高而增大。

④ 虽然铝电解电容器非常小，但它具有相对较大的电容量。铝电解电容器通过电化学腐蚀后，电极箔的表面积被扩大了，其介质氧化膜非常薄。电容器容量越高，漏电流就越大。在刚施加电压时，漏电流较大，随着时间的延长，漏电流会逐渐减小并最终保持稳定。

⑤ 无铅制程定义的核心内容如下。

- 无铅（Pb 含量<0.1%）：符合 ROHS 规定；
- 元器件极限耐温：260℃（有铅为 240℃）。

2. 缺陷形成原因及机理

（1）形成原因

造成此次事故的原因是元件的质量特性状态未满足无铅制程的定义要求。不含 Pb 不等于就一定是适合无铅制程的元件。完整的符合无铅制程的元件，不仅要满足 ROHS 要求，而且还要满足无铅制造的温度特性要求，概念不能混淆。

（2）形成机理

与手工焊接和波峰焊接不同，再流焊接是属于浸泡式焊接，即整个 PCBA 及元器件都必须置于高温气氛之中，而且浸泡的时间都很长，一般都>60 s。这种浸泡式受热的特点是，元器件内、外整体受热，温度变化较缓慢，峰值较稳定（受再流焊接峰值温度制约），虽不会形成因瞬时温度骤变而导致的突变性的超强内压引起爆炸，但会引起铝外壳鼓胀变形。

3. 解决措施

① 采用耐高温（即 MVC 温度≥260℃）的电解电容器。

② 优化无铅制程的"温度-时间曲线"，有铅、无铅应用元器件的再流焊接"温度-时间曲线"如图 No.060-2 所示。

③ 可酌情采用固态电解质的钽电解电容器来替代液态电解质的铝质电解电容器。

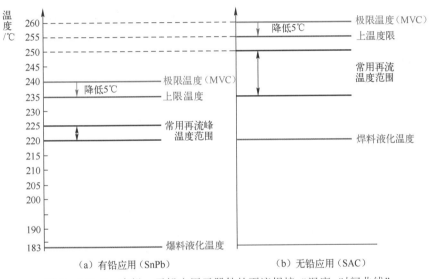

图 No.060-2　有铅、无铅应用元器件的再流焊接"温度-时间曲线"

④ 组装注意事项如下所述。

- 须确保螺钉连接的电容器工作时压力阀向上；
- 在压力阀附近不要安放线路或导电体；
- 确保电容器的端子外的其他部分不应沾上助焊剂；
- 如果封口橡胶接触到助焊剂，会被助焊剂中的卤素腐蚀；
- 如果在线路板与电容器之间有残留的助焊剂或清洁剂，卤化物会渗透进封口橡胶引起腐蚀；
- 当使用具有压力阀功能的电容时，要保证压力阀的上方有足够的空间。空间要求如下：
  - ➤ 电容直径（mm）　18　　20~35　　40　　50
  - ➤ 所需空间（mm）　　2　　　3　　　　4　　5
- 当在两层板上使用电解电容器时，注意装配电容器的地方，其下方不能有走线，否则，可能导致短路故障。

No. 061 BTC 类芯片焊接后引脚间绝缘电阻值减小

1. 现象描述及分析

（1）现象描述

① 某 PCBA 在工作一段时间后或者高温老化后，偶发电源管理 BTC（LGA、QFN）类芯片的集成电路电压输出异常，表现为该芯片的某引脚对地阻抗异常（$3\,M\Omega \rightarrow 18\,k\Omega$），故障单板局部图如图 No. 061-1 所示。

图 No. 061-1　故障单板局部图

② 故障芯片采用 SIP 工艺，芯片外部引脚采用 LGA 封装，此类芯片其安装特点是离板高度（h）特别小，因此，在再流焊接中助焊剂的残余物不易排出和挥发。故障芯片 LGA 封装结构示意图如图 No. 061-2 所示。

图 No. 061-2　故障芯片 LGA 封装结构示意图

（2）现象分析

① 拆除故障 PCBA 上的 LGA（或 QFN）芯片后，发现芯片侧及 PCB 焊盘侧有较多的黏稠状助焊剂残留物。LGA 侧焊料残留物如图 No. 061-3 所示。

② 拆解未高温老化 PCBA 上的 LGA，同样存在上述现象。而对比其他正常器件的焊点，不存在黏稠状的多余物质。

③ 故障 PCBA 上该芯片经过多次超声波清洗后，故障消除。

2. 失效原因及机理

（1）失效原因

BTC（LGA、QFN）类芯片组装后的离板高度（h）很小，在再流焊接制程中，焊膏中助焊剂残余物和溶剂不易排出造成了该故障。

（2）失效机理

根据上述分析及清洗后可消除故障的验证，故可确定本次故障是由 BTC（LGA、QFN）类芯片安装离板高度（h）小所造成的。由于在芯片底部与 PCB 焊盘两界面之间残留了较多的呈黏稠态的助焊剂残留物，导致绝缘下降，造成引脚对地阻抗异常。

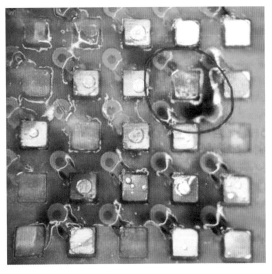

图 No. 061-3　LGA 侧焊料残留物

3. 解决措施

（1）产品设计

在产品设计过程中，在选用 BTC（LGA、QFN）类芯片时，应尽量规避选用外形尺寸大于 12 mm×12 mm，和质量/焊盘面积比小于 0.04 g/mm^2 的芯片，以利于清洗工艺的实施。

（2）工艺制程

① 采取再流焊接工艺辅助工具抬高芯片的离板高度，以增加再流焊接中的排气通道。

② 尽量选用焊接残留物少的清洁型新型焊膏。

③ 对含 BTC（LGA、QFN）类芯片的 PCBA 采用清洗工艺。

④ 有针对性地优化再流焊接"温度-时间曲线"。

No. 062　某产品 PCBA PTH 及焊环润湿不良

1. 现象描述及分析

（1）现象描述

某终端产品 PCBA PTH 及焊环（见图 No. 062-1）不润湿，在立体显微镜下对 PCBA 焊点进行外观检查，发现润湿不良的焊点周围明显发黑，如图 No. 062-2 所示。

（2）现象分析

1）切片分析

从不良 PCBA 样品上任选两个发黑器件对焊点进行金相切片分析，具体位置如图 No. 062-2（a）和（b）所示。

图 No. 062-1　PCBA PTH 及焊环

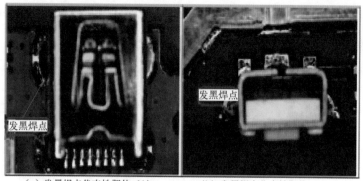

（a）发黑焊点代表性照片（1）　　　　（b）发黑焊点代表性照片（2）

图 No. 062-2　焊点周围发黑

① 从图 No. 062-2（a）中可以发现，焊料对 PCB 焊盘与镀覆孔润湿不良，焊点周围发黑。图 No. 062-2（a）所示器件发黑焊点代表性金相照片如图 No. 062-3 所示。

② 从图 No. 062-2（b）中可以发现，靠近 PCB 镀覆孔一侧的焊料中或孔壁表面存在较多空洞，但元器件引脚润湿良好。图 No. 062-2（b）所示器件发黑焊点代表性金相照片如图 No. 062-4 所示。

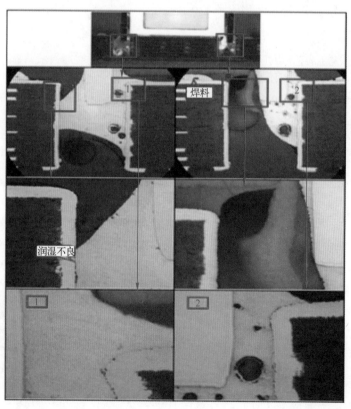

图 No. 062-3　图 No. 062-2（a）所示器件发黑焊点代表性金相照片

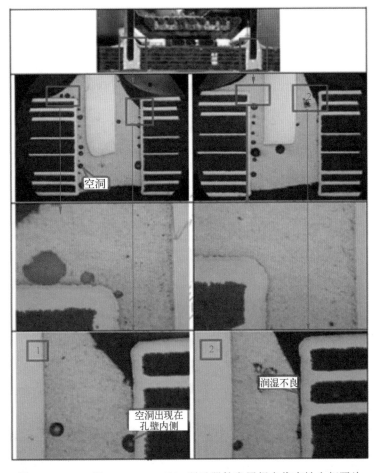

图 No.062-4　图 No.062-2（b）所示器件发黑焊点代表性金相照片

2）SEM/EDX 分析

① 对焊接后不良焊点截面的 SEM/EDX 照片显示，焊料与 PCB 镀覆孔界面存在明显润湿不良现象，未形成 IMC 层，Ni 层普遍存在腐蚀现象，且严重部分腐蚀深度达 Ni 层厚度的一半，P 元素在腐蚀处富集，含量高达 11.663at%。焊接后不良焊点截面的 SEM/EDX 照片如图 No.062-5 所示。

- 对比不良焊点发黑处和 PCB 空板对应焊接后发黑处焊盘表面的 SEM/EDX 照片，发现发黑部位 C、O 元素含量较高；
- PCB 空板对应焊接后发黑处焊盘金层表面存在裂纹，表面除检测到大量 Au 元素外，还存在少量 Ni、C、O 元素。PCB 空板对应焊接后发黑处焊盘金层表面 SEM/EDX 照片，如图 No.062-6 所示。

② 将 PCB 空板对应焊接后发黑处焊盘的 Au 层去掉后，对 Ni 层表面进行 SEM/EDX 分析。结果发现：Ni 层表面普遍存在明显的腐蚀现象，晶界间存在较多的裂纹，表明 PCB-Ni 层在焊接前已存在腐蚀现象或晶界裂纹，PCB 空板对应焊接后发黑处焊盘去 Au 后 SEM/EDX 照片，如图 No.062-7 所示。

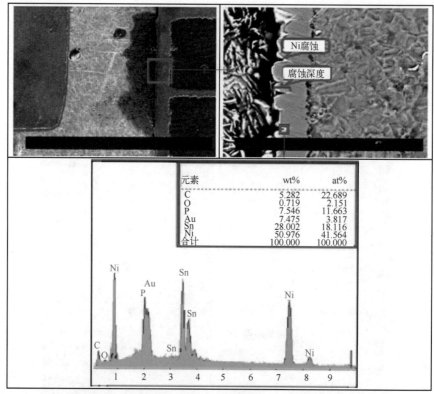

元素	wt%	at%
C	5.282	22.689
O	0.719	2.151
P	7.546	11.663
Au	7.475	3.817
Sn	28.002	18.116
Ni	50.976	41.564
合计	100.000	100.000

图 No. 062-5　焊接后不良焊点截面的 SEM/EDX 照片

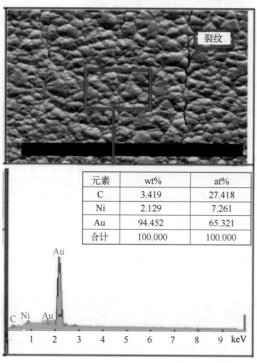

元素	wt%	at%
C	3.419	27.418
Ni	2.129	7.261
Au	94.452	65.321
合计	100.000	100.000

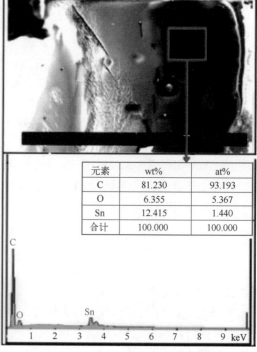

元素	wt%	at%
C	81.230	93.193
O	6.355	5.367
Sn	12.415	1.440
合计	100.000	100.000

图 No. 062-6　PCB 空板对应焊接后发黑处
焊盘金层表面 SEM/EDX 照片

图 No. 062-7　PCB 空板对应焊接后发黑处
焊盘去 Au 后 SEM/EDX 照片

③ 为进一步考察不良焊点的焊盘表面形貌，清洗掉不良焊点发黑部位的有机残留物后对其进行 SEM/EDX 分析，结果发现：

- Ni 层表面同样存在明显的腐蚀现象及晶界间裂纹。PCB 空板对应焊接后发黑处焊盘金层表面清洗后的 SEM/EDX 照片如图 No.062-8 所示。
- P 含量高达 25.7wt%。焊点发黑部位代表性 SEM 照片（清洗后）如图 No.062-9 所示。

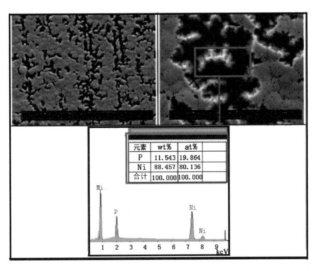

元素	wt%	at%
P	11.543	19.864
Ni	88.457	80.136
合计	100.000	100.000

图 No.062-8　PCB 空板对应焊接后发黑处焊盘金层表面清洗后的 SEM/EDX 照片

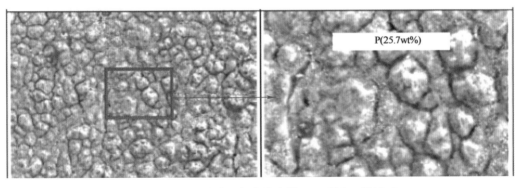

图 No.062-9　焊点发黑部位代表性 SEM 照片（清洗后）

2. 形成原因及机理

（1）形成原因

导致 PCBA PTH 孔壁及焊盘润湿不良的主要原因是在 PCB 制造过程中 ENIG Ni(P) 制程工艺不良。

（2）形成机理

PCB 在 ENIG Ni(P)/Au 制程中，发生了沉 Au 槽液攻击底部 Ni 层的现象，使其生成了大量的氧化镍（Ni_xO_y）。由于 Ni(P) 层 Ni 元素的消耗，故导致了该 Ni(P) 层中 P 比例增大。

3. 解决措施

① PCB 制造商应着力完善并改进 ENIG Ni(P)/Au 镀覆工艺。

② 使用方在条件许可情况下，在设计上可选用 OSP 涂层工艺取代 ENIG Ni(P)/Au 镀覆工艺。

No.063　某移动通信公司 ENEPIG(Ni/Pd/Au) BGA 焊点失效

1. 现象描述及分析

(1) 现象描述

① 某移动公司 PCBA BGA 焊点开裂，失效样品外观如图 No.063-1 所示。开裂焊点均发生在区域 1 内，失效区域如图 No.063-2 所示。

② PCB 焊盘表面镀层为 ENIG Ni(Pd)/Au。

图 No.063-1　失效样品外观

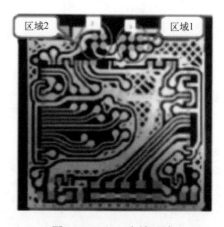

图 No.063-2　失效区域

(2) 现象分析

① BGA 边角位置开裂或局部开裂，开裂的界面位于 PCB 焊盘 Ni 镀层与 IMC 层之间。

② BGA 开裂焊点的芯片可焊端与焊料之间的 IMC 层呈均匀连续形貌，焊料与 PCB 之间的 IMC 层局部疏松。Ni 层上方 IMC 层主要成分为 Sn、Cu、Ni 和 Pd 元素，局部 IMC 层的 Cu 含量比 Ni 高出较多，界面上方大块状/棒状的 IMC 层成分主要为 Sn、Pd 和 Ag 元素，失效焊点截面代表性照片如图 No.063-3 所示。

③ 图 No.063-3 中失效焊点界面 IMC 层的 EDS 能谱图，如图 No.063-4 所示。

2. 形成原因及机理

(1) 形成原因

由上述分析可知，Pd 未完全扩散至焊料而是有相当部分聚集在界面附近，导致 Ni 层与焊料之间出现 Ni 的微弱界面层，降低了界面的结合强度。

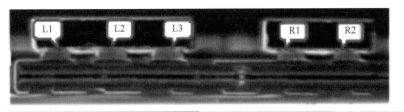

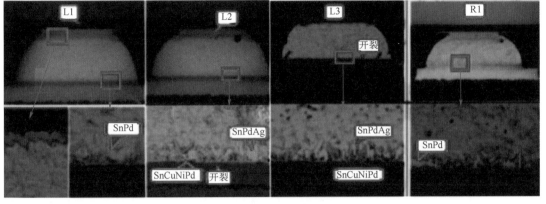

图 No. 063-3　失效焊点截面代表性照片

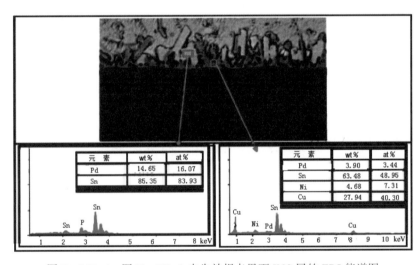

图 No. 063-4　图 No. 063-3 中失效焊点界面 IMC 层的 EDS 能谱图

（2）形成机理

① 镀 Pd 层是一种可溶性镀层，在焊接温度下镀层金属不熔化，但其可溶解于熔融焊料合金中，Pd 在 Sn40Pb 中溶解率为 0.01 μm/s，而 Au 为 5 μm/s，因此对焊点的掺杂不敏感。Pd 在熔融焊料中的溶解如图 No. 063-5 所示。

② 在 Ni/Pd/Au 工艺中，Ni 层典型厚度为 2.5~5.0 μm，由于 Pd 在 Sn 基焊料合金中的溶解要比 Au 困难，这就要求 Pd 非常薄，以免 Ni 层和焊料之间出现微弱界面层，导致润湿不良或不润湿。因此，Pd 层厚度应该为 0.025~0.05 μm，这样薄的 Pd 层极易因受到摩擦力等的破坏，使 Ni 层暴露出来。目前，非电镀 Pd 层厚度大约为 0.15~0.2 μm。浸 Au 层厚度 <0.025 μm。

③ 与 HASL 工艺相比，厚度为 0.1~0.15 μm 的纯 Pd 层能够达到满意的可焊性要求。在波峰焊或再流焊时，Pd 层在焊料中溶解，以悬浮形态保持。Pd 的可焊能力可和 AuNi 相比拟，其突出优点是其货架寿命长，在加速老化试验后 Pd 的性能好于 Au/Ni。这是因为 Pd 充当了热和扩散的阻挡层，而 Au 或 Ag 则允许 Ni 或 Cu 穿过其扩散至表面。

④ 在 Ni 和 Au 层中间添加一层致密的 Pd 能有效防止黑 Ni 和 Ni 的扩散，ENEPIG（Ni/Pd/Au）最早是由 INTER 提出来的，目前规定 Pd 和 Au 膜厚大概为 0.08 μm 就可以满足绑定和锡基焊料焊接的要求，非常适合 SSOP、TSOP、QFP、TQFP、PBGA 等封装元件。

⑤ ENEPIG（Ni/Pd/Au）制程已经提出好几年了，但是现在能较好地实现量产的厂不多，只有比较大的厂部分实现量产。现在说自己能实现 ENEP2G 制程的供应商很多，但是真正能做好的没有几家。

3. 解决措施

① PCB 供应商应尽力稳定工艺，加强制程过程的监管和监控。

② 应用方应不断优化焊接制程中的焊接"温度–时间曲线"。

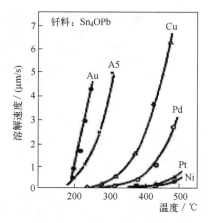

图 No.063-5　Pd 在熔融焊料中的溶解

No. 064　某钽电容器在再流焊接过程中周边小元器件出现立碑、移位等缺陷[①]

1. 现象描述及分析

(1) 现象描述

① 在 PCBA 的 SMT 制程中，经常出现钽电容器旁边的小元器件立碑（见图 No.064-1）、移位（见图 No.064-2）、掉件等问题。

② 某 PCBA 共安装有 4 个相同的某厂家的钽电容器，其中一个钽电容器旁边有一颗 0603 的电阻器，电阻器与钽电容之间距离为 0.5 mm。再流焊接前此电阻器焊膏印刷和贴片均正常，但再流焊后发生掉料、移位、立碑等不良的比例高达 30%，过炉后的不良表现如图 No.064-3 所示。

(2) 现象分析

① 更换钽电容器厂家后不良现象消失，这说明此不良是由钽电容器的不同供货货源的质量差异所造成的，可能与钽电容器的吹气现象有关。

---

①　本案例由孙磊和徐伟明提供。

图 No.064-1　立碑

图 No.064-2　移位

图 No.064-3　过炉后的不良表现

② 通常的高温烘烤（125℃，4 小时）无法改变钽电容器的这种状态，也就无法有效地解决吹气的问题。

③ 经过一次过炉后再贴装，不良消失。此时钽电容器及旁边电阻器的外在形态和相互位置关系并没有改变，因此，此不良不是由再流炉内热风吹动引起的，所谓的"风墙效应"的说法不成立。

④ 更换钽电容器的货源，可以改变缺陷现象的发生，显然可以判断缺陷的发生仅与钽电容器本身的属性（吹气现象）有关联。

2. 形成原因及机理

（1）形成原因

根据上述分析，可以确定本案例缺陷是由钽电容器在高温状态下产生的吹气现象造成的。试验表明，钽电容器吹气现象在很大程度上是钽电容器厂家在加工制造工艺过程中控制不良所造成的质量问题。

（2）形成机理

① 固体钽电容器的生产过程：首先将钽粉压制成型后经高温真空烧结成多孔的坚实芯块（圆柱形状），芯块经过阳极化处理生成氧化钽膜 Ta_2O_5，再被覆固体电解质 MnO_2，然后覆上一层石墨及铅锡涂层，最后用树脂包封成为固体钽电容器，贴片固体钽电容器的内部结构如图 No.064-4 所示。

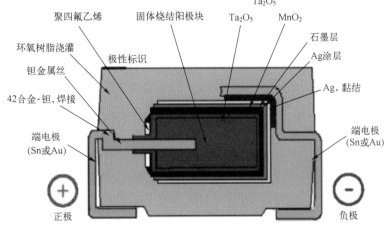

图 No.064-4　贴片固体钽电容器的内部结构

② 通过对固体钽电容生产整个工艺过程的深入了解，发现 MnO_2 是在阳极氧化膜 Ta_2O_5 表面被覆的一层电解质。在实际的加工过程中 MnO_2 层是通过 $Mn(NO_3)_2$ 的热分解而得到的，其过程是将 Ta_2O_5 的阳极基体浸入 $Mn(NO_3)_2$ 溶液中，充分浸透，然后取出烘干，在水汽（湿式）或空气（干式）的高温气氛中分解制取获得电子电导型的 MnO_2，作为钽电容的固体电解质。

$Mn(NO_3)_2$ 的分解温度为 210~250℃，化学方程式如下：

$$Mn(NO_3)_2 \xrightarrow{\text{高温}} MnO_2 + 2NO_2 \uparrow$$

在生产过程中如果工艺参数控制不到位，就会造成有尚未分解完的 $Mn(NO_3)_2$ 残留物，在元器件贴装再流时残留的 $Mn(NO_3)_2$ 进一步分解，释放出 NO_2 气体。而元件外面包覆的一层环氧树脂属于高分子链，厚度只有 0.5 mm，分子间的空隙足以通过 NO_2 气体分子。

因此，从钽电容元件制造工艺过程中可以看出，如果元件内部残留有 $Mn(NO_3)_2$，在 210~250℃ 时就会分解释放出 NO_2 气体，而再流焊接的温度正符合 $Mn(NO_3)_2$ 的分解温度条件，所以一旦元件内部有 $Mn(NO_3)_2$ 残留，过炉时就会从元件体内分解释放出 NO_2 气体，直至残留的 $Mn(NO_3)_2$ 完全分解为止。

3. 解决措施

① 厂家应改善加工制造工艺，彻底消除 $Mn(NO_3)_2$ 的残留物，这是解决钽电容器在再流过程中产生 NO_2 气体的根本途径。

② 在 PCB 设计上尽量避免在钽电容器周围，特别是长边两侧近距离布置轻、小元器件。

③ SMT 生产过程中一旦发现某批次钽电容器产生吹气现象，可采取将该批次的钽电容器在温度为 210~250℃ 的烘箱中烘烤 10 分钟的方法处理。

No. 065　PCBA 制造过程中基板通孔内部开路现象

1. 现象描述及分析

（1）现象描述

PCBA 制造过程中基板通孔内部开路现象是电子制造末端装联工序中较高发的一种缺陷，与基板制造工序有关，是末端工序出现的危害较大的缺陷。最常见的故障形式为掩膜破裂引起的通孔开路、残液腐蚀引起的通孔开路、冲击裂缝引起的通孔开路、残留气泡引起的通孔开路、焊环缺损引起的通孔开路、爆板引起的通孔开路、孔壁粗糙吸附气泡引起的通孔开路、钻污引起的盲孔开路、盲孔被腐蚀引起的开路等。

（2）现象分析

① 掩膜破裂引起的通孔开路：多数是孔径较大的通孔，保留有焊环，但失去了单侧的孔壁，如图 No.065-1 所示。

② 残液腐蚀引起的通孔开路：多数通孔在通孔内壁变黑的同时，通孔下侧的内壁被腐蚀而无铜，大多发生在最终客户使用过程或长期保管中，如图 No.065-2 所示。

③ 冲击裂缝引起的通孔开路：在冲击应力作用下，沿着环状裂缝开裂，如图 No.065-3 所示。

图 No.065-1 掩膜破裂引起的通孔开路

图 No.065-2 残液腐蚀引起的通孔开路

④ 残留气泡引起的通孔开路：从通孔的纵轴截面来看，通孔开路的原因是气泡造成内壁无铜，其特点是大多数发生在通孔中部，如图 No.065-4 所示。

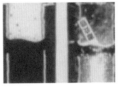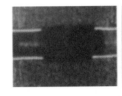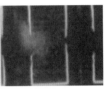

图 No.065-3 冲击裂缝引起的通孔开路　　　图 No.065-4 残留气泡引起的通孔开路

⑤ 焊环缺损引起的通孔开路：在单侧的焊环局部有缺口，该焊环因失去孔壁（无铜而导致）而开路，如图 No.065-5 所示。

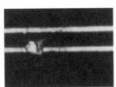

图 No.065-5 焊环缺损引起的通孔开路

⑥ 爆板引起的通孔开路：随着 PCB 基板发生爆板而引起的通孔开路，如图 No.065-6 所示。

⑦ 孔壁粗糙吸附气泡引起的开路：从粗糙孔的纵轴截面来看，通孔内壁出现环状开路，其特点是大多发生在通孔内，如图 No.065-7 所示。

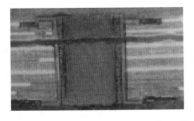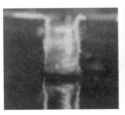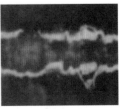

图 No.065-6 爆板引起的通孔开路　　　图 No.065-7 孔壁粗糙吸附气泡引起的开路

⑧ 钻污引起的盲孔开路：盲孔的镀层和盲孔连接盘之间存在树脂，妨碍连接从而导致开路，如图 No.065-8 所示。

⑨ 盲孔被腐蚀引起的开路：盲孔入口失去环状侧壁的层间开路，如图 No.065-9 所示。

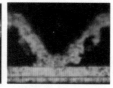

图 No.065-8　钻污引起的开孔开路　　　图 No.065-9　盲孔被腐蚀引起的开路

2. 形成原因及机理

① 掩膜破裂引起的通孔开路：由于大孔径或者长孔的 DFR（干膜）表面张力差，或者孔拐角的毛刺引起 DFR 应力集中，导致掩膜的 DFR 破裂，通孔被 ET（蚀刻）液腐蚀，从而引起开路。

② 残液腐蚀引起的通孔开路：未清洁干净的微蚀液等封闭在通孔内，长期地腐蚀通孔的内壁从而引起开路。

③ 冲击裂缝引起的通孔开路：在外力冲击下，通孔因受到冲击应力而引起开路，通孔近旁的字符太高时也容易引发该缺陷。

④ 残留气泡引起的通孔开路：在电镀铜前进行沉铜时，钻孔内存在的气泡妨碍沉铜，引起开路。

⑤ 焊环缺损引起的通孔开路：杂物等妨碍焊环曝光，或者焊环上的 DF 压合不紧，抑或孔和焊环对位不准等引起开路；焊环缺口受到 ET 液腐蚀失去局部的孔壁而导致开路。

⑥ 爆板引起的通孔开路：由于 PCB 基板发生爆板，通孔出现断裂而引起开路。

⑦ 孔壁粗糙吸附气泡引起的开路：在电镀前进行沉铜时，粗糙钻孔内吸附气泡，妨碍铜的沉积，由此引起开路。

⑧ 钻污引起的盲孔开路：在利用积层法制造多层板时，激光钻孔或者除钻污不完全，导致树脂残留在盲孔的连接盘上而引起开路。

⑨ 盲孔被腐蚀引起的开路：由于抗蚀膜破裂等，导致通孔内壁被 ET 液腐蚀而引起开路。

3. 解决措施

上述在 PCBA 组装及焊接中所发生的通孔开路现象均系 PCB 基板制造过程中所形成的隐性隐患，在后端工序中完全暴露出来。最有效的解决的措施是，前端工序应严格控制基板的制造质量。

No. 066　PCBA 基板的开路及短路现象

1. 现象描述及分析

（1）现象描述

PCBA 在组装及焊接过程中，基板的短路及开路现象是经常会遇到的现象。因此，归纳并研究其形成原因，有针对性地采取预防措施，是改善 PCBA 制造工艺质量，提高产品制造良品率，降低返修率和生产成本的有效举措。在 PCBA 制程中常见的引发短路及开路现象的主要因素有：焊料熔蚀、静电损伤、导通盲孔偏移、晶须、焊料桥连、碳膏印刷不良及线路设计不合理等。

（2）现象分析

① 焊料溶蚀引起的开路：当基板铜导线非常薄时，每逢进行热风整平（HAL）或波峰焊接时，导线就很易被焊料溶蚀而开路，如图 No.066-1 所示。

图 No.066-1　焊料溶蚀引起的开路

② 静电损伤引起的开路：导线被雕刻成细长不规则的三角形缺口，其特点是基材树脂层受热损坏。三角形伤痕较深，尖端部位出现微裂缝而导致开路，如图 No.066-2 所示。

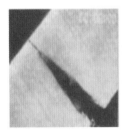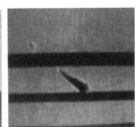

图 No.066-2　静电损伤引起的开路

③ 导通盲孔偏移引起的短路：导通盲孔偏离连接盘中心，盲孔底部超出连接盘，延伸到下层造成短路，如图 No.066-3 所示。

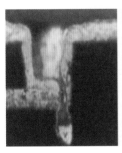

图 No.066-3　导通盲孔偏移引起的短路

④ 晶须引起的短路：从 Sn、Zn、Cu 等的金属表面生长的金属结晶有胡须状、螺旋状、分枝状、凸瘤状等形状，有时会横跨在线路之间而引起短路，如图 No.066-4 所示。

⑤ 焊料桥连引起的短路：在热风整平或波峰焊接后，在插脚之间有焊料桥连从而引起短路，如图 No.066-5 所示。

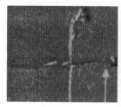

图 No.066-4　晶须引起的短路

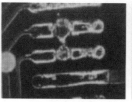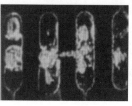

图 No.066-5　焊料桥连引起的短路

⑥ 碳膏印刷不良引起的短路：在碳膏线路之间出现的短路缺陷，如图 No.066-6 所示。

⑦ 线路设计不合理引起的短路：线路形状设计不合理所引起的短路，如图 No.066-7 所示。

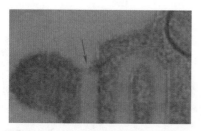

图 No.066-6　碳膏印刷不良引起的短路

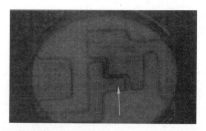

图 No.066-7　线路设计不合理引起的短路

2. 形成原因及机理

① 焊料溶蚀引起的开路：基板铜导线在 HAL 和波峰焊接工序中被焊料熔蚀而变薄，在末端组装试验或服役中受应力的作用而引起开路。

② 静电损伤引起的开路：因静电破坏产生的特有的三角形伤痕，在图形转移后，稍微连接，一旦受某种应力作用就会断开，从而引起开路。

③ 导通盲孔偏移引起的短路：在采用激光加工盲孔时偏离底部连接盘，致使盲孔偏离连接盘延伸到下层，镀铜在该部位沉积从而引起短路。

④ 晶须引起的短路：在电镀金属的内部应力或外部应力的作用下，电镀金属的原子发生转移（扩散），在金属表面集合生长为针状的单结晶，被称为晶须。在镀锡层晶须的根部有时可见锡的细微金属核，有时会横跨线路引起短路。

⑤ 焊料桥连引起的短路：在焊接过程中因焊料桥连引发的短路。

⑥ 碳膏印刷不良引起的短路：碳膏桥连发生在碳膏印刷过程中，是由于碳膏玷污了 PCB 基板表面而导致的短路现象。一般印制线路都是用铜箔蚀刻出来的，而碳膏线路则是用碳粉和黏合剂混合制成的碳膏印刷出来的，所以碳膏线路间的短路，必定与碳膏印刷这一工序相关。

⑦ 线路设计不合理而引起的短路：线路的形状妨碍 ET（蚀刻）液的流动，致使 ET 液的流动不畅，或者 ET 液不足，蚀刻不完全而引起短路。

3. 解决措施

归纳上述分析，PCBA 在安装、焊接过程度中，引发短路及开路的因素既有 PCB 基板制程中隐藏下来的工艺不良问题，也有在后续安装、焊接中的工艺过程控制问题。显然解决上述问题需要 PCB 上、下游公司共同努力。

① 上游公司：应不断改善工艺，加强产品的质量控制，确保产品的出厂质量。

② 下游公司：加强产品安装、焊接工艺过程控制，不断优化工艺窗口要素。

No. 067　PCBA 基板内因电迁移现象而导致的短路

1. 现象描述及分析

（1）现象描述

由迁移现象引发的 PCBA 基板短路故障贯穿于 PCBA 基板制造、组装及产品服役的全过程，这种故障危害性极大，它的发生往往导致 PCBA 基板的严重烧毁。常见的这种故障类型有灯芯短路、铜离子在树脂中的迁移、界面迁移、铜离子在玻璃纤维中的迁移以及铜离子在空隙中的迁移等。

（2）现象分析

① 灯芯短路：镀铜液沿着覆铜箔的玻璃纤维或者层压板的剥离部分渗透而形成的短路被称为灯芯短路，如图 No. 067-1 所示。

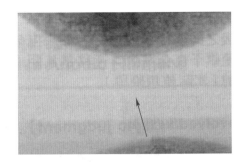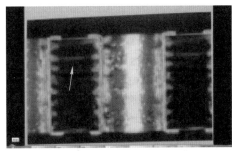

图 No. 067-1　灯芯短路

② 铜离子在树脂中的迁移：铜离子在树脂中迁移，被树脂中的还原物质还原成金属或者金属化合物，新生成的物质在树脂中生长并将电极之间连接起来，从而引起短路，如图 No. 067-2 所示。

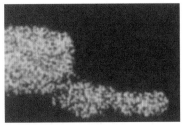

图 No. 067-2　在铜离子树脂中的迁移

③ 界面迁移：铜离子在 SR 和基板表面树脂的界面或者沿基板内部各层界面间生成的呈树枝状迁移的铜而形成的短路，如图 No. 067-3 所示。

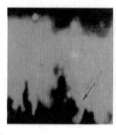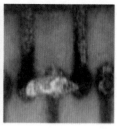

图 No.067-3　界面迁移

④ 铜离子在玻璃纤维中的迁移：沿着覆铜箔基材的玻璃纤维迁移的铜离子，在内层和通孔之间形成短路，如图 No.067-4 所示。

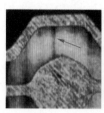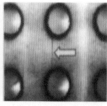

图 No.067-4　铜离子在玻璃纤维中的迁移

⑤ 铜离子在空隙中的迁移：铜离子沿着树脂中的空隙迁移，在电极之间形成短路。铜离子在陶瓷基板中的迁移如图 No.067-5 所示，铜离子在图形间的迁移如图 No.067-6 所示。

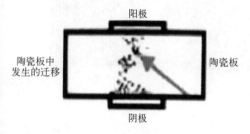

图 No.067-5　铜离子在陶瓷基板中的迁移

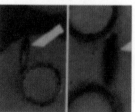

图 No.067-6　铜离子在图形间的迁移

2. 形成原因及机理

① 灯芯短路：由于覆铜箔板自身存在的缺陷（微裂纹），以及基板在机械加工（如冲裁和钻孔）时的机械及热应力所形成的微裂缝，在灯芯效应的作用下，镀铜液沿着这些微裂纹或微裂缝渗透而造成离子迁移，引发灯芯短路。

② 铜离子在树脂中的迁移：在电解液的作用下（如吸潮），在基材中的铜离子发生反应，置换成金属铜的还原物质。铜离子不断迁移→还原→生长，从阳极侧不断生长的金属铜，最终在阳极和阴极之间连接成导线而造成短路。如果电场很强，在强电场作用下，即使在烘干 PCBA 上也会发生铜离子迁移，该迁移过程是从阴极析出的铜向阳极转移的过程。

③ 界面迁移：在 SR 和基板表面的树脂界面，或者多层印制板的各层界面间残存对迁移有加速作用的污染物质（如氯等），金属铜在电场强度、高温、高湿、结露等环境条件的作用下发生电离，铜离子从阳极转移到阴极，在阴极被还原为金属铜，引起界面迁移。

④ 铜离子在玻璃纤维中的迁移：铜离子沿着覆铜箔基材的玻璃纤维，在迁移加速物质以及电场、温度、湿度等条件的作用下发生的迁移。

⑤ 铜离子在空隙中的迁移：铜离子沿着电极之间相连的小空隙发生的迁移。此种迁移基本上与界面迁移相同，但是，由于表面不规则，看起来不相同，有代表性的例子如图 NO.067-5 所示。

3. 解决措施

① 该缺陷的根源是 PCB 基板制造过程中的一些隐性的物理损坏，在 PCBA 的形成和服役过程中，高温、高湿、高电压、异物污染等不利环境条件的综合作用会诱发该缺陷。显然最有效的办法，就是在 PCB 基板制造过程中，PCB 制造方采取有针对性的技术措施将诱发该缺陷的因素消除。

② 应用方：应尽力注意改善环境条件，避免同时出现高温、高湿及高电压综合作用的恶劣环境。

No. 068　PCBA 导体和导线表面常见的缺陷

1. 现象描述及分析

（1）现象描述

安装与焊接后的 PCBA 有时在其基板铜导体或铜导线上，从外观上看会发现少量的针孔、麻点及红眼（露铜）等现象。这些缺陷虽然仅影响 PCBA 外观质量，不会对产品的正常使用造成影响，但根据 IPC-610E 标准规定，这是不可接受的。

（2）现象分析

PCBA 在安装和焊接制程中，导体和导线表面常见的缺陷主要有下述两类。

1）针孔

① 锐利针孔：在导线幅面出现的锐利小孔，简称针孔，如图 No.068-1 所示。

② 静电划伤的针孔：在导线幅面的内侧出现的被火花破坏的针孔，如图 No.068-2 所示。

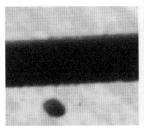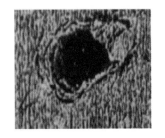

图 No.068-1　针孔　　　　　　　　　　图 No.068-2　静电划伤的针孔

③ 玷污引起的针孔：此类针孔的特点与普通的针孔几乎相同，而且基本都出在同一个位置，具有同样的形状，如图 No.068-3 所示。

④ 导线转移的针孔：开路和针孔等并存，在重叠基板接触面的相对位置上附着从别的基板上撕下来的导线的针孔，如图 No.068-4 所示。

⑤ 麻点：在导体幅面的内侧出现的锯齿状的孔，如图 No.068-5 所示。

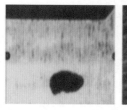  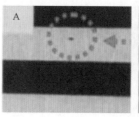 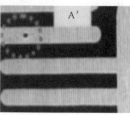

图 No.068-3　玷污引起的针孔　　　　　　图 No.068-4　导线转移的针孔

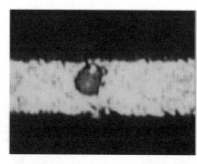 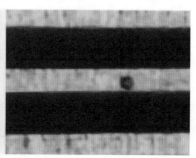

图 No.068-5　麻点

2）红眼

导体或导线局部露出的红色的铜，被称为红眼，如图 No.068-6 所示。

 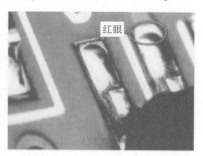

图 No.068-6　红眼

2. 形成原因及机理

1）针孔

① 锐利针孔：在 DFR（干膜）上的导线内侧夹杂了比线宽小的不透明杂物，妨碍曝光，从而引起针孔。

② 静电划伤的针孔：在镀铜后图形转移前，板面因被静电划伤，从而引起针孔。

③ 玷污引起的针孔：由于负像 AWF（照相底图）的透明部位被玷污，妨碍曝光，从而引起针孔。

④ 导线转移的针孔：由于没有使用隔纸，基板的堆垛太高，自重过度的负荷致使导线之间互相挤压，当撕开时另一侧的导线被撕下来，从而引发该缺陷。

⑤ 麻点：在 DFR（干膜）上的导线面的内侧夹杂了比线宽小的不透明杂物或者半透明杂物，妨碍曝光或者光线漫射，从而造成该缺陷。

2）红眼

此种缺陷大多都发生在 OSP 作为可焊性保护层的情况下，因 OSP 厚度不合适（偏厚）而引起。

3. 解决措施

上述 PCBA 表面所发生的缺陷的根源均是 PCB 基板制程中潜伏的工艺不良，因此根除措施要从源头入手，上、下游共同行动才能达到目的。

① PCB 基板制造方：

● 加强对基板制程中的工艺过程管理，切实杜绝缺陷隐患。

● 强化基板制造场地的 7S 管控。

② PCB 用户方：

● 优化焊接工艺窗口参数。

● 加强工艺过程控制和管理。

No. 069　在 PCB 基板上焊接 THT 元器件时的剥离现象

1. 现象描述及分析

（1）现象描述

剥离现象有焊环与焊脚剥离、焊环剥离、引脚界面剥离、通孔镀层剥离、通孔内壁焊料剥离等几种类型。

（2）现象分析

① 焊环与焊脚剥离：该剥离类型系从焊盘上翘起现象，如图 No. 069-1 所示。

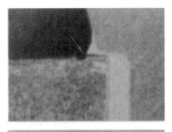
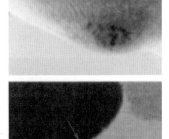
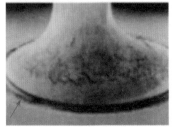
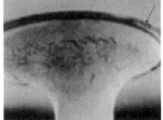

图 No. 069-1　焊环与焊脚剥离

② 焊环剥离：焊环与基板上的树脂分离，并从基板焊盘上翘起来，如图 No. 069-2 所示。

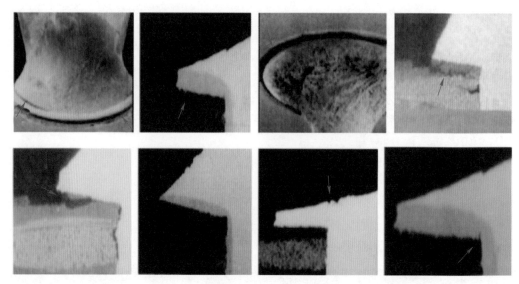

图 No. 069-2　焊环剥离

③ 引脚界面剥离：元器件引脚与焊接界面分离，如图 No. 069-3 所示。

④ 通孔镀层剥离：通孔外壁与基板树脂的界面剥离，如图 No. 069-4 所示。

图 No. 069-3　引脚界面剥离

图 No. 069-4　通孔镀层剥离

⑤ 通孔内壁焊料剥离：在通孔内壁焊料从焊接界面上剥离，如图 No. 069-5 所示。

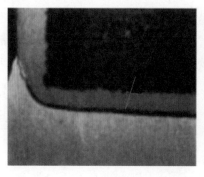

图 No. 069-5　通孔内壁焊料剥离

2. 形成原因及机理

① 焊环与焊脚剥离：由受元器件安装焊接或者热冲击试验时等产生的热应力，以及机械应力的影响引起。

注：此现象没有发展性，故目前不作为不良处理。

② 焊环剥离：由在进行元器件安装焊接或者热应力冲击试验时等产生的热应力，以及机械应力的影响引起。

③ 引脚界面剥离：因元器件安装焊接过程中焊料在冷却时热应力不平衡而引起。

④ 通孔镀层剥离：因元器件安装焊接过程中焊料在冷却时热应力不平衡而引起。

⑤ 通孔内壁焊料剥离：因元器件安装焊接过程中焊料在冷却时热应力不平衡而引起。

3. 解决措施

① 优化再流焊接"温度-时间曲线"，在满足焊接热量要求的情况下，尽量降低峰值温度，建议采用"梯形温度-时间曲线"。

② 在确保产品质量的前提下，尽可能选用熔点较低的焊料和耐热冲击能力强的基板材料。

No. 070　PCBA 热冲击试验前后安装焊点常见的缺陷（一）

1. 现象描述及分析

（1）现象描述

此现象主要发生在现在电子设备的无铅制程中，而在有铅制程中则很少发生。这主要是因为在目前电子制造的无铅制程中，所用的焊料（如 SAC305）的熔点比有铅焊料（如 Sn37Pb）的熔点高了 37℃，焊接中对基板的热冲击大，热应力作用强烈。目前，在 PCBA 无铅焊接中常见的剥离现象归纳起来有收缩孔、多个收缩孔、自动插入时的压痕和焊盘环变形。

（2）现象分析

① 收缩孔：安装焊接时焊脚焊料中只有一个孔，如图 No. 070-1 所示。

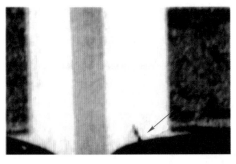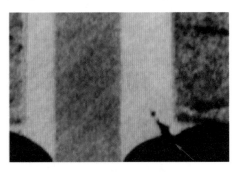

图 No. 070-1　收缩孔

② 多个收缩孔：安装焊接时焊脚焊料中有多个孔，如图 No. 070-2 所示。

③ 自动插入时的压痕：焊环有压痕，如图 No. 070-3 所示。

图 No.070-2　多个收缩孔

图 No.070-3　自动插入时的压痕

④ 焊盘环变形：焊盘环被元器件引脚压缩而变形，如图 No.070-4 所示。

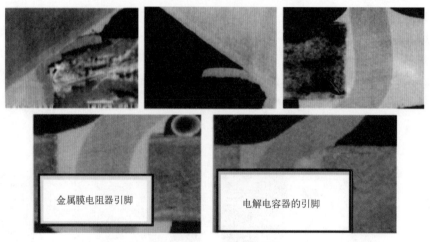

金属膜电阻器引脚　　　　电解电容器的引脚

图 No.070-4　焊盘环变形

2. 形成原因及机理

① 收缩孔：元器件在安装焊接过程中，焊料在冷却时所受热应力不平衡引起了该缺陷。

② 多个收缩孔：元器件在安装焊接过程中，焊料在冷却时所受热应力不平衡引起了该缺陷。

③ 自动插入时的压痕：在通孔中自动插入元器件引脚时，由于某种原因使焊环受到冲击，从而引起了该缺陷。

④ 焊盘环变形：因元器件在安装焊接过程中焊料在冷却时热应力不平衡而引起。

3. 解决措施

① 优化再流焊接"温度-时间曲线"，在满足焊接热量要求的情况下，尽量降低峰值温度，建议采用"梯形温度-时间曲线"。

② 在确保产品质量的前提下，尽可能选用熔点较低的焊料和耐热冲击能力强的基板材料。

No. 071 PCBA 热冲击试验前后安装焊点常见的缺陷（二）

1. 现象描述及分析

（1）现象描述

电子产品的热冲击试验是对 PCBA 安装焊接焊点质量和可靠性的考验，是相当严酷的，特别是在电子产品的无铅制程中，此类问题更为突出。由于无铅焊料（如 SAC305）的熔点温度比传统有铅焊料（如 Sn37Pb）高了 37℃，因此，在无铅制程中焊点起翘、微裂纹和缩孔等现象更为严重，更加引起人们的关注。

（2）现象分析

① 热冲击前后元器件安装焊接缺陷对比，如图 No. 071-1 所示。该图给出了元器件安装焊接后焊点周围的缺陷与热冲击试验后焊点周围的缺陷程度对比，从图像对比可知，安装焊接后在焊点周围所出现的缺陷，经过热冲击试验后，缺陷的损伤程度有了更明显的发展。

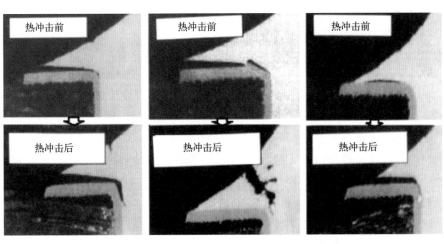

图 No. 071-1 热冲击前后元器件安装焊接缺陷对比

② 元器件安装焊接后焊点周围的缺陷因焊料而异，如图 No. 071-2 所示，根据焊接时所选用焊料的不同，所发生缺陷的损伤程度也不同。

③ 元器件安装焊接后焊点周围的缺陷因基材而异，因所选用基材材质的不同而不同，如图 No. 071-3 所示。

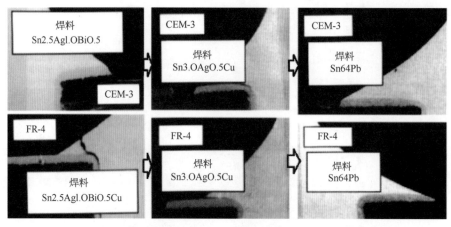

图 No. 071-2　元器件安装焊接后焊点周围的缺陷因焊料而异

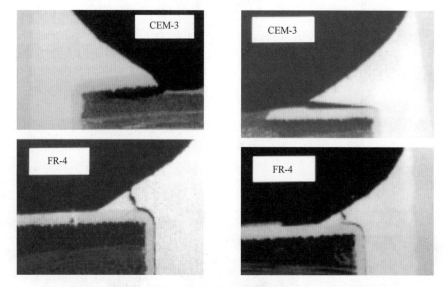

图 No. 071-3　元器件安装焊接后焊点周围的缺陷因基材而异

2. 形成原因及机理

① 热冲击前后元器件安装焊接缺陷：电子元器件安装焊接后的焊点周围的缺陷，经热冲击试验后，原有的缺陷损伤程度明显加剧，这主要是受热冲击试验过程中所产生的强烈的热应力作用的结果。

② 元器件安装焊接后焊点周围的缺陷（与焊料相关）：该缺陷因焊料而异。元器件在安装焊接过程中，当焊料冷却时，不同类型焊料其热应力的差别引起该缺陷。

③ 安装焊接后焊点周围的缺陷（与基材相关）：该缺陷因基材而异。元器件在安装焊接过程中，当焊料冷却时，因基材的差别造成的热应力不平衡引起该缺陷。

3. 解决措施

① 产品在设计时应充分研究产品的技术性能和应用的环境要求，并据此正确地选择能满足热冲击试验的 PCB 基材的类型及焊料的型号。

② 制造工艺应充分了解设计要求，正确地选择和设置好工艺窗口参数，将此类缺陷的发生率降至最低。

No. 072　因 SR（阻焊剂）引起的 PCB 线路缺陷

1. 现象描述及分析

① SR 单独或者多点进入非通孔内的现象，如图 No. 072-1 所示。

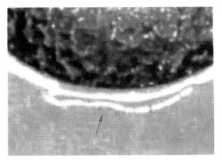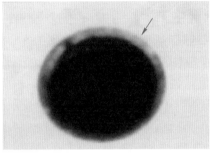

图 No. 072-1　SR 单独或者多点进入非通孔内的现象

② SR 进入多个通孔内的现象，如图 No. 072-2 所示。

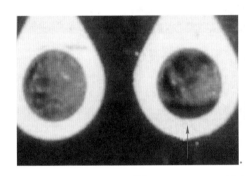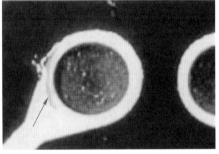

图 No. 072-2　SR 进入多个通孔内的现象

③ 多个通孔被 SR 堵塞的缺陷，如图 No. 072-3 所示。

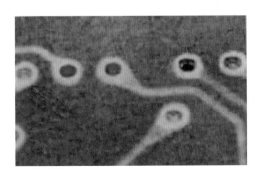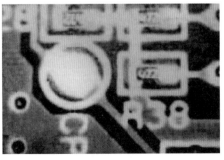

图 No. 072-3　多个通孔被 SR 堵塞的缺陷

④ 个别通孔被 SR 堵塞的缺陷，如图 No.072-4 所示。

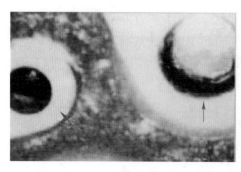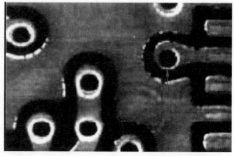

图 No.072-4　个别通孔被 SR 堵塞

⑤ SR 表面出现微裂缝现象，如图 No.072-5 所示。

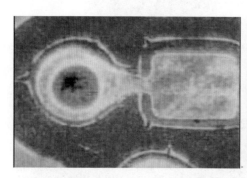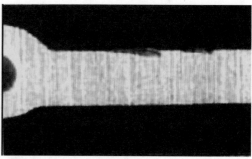

图 No.072-5　SR 表面出现微裂缝现象

2. 形成原理及机理

① SR 单独或者多点进入非通孔内：SR 油墨的黏度太低，加上 SR 图形挡油环小，网板偏移所造成。

② SR 进入多个通孔内：SR 油墨的黏度太低、网板偏移、网板背面被玷污、网板损伤等所致。

③ 多个通孔被 SR 堵塞：SR 油墨的黏度太低、网板偏移、网板背面被玷污、网板损伤等所致。

④ 个别通孔被 SR 堵塞：由网板局部的乳剂层脱落、网板的背面附着杂物、印刷后烘干前的处理受到冲击等原因所造成。该现象在非通孔、通孔、元器件孔等任何一种孔中都有可能发生。

⑤ SR 表面出现微裂缝：由于 SR 不良或者油墨调制不良使得 SR 表面烘干后出现微裂缝。

3. 解决措施

根据上述现象及形成原因的分析可知，各种缺陷或现象均系 PCB 制造方的制造工艺问题，PCB 制造方应加强对 SR 制程的工艺过程控制和管理。

No. 073　某家电公司控制主板在 21:00—09:00 时间段电测性能异常

1. 现象描述及分析

（1）现象描述

沿海某城市某家电公司控制主板在电测期间，存在某些月份在 21:00—09:00 时间段，电测参数变化很大，主要是白班与夜间测试的电测参数偏离，夜间测试的外电路工作电流和路端电压均偏小，一天（24 小时）电测参数状况如图 No.073-1 所示。

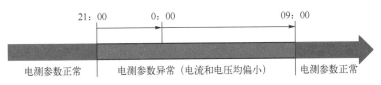

图 No.073-1　一天（24 小时）电测参数状况

（2）现象分析

上述现象的发生肯定与当地的气象条件有关，为了找出其因果关系，我们特以根据当地某年某一天气象条件的变化所记录的数据来说明。

① 某市某年 7 月 22 日的气象数据记录湿度为 79% RH，平均温度为 29.4℃，一天 24 小时的气温变化，如图 No.073-2 所示。

由图 No.073-2 中可知：白天的最高为 31℃，出现在 11:00—16:00 时间段，最低温度为 28℃，出现在 03:00—06:00 时间段，17:00—03:00 和 07:00—11:00 分别是温度由最高值向最低值，以及由最低值向最高值过渡的时间段，且温度下降过程比上升过程要长得多。

② 某一封闭空间内，其温度的变化必然导致其内的湿度跟随其变化。

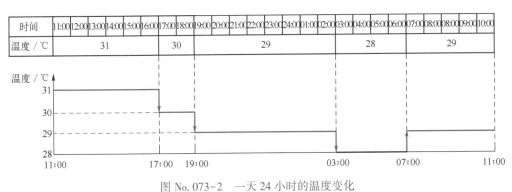

图 No.073-2　一天 24 小时的温度变化

2. 形成原因及机理

（1）形成原因

由上述分析可知，造成某家电公司控制主板，在 21:00—09:00 时间段电测性能异常的原因是工作场地的湿度增加。

（2）形成机理

1）饱和水蒸气和结露

① 饱和水蒸气：在某一封闭的空间将水升温并使其蒸发达到饱和状态，此时水蒸气中的含水量被称为饱和水蒸气量。

② 处于饱和状态下的水蒸气温度即使降低 1℃，都会出现结露而变成水。封闭空间内虽然因结露水分减少了，但空气中的水蒸气仍处于饱和状态。

2）在日平均温度、湿度条件下封闭电测间空气中的含水量

以某滨海城市某年 7 月 22 日记录的气象数据为例：当时的湿度为 79% RH，日平均温度为 29.4℃场合下的饱和水蒸气量为 24 g/m³（0.024 kg/m³）。假定封闭电测室的空间为长×宽×高＝50 m×30 m×4 m＝6000 m³。此时在封闭电测场地的空气中有 144（50×30×4×0.024）kg 的水作为气体存在。

3）一天不同温度的时间段结露的水量（湿度：79% RH）

11:00—16:00　温度：31℃，饱和水蒸气量：27 g/m³（>24 g/m³），湿气未饱和，无结露水出现；

17:00—18:00　温度：30℃，饱和水蒸气量：25 g/m³（>24 g/m³），湿气未饱和，无结露水出现；

19:00—02:00　温度：29℃，饱和水蒸气量：23 g/m³（<24 g/m³），湿气饱和，有结露水出现；

03:00—06:00　温度：28℃，饱和水蒸气量：22 g/m³（<24 g/m³），湿气饱和，有结露水出现；

07:00—10:00　温度：29℃，饱和水蒸气量：23 g/m³（<24 g/m³），湿气饱和，有结露水出现。

4）电泄漏的形成

① 在电子安装和电测现场对温度和湿度的管理是很重要的，水分是安装和电测现场的天敌，水分子尺寸（直径为 $0.5×10^{-8}$ cm）和黏度都很小，能透入各种绝缘材料的裂纹、毛细孔和针孔，溶解于各种绝缘油、油漆及膏料中。水分的存在，使绝缘材料的性能大为恶化，而且随着温度的变化还伴生膨胀和收缩、蒸发和结露。水能形成导体或半导体。这是由于水的原子构成角为 105°（如图 No.073-3 所示），有极偶矩，具有强极性，能生成离子导电；水中含有导电的杂质；水分子中的“OH”是极活泼的官能团，在热、光、电能作用下，能同其他物质发生相应的化学反应而形成电流。

② 从微观上看，元器件和 PCB 基板几乎 100% 地受到了不同程度的污染。元器件及 PCB 表面微观的和宏观的污染物浸入水分后，将使其成为一种离子导电的电解质。当受到电场作用时，在电极之间形成漏电流，随着温度的增高，会使较多的分子获得能量而成为活性分子，因而增加了活性分子的百分数，结果单位时间内的有效碰撞次数增加很多，反应也就相应地大大加快了，从而导致漏电流不断地增大，最终导致电路短路。微观或宏观污染物形成的漏电流如图 No.073-4 所示。

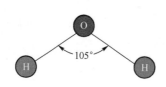

图 No.073-3　水的原子构成角

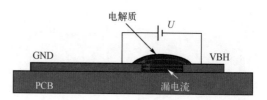

图 No.073-4　微观或宏观污染物形成的漏电流

5）电流和电压偏离正常值（下降）的机理

正如前面所分析的原因，形成的较大的漏电流通过电源回路闭合后，在电源内部电阻 R_0 上形成了一较大的内部电压（$i_L R_0$），使得电源输出的路端电压下降，电流和电压偏离正常值（下降）的机理如图 No.073-5 所示，其作用过程可用图 No.073-5 的等效电路予以说明。

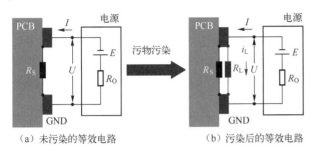

图中：R_S —— PCB洁净表面的表面电阻
R_L —— 表面污染后形成的漏电阻
R_0 —— 电源内电阻
I —— 回路电流
i —— 漏电流
E —— 电源电势
U —— 电源路端电压

（a）未污染的等效电路　　（b）污染后的等效电路

图 No.073-5　电流和电压偏离正常值（下降）的机理

- 图 No.073-5（a）表示了洁净时的等效电路，此时 $R_S \to \infty$，回路电流 $I \to 0$，故路端电压 $U = E$；
- 图 No.073-5（b）表示了受污染物污染后的等效电路，由于 PCB 表面受污染后的情况可以用附着在表面上的一个并联的漏电阻来表征，因此，此时 PCB 表面的总电阻 R 可表示为

$$R = \frac{R_s R_L}{R_s + R_L}$$

式中，$\because R_s \to \infty$　$\therefore R \approx R_L$　回路电流 $I \approx i_L$　故路端电压 $U = E - i_L R_0$，$U < E$。

此时 U 降低数值的大小取决于漏电流大小，也就是说漏电流 i_L 越大，路端电压 U 就降低得越多。这就是导致电源输出电压降低的原因。

3. 解决措施

① 切实加强电子产品安装和电测场地的温度、湿度的控制和管理，防止结露现象的发生。

② 加强对电子安装和电测场地的 7S 的管理，尽力避免污染现象的发生。

No.074　热应力导致 1206 陶瓷电容器在无铅手工焊接时开裂[①]

1. 现象描述及分析

（1）现象描述

固网无铅试点产品 MWIA/B 背板 C1 位 1206 陶瓷电容器安装方式为手工烙铁焊，该背板无铅试制数量共计 32 pcs，功能测试直通率 100%。随机抽取 3 pcs 测试合格背板进行金相切片分析，发现陶瓷电容全部开裂，失效比例为 100%，1206 陶瓷电容器断裂实物图如图 No.074-1 所示。

---

① 本案例由王翰骏提供。

图 No.074-1　1206 陶瓷电容器断裂实物图

（2）现象分析

电容器本体分析：采用 X-Ray 检测未见明显裂纹，金相切片发现陶瓷电容底部局部开裂，金相切片照片如图 No.074-2 所示，裂纹开裂角为 30°~40°，出现裂纹的陶瓷电容金相照片（200X）如图 No.074-3 所示，从裂纹走向上可初步判断，陶瓷电容器受应力作用开裂。

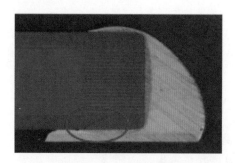

图 No.074-2　金相切片照片

图 No.074-3　出现裂纹的陶瓷电容金相照片（200X）

2. 形成原因及机理

（1）形成原因

通过对应力源的逐个排查，可以推断 C1 位号 1206 陶瓷电容器开裂的直接原因为手工烙铁焊导致局部热应力过大。在焊接热应力未完全消除前进行压接、装配等机械应力操作，将导致陶瓷电容器因受应力（包括热应力和机械应力）过大而被压裂的风险上升，最终导致了本案例缺陷的发生。

根据背板实际加工路径，主要从压接工序、安装螺钉工序和手工焊工序三个方面进行排查。手工烙铁焊属于非平衡加热的焊接方式，对片式电容器邻近焊接接合部的陶瓷介质片来说，瞬间承受 300℃ 以上的极大热冲击，就必然引起此区域的陶瓷片的脆裂。

设置烙铁温度为 380℃，对缺陷现象进行复现，共焊接 4 pcs 1206 陶瓷电容器，目检外观均未见明显裂纹；进行金相切片观察，发现有 1 例电容器在电极端发生贯穿性断裂，裂纹清晰可见，问题得到了复现。陶瓷电容器开裂复现金相照片如图 No.074-4 所示。

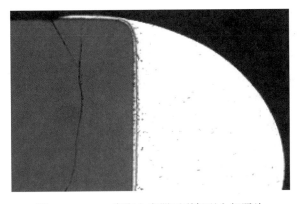

图 No.074-4　陶瓷电容器开裂复现金相照片

（2）形成机理

陶瓷片本身具备优异的耐高温、耐磨、耐腐蚀、绝缘性好等特性，但是由于其导热性能不良，故其耐热冲击能力差，当其某一局域受到过大的热冲击时，由于其巨大的温度差，极易导致其因与邻近区域的交界局部 CTE 失配而发生脆裂。

3. 解决措施

① 采用热风枪或回流焊接代替手工烙铁焊接，焊料为无铅焊料丝。热风枪验证过程如图 No.074-5 所示。

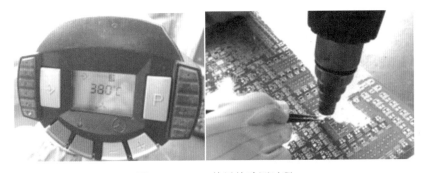

图 No.074-5　热风枪验证过程

② 热风枪焊接的验证程序如下所述。

- 固化参数——温度：380～450℃；风速：3 挡（最小挡）；距离器件距离：15～20 mm，焊接时间：15～25 s。
- 验证效果——共计完成了 10 pcs 陶瓷电容器的热风枪焊接，金相切片均未发现裂纹，IMC 层均匀致密，厚度均为 2～3 μm，符合要求，热风枪验证元件的金相切片结果照片如图 No.074-6 所示。

③ 严格执行生产线员工操作规范，在无铅工艺情况下，1206 及以上封装的陶瓷电容器不允许采用手工烙铁焊接，包括返修，杜绝人为因素导致单板失效。

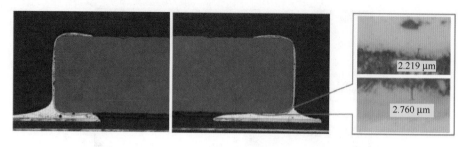

图 No.074-6　热风枪验证元件的金相切片结果照片

No.075　ZXA10/ENIG 镀层 PCBA 波峰焊接不润湿（拒焊）

1. 现象描述及分析

（1）缺陷外观

采用 ENIG Ni（P）/Au 镀覆工艺的 ZXA10 单板，在波峰焊接中发现 PTH 及焊盘对焊料不润湿，缺陷外观如图 No.075-1 所示。图 No.075-1 右侧图中红箭头所指的区域为明显的反润湿区域，即表面似有非常薄的焊料膜，颜色稍暗但不黑。显然，是润湿不良的非黑盘现象所造成的。

（2）缺陷 PTH 纵向切片

对 PTH 沿纵向切片，可见孔壁也存在润湿不良现象，缺陷 PTH 纵向切片图如图 No.075-2 所示。

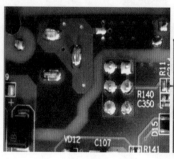

图 No.075-1　缺陷外观

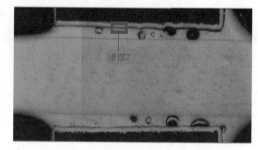

图 No.075-2　缺陷 PTH 纵向切片图

（3）SEM/EDX 及其分析

① 采样点 1 的 SEM/EDX 照片：图 No.075-1 中采样点（谱图 1）的 EDX/EDX 照片，如图 No.075-3 所示。

② 采样点 2 的 SEM/EDX 照片：图 No.075-2 中的采样点（谱图 2）的 SEM/EDX，如图 No.075-4 所示。

③ SEM/EDX 分析如下。

- 两个采样点的 SEM/EDX 分析均未发现有氧元素，显然可以排除氧化镍（Ni_xO_y）存在，即不存在黑盘现象的影响。

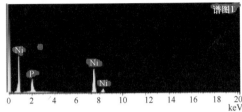

元素	wt%	at%
PK	11.71	20.10
NiK	88.29	79.90
合计	100.00	100.00

图 No.075-3　图 No.075-1 中采样点（谱图 1）的 EDX/EDX 照片

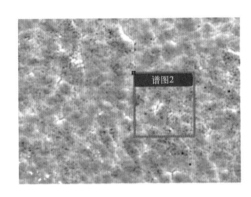

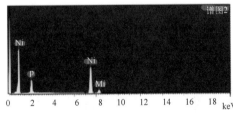

元素	wt%	at%
PK	11.37	19.57
NiK	88.63	80.43
合计	100.00	100.00

图 No.075-4　图 No.075-2 的采样点（谱图 2）的 EDX 照片

- 两个采样点的 SEM/EDX 分析均发现 P 元素含量高得出奇（谱图 1 为 11.71 wt%；谱图 2 为 11.37 wt%）。

2. 形成原因及机理

（1）形成原因

由图 No.075-3 和图 No.075-4 两个采样点的谱图可知，ENIG Ni（P）/Au 镀覆层中的 P 元素含量均已经进入高 P 范围，这是造成本案例缺陷案例的根本原因。

（2）形成机理

化学镀 Ni 层的含磷量对镀层可焊性和耐腐蚀性是至关重要的，具体分析如下。

① 低 P（P<7wt%）：镀 Ni 层耐腐蚀性差，易氧化，而且在腐蚀环境中由于 Ni-Au 的腐蚀原电池作用，会对 Ni/Au 的 Ni 表面层产生腐蚀，生成 Ni 的黑膜（Ni_xO_y），这对可焊性和焊点的可靠性都是极为不利的。

② 中 P[P=（7~9）wt%]：为满足焊接质量所要求的范围。

③ 高 P（P>9wt%）：虽然镀层抗腐蚀性改善了，然而磷含量太高，润湿性将明显受到损害，抗热应力和焊接强度都会降低；此外，P 过高了镀层还会发脆。新生态的 Ni 和 P 的化学反应式为

$$3Ni + P \rightarrow Ni_3P$$

3. 解决措施

① 加强对采用 ENIG Ni（P）/Au 镀覆层的 PCB 来料中 P 的监控，要求 PCB 生产厂商在组织生产和质量验收过程中，严格确保焊接要求的最适宜的含 P 范围 [（7~9）wt%]。

② 对已组装完的 PCBA 可以采用人工烙铁加焊料予以修补，但形成的返修和元器件损坏的费用应由 PCB 供货方承担。

NO.076　高密度连接器插针与 PTH 不同心造成波峰焊接透孔不良

1. 现象描述及分析

（1）现象描述

① 高密度连接器插针在波峰焊接时的工况：某 PCBA 上安装的高密度连接器（以下简称连接器）在波峰焊接中出现部分插针孔透孔不良现象。波峰焊接时将该连接器安装到 PCBA 上后，再将该 PCBA 固定在一掩模托架上，连接器外观及波峰焊接时工况如图 No.076-1 所示。

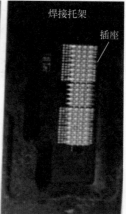

（a）插座在焊接托架上的顶视图　（b）插座在波峰焊接时工况　（c）插座在焊接托架上俯视图

图 No.076-1　连接器外观及波峰焊接时工况

② 连接器在波峰焊接时的缺陷：波峰焊接缺陷大都发生在插针座涂黄色的区域内，如图 No.076-2 所示。

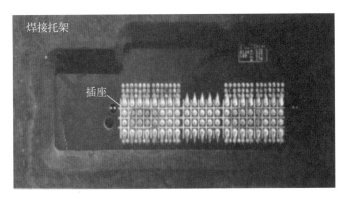

图 No.076-2　缺陷的发生区域

（2）现象分析

连接器插针焊接缺陷部位的切片 SEM 分析，如图 No.076-3 所示。从图中可知：

- 连接器插针与 PTH 安装孔不同心，且透孔不良缺陷程度与不同心的偏离度紧密相关；
- PTH 孔壁和连接器插针表面润湿良好，和焊接界面间的润湿角 $\theta < 90°$。表明 PTH 孔壁及插针表面的可焊性均符合要求，不构成透孔不良，对填充性没有任何影响。

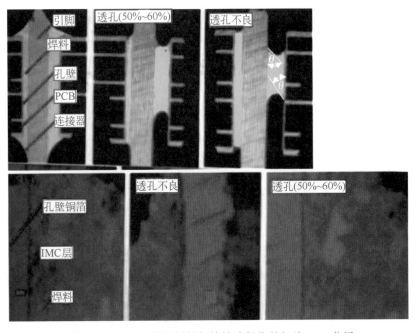

图 No.076-3　连接器插针焊接缺陷部位的切片 SEM 分析

2. 形成原因及机理

（1）形成原因

- 连接器在波峰焊接时出现的透孔不良，填充性不好，是由连接器插针与安装孔不同心，严重偏位造成的。
- 当 PTH 孔径（D_2）越大，插针直径（D_1）越小时，就越容易发生较大的偏位。

（2）形成机理

PTH 和连接器插针的间隙内液态钎料的受力模型，如图 No.076-4 所示，该图展示了在进行波峰焊接时，液态钎料在 PTH 孔壁内表面和插针表面之间的间隙中润湿和爬升时受力的物理模型。

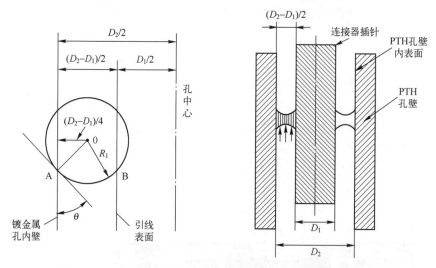

图 No.076-4　PTH 和连接器插针的间隙内液态钎料的受力模型

由于液态钎料表面张力及表面能的作用，导致 PTH 孔壁内表面和插针表面之间的间隙内的液面呈弯月状曲面，该曲面存在压力差，可用拉普拉斯方程描述如下：

$$\Delta P = -r\left(\frac{1}{R_1} - \frac{1}{R_2}\right) \qquad (\text{No.}076-1)$$

式中，R_1 表示间隙内弯月面的曲率半径；R_2 表示间隙等效孔的半径，$R_2 = (D_2 - D_1)/2$；ΔP 表示界面压力；γ 表示界面能。在图 No.076-4 中，θ 为润湿角（$0 < \theta < 180°$）。

从物理形态上看，PTH 内壁和插针表面之间的间隙是一圆筒形结构，由于间隙的厚度与孔圆周长度相比是非常小的，所以液态钎料在 PTH 和插针之间的间隙中的润湿过程，可以和一单纯无限长的平板的润湿过程等效。经过数学推演和运算，可求得界面压力：

$$\Delta P = -\frac{4r\cos\theta}{D_2 - D_1} \qquad (\text{No.}076-2)$$

而对应间隙中液柱高度（h）所产生的压力是与式（No.076-1）所表述的界面压力是

等效的,即:

$$\Delta P = -\rho g h \qquad (\text{No.076-3})$$

式中,g 表示重力加速度;h 表示透入间隙的液柱高度;ρ 表示液体密度。

将式(No.076-3)代入式(No.076-2)可求得透入间隙的液柱高度(h):

$$h = \frac{4r\cos\theta}{\rho g(D_2 - D_1)} \qquad (\text{No.076-4})$$

按本案例的工况:在 γ(界面能)、θ(润湿角)、ρ(液态焊料密度)、g(重力加速度)等均未变的情况下,透入间隙中液柱高度(h)仅与间隙(D_2-D_1)成反比,即间隙(D_2-D_1)越大,液柱高度(h)就越低。

当发生偏位时,(D_2-D_1)的差值沿孔圆周方向的分布就会不一样;因此,液态焊料透入间隙内的液柱高度(h)也将是变化的,液柱高度(h)随偏位间隙的不同而不同,如图 No.076-5 所示。

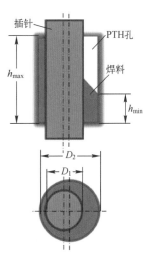

图 No.076-5 液柱高度(h)随偏位间隙的不同而不同

3. 解决措施

① PCB 制造方应确保 PTH 孔群间的各孔的定位精度。

② 在进行 PTH 金属化(镀 Cu)时,要特别关注位于孔群中央区域孔的镀层厚度的一致性,防止因镀液的变化而造成中央区域孔镀层厚度偏薄而导致 PTH 孔径增大。

③ 应用方在 PCBA 安装时要尽力确保 PTH 和插针间要同心。

No.077 键盘黄点

1. 现象描述及分析

(1)现象描述

有黄点缺陷的 PCBA 外观,如图 No.077-1 所示。从图中的缺陷局部放大图中可明显看到污染区的边界很清晰,周围有不明显的浸润区。

(a)元器件面　　　　　　(b)键盘面　　　　　(c)污染区域局部放大图

图 No.077-1 有黄点缺陷的 PCBA 外观

（2）现象分析

① SEM/EDX 分析：黄点缺陷的 SEM/EDX 分析如图 No.077-2~图 No.077-4 所示。

② 谱图 1 元素分布如图 No.077-2 所示，其中 P、Ni 和 Au 元素系来自 ENIG Ni（P）/Au 镀覆层上的元素，而微量 O 的存在，表明 Ni 层表面有轻微的氧化（Ni_xO_y）现象，而 C 应该来自污染物中溶液部分挥发后留下的碳化物。碳化物和微量的 Ni_xO_y 的覆盖，使得被污染的区表面色泽比正常的 ENIG Ni（P）/Au 镀覆层表面的颜色要稍暗些。

谱图处理：

没有被忽略的峰

处理选项：所有经过分析的元素（已归一化）

重复次数 =4

标准样品：

C	$CaCO_3$	1-Jun-1999	12:00 AM
O	SiO_2	1-Jun-1999	12:00 AM
P	GaP	1-Jun-1999	12:00 AM
Ni	Ni	1-Jun-1999	12:00 AM
Au	Au	1-Jun-1999	12:00 AM

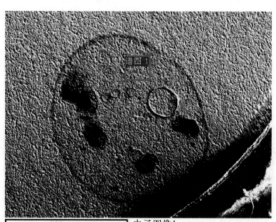

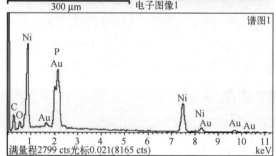

元素	wt%	at%
CK	13.67	46.04
OK	3.09	7.82
PK	6.98	9.12
NiK	44.15	30.43
AuM	32.11	6.59
合计	100.00	100.00

图 No.077-2　谱图 1 元素分布

③ 谱图 2 元素分布和谱图 3 元素分布分别如图 No.077-3 和图 No.077-4 所示，在图 No.077-3 和图 No.077-4 所展示的两个黑区的谱图 2 和谱图 3 中，P、Ni 和 Au 是来自 ENIG Ni（P）/Au 镀覆层上的元素，两个谱图中的 O 含量均比较高，表明 Ni 层已受 O 的明显侵蚀，有较厚的 Ni_xO_y 层形成。两个黑区谱图中均共同含有 Na、Cl、K 等元素，表明两个黑区的侵蚀液是相同的。

2. 形成原因及机理

通过将黄点缺陷元素组成与标准汗液成分比较，可知 Na、Cl、K 等元素均来自汗液，可以确定形成黄点缺陷的侵蚀液是人手上的汗液。

3. 解决措施

① 接触 PCB 和 PCBA 的人员必须戴洁净的手套，手套要勤洗勤换。

谱图处理：

没有被忽略的峰

处理选项：所有经过分析的元素（已归一化）

重复次数 =5

标准样品：

C CaCO₃ 1-Jun-1999 12:00 AM
O SiO₂ 1-Jun-1999 12:00 AM
Na Albite 1-Jun-1999 12:00 AM
Cl KCl 1-Jun-1999 12:00 AM
K MAD-10 Feldspar 1-Jun-1999 12:00 AM
Ni Ni 1-Jun-1999 12:00 AM
Pt Pt 1-Jun-1999 12:00 AM
Au Au 1-Jun-1999 12:00 AM

元素	wt%	at%
CK	52.83	74.73
OK	17.14	18.20
NaK	0.40	0.29
ClK	3.18	1.52
KK	4.68	2.04
NiK	6.58	1.90
PtM	1.91	0.17
AuM	13.28	1.15
合计	100.00	100.00

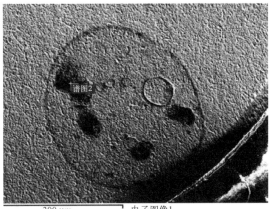

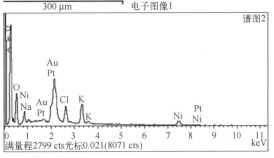

图 No. 077-3　谱图 2 元素分布

谱图处理：

没有被忽略的峰

处理选项：所有经过分析的元素（已归一化）

重复次数 =5

标准样品：

C CaCO₃ 1-Jun-1999 12:00 AM
O SiO₂ 1-Jun-1999 12:00 AM
Na Albite 1-Jun-1999 12:00 AM
P GaP 1-Jun-1999 12:00 AM
Cl KCl 1-Jun-1999 12:00 AM
K MAD-10Feldspar 1-Jun-1999 12:00 AM
Ni Ni 1-Jun-1999 12:00 AM
Au Au 1-Jun-1999 12:00 AM

元素	wt%	at%
CK	45.36	71.00
OK	15.24	17.91
NaK	0.69	0.57
PK	3.24	1.97
ClK	2.47	1.30
KK	3.88	1.87
NiK	11.55	3.70
AuM	17.57	1.68
合计	100.00	100.00

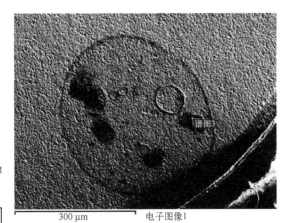

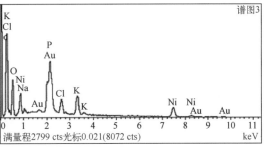

图 No. 077-4　谱图 3 元素分布

② 在接触 PCB 和 PCBA 时，要严格采取图 No.077-5 所示的手拿 PCB 或 PCBA 的正确方法。

③ 操作场地室温最好不要超过28℃，否则人身易出汗而造成汗迹污染腐蚀。

图 No.077-5　手拿 PCB 或 PCBA 的正确方法

No.078　D6VB 波峰焊插件孔润湿不良

1. 现象描述及分析

（1）现象描述

D6VB/PCBA 波峰焊接后插件孔不润湿，孔内及焊盘焊料不饱满，问题 PCBA 样品外观如图 No.078-1 所示，缺陷分析采样如图 No.078-2 所示。

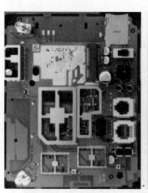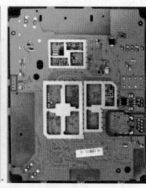

图 No.078-1　问题 PCBA 样品外观　　　　　图 No.078-2　缺陷分析采样

（2）现象分析

① 插件孔焊环不润湿，镀金面稍微发黑，如图 No.078-3 所示。

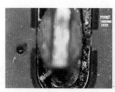

图 No.078-3　插件孔焊环不润湿，镀金面稍微发黑

② 元器件面插件孔内不润湿，如图 No.078-4 所示。

图 No. 078-4　元器件面插件孔内不润湿

③ SEM/EDS 检测结果如下述。

● 图 No. 078-2 中 A 处焊盘金层表面未见异常，Ni 层的截面可见浅表面腐蚀。PTH 表面焊环及截面代表性 SEM/EDS 检测结果表明，元素 P 成分为 13.62wt%，已属高 P 区，图 No. 078-2 中 A 处表面及截面代表性 SEM/EDS 检测结果如图 No. 078-5 所示。

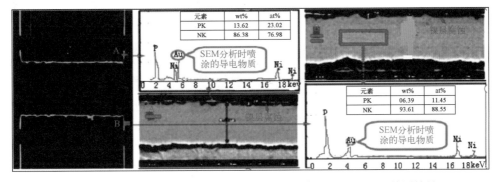

图 No. 078-5　图 No. 078-2 中 A 处表面及截面代表性 SEM/EDS 检测结果

● 图 No. 078-2 中 B 处焊点未润湿焊盘表面可见泥裂状 Ni 层腐蚀形貌，焊盘表面代表性 SEM/EDS 检测结果表明，元素 P 的成分为 4.50wt%。图 No. 078-2 中 B 处表面代表性 SEM/EDS 结果如图 No. 078-6 所示。

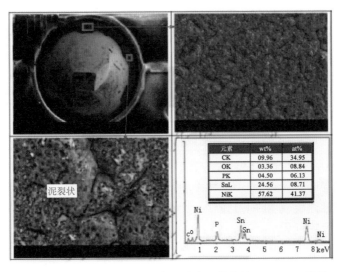

图 No. 078-6　图 No. 078-2 中 B 处表面代表性 SEM/EDS 结果

- 图 No.078-2 中 C 处焊点截面部分区域焊盘未被焊料润湿，不润湿区域焊盘局部可见 Ni 层腐蚀现象。代表性 SEM/EDSS 检测结果表明，元素 P 的成分分别为 4.82wt%（谱图Ⅱ）和 3.53wt%（谱图Ⅲ）。图 No.078-2 中 C 处截面的代表性 SEM/EDS 结果如图 No.078-7 所示。

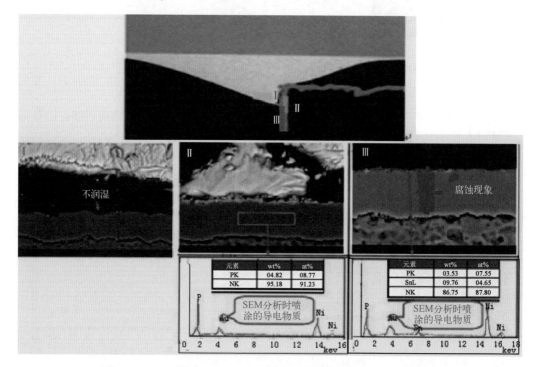

图 No.078-7　图 No.078-2 中 C 处截面的代表性 SEM & EDS 结果

2. 形成原因及机理

（1）形成原因

① PCB 表面 ENIG Ni(P)/Au 镀层局部存在高 P 区（见图 No.078-5 谱图 A），以及大面积的低 P 区（图 No.078-6 中谱图显示 P 为 4.50wt%，图 No.078-7 中谱图Ⅱ、Ⅲ显示 P 分别为 4.82wt%、3.53wt% 等），从而导致了可焊性不良。

② 图 No.078-5 给出的孔表面焊环 SEM/EDS 检测结果表示，谱图 A 与谱图 B 中元素 P 成分离散度非常大，说明该 PCB 制造商的 ENIG Ni(P)/Au 工艺极不稳定。

（2）形成机理

在 ENIG NI(P)/Au 工艺中，为确保焊接质量，镀 Ni 层中 P 均应控制在（7～9）wt%（中 P）范围内。镀层中 P 含量>9wt% 的高 P 镀层会使焊料的润湿性明显劣化；而 P 含量<7wt% 的低 P 镀层易纯化。在大气环境中，由于 Ni/Au 的腐蚀原电池作用，会对 Ni/Au 间的镍表面层产生腐蚀而生成 Ni 的黑膜（Ni_xO_y），使得镀层的可焊性丧失或劣化。本案例的失效模式是典型的黑镍现象。

3. 解决措施

案例发生的根源是 PCB 制造商的 ENIG Ni(P)/Au 工艺极不稳定，案例的责任者是 PCB

制造商。PCB 制造商必须改善工艺，加强制造过程中的质量监控管理。

No. 079　GW968B PCBA 阻焊膜在波峰焊接时出现起泡脱落现象

1. 现象描述及分析

（1）现象描述

① GW968B PCBA 阻焊膜在波峰焊接时起泡并脱落，波峰焊接采用托架遮蔽局部位置进行焊接的方式，出现缺陷 PCBA 的外观如图 No.079-1 所示。

图 No.079-1　出现缺陷的 PCBA 的外观

② PCBA 阻焊膜在波峰焊接时出现起泡脱落现象，起泡脱落位置均集中在波峰焊接铜面阻焊膜区域，再流焊面及有托架遮蔽的波峰面均未出现起泡现象，阻焊膜脱落位置外观（13076 周期）如图 No.079-2 所示。

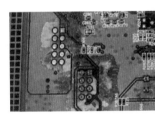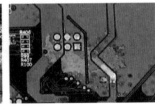

图 No.079-2　阻焊膜脱落位置外观（13076 周期）

③ 另一种 PCBA 局部位置阻焊膜脱落现象出现在插装焊点区域，脱落的阻焊膜均为铜面阻焊膜，基材面阻焊膜未见脱落，其他 PCBA 阻焊膜脱落位置外观如图 No.079-3 所示。

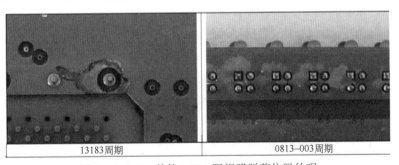

| 13183周期 | 0813-003周期 |

图 No.079-3　其他 PCBA 阻焊膜脱落位置外观

④ 使用不同厂商的 PCB 及助焊剂的热应力试验结果表明，助焊剂与阻焊膜的分层存在一定的关联性。使用低活性助焊剂均未发现起泡脱落现象，而使用活性强的水基助焊，阻焊膜有明显的起泡现象。

（2）试验分析

① 通过金相切片分析可知，部分位置阻焊膜存在较大空洞，空洞的存在造成局部厚度不够，导致腐蚀性助焊剂更容易侵入，这表明 PCB 的阻焊工序有进一步改善的空间。

② 阻焊膜耐溶剂试验结果表明阻焊膜不存在固化不良的现象。

③ 在起泡处剥离阻焊膜后的铜面上，采用 SEM/EDS 观察和测试铜面结构及元素成分，结果表明：铜面未发现氧化物或污染物，阻焊膜起泡并非由于铜面处理不良，起泡处铜面 SEM/EDS 分析图如图 No.079-4 所示。

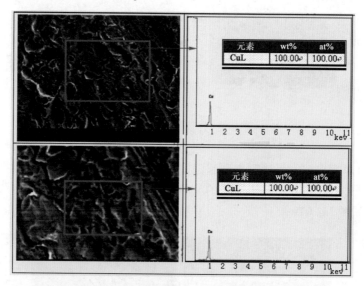

图 No.079-4　起泡处铜面 SEM/EDS 分析图

2. 形成原因及机理

（1）形成原因

综合上述分析，造成阻焊膜在有托架的情况下进行波峰焊接时出现阻焊膜起泡并脱落的原因可归纳如下。

① 与生产过程中所使用的助焊剂腐蚀性的强弱有较强的关联性。

② 与采用托架进行波峰焊接的工艺本身存在排气不畅有强相关性。

③ PCB 制造商的阻焊膜形成工序质量控制手段存在进一步改善的空间。

（2）形成机理

① 高活性助焊剂腐蚀性强，在焊接受热过程中，助焊剂渗入阻焊膜导致阻焊膜起泡并脱离。特别是在焊点边缘，阻焊膜与铜层的结合位置处助焊剂最容易渗入，因此焊点周围区域阻焊膜最容易起泡分层。

② 当无托架进行波峰焊接时，由于有机溶剂或水蒸气排放渠道均非常畅通，故一般不易出现起泡和脱落现象。而当同时采用托架和强活性的水基助焊剂进行焊接时，情况就不一

样了。由于水的密度大，汽化温度高，再加上托架的阻隔，波峰焊接区挥发出来的水蒸气逃逸通道不畅，易形成水蒸气的高压分区，从而加剧了水蒸气向铜层边缘与阻焊层之间的缝隙内渗透，造成明显的分层或脱落。有托架时易形成水蒸气的高压分区，如图 No.079-5 所示。

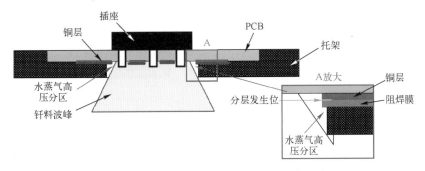

图 No.079-5　有托架时易形成水蒸气的高压分区

3. 解决措施

① 改善波峰焊接中水蒸气的排放通道，或者优化工艺流程。

② 控制和优化水基助焊剂的活性。

③ PCB 制造厂商应强化生产过程中的阻焊膜形成工序的质量监控措施。

No. 080　某通信终端产品 PCB 按键被污染

1. 现象描述及分析

（1）现象描述

某终端产品在组装过程中被发现 PCB 按键表面有污染物，如图 No.080-1 所示。

图 No.080-1　PCB 按键表面有污染物

① 用橡皮轻微擦拭被污染的表面没有效果，因而排除了 Ni/Au 表面氧化的可能（若板件装配后被氧化，用橡皮轻微擦拭污染表面即可除去污染物）。

② 用乙醇擦拭被污染的板面及按键表面，如图 No.080-2 和图 No.080-3 所示，板面及按键表面污染物已除去。

（2）现象分析

① SEM 分析：被污染按键表面、未被污染按键表面和贴过条码胶纸的按键表面的 SEM 图，分别如图 No.080-4、图 No.080-5 和图 No.080-6 所示。

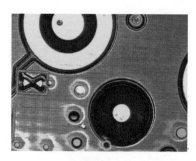

图 No.080-2　板面及按键表面污染物
已除去（×50）

图 No.080-3　板面及按键表面污染物
已除去（×100）

图 No.080-4　被污染按键表面的
SEM 图（×1000）

图 No.080-5　未被污染按键
表面的 SEM 图（×1000）

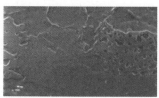

图 No.080-6　贴过条码胶纸的
按键表面的 SEM 图（×100）

② EDX 分析：

- 被污染按键表面的 EDX 分析，如图 No.080-7 所示；
- 未被污染按键表面的 EDX 分析，如图 No.080-8 所示；
- 贴过条码胶纸的按键表面的 EDX 分析图，如图 No.080-9 所示。

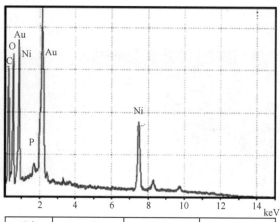

元素	wt%	at%	备注
C	19.258	40.138	
O	26.159	40.932	
P	4.030	3.257	
Ni	30.891	13.174	
Au	19.662	2.499	
合计	100	100	

图 No.080-7　被污染按键表面的 EDX 分析

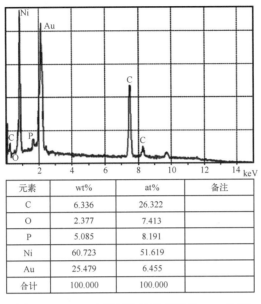

元素	wt%	at%	备注
C	6.336	26.322	
O	2.377	7.413	
P	5.085	8.191	
Ni	60.723	51.619	
Au	25.479	6.455	
合计	100.000	100.000	

图 No.080-8　未被污染按键表面的 EDX 分析

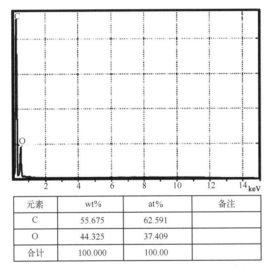

元素	wt%	at%	备注
C	55.675	62.591	
O	44.325	37.409	
合计	100.000	100.00	

图 No.080-9　贴过条码胶纸的按键表面的 EDX 分析

比较图 No.080-7~图 No.080-9 可知：被污染或未被污染的按键表面均含 C、O、Ni、P、Au 五种元素，其中元素 Ni、P、Au 均来自 ENIG Ni(P)/Au 镀层；而未被污染的按键表面的 C、O 元素含量比被污染的按键表面含量低得多。

2. 污染物形成原因

由上述分析可知，被污染的按键表面上 C、O 的增量（与未被污染按键表面相比）来源于胶纸上的胶。显然本案例污染物的来源是胶纸上的胶。图 No.080-1 中金面个别呈褐色的点并非残余胶迹，而是胶迹污染在金面上留下的痕迹。

3. 解决方案

① 工艺文件应明确禁止将条码胶纸贴在任何需要接触导电的金属镀层表面上。

② 加强对操作人员的 7S 教育，严格工艺过程管理。

No. 081　按键及覆铜箔出现污染性白斑

1. 现象描述及分析

（1）现象描述

① 某 SMT 生产线在生产带按键面的阴阳板过程中，发现再流焊接后板面出现白斑，无论怎么调整各项参数都无法消除，不良率几乎 100%。铜箔上的污染性白斑如图 No. 081-1 所示。改变传送速度，对生成的白斑的数量有影响。

② 经检查其他某些生产带有按键的线体，也不同程度地存在极少量的按键白斑缺陷。

③ 更换焊膏、PCB，优化炉温等几乎没有改善效果。但当更换到其他线体的再流炉上焊接时，按键白斑不良现象有较大的改善甚至消失。

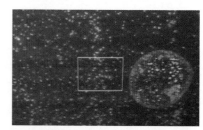

图 No. 081-1　铜箔上的污染性白斑

④ 采用事先用显微镜检查过的洁净的覆铜箔光板，在出现不良现象的生产线的再流炉中过炉后，重现了白斑缺陷，而在无不良缺陷生产线的再流炉中过炉未发现白斑缺陷，说明出现白斑生产线的再流炉是产生缺陷的主要根源。

⑤ 测量有问题的生产线再流炉的排风管排气风速，均小于设备要求的最小值。

⑥ 生产现场人员反映，按键白斑是一个长期困扰生产的难题，希望能彻底解决这个问题。

（2）现象分析

① 基于现象的描述，检查再流炉设备后，发现其排风管道中堆积了许多黄褐色污渍，造成管道排气不畅，排风管道被黄褐色污渍堵塞，如图 No. 081-2 所示，炉腔壁面上有白斑，如图 No. 081-3 所示。板面上的白色斑状物质与炉腔壁上所黏附的物质是否属于同一类的物质，需要进一步分析。

图 No. 081-2　排风管道被黄褐色污渍堵塞

图 No. 081-3　炉腔壁上有白斑

② 分别取炉腔内的白色和黄褐色残留物进行 EDX 分析，结果分别如图 No. 081-4 和图 No. 081-5 所示。由图中可判断，白色斑状物质主要成分是助焊剂残留物，而黄褐色质物是含有铜的助焊剂残留物。

③ 取 PCB 铜箔上的白色斑状物质进行 EDX 分析，其结果如图 No. 081-6 所示。比较图 No. 081-4~图 No. 081-6，可初步看出残留物均有相似的元素成分，因此，可以判断它们同

属于助焊剂残留物。

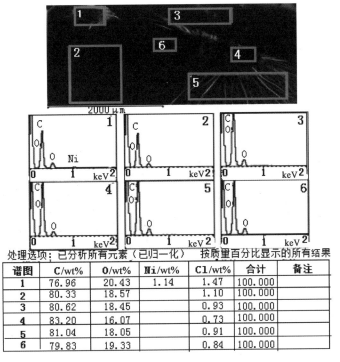

图 No.081-4　白色残留物的 EDX 分析结果

处理选项：已分析所有元素（已归一化）　　按质量百分比显示的所有结果

谱图	C/wt%	O/wt%	Ni/wt%	Cl/wt%	合计	备注
1	76.96	20.43	1.14	1.47	100.000	
2	80.33	18.57		1.10	100.000	
3	80.62	18.45		0.93	100.000	
4	83.20	16.07		0.73	100.000	
5	81.04	18.05		0.91	100.000	
6	79.83	19.33		0.84	100.000	

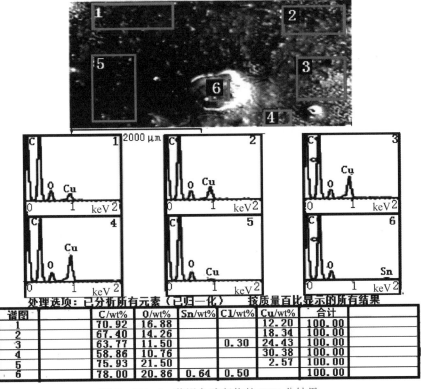

处理选项：已分析所有元素（已归一化）　　按质量百比显示的所有结果

谱图		C/wt%	O/wt%	Sn/wt%	Cl/wt%	Cu/wt%	合计	
1		70.92	16.88			12.20	100.00	
2		67.40	14.26			18.34	100.00	
3		63.77	11.50		0.30	24.43	100.00	
4		58.86	10.76			30.38	100.00	
5		75.93	21.50			2.57	100.00	
6		78.00	20.86	0.64	0.50		100.00	

图 No.081-5　黄褐色残留物的 EDX 分结果

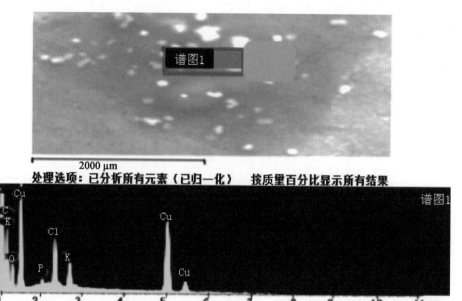

元素	wt%	at%	备注
C	39.47	57.56	
O	11.62	14.67	
P	0.70	0.47	
Cl	4.70	2.74	
K	2.72	1.42	
Cu	40.79	23.14	
合计	100.00	100.00	

图 No. 081-6　PCB 铜箔上白色斑状物质的 EDX 分析结果

2. 形成原因及机理

（1）形成原因

出现不良现象的生产线中的再流炉是产生缺陷的主要根源。

（2）形成机理

导致白斑的主要根源是，在高温作用下再流炉腔内从焊膏中挥发出来的残留物质，由于设备排风不畅，无法及时全部排出室外，而以细小颗粒状悬浮在炉腔内部。一旦 PCB 进入冷却区，这些残余的细小颗粒状悬浮物便在 PCB 铜箔面上聚合成白色斑状物。而且 PCB 传送速度越快，被夹持到冷却区的细小颗粒悬浮物就越多，在冷却区聚合成白色斑状物的量也就越多。

3. 解决措施

① 加强对再流焊接设备的定期保养维护（每天 24 小时连续运行的再流焊设备，每半月必须保养维护一次），切实保持通风管道的洁净和畅通无阻。

② 定期检测再流炉排风系统的风量，要求风量稳定，且应高于设备要求的下限，确保炉腔内的废气能被稳定及时地排放出去。

③ 每当遇外部恶劣天气时，必须适时增大排风风压，以切实保持炉腔内对外部始终保持稳定的正压。

No. 082　某终端产品 PCB 按键再流焊接后出现变色斑块

1. 现象描述及分析

（1）现象描述

某通信终端产品再流焊接后，PCB 按键出现颜色变深的斑块（点）。该终端产品按键采用 ENIG-Ni(P)/Au 涂层工艺。

（2）现象分析

取 4 件不良键盘板样品，对其变色斑块和正常无变色表面对比并进行 SEM/EDX 分析，分别如图 No. 082-1~图 No. 082-4 所示。

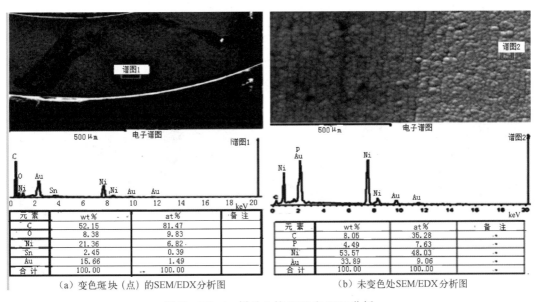

（a）变色斑块（点）的 SEM/EDX 分析图　　（b）未变色处 SEM/EDX 分析图

图 No. 082-1　样品 1 的 SEM 和 EDX 分析

① 图 No. 082-1（b）、图 No. 082-2（b）、图 No. 082-3（b）、图 No. 082-4（b）为未变色的正常按键表面的 SEM/EDX 分析图，四件样品上均只含 C、P、Ni、Au 四种元素成分，且四种样品各元素成分较接近，其中 C 主要来源于切片和抛光工序中的磨料，而 P、Ni 和 Au 均来自 ENIG Ni(P)/Au 镀层。

② 图 No. 082-1（a）、图 No. 082-2（a）、图 No. 082-3（a）、图 No. 082-4（a）为颜色已变深的斑块表面的 ESM/EDX 分析图，四件样品上均包含 C、O、Ni、Sn 和 Au 元素成分，与未变色的表面相比，其中 C 大量增加，Ni、Au 均有明显的减小，新增了 O 元素和微量的 Sn 元素。

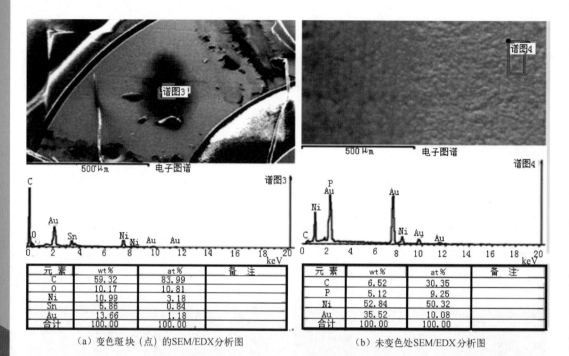

（a）变色斑块（点）的SEM/EDX分析图　　　　（b）未变色处SEM/EDX分析图

图 No. 082-2　样品 2 的 SEM 和 EDX 分析

图 No.082-2 (a) 表格：

元素	wt%	at%	备注
C	59.32	83.99	
O	10.17	10.81	
Ni	10.99	3.18	
Sn	5.86	0.84	
Au	13.66	1.18	
合计	100.00	100.00	

图 No.082-2 (b) 表格：

元素	wt%	at%	备注
C	6.52	30.35	
P	5.12	9.25	
Ni	52.84	50.32	
Au	35.52	10.08	
合计	100.00	100.00	

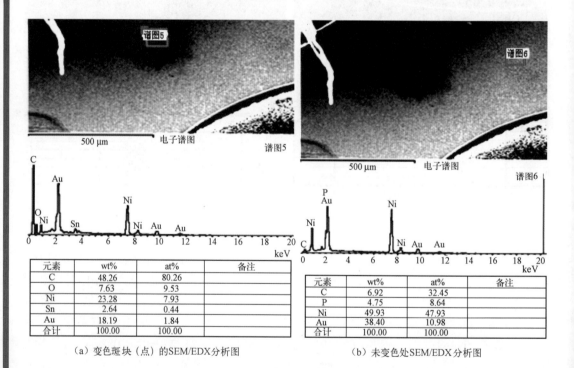

（a）变色斑块（点）的SEM/EDX分析图　　　　（b）未变色处SEM/EDX分析图

图 No. 082-3　样品 3 的 SEM 和 EDX 分析

图 No.082-3 (a) 表格：

元素	wt%	at%	备注
C	48.26	80.26	
O	7.63	9.53	
Ni	23.28	7.93	
Sn	2.64	0.44	
Au	18.19	1.84	
合计	100.00	100.00	

图 No.082-3 (b) 表格：

元素	wt%	at%	备注
C	6.92	32.45	
P	4.75	8.64	
Ni	49.93	47.93	
Au	38.40	10.98	
合计	100.00	100.00	

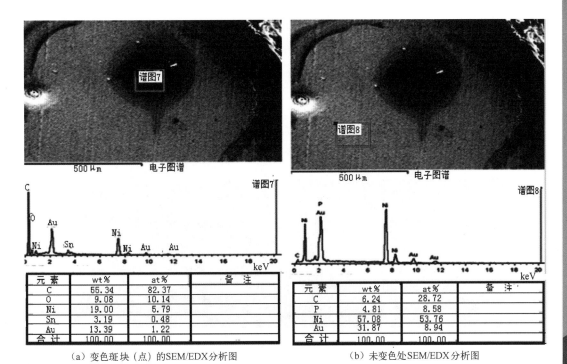

<table>
<tr><td colspan="4">谱图7</td></tr>
<tr><td>元素</td><td>wt%</td><td>at%</td><td>备注</td></tr>
<tr><td>C</td><td>55.34</td><td>82.37</td><td></td></tr>
<tr><td>O</td><td>9.08</td><td>10.14</td><td></td></tr>
<tr><td>Ni</td><td>19.00</td><td>5.79</td><td></td></tr>
<tr><td>Sn</td><td>3.19</td><td>0.48</td><td></td></tr>
<tr><td>Au</td><td>13.39</td><td>1.22</td><td></td></tr>
<tr><td>合计</td><td>100.00</td><td>100.00</td><td></td></tr>
</table>

元素	wt%	at%	备注
C	6.24	28.72	
P	4.81	8.58	
Ni	57.08	53.76	
Au	31.87	8.94	
合计	100.00	100.00	

（a）变色斑块（点）的SEM/EDX分析图　　　　（b）未变色处SEM/EDX分析图

图 No.082-4　样品 4 的 SEM 和 EDX 分析

2. 形成原因及机理

（1）形成原因

再流焊接炉腔外接排气管道排气不畅。

（2）形成机理

焊膏中的挥发成分是由 C、O 等元素构成的有机化合物。由上述分析中可知，C 的增量部分和新增加的 O、Sn 等均来自再流焊接过程中焊膏中的挥发物（溶入了微量的 Sn 元素），这些充满在炉腔内的悬浮物，由于炉腔的排气管道排气不畅，导致炉腔悬浮物集聚，一遇到温度较低的气流（如邻近冷却区附近）便凝聚成液滴，或者在温度更低的排气管道壁上凝结集聚成较大的液珠黏附在管壁上。液滴或液珠的体积不断增大，达到一定程度后，由于重力作用，便会坠落在 PCB 的表面上，导致本案例缺陷的发生。

3. 解决措施

① 改善再流炉中的废气排放管道系统的工况，使其能始终保持正常要求的排气量。

② 定期维修和清洗排气管道系统。

③ 关注当外部天气剧变时对再流焊接炉腔排气系统排气能力的影响，及时采取应对措施。

No. 083　C170 键盘再流焊接后变色

1. 现象描述及分析

（1）现象描述

① 某 SMT 生产线在生产 C170 键盘时，发现 PCB 上 C170 键盘再流焊接后局部严重变色，如图 No.083-1 所示。

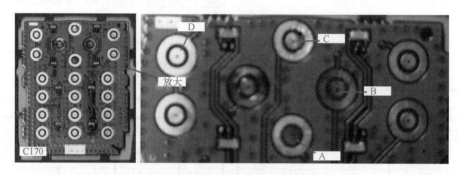

图 No.083-1　C170 键盘再流焊接后局部严重变色

② 键盘表面的涂层采用 ENIG Ni/Au 工艺，针对图 No.083-1 中的 A、B、C、D 四个变色程度不同的键盘表面进行显微镜像分析。A 键盘表面的显微镜像如图 No.083-2 所示，B 键盘表面显微镜像及金屑的脱落情况如图 No.083-3 所示，C 键盘表面显微镜像如 No.083-4 所示，D 键盘表面显微镜像如图 No.083-5 所示。

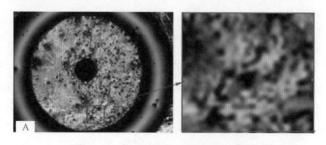

图 No.083-2　A 键盘表面的显微镜像

图 No.083-3　B 键盘表面显微镜像及金屑的脱落情况

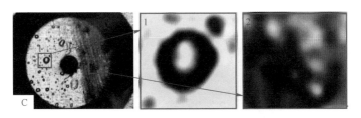

图 No.083-4　C 键盘表面显微镜像

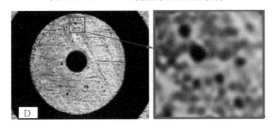

图 No.083-5　D 键盘表面显微镜像

（2）现象分析

① 图 No.083-2 所示的 A 键盘过炉后，表面已完全变得灰暗了，从局部放大图中可见，只残留下极少金的痕迹，这种键盘已完全丧失接触导通的能力。

② 图 No.083-3 所示的 B 键盘过炉后，大部分表面已被氧化发黑，仅残留下少量的金层。掉落下来的金屑散布在键盘的环形绝缘区域内，这种键盘也已丧失接触导通的能力。

③ 图 No.083-4 所示的 C 键盘过炉后，约有 40% 的表面已经变色，其余表面上虽然颜色变化不大，但金层和底层镍之间已有不少黑点和黑圈。此类键盘在使用中会经常出现在按压时覆盖在镍层上的金层碎裂成金屑，导致键盘接触不可靠的现象。

④ 图 No.083-5 所示的 D 键盘过炉后，从板面外观上看颜色虽呈金黄色，但从其显微镜像上可观察到其表面局部颜色已呈暗黄色，而且还散布着不少黑化点，大部分面积上也已出现了轻微的锈蚀黑点。

2. 形成原因及机理

（1）形成原因

EING Ni/Au 镀层不完善（Au 层针孔多或厚度不够），使 Au 层下 Ni 层被氧化。

（2）形成机理

① 由于镀金层的不连续性，造成空气中的 O_2 和焊接过程中助焊剂等沿金层的针孔对底层镍产生侵蚀，导致作为底层金属的 Ni 层被腐蚀。镀金层的不连续性导致底层 Ni 被腐蚀，如图 No.083-6 所示。

② 对于这种表面镀层不完善的键盘，随着时间的延续，氧化过程还将不断进行，最终便在沿 Ni-Au 界面的 Ni 层表面形成一层黑色的氧化镍层，ENIG Ni/Au 黑盘现象如图 No.083-7 所示，而原覆盖在 Ni 层上的 Au 层，由于附着力的丧失，便不断脱落下来，散落在圆形绝缘基材表面上，如图 No.083-3 所示。这是一种典型的 ENIG Ni/Au 镀层缺陷。

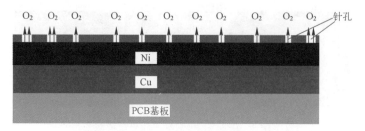

图 No.083-6　镀金层的不连续性导致底层 Ni 被腐蚀

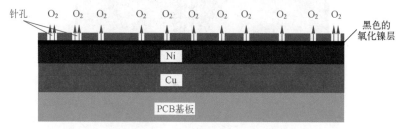

图 No.083-7　ENIG Ni/Au 黑盘现象

3. 解决措施

① PCB 制造商应改善 ENIG Ni/Au 工艺，增加 Au 镀层厚度，减少针孔，改善 Au 镀层的致密性。

② 可酌情对键盘板改用电镀 Ni/Au 工艺。

No.084　C988 按键污染缺陷分析

1. 现象描述及分析

（1）现象描述

① 在组装过程中发现 C988 按键板出现生锈缺陷，如图 No.084-1 所示。

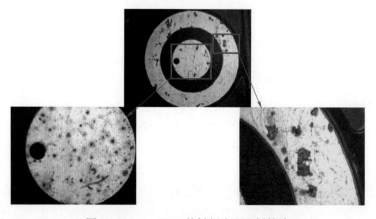

图 No.084-1　C988 按键板出现生锈缺陷

② PCB 供应商对不良板取样，分别用橡皮擦拭和用二氯甲烷清洗液对按键进行擦拭和清洗，上述处理后的按键表面形貌，如图 No.084-2~图 No.084-3 所示。

 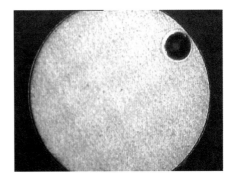

图 No.084-2　用橡皮擦擦拭后的按键表面形貌　　　图 No.084-3　用二氯甲烷清洗后的按键表面形貌

（2）现象分析

试验结果：从表面现象看，表面的污物可以被擦拭掉或者清洗掉，擦拭或清洗后的污物的底下依然是金面，污染物是附在金面上的，但也有个别污点较难擦拭掉。据此，PCB制造商认为不是生锈，因为金成分稳定不易生锈，应该是金面上的污染物。

污染物是否是从 PCB 的制造过程带过来的？PCB 供方认为，该板采用 ENIG Ni/Au 工艺，后续工序的流程如下：绿油→沉金→外形→E-T→FQC→包装，沉金工艺后就没有湿流程了，也就是说，没有使用化学药水，而且沉金工艺是通过置换反应完成的，如果药水中有杂物会引起批量污染，并阻止置换反应的发生，因此排除是 PCB 工艺带来的污染。

为进一步分析，供方对不良品取样进行元素分析，给出了污染物的主要成分，如表 No.084-1 所示。

表 No.084-1　污染物的主要成分

元　素	wt%	at%	备　注
C	28.52	48.23	
O	29.15	37.01	
Na	3.02	2.66	
Cl	0.69	0.40	
K	1.16	0.60	
Ni	14.69	5.08	
Cu	16.96	5.42	
Au	5.81	0.60	
合计	100.00	100.00	

表 No.084-1 中元素 Ni、Au、Cu 等主要是来自 PCB 铜导体及 Ni/Au 镀层，而 C、O、Na、Cl 及 K 等元素应该是来自大气中的盐雾及助焊剂，大气中的盐雾在滨海地区是很常见的。

2. 形成原因及机理

（1）形成原因

污染物的隐性根源是 PCB 供方提供的采用 ENIG Ni/Au 工艺的 PCB 按键镀层存在质量问题（镀 Au 层薄、针孔多等），由此留下了隐患。理由是：

① 从图 No.084-1 的放大图表面形貌特征来看，该缺陷是典型的在 ENIG Ni/Au 工艺流程中发生的对底层 Ni 的腐蚀现象。底层 Ni 被腐蚀后会使附在其上 Au 层掉落，黑色的氧化镍直接暴露在外，这就是图 No.084-1 黑盘的形成原因。

② 由于金层针孔底部的氧化镍已扩散到金层表面，它是附在金层表面上的，故可以用橡皮擦或有机溶剂将其清除掉。显然附在金表面发暗的污染物就是氧化镍。

③ 供方说 ENIG Ni/Au 工艺是通过置换反应将 Au 沉在 Ni 层上的，正因为采用 ENIG Ni/Au 工艺，在沉金过程中，Ni 最易受 ENIG Ni/Au 药水攻击（腐蚀），这是发生黑镍现象的根源所在。

④ 由于镍受到侵蚀正是在沉金过程中的化学置换反应时发生的，故这种隐藏在金层底部 Ni 层被腐蚀的现象隐匿性很强。

（2）发生机理

由于 ENIG Ni/Au 工艺中本身存在质量隐患，再遇到滨海地区环境中的盐雾的侵入，加速了 Au 底层 Ni 层的化学腐蚀过程的发生。

3. 解决措施

① PCB 制造商应加强产品质量管理和工艺过程控制，切实确定产品质量。

② 使用方应加强 PCB 产品来料的质量验收和监管。

③ 确保组装场地和过程符合 7S 规定。

④ 注意 PCB 的存储条件和环境条件的规范化管理。

第四篇

PCBA-THT 工序中
安装焊接缺陷（故障）经典案例

No. 085　某产品 PCBA PTH 波峰焊接虚焊

1. 现象描述及分析

（1）现象描述

2008 年 8 月间由某厂生产的产品 PCB，在某代工公司波峰焊接中出现批量性焊料润湿性不良，不良率高达到 77%，在 PCBA 板上，焊料润湿性不良缺陷发生部位，如图 No. 085-1 所示。

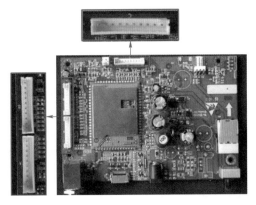

图 No. 085-1　焊料润湿性不良缺陷发生部位

此 PCB 表面涂层采用 ENIG Ni(P)/Au 工艺，经 PCBA 组装厂专家认定，造成原因系 PCB 质量问题，故退回 PCB 生产厂方处理。

（2）现象分析

PCB 生产厂方对 PTH 的金相切片进行了分析，根据缺陷表现大致可分成下述四类。

① 虚焊（未形成 IMC 层），如图 No. 085-2 所示。

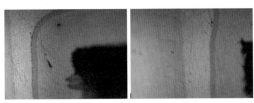

图 No. 085-2　虚焊（未形成 IMC 层）

② 焊料透孔性不良，如图 No. 085-3 所示。

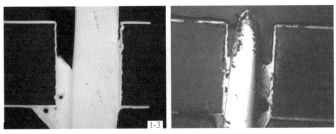

图 No. 085-3　焊料透孔性不良

③ 空洞，如图 No.085-4 所示。

图 No.085-4　空洞

④ 孔壁焊接界面裂缝，如图 No.085-5 所示。

图 No.085-5　孔壁焊接界面裂缝

2. 形成原因及机理

（1）形成原因

PCB 生产方通过多次试验，确认此次批量生产中发生的焊料润湿不良，应是沉金制程的某个环节异常导致的。

（2）形成机理

① 进一步试验，确定是金缸药水异常造成的。通过对金缸药水进行化验分析，认定 ST-806 药水中的缓冲剂成分偏低，在 pH 值控制偏低的情况下，镍面的金沉积过快，从而置换反应不均匀，导致相对粗糙的孔内致密度偏差。

② "斯坦得金缸" 药水在一定程度上存在不稳定性，在添加金缸缓冲剂后，在一定程度上提高了其稳定性，增强了金层的均匀性与致密性，并在一定程度上降低了金缸药水对镍层的攻击性，从而降低了可焊性不良比率。

3. 解决措施

① PCB 供方应加强对 ENIG Ni(P)/Au 工艺过程的精确监管，切实确保沉 Au 层质量。

② 由于当前 ENIG Ni(P)/Au 涂层的黑盘缺陷的影响，建议 PCB 用户尽可能采用 OSP 或 "Im-Sn+热熔涂层" 等替代 ENIG Ni(P)/Au 工艺。

No. 086　某 PCBA 在波峰焊接后出现吹孔和润湿不良缺陷

1. 现象描述及分析

（1）现象描述

① 某产品 PCBA 在波峰焊接后出现吹孔和润湿不良等缺陷，PCBA 样品外观照片如图 No. 086-1 所示。该 PCB 由某厂生产，PCB 表面涂层采用 HASL-Sn37Pb 工艺。

② PCBA 焊接不良区域焊点表面光亮，焊料对焊盘润湿良好（焊接面），但焊点中存在吹孔，不良焊点代表性外观照片，如图 No. 086-2 所示。

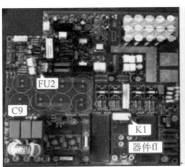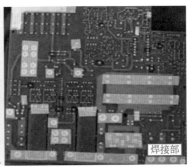

图 No. 086-1　PCBA 样品外观照片

图 No. 086-2　不良焊点代表性外观照片

（2）现象分析

1）金相切片分析

选取图 No. 086-1 中的 FU2、C9、K1 等元器进行金相切片分析，结果如下所述。

① FU2 焊点缺陷：除存在吹孔和部分小空洞外，镀覆孔内元器件引脚与孔壁间还存在接触角大于 90°的大空洞，空洞区域引脚及孔壁表面均未被焊料润湿。FU2 焊点切片代表性照片如图 No. 086-3 所示。

② C9 焊点缺陷：C9 焊点焊料与 PCB 孔壁之间的接触角<90°，而与元器件引脚的接触角远大于 90°，且引脚存在明显的润湿不良缺陷。C9 焊点切片代表性照片，如图 No. 086-4 所示。

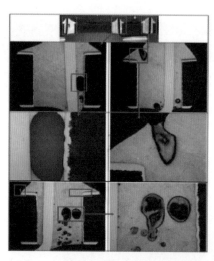

图 No. 086-3　FU2 焊点切片代表性照片

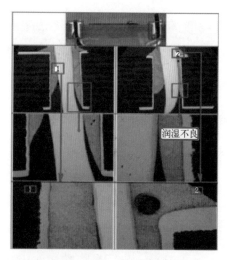

图 No. 086-4　C9 焊点切片代表性照片

③ K1 焊点缺陷：K1 焊点空洞普遍位于 PCB 镀覆孔壁一侧，且空洞与孔壁之间均无焊料填充。K1 焊点切片代表性照片，如图 No. 086-5 所示。

2）SEM/EDX 分析

① 对不良焊点截面进行 SEM/EDX 分析发现，靠近 PCB 镀覆孔一侧的空洞和吹孔与孔壁之间无焊料填充，空洞或吹孔内存在 C、O、Br、Cl 等助焊剂残留物。FU2 和 K1 焊点截面 SEM/EDX 照片，分别如图 No. 086-6 和图 No. 086-7 所示。

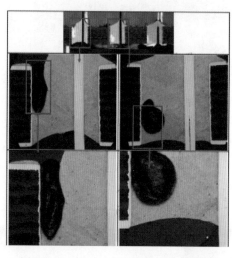

图 No. 086-5　K1 焊点切片代表性照片

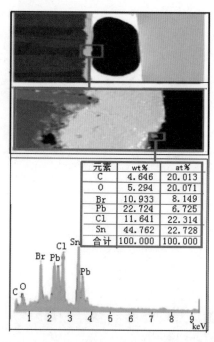

元素	wt%	at%
C	4.646	20.013
O	5.294	20.071
Br	10.933	8.149
Pb	22.724	6.725
Cl	11.641	22.314
Sn	44.762	22.728
合计	100.000	100.000

图 No. 086-6　FU2 焊点截面 SEM/EDX 照片

② C9 焊点润湿不良界面位于焊料与引脚镀层之间，而焊料与 PCB 镀覆孔壁之间可见明显的 IMC 层，C9 焊点截面的 SEM 照片，如图 No. 086-8 所示。

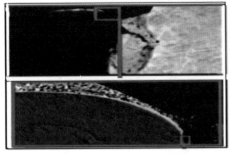

元素	wt%	at%
C	0.048	0.001
O	14.092	47.449
Br	35.528	23.942
Pb	22.774	5.925
Cl	5.274	8.011
Sn	10.744	4.875
Cu	11.540	9.797
合计	100.000	100.000

图 No.086-7　K1 焊点截面 SEM/EDX 照片

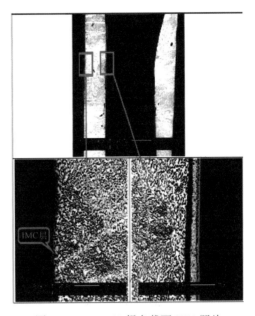

图 No.086-8　C9 焊点截面 SEM 照片

2. 形成原因及机理

（1）形成原因

① PCB 镀覆孔焊料填充不良主要与焊料对元器件引脚润湿不良有关，导致润湿不良的原因与引脚受污染或本身可焊性较差有关。

② 吹孔及镀覆孔中间大空洞的形成原因与波峰焊接预热时间过短或预热温度过低有关。

③ PCB 孔壁产生个别空洞的原因可能与 PCB 镀覆孔内部局部污染及 PCB 受潮有关。

（2）形成机理

① 当预热时间过短或预热温度较低时，助焊剂挥发性成分或 PCB 中的水汽未能及时排出，气体向上的逃逸通道被关闭，而此时孔内可能仍在产生气体并不断膨胀，故这些气体只能从底部焊接面喷溢而出，形成吹孔，最终未能排出的气体就在焊点内部形成空洞。

② PCB 的 PTH 孔壁一侧的空洞和孔壁焊料中的空洞与孔壁局部被污染有关，在焊接过程中，当助焊剂仍在对孔壁污染点发挥清洁作用时，熔融焊料已将其覆盖包裹而形成空洞。

3. 解决措施

① 加强对元器件引脚可焊性的入库检测和监控。

② 建议改善焊接工艺，延长预热时间或提高预热温度。

③ 在上线焊接之前，将 PCB 置于 120℃ 的烘箱中，烘烤 2 小时。

No. 087　VEL-PCBA 波峰焊接中焊点不良

1. 现象描述及分析

（1）现象描述

VEL-PCBA 波峰焊接中局部出现润湿不良，且不良主要集中在元器件面上。

（2）现象分析

① 切片图像分析：元器件上端焊盘不润湿，切面内沿焊盘表面存在局部的因不润湿而形成的空洞，界面上存在明显的微裂纹，不良焊点如图 No.087-1 所示。

② 异常区域的 Ni 与 Sn 合金层较薄，部分区域有分层和空洞现象，局部不润湿的焊盘变黑，如图 No.087-2 所示。

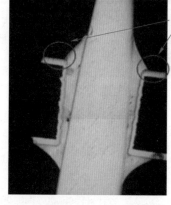

图 No.087-1　不良焊点

图 No.087-2　异常区域

③ 正常区域的波峰面润湿良好，形成了合金层，且无分层和空洞现象，正常焊点如图 No.087-3 所示。

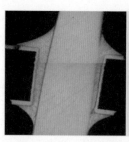

图 No.087-3　正常焊点

④ SEM/EDS 分析：不良焊点相关位置的 SEM/EDX 分析，如图 No.087-4 所示。

● 谱图 1：位于不良焊盘的外表面，其元素含量分布特点是，O 含量为 19.56wt%，Ni 含量为 5.52wt%，Br 含量为 8.80wt%，显然表面存在大量的氧化镍（即黑镍），而

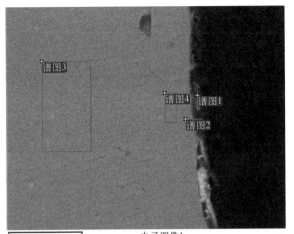

谱图	C/wt%	O/wt%	P/wt%	Ni/wt%	Cu/wt%	Br/wt%	Sn/wt%	合计
谱图 1	41.10	19.56		5.52	—	8.80	25.02	100.00
谱图 2	21.94	7.57	2.54	52.42	—	8.36	7.17	100.00
谱图 3	—	—			100.00			100.00
谱图 4	—	—	4.53	95.47	—			100.00

图 No.087-4　对不良焊点相关位置的 SEM/EDX 分析

Br（卤素）为助焊剂在焊接中未分解完的有腐蚀性的活性物质。

- 谱图 2：位于不良焊盘的次表面，其元素含量分布特点是，O 含量为 7.57wt%，Ni 含量为 52.42wt%，Br 含量为 8.36wt%，显然生成的氧化镍比外表面要少些，腐蚀性 Br 也要少些；P 含量为 2.54wt%，表明该 PCB 表面镀层采用 ENIG Ni(P)/Au 工艺。
- 谱图 3：属于焊盘铜层内部。
- 谱图 4：属于 Ni(P) 镀层内部，P 含量为 4.53wt%，属低 P 镀层，此类 Ni 镀层抗腐蚀性差。

2. 形成原因及机理

（1）形成原因

导致本案例波峰焊接时元器件面变黑及不润湿现象的主因是，助焊剂中的活性物质 Br 含量严重超标（>2.0wt%）。

（2）形成机理

在波峰焊接过程中，表层 Au 当与熔融焊料接触时很快便全部融入波峰焊料中，助焊剂中的活性物质 Br 便通过 PTH 渗透并覆盖在底层 Ni 表面，在温度的作用下加速了对 Ni 的腐蚀，使之生成了不可焊的黑色氧化镍。

3. 解决措施

① 严禁使用 Br（或 Cl）含量>2.0wt% 的强活性助焊剂。
② 建议采用 OSP 或 "Im-Sn+热熔涂层" 工艺取代 ENIG Ni(P)/Au 工艺。

No. 088　XYL PCBA 波峰焊接中 PTH 焊点吹孔

1. 现象描述及分析

（1）现象描述

XYL-PCBA 在波峰焊接中 PTH 焊点吹孔（见图 No. 088-1）且吹孔均发生在焊接面。

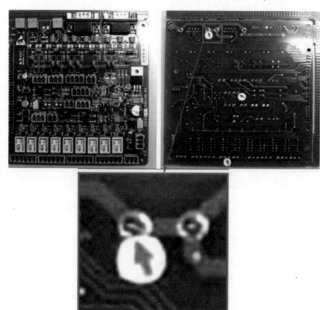

图 No. 088-1　XYL-PCBA 在波峰焊接中 PTH 焊点吹孔

（2）现象分析

① 对有代表性不良焊点进行切片分析，其照片如图 No. 088-2 ~ 图 No. 088-5 所示。

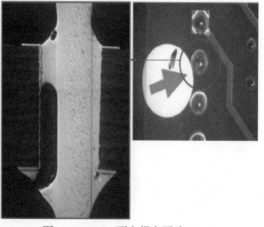

图 No. 088-2　不良焊点照片（一）

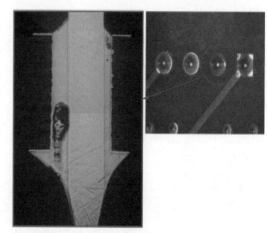

图 No. 088-3　不良焊点照片（二）

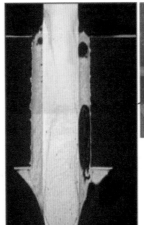

图 No. 088-4　不良焊点照片（三）　　　　图 No. 088-5　不良焊点照片（四）

② 从各金相切片照片可以看到，局部孔壁明显润湿不良，吹孔大部分都是沿着润湿不良的孔壁区域形成的，例如，

- 图 No. 088-2 中不润湿的孔壁区域孔壁铜层很薄，似有不连续点（针孔）；
- 图 No. 088-3 中与孔壁相对应的不润湿区域，引脚壁也存在不润湿的点，故吹孔便发生在引脚和焊盘敷形轮廓的中间；
- 图 No. 088-4 中孔壁镀铜层薄且多处存在针孔，焊料与孔壁的润湿角>90°；
- 图 No. 088-5 中孔壁镀铜层薄且多处存在针孔。

2. 形成原因及机理

（1）形成原因

孔壁粗糙，导致镀覆的孔壁铜层凸凹不平，厚度薄且多针孔，从而造成了波峰焊接中明显的润湿不良。

（2）形成机理

① 由于孔壁存在针孔，有利于空气中的湿气透过孔壁针孔渗透到 PCB 基材内，在波峰焊接过程中的高温作用下，吸入的湿气大量汽化，并透过针孔排入 PTH 内的熔融焊料中积聚。

② 当 PCB 经过焊料波峰进入冷却区时，首先冷却的是位于元器件面的焊点区域，由于此时 PCB 上所积聚的余热继续使吸附在基材内的水分继续汽化，不断排入 PTH 内的焊料中，使气泡内的空气压力不断增大，当增大到一定的程度后，高压气泡便要撑破强度最薄弱的位于焊接面的焊点区域喷发而出，形成明显的本案例所描述的吹孔。

3. 解决措施

① 首先是 PCB 制造方要努力确保打孔时孔壁的光整度，确保 PTH 孔壁镀铜层的质量。
② 注意运输、储存以及上线组装等全流程中的防潮措施。
③ PCB 在上线组装之前，在 120℃ 温度下预烘 2 小时。
④ 调整波峰焊接工艺参数：诸如提高预热温度、降低夹送链的夹送速度以增加预热时间。

No. 089 无铅波峰焊接中的起翘和剥离现象

1. 现象描述及分析

（1）现象描述

在无铅波峰焊接后，在基板、焊料、元器件引脚界面出现的剥离现象，其表现形式可分为下述四类。

① 焊缝起翘：起翘都发生在焊盘和焊料相连接的界面上或附近，如图 No. 089-1 和图 No. 089-2 所示。

 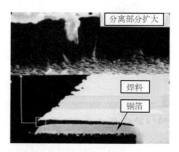

图 No. 089-1 焊缝起翘（一）　　　　图 No. 089-2 焊缝起翘（二）

② 焊盘剥离：发生在基材与焊盘之间的分离现象，如图 No. 089-3 和图 No. 089-4 所示。

图 No. 089-3 焊盘剥离（一）　　　　图 No. 089-4 焊盘剥离（二）

③ 基材内部剥离：也称基材内部分离，其特征是剥离发生在焊盘下的基材内部，如图 No. 089-5 和图 No. 089-6 所示。

④ 焊料和引脚间剥离：也称焊料和引脚间分离，如图 No. 089-7 所示。

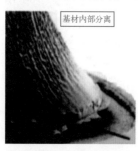 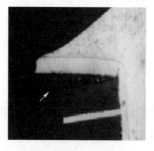 

图 No. 089-5 基材内　　　图 No. 089-6 基材内　　　图 No. 089-7 焊料和引脚
部分离（一）　　　　　　部分离（二）　　　　　　间分离

（2）现象分析

① 当引脚镀层为 Sn10Pb 时上述现象最容易发生。引脚和焊料之间的剥离现象，外观观察是较难发现的，通常要通过切片分析才能观察到。

② 起翘是无铅波峰焊接中的高发性缺陷，在单面 PCB 上不发生，只发生在金属化通孔的基板上，而且目前尚缺乏通用的对策。

③ 在对双面都有铜焊盘的金属化通孔的 PCB 进行波峰焊接时，发现在铜焊盘和焊料圆角的界面发生剥离现象。随后，又发现许多含 Bi 的合金也存在此现象，而且即使不含 Bi，只要在搭载的元器件的焊端镀了 SnPb 合金的场合，同样也会发生剥离。

作为电子产品无铅化的共性课题，特别是当电子元器件电极含有铅镀层时，对起翘和剥离有重大影响。

2. 形成原因及机理

（1）形成原因

涉及起翘现象的发生及其影响的各种因素，归纳起来如表 No.089-1 所示。

表 No.089-1　起翘现象的发生及其影响的因素

影响因素及效果	可能的对策
双面通孔基板在波峰焊接中发生起翘，即使采用复合工艺也会有类似现象发生	将 SMT 设计为单面电极
合金组成：固、液共存范围的 Sn（Ag）Bi 系；SnAgCu/镀 Pb 系；SnBi 系等。Bi：成分为（2~41）wt%	选择液、固共存域狭窄的合金；选择除共晶组分外不含 Bi 和 In 的合金；当采用 SnAgCu、SnCu 焊料合金时，避免选用引脚镀 SnPb 的元器件
焊盘直径：越大越容易发生起翘	焊盘形状和尺寸与润湿性有关
基板厚度：越厚越容易发生起翘	减小基板厚度
引线直径：越粗越容易发生起翘	减小引线直径
冷却速度：越低越容易发生起翘	急冷
圆角高度：越高越易发生起翘	降低圆角
组织微细化：可抑制偏析	添加微量元素

（2）形成机理

① 材料间 CTE 严重不匹配：基板与焊料和 Cu 等的热膨胀系数的失配是引发起翘现象的一个重要因素。基板是纤维强化的塑料（FRP），它沿板面方向的热膨胀系数小，可以确保被搭载的电子元器件的热变形小。作为复合材料，面积方向的热膨胀和垂直方向的热膨胀差异很大，沿板面垂直方向的收缩是很大的［例如，FR-4 厚度方向的热膨胀系数（CTE）是 Sn 的 10 倍以上］。如果在界面上存在液相物质，只要圆角有热收缩便会从基板上翘起来，而且一旦翘起来就不能复原。

② 含 Bi 合金的凝固模型及起翘机理：含 Bi 的合金发生起翘的机理模型，如图 No.089-8 所示。

随着树枝状结晶的生长不断地向液相物质中排出 Bi，会发生 Bi 微偏析现象。在 Cu 焊盘界面附近生长的树枝状结晶的先端使熔液中 Bi 浓度增加，树枝状结晶的生长变慢。热量是从通孔内部向 Cu 焊盘传递的，在焊盘界面附近的焊料积存的热量较多，凝固迟缓。而在

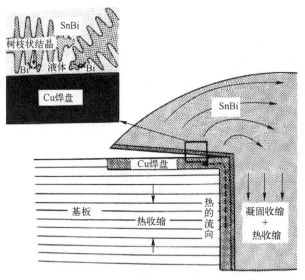

图 No.089-8　含 Bi 合金发生起翘的机理模型

从圆角上部凝固的同时，伴随着产生各种应力（凝固收缩、热收缩、基板热收缩等），使圆角与焊盘产生剥离动作。由于 Bi 元素的存在促进了凝固的滞后，这便是起翘现象发生的根源。

从圆角上方开始的凝固过程随所搭载的元器件的材质和大小而变化，热容量大的元器件冷却比较困难，这是因为热量只能通过引脚传递至上方后散发。基板越厚越容易发生起翘，这是因为在基板内部有较多的热量，由于热膨胀系数失配效应所导致的结果。

在焊接过程中有 Pb、Bi 污染时，则起翘将更为明显。如果焊盘和基板间的黏附强度足够高，则焊料就会从焊盘上分离开来，引起角焊缝翘起。

③ 含 Pb、Bi 等元素合金的起翘发生机理，如图 No.089-9 所示。

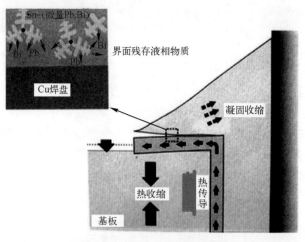

图 No.089-9　起翘发生机理

④ 引脚镀 SnPb 的元器件在波峰焊接中所发生的起翘现象和含 Bi 合金的情况有所不同，前者多发生在基板的元器件面，而在焊接面几乎不发生。引脚镀 SnPb 的元器件起翘发生的机理，如图 No.089-10 所示。

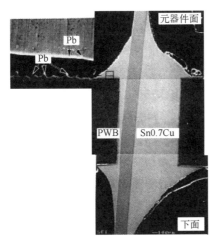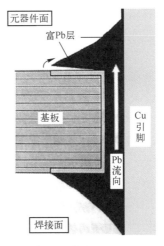

图 No. 089-10　引脚镀 SnPb 的元器件起翘发生的机理

Pb 存在于元器件引脚的表面，当波峰焊接时和波峰焊料接触而溶解的 Pb 沿着波峰焊料在通孔中流动的方向运动，最后集积在基板 Cu 焊盘的界面。因此，在基板焊接面的圆角中不存在 Pb，而在上面 Pb 被浓化，最后到达并积聚在圆角和 Cu 焊盘界面的残液中。镀层中微量 Pb 的存在是起翘的诱因，如图 No. 089-10 中所示。当镀层中 Pb 的含量为 1wt% 时发生起翘最显著。

3. 解决措施

① 采用单面基板。

② 不使用添加了 Bi 和 In 的合金：抑制固、液共存区域的宽度是非常重要的，而且为了避免从高温下开始凝固，期望液相线能量低一些。

③ 不用镀 SnPb 的插入引脚元器件。

④ 加快焊接的冷却速度：防止树枝状结晶的形成，就意味着防止偏析的发生，如采用水冷就能有效地抑制树枝状结晶的形成。在实验室条件下，用水冷形成的焊接圆角就没有发生微偏析，圆角表面光滑，起翘现象被完全抑制，如图 No. 089-11 所示。波峰焊机上冷却装置的冷却速度对抑制起翘的效果如图 No. 089-12 所示，从图中可见，冷却速度越快效果越好。

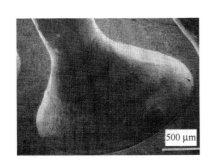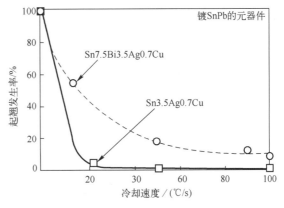

图 No. 089-11　圆角表面光滑，起翘现象被完全抑制

图 No. 089-12　波峰焊机上冷却装置的冷却速度对抑制起翘的效果

⑤ 基板设计时用热传导较差的金属替代 Cu，除去通孔内的 Cu 柱（孔壁镀层），或者考虑引入隔热层和采取基板热传导好的散热材料等设计，也可以采用有内部电极的多层基板等。

⑥ 采用热收缩量小的基板材料：目前所使用的基板，沿厚度方向的收缩量比焊料和引线等都要大。减小该值即能减少起翘的发生。例如，Sn37Pb 合金的 CTE 是 24.5×10^{-6}，从室温升到 183℃，体积会增大 1.2%。而从 183℃降到室温，体积的收缩却达 4%，故锡铅焊料焊点冷却后有时也有缩小现象。因此有铅焊接也存在起翘，尤其在 PCB 受潮时。

无铅焊料焊点冷却时也同样有凝固收缩现象，由于无铅熔点高，与 PCB 的 CTE 不匹配更严重，更易出现偏析现象。因此，当存在 PCB 受热变形等应力时，很容易产生起翘，严重时甚至会造成焊盘剥落。

⑦ 基板的热传导设计：通过对基板的热传导设计，以实现基板内热量的有效散失。

⑧ 焊盘尺寸和波峰温度：焊盘直径大小对焊盘剥离率也有较大影响，当采取阻焊膜定义焊盘时，其抑制率几乎可达 100%。焊盘直径对焊盘剥离率的影响如图 No. 089-13 所示。

⑨ 温度及焊接气氛对起翘高度的影响，如图 No. 089-14 所示。

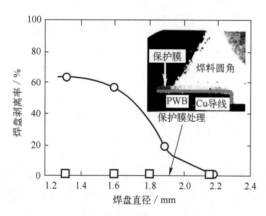

图 No. 089-13　焊盘直径对焊盘剥离率的影响

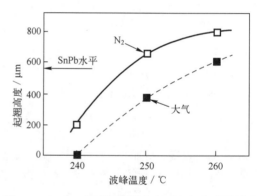

图 No. 089-14　温度及焊接气氛对起翘高度的影响

No. 090　PCBA 无铅波峰焊接中的热裂现象

1. 现象描述及分析

（1）现象描述

采用无铅焊料合金的波峰焊接焊点的外观呈橘皮状的无光泽、灰暗、颗粒状形态。无铅焊点的外观如图 No. 090-1 所示。

（2）现象分析

无铅焊料（SnAgCu）的焊点与我们已习惯的光滑亮泽的锡铅焊点非常不同，特别是在无铅波峰焊接中，不时会发现焊点表面出现微缩孔及焊点的热裂现象。无铅焊点的热裂现象如图 No. 090-2 和图 No. 090-3 所示。

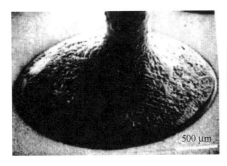

图 No.090-1　无铅焊点的外观

SnPb

表面有光泽

SnAgCu

表面有光泽
暗淡

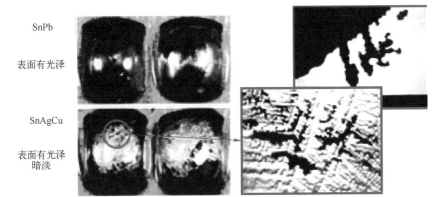

图 No.090-2　无铅焊点的热裂现象（一）

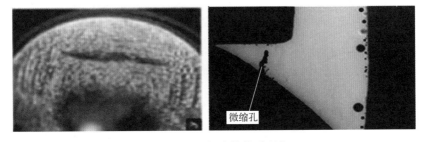

微缩孔

图 No.090-3　无铅焊点的热裂现象（二）

2. 形成原因及机理

（1）形成原因

无铅焊料（SnAgCu）大多为非共晶成分，各成分在焊点的冷凝过程中存在差异，造成了该缺陷。

（2）形成机理

① 纯 Sn（熔点为 232℃）会率先自然冷却。Sn 在凝固过程中首先生成树枝状的晶核，然后这些晶核在冷却过程中不断长大（即 Sn 不断被析出），形成树枝的主干和枝干，相当于凝固后的表面凸出部分，SnAgCu 中 Sn 冷凝形成的枝晶如图 No.090-4 所示。从总体外观看，焊点上呈现许多突起的颗粒，通过微切片可清楚地见到纯 Sn 枝晶的分布，树状组织导致表面凸凹不平，如图 No.090-5 所示。

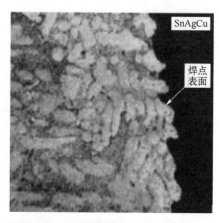

图 No. 090-4　SnAgCu 中 Sn 冷凝形成的枝晶　　图 No. 090-5　树状组织导致表面凸凹不平

② 充盈在枝晶之间的共晶熔液是最后凝固的，在凝固过程中由于体积的收缩，便形成微缩孔。再加上在镀铜过孔和 PCB 基材之间材料热膨胀系数（CTE）不匹配，不同的热膨胀率使焊接连接处出现变形，这种动态变形过程主要集中在焊盘区域，它使焊盘在焊接过程中上下移动而引发焊点产生裂缝，如图 No. 090-2 右上角所示。

3. 解决措施

① 在选用 PCB 基材时，要充分研究和关注 CTE 的匹配性。

② 关注波峰焊接中的冷却速度的影响。

No. 091　波峰焊接中引脚端出现微裂纹

1. 现象描述及分析

（1）现象描述

波峰焊接过程中焊点在引脚和焊料之间出现微裂纹，如图 No. 091-1 所示。

（2）现象分析

从图 No. 091-1 中明显可见：

① 在元器件引脚穿出 PTH 的端头，引脚和焊料之间产生了明显的裂缝。这种裂缝是由于焊料和引脚在焊接中未发生冶金反应，焊料和引脚之间未能牢固结合，故焊料在冷却体积收缩过程中被拉离而造成的。

② 在 PTH 内部引脚和焊料之间界面未见 IMC 层，是典型的虚焊形貌，是焊接过程中未发生冶金反应的结果。

2. 形成原因及机理

（1）形成原因

由上述分析可见，该缺陷的形成原因归纳如下：

① 元器件引脚可焊性不良。

② 过波峰后冷却时受了外力的挠动而形成了挠动焊点，如图 No. 091-2 所示。

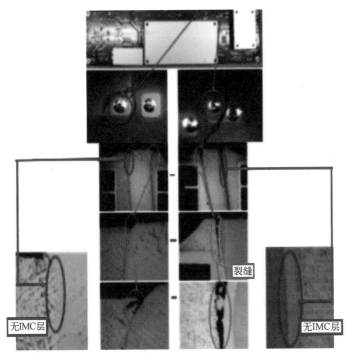

图 No. 091-1　波峰焊接过程中焊点在引脚和焊料之间出现微裂纹

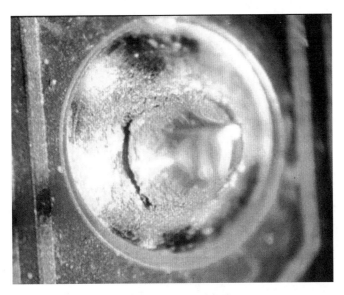

图 No. 091-2　挠动焊点

（2）形成机理

元器件引脚可焊性不良，在焊接时未发生冶金反应，在焊料和引脚界面之间未形成所需要的金属间化合物（IMC）层，从而导致了该缺陷。

3. 解决措施

① 加强对外购元器件引脚表面可焊性的监控。

② 消除外力作用（如夹送链的抖动现象）。

No. 092　PCBA 波峰焊接后基材出现白点

1. 现象描述及分析

（1）现象描述

① 某 OEM 厂已连续正常生产了两三年的某 PCBA 用的 PCB 基材上出现白点，不良产品外观如图 No. 092-1 所示。

图 No. 092-1　不良产品外观

② 以往仅偶尔有极个别的 PCB 在波峰焊接后 PCB 基材出现过白点现象，但在某批 PCB 的波峰焊接过程中却大面积出现白点。发生的位置均是在两大铜箔面之间的无铜层的窄面上，白点现象如图 No. 092-2 所示，检查工艺参数，参数一直很稳定，未进行过任何改动。

图 No. 092-2　白点现象

（2）现象分析

为准确找出缺陷形成原因，补充进行了下述试验：

① 先将 10 pcs 光板（10 块未装元器件的印制板）放在托架上过波峰，同时测量炉温，

波峰焊接不良率为50%。

② 对10pcs采用贴胶纸保护部分焊盘，不采用托架直接过波峰，波峰焊接后100%合格，无白点现象。

2. 形成原因及机理

（1）形成原因

上述试验表明：托架是造成白点缺陷现象的主要因素。

（2）形成机理

① 波峰焊接中所使用的托架焊接窗口尺寸大小不合适，托架影响白点发生的机理如图No.092-3所示。

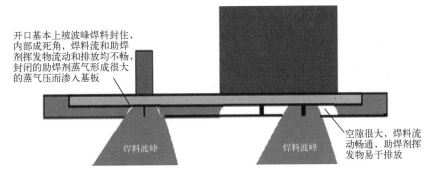

开口基本上被波峰焊料封住，内部成死角，焊料流和助焊剂挥发物流动和排放均不畅，封闭的助焊剂蒸气形成很大的蒸气压而渗入基板

焊料波峰　　　　焊料波峰

空隙很大，焊料流动畅通，助焊剂挥发物易于排放

图No.092-3　托架影响白点发生的机理

② PCB吸潮：基材内的湿气在波峰焊接时的高温作用下快速挥发，在无铜箔的区域，可直接跑出基板。而积存在大铜箔底下的潮气由于铜箔的遮挡不能直接排出，在铜箔底下的挥发气体内压力不断增大，在增大的压力驱动下，游离到非金属部位（非线路部分），便在基材内形成可见的空气泡（白点），这些空气泡是影响可靠性的隐患。

3. 解决措施

① 合理地确定需要焊接区域的托架开窗口范围。

② 在PCB制造和组装全过程中注意防潮。

③ PCB在上线组装之前，应在120℃的温度下，在烘箱内预烘2小时。

No. 093　波峰焊接中元器件面再流焊接焊点被二次再流

1. 现象描述及分析

（1）现象描述

某采用SMT/THT混合安装技术的PCBA，首先采用再流焊接工艺将上表面组装的SMC/SMD元器件焊接到PCB的上表面。然后，再使用波峰焊接工艺将通孔元器件（从PCB上表面插入）和贴装在下表面的SMC/SMD元器件一起焊接到PCB的下表面。在进行下表面波峰焊接过程中，发现位于波峰焊接面的上表面原已再流焊接好了某些焊点，如BGA、CSP等元器件，再次重熔，造成可靠性隐患。PCB上表面再流焊接焊点变形和半润湿实例如图No.093-1所示。

（2）现象分析

① 如果波峰焊接过程中导致上表面温度超出再流焊接焊点焊料的熔点，SMD 组件会被再次熔化。焊料可能会被吸走，使得元器件引脚脱离焊盘，有时引脚和焊盘之间也会保留少许的连接并能通过电流，形成不易发现的可靠性隐患。

② 在波峰焊接过程中 BGA 焊点的加热路径如图 No.093-2 所示，该图给出了在波峰焊接过程中，位于 PCB 表面的 BGA 元器件的焊料球变形和半润湿的实例。

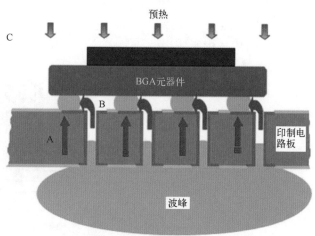

图 No.093-1　PCB 上表面再流焊接焊点
变形和半润湿实例

图 No.093-2　在波峰焊接过程中 BGA
焊点的加热路径

2. 形成原因及机理

（1）形成原因

在波峰焊接时，由于 PCB 表面相关再流焊接焊点上温度过高，导致再流焊接焊点被重熔（又称二次再流）。

（2）形成机理

图 No.093-2 中描述了在波峰焊接过程中，向 PCB 表面焊点传递热量的途径，以 BGA 为例。

● 途径 A：由 PCB 的下表面向上表面通过 PCB 厚度进行传热；

● 途径 B：通过通孔，沿着通孔与 BGA 焊点焊盘连接的导线轨迹进行传热；

● 途径 C：通过安装在波峰焊机上面的预热器的对流和辐射传热。

因此，在焊接时应注意的事项如下所述。

① 在有铅焊接时，为防止 PCB 表面的 BGA、QFP 等细间距焊点出现上述问题，其表面温度不应超过 150℃。混装元器件板表面的波峰焊接温度曲线实例如图 No.093-3 所示，该图为波峰焊接工艺中，混装 PCB 上焊点可接受的温度曲线的一个实例。

② 在无铅焊接时：无铅焊料的熔点高于 Sn37Pb 焊料的熔点，因此，在对经过再流焊接过无铅表面组装元器件的 PCB 进行波峰焊接时，对于 SnAgCu（SAC）焊料，表面再流焊接焊点的温度应<190℃。

3. 解决措施

在波峰焊接过程中，防止顶部焊点被二次重熔的方法如图 No.093-4 所示，图中给出了

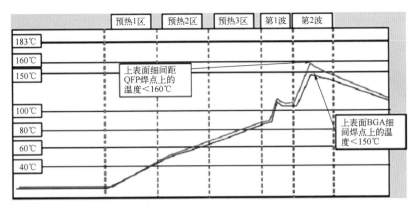

图 No.093-3 混装元器件板表面的波峰焊接温度曲线实例

三种传热途径的一种或者多种对策来降低传递给 BGA 焊点的热量，同时给出了对这几种方法的作用过程。

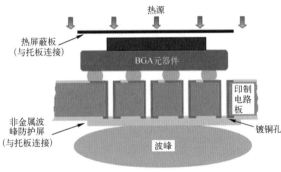

图 No.093-4 防止 BGA 焊点顶部被二次重熔的方法

① 在 BGA 封装的上面安装一个热屏蔽板，以防止波峰焊接设备中预热器的直接加热。可采用机械的方法将这些屏蔽板安装到波峰焊接的托板上。

② 利用阻焊膜覆盖 PCB 下面的通孔。在 PCB 设计过程中，通孔覆盖规则应成为可制造性设计（DFM）的组成部分。

③ 将非金属波峰防护屏直接安装在 PCB 下表面与 BGA 封装定位区域的下面，以避免波峰直接接触 PCB 上的这些位置，还可采用非金属指爪将其安装在波峰托板上。

通过对波峰焊接过程中 BGA 焊点的温度曲线的检测，可以验证其效果。BGA 焊点温度：Sn37Pb 应<150℃；SAC 应<190℃。

No.094 波峰焊接中的不润湿及反润湿

1. 现象描述及分析

（1）不润湿

波峰焊接后基体金属表面产生不连续的焊料薄膜。在不润湿的表面，焊料根本就没有与基体金属完全接触（污染物阻隔），从外观上可以明显地看到裸露的基体金属，不润湿外观如图 No.094-1 和图 No.094-2 所示。

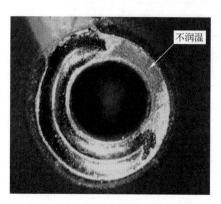

图 No.094-1　不润湿外观（一）

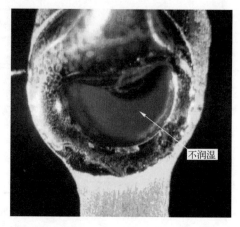

图 No.094-2　不润湿外观（二）

（2）反润湿

波峰焊接中焊料首先润湿基体金属表面，后因润湿不好而回缩，从而在基体金属表面上留下一层很薄的焊料覆盖区域，同时有断断续续的分离的焊料球。大焊料球与基体金属相接触处有很大的接触角，且焊料形状不规则。反润湿外观如图 No.094-3 所示。

2. 形成原因及机理

（1）不润湿

- 基体金属不可焊；
- 使用助焊剂的活性不够或助焊剂变质失效；
- 被焊表面上的油或油脂类物质使助焊剂和焊料不能与被焊表面接触。

（2）反润湿

- 基体金属表面被玷污引起半润湿现象；
- 当焊料槽里的金属杂质浓度达到一定值后出现了反润湿状态；
- 在被焊表面严重污染而导致可焊性不良的极端情况下，在同一表面上会同时出现不润湿和反润湿共存状态，如图 No.094-4 所示。
- 焊接时间和温度控制不当，导致界面合金层过厚而形成反润湿现象。

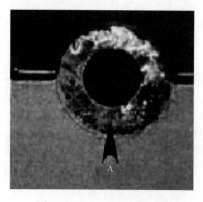

图 No.094-3　反润湿外观

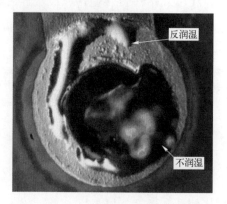

图 No.094-4　不润湿和反润湿共存状态

3. 解决措施

① 改善基体金属的可焊性。

② 酌情选用活性较强的助焊剂。

③ 合理地调整好焊接温度和焊接时间。

④ 彻底清除基体金属表面的油、油脂及有机污染物。

⑤ 保持焊料槽中的焊料纯度。

No. 095 波峰焊接焊点轮廓敷形不良

1. 现象描述及分析

（1）焊料过多（堆焊）

焊料在焊点上堆集过多而形成凸状表面外形，看不见元器件引线轮廓，焊料过多，如图 No. 095-1 和图 No. 095-2 所示。

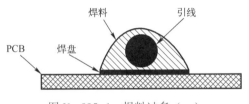

图 No. 095-1 焊料过多（一）

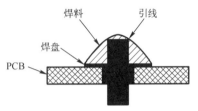

图 No. 095-2 焊料过多（二）

（2）焊料过少（干瘪）

焊区未达到规定的焊料量，外观表现为焊点干瘪、接触角 $\theta \leqslant 15°$、浸润高度 $H<D$。焊料过少（$\theta \leqslant 15°$）如图 No. 095-3 所示，焊料过少（$H<D$）如图 No. 095-4 所示；焊点焊料量偏少的案例如图 No. 095-5 所示。

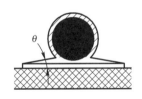

图 No. 095-3 焊料过少（$\theta \leqslant 15°$）

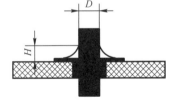

图 No. 095-4 焊料过少（$H<D$）

（3）敷形不对称

沿引线和焊盘圆周方向焊料量分布不均匀，敷形不对称，如图 No. 095-6 所示。

图 No. 095-5 焊点焊料量偏少的案例

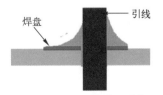

图 No. 095-6 敷形不对称

2. 形成原因及机理

（1）尺寸配合不当的影响

① 焊盘-导线尺寸配合不当：采用大焊盘，小引线（见图 No.095-7），焊点外观表现为焊料不足、干瘪；与此相似，采用小焊盘，粗引线（见图 No.095-8），会出现焊料量不足、干瘪的轮廓敷形。出现此现象，均是由表面张力分布不均衡造成的。

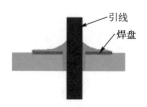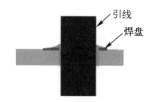

图 No.095-7　大焊盘，小引线　　　　图 No.095-8　小焊盘，粗引线

② 焊盘-印制导线连接配合不当：盘-线不分或者盘-线相近，会出现焊点干瘪现象，如图 No.095-9 所示。较大的表面在焊接时有较大的表面能，焊点上的焊料大部被吸向导线表面。

（2）盘-孔不同心

盘-孔不同心（见图 No.095-10）是影响波峰焊接中沿焊盘圆周方向焊料分布不均匀的主要原因。当然，波峰焊接时倾角过大，夹送方向不妥也是造成此现象的原因之一。

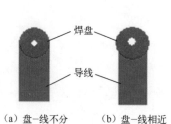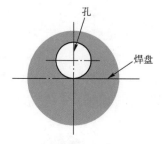

（a）盘-线不分　（b）盘-线相近

图 No.095-9　焊盘-印制导线连接配合不当　　　图 No.095-10　盘-孔不同心

（3）波峰焊接工艺参数选择不当

在波峰焊接操作中，若焊料槽温度过高，夹送速度过慢、倾角过大都将可能导致焊点干瘪。当倾角过大时将迫使波峰的工作段前移到速度很大的区间。由于焊料流体下冲力很大，黏附在焊点上的焊料液滴被高速液态焊料流过度冲刷，从而产生焊点干瘪且敷形不对称的不良焊点。

3. 解决措施

① 改善基体金属的表面状态和可焊性。
② 正确地设计 PCB 的图形和布线。
③ 合理地调整好焊料槽温度、夹送速度和夹送倾角。
④ 合理地调整预热温度。

No. 096　波峰焊接中的溅焊料珠及焊料球现象

1. 现象描述及分析

① 焊料珠：焊盘间的绝缘表面溅的小焊料颗粒被称为焊料珠，如图 No.096-1 所示。焊料珠可能影响电子产品正常工作，甚至造成重大事故。

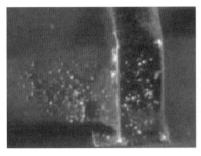

图 No.096-1　焊料珠

② 焊料球：波峰焊接后在 PCB 上残留有较大尺寸的焊料珠，我们将其称为焊料球，如图 No.096-2 所示。

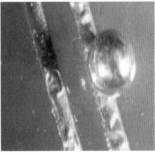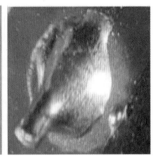

图 No.096-2　焊料球

③ 焊料珠与焊料球伴生，如图 No.096-3 所示。

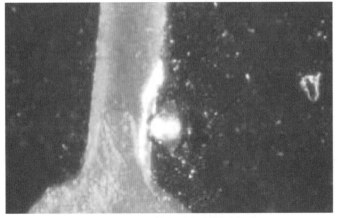

图 No.096-3　焊料珠与焊料球伴生

2. 形成原因及机理

① PCB 在制造或储存中受潮。

② 环境湿度大，潮气在多缝的 PCB 上凝聚，厂房内又未采取驱潮措施。

③ PCB 和元器件拆封后在生产线上滞留时间过长，增加了吸潮机会。

④ 镀层与助焊剂不相配，助焊剂选用不当。

⑤ 漏涂助焊剂或涂覆量不合适，助焊剂吸潮夹水。

⑥ 阻焊层不良，黏附焊料残渣。

⑦ 基板加工不良，孔壁粗糙导致槽液积聚，在进行 PCB 设计时未进行热分析。

⑧ 预热温度选择不合适。

⑨ 镀银件密集。

⑩ 焊料波峰形状选择不合适。

3. 解决措施

① 改进 PCB 制造工艺，提高孔壁的光洁度，改进 PCB 包装工艺和储存环境条件。

② 尽可能缩短 PCB 在线的滞留时间，从 PCB 开封→安装元器件→波峰焊接应在 24 小时内完成，特别是在湿热地区尤为重要。

③ PCB 上线前预烘（120℃，2 小时），PCB 布线和安装设计后应进行热分析，避免板面局部形成大量的吸热区。

④ 安装和波峰焊接场地环境温度应保持在 23±5℃，相对湿度不应超过 65%。

⑤ 正确地选择助焊剂，特别是助焊剂所用溶剂的挥发速度要合适。

⑥ 合理地选择预热温度和时间。温度过低、时间过短，助焊剂中的溶剂不易挥发，当残留溶剂过多时进入波峰后温度急剧升高，溶剂剧烈挥发，在熔融焊料内形成高压气泡，爆喷后形成大量焊料珠。

⑦ 尽可能采用辐射和对流复合预热方式，加速 PCB 孔内溶剂挥发。

⑧ 加强对助焊剂的管理，避免运行过程中吸潮，控制好助焊剂的涂覆量。

⑨ 应尽量避免大量采用镀 Ag 的引脚，因为过量的 Ag 在波峰焊接中易产生气体。

⑩ 焊料波形设计应保证焊料溅落过程不发生太剧烈的撞击运动，避免因撞击产生小焊料珠。

No. 097　波峰焊接中的拉尖、针孔及吹孔现象

1. 现象描述及分析

（1）拉尖

波峰焊接后在元器件和元器件引脚顶端或焊点上，呈现钟乳石状或冰柱形的焊料称为拉尖，如图 No. 097-1 和图 No. 097-2 所示。

拉尖大多发生在 PCB 铜箔电路的终端。PCB 经过波峰时，当 PCB 上的液态焊料下坠受到限制时就出现此现象，在高频、高压电路中，尤其需要注意此类缺陷的危害性。

图 No.097-1　拉尖（一）

图 No.097-2　拉尖（二）

（2）针孔与吹孔

针孔与吹孔的区别是：针孔是在焊点上出现的小孔，针孔内部通常是空的；而吹孔则是焊点内部空气完全喷出而形成的可看到内部的大孔，针孔与吹孔如图 No.097-3 ~ 图 No.097-5 所示。

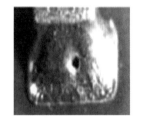

图 No.097-3　针孔（一）

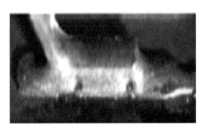

图 No.097-4　针孔（二）

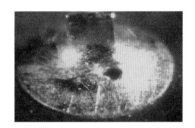

图 No.097-5　吹孔

2. 形成原因与机理

（1）拉尖

① 基板的可焊性差，焊盘被氧化和污染。

② 助焊剂用量少。

③ 预热不当，基板翘曲。

④ 焊料槽温度低。

⑤ 夹送速度不合适，焊接时间过短或过长。

⑥ PCB 压波深度过大。

⑦ 铜箔面太大，散热过快，造成铜箔面温度偏低。

⑧ 助焊剂选用不合适或变质失效。

⑨ 焊料纯度变差，杂质容量超标。

⑩ 夹送倾角不合适。PCB 退出波峰后冷却风角度不可朝焊料槽方向吹，以避免焊料急冷，多余焊料无法被重力与内聚力拉回焊料槽。

由波峰焊接时从拉尖的形状，可以大致知道焊料槽的温度以及夹送速度是否合适。当拉尖有金属光泽且呈细尖状时，不是焊料槽的温度低就是夹送速度过快；而当拉尖呈圆、短、粗而无光泽状态时，则原因正好与上述相反。

（2）针孔与吹孔

① 焊盘周围被氧化或有毛刺。

② 焊盘不完整。

③ 引线氧化、有机物污染、预处理不良等都可能产生气体而造成针孔或吹孔。

④ 焊盘或引脚局部润湿不良。

⑤ 基板有湿气：如使用较便宜的基板材质，或使用较粗糙的钻孔方式而导致在贯通孔处容易吸收湿气，湿气在焊接热作用下蒸发出来而造成该缺陷。

⑥ 电镀溶液中的光亮剂：当使用大量光亮剂电镀时，光亮剂常与金属同时沉积，遇到高温则挥发而造成该缺陷，特别是镀金层。

⑦ 生产场地卫生条件差。

3. 解决措施

（1）拉尖

① 净化被焊表面。

② 调整和优选助焊剂。

③ 合理选择预热温度。

④ 调整焊料槽温度。

⑤ 调整夹送速度。

⑥ 调整波峰高度（或压波深度）。

⑦ 焊料槽中铜含量应控制在 0.3% 以下。

⑧ 对于基板上的大铜箔面，可用阻焊膜（绿油）将大铜箔面分隔成尺寸约为 3 mm×10 mm 区块来改善。大面积图形设计如图 No.097-6 所示。

图 No.097-6　大面积图形设计

（2）针孔与吹孔

① 改善 PCB 的加工质量。

② 改善焊盘和引线表面的洁净状态和可焊性。

③ 基板与元器件引脚污染：可能由元器件引脚成形、插件过程或储存状况不佳造成，用溶剂清洗即可。但如发现污染物为硅有机物，因其不容易被溶剂清洗，故在制程中应考虑其他代用品。

④ 将 PCB 在 120℃ 烘箱中预烘 2 小时。

No. 098　PCBA 波峰焊接后板面出现白色残留物及白色腐蚀物

1. 现象描述及分析

（1）白色残留物

当采用松香类助焊剂时，在焊接或采用溶剂清洗后发现在基板上有白色残留物，如图 No.098-1 和图 No.098-2 所示。

（2）白色腐蚀物

上面谈到的白色残留物出现在 PCB 基板上，而下面谈到的白色粉点状的腐蚀物出现在元器件引脚及焊点上，尤其是在含铅成分较多的金属上较易生成此类白色腐蚀物，如图 No.098-3 所示。

图 No.098-1　白色残留物（一）

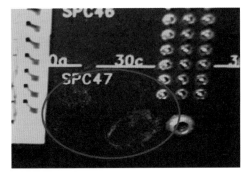
图 No.098-2　白色残留物（二）

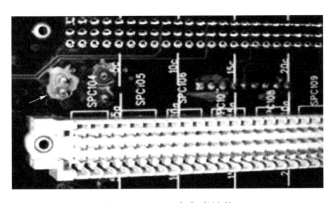
图 No.098-3　白色腐蚀物

2. 形成原因及机理

（1）白色残留物

① PCB 制造中所使用的环氧树脂及阻焊膜固化不完全，PCB 焊接后在清洗时出现发白现象，白色残留物实际上是树脂的残留物。

② 当使用松香助焊剂时，在波峰焊接的高温下，松香与熔融的焊料合金发生化学反应，生成松香酸锡盐类，它不易被清洗干净而使 PCB 面泛白。

③ 在焊接中由于松香助焊剂的聚合作用，导致某些松香成为长链分子，这些长链分子不能溶于通常使用的溶剂中，清洗助焊剂的溶剂只能溶解短链松香和原来的松香，而后留下的黏性很强的白色黏附物则是聚合松香。一旦形成了聚合松香，甚至连最好的助焊剂溶剂也不能溶解它。白色残留物的 FT-IR 分析图像如图 No.098-4 所示，从该图中可以看出，白色残留物与松香的谱图非常近似。

④ 当使用醇类清洗剂时，醇类清洗剂与松香酸作用生成松香脂而成为白色残留物。由于清洗溶剂大多沸点都较低，当它挥发时会吸收周围空间的热量，若在潮湿环境下，随着溶剂的挥发会造成空气中水分冷凝，在 PCB 上留下白色斑痕。

⑤ 在基板制作过程中，残留杂质在长期储存时亦会产生白斑，可用助焊剂或溶剂清洗即可。

⑥ 所用助焊剂与基板防氧化保护层不兼容。

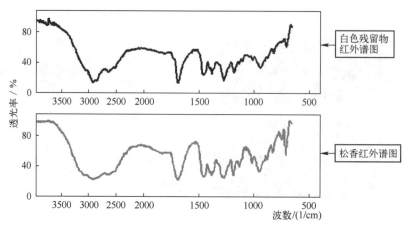

图 No.098-4　白色残留物的 FT-IR 分析图像

⑦ 基板制程中所使用的溶剂使基板材质变化，尤其是在镀镍过程中的溶液常会产生此问题。

⑧ 助焊剂使用过久老化，暴露在空气中吸收水汽劣化。

⑨ 不正确的基板制造工艺亦会造成白斑（白色残留物），通常是某一批量单独发生此问题。此时，应将相关信息及时反馈给基板供货商并使用助焊剂或溶剂清洗。白斑的可能化学成分如表 No.098-1 所示。

表 No.098-1　白斑的可能化学成分

化合物名称	化学分子式	颜　色	分子的大小/Å
氯化亚铜	Cu_2Cl_2	白	4.52
氰化亚铜	$Cu_2(CN)_2$	白	4.64

（2）白色腐蚀物

形成白色粉点状腐蚀物的根本原因是 PCB 清洗不彻底，存在离子污染。

通常金属铅因其表面覆盖着一层结构致密、附着力强的氧化铅层而保护其不受环境的侵蚀。然而，假若在 PCB 表面残留有某些含有氯离子（如含卤素的活性松香助焊剂、空气中存在的含有氯的盐雾成分及汗渍等）的残留物时，那么在氯离子的作用下将发生化学反应，图 No.098-5 展示了焊料中 Pb 腐蚀的简化循环过程。氯化铅是附着力相当差的化合物，在含有 CO_2 的潮湿空气中，氯化铅是不稳定的。从图 No.098-5 所示的循环腐蚀反应式可知，氯化

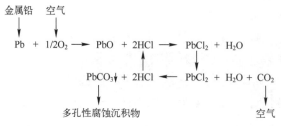

图 No.098-5　焊料中 Pb 腐蚀的简化循环过程

铅很容易转变为较稳定的碳酸铅，并在该转变过程中释放出氯离子，该氯离子再次游离侵蚀氧化铅层。该转变过程的最终产物碳酸铅层是多孔的白色材料，它不能保护金属。结果，大气中的氧接触金属铅并重新氧化金属铅的表面，氧化铅因存在氯离子的侵蚀，再次转变为氯化铅，在氯化铅进一步转换为碳酸铅时重新生成氯离子。而且只要环境中有水和二氧化碳，这种腐蚀过程将不断循环进行下去，直到焊料中的铅全部被消耗殆尽为止，从而造成电子装备的彻底损坏。因此研究被焊后表面的净度状况对某些高可靠性产品是非常重要的。

3. 解决措施

（1）白色残留物

① 严格控制 PCB 的制造质量是克服此现象的唯一措施。

② 当确定白色污染物为聚合（长链）松香时，可用松香助焊剂再涂覆一次，此时助焊剂中的松香就可以溶解聚合松香。只要溶液中有足够的松香，那么整块 PCB 就能很容易地用常规的清洗方法重新清洗干净。

③ 如果松香与熔融的焊料合金发生化学反应，生成松香酸锡盐类，而使 PCB 面泛白，应更换合适的助焊剂。

④ 由于醇类清洗剂与松香酸作用生成松香脂而成为白色残留物，则应重新选择清洗溶剂，在选择时要考虑与清洗对象（如助焊剂、阻焊剂等）的兼容性，若不兼容也会出现发白现象。

⑤ PCB 制作过程中残留的杂质在长期储存时也会产生白斑，可用助焊剂或溶剂清洗。

⑥ 当因助焊剂老化、吸潮造成此缺陷时，应及时更新助焊剂（通常发泡式助焊剂应每周更新，浸泡式助焊剂每两周更新，喷雾式每月更新）。

⑦ 使用松香型助焊剂完成波峰焊接后，当停放时间太长才清洗而导致白斑时，应缩短焊接后清洗的时间间隔。

⑧ 当清洗基板的溶剂水分含量过高而产生白斑时，应更新溶剂。

（2）白色腐蚀物

① 确保 PCBA 的洁净度符合规定的标准要求。

② 尽量使用不含卤素或卤素含量低的助焊剂。

③ 正确使用清洗溶剂，例如，当使用松香类助焊剂时，正常情况下，由于其中含卤素的活性物质是被松香树脂包封着，故不具有腐蚀性，但如使用不当的清洗溶剂，它只能清洗松香而无法去除含卤素的离子，这样就反而加速了腐蚀。

No. 099　波峰焊接中的芯吸现象及粒状物和阻焊膜上残留焊料缺陷

1. 现象描述及分析

（1）芯吸现象

焊料从焊接处向引脚上部流走，造成焊点处焊料不足，此现象称为芯吸现象，如图 No.099-1所示。若焊料上吸后在元器件弯脚处积聚，但没有接触组件体，此现象是可以接受的。

图 No.099-1　芯吸现象

（2）粒状物

有铅波峰焊接焊点焊料表面的粒状物呈砂粒状突出，而焊点整体形状不改变。如图 No.099-2 所示。

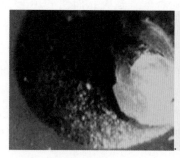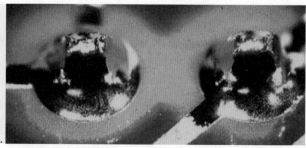

图 No.099-2　粒状物

（3）阻焊膜（绿油）上的残留焊料

在波峰焊接过程中，有时发现在阻焊膜（绿油）上粘连焊料丝和微片，如图 No.099-3 和图 No.099-4 所示。

图 No.099-3　粘连焊料丝

图 No.099-4　粘连焊料丝和微片

2. 形成原因及机理

（1）芯吸现象

元器件引脚根部的升温速度比焊盘的升温速度快。

（2）粒状物

① 焊料槽中析出的金属杂质结晶。

② 焊料残渣被泵吸入焊料槽内，再经喷流涌出，黏附在焊点焊料表面。

③ 焊接时间过长。

④ 夹送速度过慢。

（3）阻焊膜（绿油）上残留焊料

① 基板制作时残留有某些与助焊剂不能兼容的物质，在焊接温度下受热软化而产生黏性，黏着液态焊料而形成焊料丝和微片。

② 漂浮在液面的焊料渣被泵吸入焊料槽内，再喷流出来而黏附在基板面上。

③ 不正确的基板制造工艺造成。

3. 解决措施

（1）芯吸现象

强化对基板的预热效果，改善焊接过程中升温速度的均匀性。

（2）粒状物

① 加强焊料槽的监控和管理，定期进行纯度分析，每三个月定期检验焊料槽内的杂质金属成分，防止杂质金属超限。

② 定期清除焊料槽中的氧化渣，避免污染 PCB 面。

③ 控制好焊接时间，避免形成过量的金属间化合物。

④ 保持焊料槽的正常液面高度，避免出现液面过低的情况。

（3）阻焊膜（绿油）上残留焊料

① 可用氯化烯类等溶剂来清洗，若清洗后还是无法改善，可联系供货商协助解决。

② 该缺陷因采用不正确的基板制造工艺造成，可及时反馈给基板制造商解决。

③ PCB 上线插件前预烘：120℃，2 小时。

④ 保持焊料槽的正常工作液面高度（焊料槽不喷流的静止液面应距焊料槽上边缘 10 mm 左右），加强对焊料槽的维护保养。

No. 100　波峰焊接中焊点呈黑褐色、绿色，显得灰暗、发黄

1. 现象描述及分析

（1）黑褐色残留物

通常黑褐色残留物均出现在焊点的底部或顶端，且无法清洗，此现象在手工焊接中常出现，如图 No.100-1 所示。

（2）绿色残留物

腐蚀问题通常发生在裸铜面或含铜合金上，因使用了非松香助焊剂，这种腐蚀物质内含铜离子，故呈绿色。当发现此绿色腐蚀物时，即可证明是在使用非松香助焊剂后，未正确清洗所导致。

图 No. 100-1　黑褐色残留物

（3）焊点灰暗

在焊料合金中，当锡含量低时（如 40/60 焊锡）焊点较灰暗，此现象分为以下两种：

① 过一段时间后（约半年至一年）焊点颜色转暗。

② 成品焊点是灰暗的。

（4）焊点发黄

焊接后焊点呈黄色。

2. 形成原因及机理

（1）黑褐色残留物

① 此问题通常是不正确使用助焊剂或清洗液造成的，松香助焊剂焊接后未立即清洗，留下黑褐色残留物。

② 有机类助焊剂在较高温度下烧焦时也会产生黑斑，即黑褐色残留物。

（2）绿色残留物

① 在焊接过程中使用了含松香的助焊剂，松香酸与氧化铜化合生成绿色松香酸铜。

② 基板上存在绿色硫酸盐（如硫酸铜）类残留物。此类绿色残留物通常是由化学腐蚀造成的，有时也将其称为绿锈，而且其面积会越来越大，故必须高度重视。绿色残留物可能的化学成分如表 No. 100-1 所示。

表 No. 100-1　绿色残留物可能的化学成分

化合物名称	化学分子式	颜　色	分子的大小/Å
氯化铜晶体	$CuCl_2 \cdot 2H_2O$	绿	5.00
硫酸铜	$CuSO_4$	绿白	4.15
五水硫酸铜	$CuSO_4 \cdot 5H_2O$	青	5.60
硝酸铜晶体	$Cu(NO_3)_2 \cdot 6H_2O$	青	6.20

绿色残留物有时很难分辨其到底是绿锈还是其他化学产品（如松香酸铜）。因此，通常把发现绿色残留物视为警讯，必须立刻查明原因。

（3）焊点灰暗

① 焊接温度过高。

② 助焊剂在过热的表面上亦会呈现某种程度的灰暗色。

③ 活性化松香（RA）及有机酸类助焊剂在焊点上滞留过久也会造成轻微的腐蚀而呈灰暗色。

（4）焊点发黄

焊料中杂质金属铜含量过高，导致焊点中 Cu_6Sn_5 金属间化合物过多，造成焊点发黄。

3. 解决措施

（1）黑褐色残留物

① 改用活性较弱的助焊剂，焊完后尽快清洗。
② 确认焊料槽温度是否正常。
③ 换用可耐高温的助焊剂。

（2）绿色残留物

① 若绿色残留物是氧化铜与松香酸化合生成的松香酸铜，松香酸铜易于和没有反应的松香混合在一起，从而为焊料的润湿提供了洁净的金属表面，松香酸对氧化铜层下面的基体铜没有任何侵蚀作用，当借助于有机溶剂清除残留的助焊剂时，松香酸铜也会被一起清除掉。

② 若是硫酸盐的残留物或在基板制作中产生的类似硫酸铜的残留物，遇此情况，应要求 PCB 制造厂在基板制造清洗后进行清洁度测试，以确保 PCB 基板清洁度符合要求。

③ 绿色残留物通常可通过清洗来去除。

（3）焊点灰暗

立即检查焊料槽温度是否异常，温控器工作是否正常。

（4）焊点发黄

必须定期（每三个月）检验焊料槽内的金属杂质成分。

No. 101　电源 PCBA 电感器透锡不良并出现吹孔

1. 现象描述及分析

（1）现象描述

某电源 PCBA 电感类元器件经常出现吹孔、虚焊等缺陷，其不良外观如图 No. 101-1 所示。

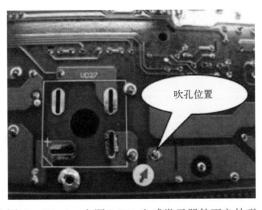

图 No. 101-1　电源 PCBA 电感类元器件不良外观

（2）现象分析

① 吹孔焊点切片图，如图 No. 101-2 所示。从图中可见，引脚及孔壁表面润湿均较好。

图 No. 101-2　吹孔焊点切片图

② 从电感器的安装结构看，底部为一平面，电感器紧贴在 PCB 底板上，如图 No. 101-3 所示。

图 No. 101-3　电感器的安装结构

2. 形成原因及机理

电感器被插入在底板的孔中，然后用环氧树脂局部灌封在底板上，使其固化成一整体，如图 No. 101-3 左侧图所示；固定电感器的底板的底面为平面，如图 No. 101-3 右侧图所示。当将电感器和底板组合紧贴安装到 PCB 相应位置上后，就将 PCB 上的安装孔在元器件面封堵成不通气的盲孔。因此，在进行波峰焊接时，积聚在孔内的助焊剂及其挥发物便无法向上从元器件面逃逸，当孔内挥发物积聚到一定程度时，由于孔内气体压力增大到一定值后，无法向底部喷出，便在焊接面形成较大的吹孔。吹孔的形成过程如图 No. 101-4 所示。

3. 解决措施

由上述对吹孔的形成原因分析可知，电感器组合在 PCB 主板上的不良设计是导致吹孔的主要原因。因此，解决的根本措施就是修改电感器组合在 PCB 主板上的安装结构。建议在电感器组合和 PCB 主板的安装面之间增加一个 1mm 厚的小垫板，将安装方式由贴板安装改为离板安装，以便为波峰焊接时孔内的挥发物提供一个逃逸通道，即可彻底解决吹孔问题。安装结构的改善措施如图 No. 101-5 所示。

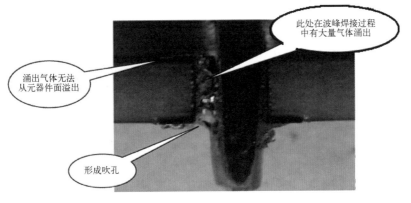

图 No. 101-4 吹孔的形成过程

图 No. 101-5 安装结构的改善措施

No. 102 无铅波峰焊接中 PTH 透孔不良

1. 现象描述及分析

（1）现象描述

① 无铅波峰焊接中焊料不能透入引脚的通孔中，透孔不良，如图 No. 102 - 1 所示。对 PTH 填充的标准要求是：3 级 $L \geqslant 75\% T$；2 级 $L \geqslant 50\% T$，图 No. 102-2 给出了合格判据。

② 对于大量使用 SMC/SMD 的高密度混合安装 PCBA（见图 No. 102-3），安装有少量的 THT 异形元器件（如连接器、变压器、继电器、电解电容器等），需要进行通孔安装波峰

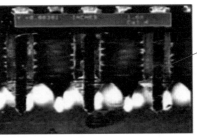

图 No. 102-1 透孔不良

焊接。为避免 PCBA 上 THT 待焊面已再流焊好的 SMC/SMD 损坏，在生产现场采用阻焊掩模托架将其保护起来，阻焊掩模托架正面和反面分别如图 No. 102-4 和图 No. 102-5 所示。

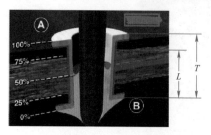

图 No. 102-2　合格判据

图 No. 102-3　高密度混合安装 PCBA

图 No. 102-4　阻焊掩模托架（正面）

图 No. 102-5　阻焊掩模托架（反面）

（2）现象分析

采用阻焊掩模托架焊接高密度混合安装 PCBA 的 THT 元器件，其操作工艺过程，如图 No. 102-6 所示。

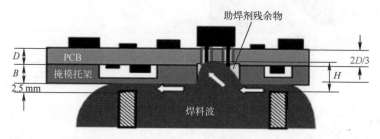

图 No. 102-6　采用掩模托架焊接高密度混合安装 PCBA 的 THT 元器件的操作工艺过程

2. 形成原因及机理

（1）形成原因

采用托架焊接法，托架设计不完善，是导致 PTH 波峰焊接中填充不良的最主要原因。

（2）形成机理

采用图 No. 102-6 所示方法进行 PTH 穿孔焊接，存在下述几方面的严重问题。

① 当阻焊掩模托架设计和运用不当时，将彻底颠覆波峰焊接中板与波峰的互动，抑制波峰焊料对孔填充的动力学过程。

② 消耗了正常波峰焊接所需要的波峰高度：合适的波峰高度是确保波峰焊接成功率的基本条件。

③ 无法实现在正常焊料波峰高度条件下，对焊缝，特别是 PTH 的良好填充性。

④ 当采用阻焊掩模托架时，PCB 和托架共同构成了一个综合体，从而大幅降低了 PCB 在波峰焊中的浸入深度。

3. 解决措施

① 优化工艺流程。采用 A 面混装 B 面贴装，具体步骤是：PCB 的 A 面印刷焊膏→贴片 →再流焊接→翻板→PCB 的 B 面点胶→贴片→固化→A 面插件→B 面波峰焊（推荐），如图 No. 102-7 所示。

图 No. 102-7　A 面混装 B 面贴装

② 选择波峰焊法。如果需要穿孔波峰焊接的焊点数小于总焊点数据的 5%，可直接采用柔性好的 ERSA 点选择波峰机焊接，如图 No. 102-8，焊点在剥离后的轮廓敷形效果如图 No. 102-9 所示。

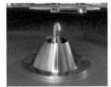

图 No. 102-8　选择波峰机焊接　　　　图 No. 102-9　焊点在剥离后的轮廓敷形效果

③ 静态焊料槽浸焊：静态焊料槽浸焊工艺流程如图 No. 102-10 所示。

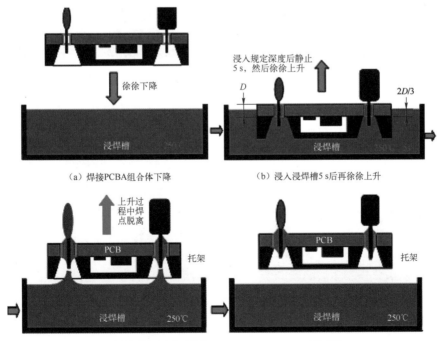

图 No. 102-10　静态焊料槽浸焊工艺流程

No. 103 　0402 片式电感器波峰焊接过程中的起翘和脱落现象

1. 现象描述及分析

（1）现象描述

① 某 PCBA 有铅、无铅混装的片式电感器，经再流焊接后，再在托架的保护下进行其他 THT 元件波峰焊接后，发现位号 L9 和 L10 的片式电感器出现起翘、脱落现象，焊点表面粗糙不平，与焊盘完全断裂（见图 No. 103-1），元器件一端完全翘起，另一端铜箔撕裂（见图 No. 103-2）。

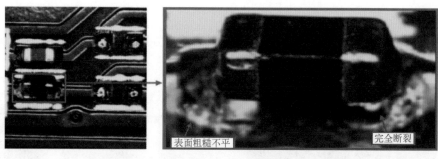

图 No. 103-1　焊点表面粗糙不平，与焊盘完全断裂

图 No. 103-2　元器件一端完全翘起，另一端铜箔撕裂

② 该 PCBA 在进行波峰焊接时被扣入托架内并用压板螺扣压紧，其安装方式如图 No. 103-3 所示。

图 No. 103-3　PCBA 在进行波峰焊接时被扣入托架内的安装方式

（2）现象分析

① 该 PCBA 为有铅、无铅混装，焊点表面粗糙不平，冷焊特征非常明显。

② 该 0402 片式电感器电极镀层为 Ag/Ni/Sn，PCB 基材为 FR4，厚 2 mm，焊盘镀 Sn。从所选镀层来看属于无铅元件，适用于无铅再流焊接的"温度–时间曲线"，不能用有铅的"温度–时间曲线"，而该 PCBA 在进行再流焊时所采用的"温度–时间曲线"严重违背再流焊接炉温规范。位号为 L10 的片式电感器再流焊接时的"温度–时间曲线"如图 No.103–4 所示，峰值温度为 217℃，对位号为 L10 的大热容量的片式电感器来说，即使是有铅再流焊都是不可能达到工艺质量要求的，元件焊端及焊盘上的 Sn 镀层都是熔化不了的（必须＞232℃）。这正是形成本案例缺陷的要害所在。

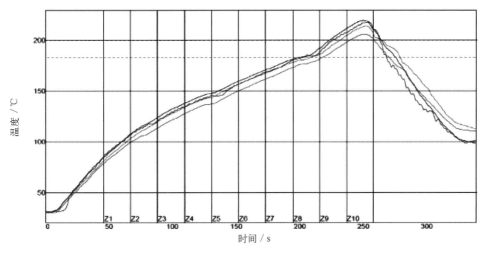

图 No.103–4　位号为 L10 的片式电感器再流焊接时的"温度–时间曲线"

③ 推力试验表明，相同元件在其他位过波峰焊后推力为 2.5~2.8 kg，而缺陷位元件过波峰焊前推力为 1.6 kg，过波峰后推力为 1.4 kg，几乎降低 50%，这正是在再流焊接时出现冷焊缺陷的根本原因。

④ 在前几次大批量生产中，为解决测试不通过的问题，过波峰炉前对该电感器点白胶加固，但到后端 ICT 测试或整机测试时，此器件位置仍然处于断路状态，再次表明冷焊缺陷发生在前端再流焊接工序。

⑤ 位号为 L10 的元件出现问题大多都发生在连续生产一段时间后，怀疑是托架经过多次过炉升温导致 L10 位置过波峰后温度偏高导致焊点弱化。随测托架温度，比冷态托架高出 10℃，达 104℃左右，对于再流焊冷焊缺陷来说，10℃也是不可忽视的。

2. 形成原因及机理

（1）形成原因

① 根据上述分析可知，0402 片式电感器（位号为 L10）在波峰焊接时发生翘起、脱落缺陷，是前端再流焊接工序"温度–时间曲线"设计错误所造成的后果。

② 托架设计不良，造成 PCB 嵌入托架内拧紧螺钉时存在应力，该应力是在波峰焊接热等综合作用下产生的。

（2）形成机理

由于前端再流焊接工序"温度–时间曲线"设计错误，峰值温度为 217℃，远远低于有铅、无铅混装 PCBA 所要求的峰值温度（235~240）℃，焊接热量严重不足，焊膏中焊料不能充分再流凝聚，元件焊端和焊盘表面的 Sn 镀层不能充分熔合，无法在接合界面生成所要求的 IMC 层，形成了严重的冷焊现象。冷焊的特征是焊点表面粗糙不平，无光泽，接合力小。

3. 解决措施

① 优化前端再流焊接的"温度–时间曲线"，有铅和无铅混合安装工况下推荐的"温度–时间曲线"，如图 No.103-5 所示。

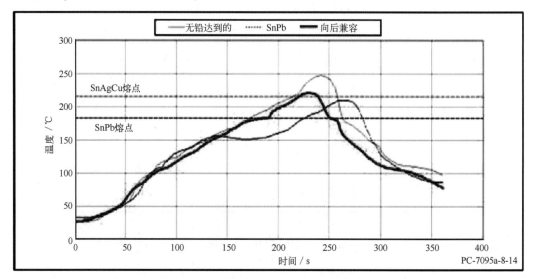

图 No.103-5　有铅和无铅混合安装工况下推荐的"温度–时间曲线"

② 优化波峰焊接托架设计，减小安装应力。

No.104　OSP PCB 涂层波峰焊接中焊盘润湿不良

1. 现象描述及分析

（1）现象描述

① 波峰焊接时采用 OSP 涂敷的 PCB 表面局部（测试点）出现不润湿现象，如图 No.104-1 和图 No.104-2 所示。

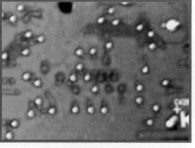

图 No.104-1　局部（测试点）出现不润湿现象（一）

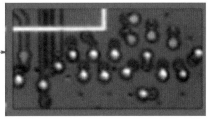

图 No. 104-2　局部（测试点）出现不润湿现象（二）

② 波峰焊链速：1200～1400 mm/min，使用双波峰，波峰 1 不稳定时不润湿点也会多。

③ 绿油厚度为 20～30 μm，OSP 膜厚度为 0.2～0.35 μm，主板测试点直径大小为 0.9 mm。

（2）现象分析

① 图 No. 104-1 和图 No. 104-2 中局部测试点波峰焊接时不润湿（红盘），主要由与 OSP 涂层相关的因素不匹配所造成。

② OSP 涂层特性。

- Cu 表面有机助焊保护膜（OSP）：某些氮环化合物很容易和清洁的 Cu 表面发生反应，这种化学结构中的氮杂环与 Cu 表面形成络合物保护膜，该层保护膜防止了 Cu 表面的氧化。根据不同的储存条件，反应生成的铜的络合物的厚度为 0.20～0.40 μm，可使 PCB 达到一定的保存期。
- OSP 涂层与有机助焊剂和 RMA（中等活性）助焊剂兼容，但与较低活性的松香基免清洗助焊剂不兼容。
- 较厚的涂覆层具有较高的抗氧化性，可耐更高的温度，但也要求助焊剂有更高的活性。
- 储存环境条件要求高，车间寿命短，不能承受多次加热，如最多再流焊接次数约为 4 次，无铅应用时一定要选用耐无铅焊接高温的 OSP 材料。
- 对于混合板，波峰焊接时需要更高活性的助焊剂。
- 当保存温度高于 70℃时，涂层可能退化，这种退化对可焊性可能产生负面影响。
- 表面均匀，共面性好，不同的厚度对助焊剂的匹配性要求也不同。
- 工业应用已证实，OSP 是一种可用的、成本最低、可提供物理应力最小的表面可焊性保护涂层。
- 衍生式苯并咪唑（SBA）微波应用表现最好，涂层典型厚度为 0.3 μm，货架寿命为两个月，它的应用可使焊接缺陷率得到改善。

2. 形成原因及机理

（1）形成原因

上述现象是由 OSP 涂层参数（厚度）与波峰焊接相关要素不匹配造成的，具体如下所述。

① 助焊剂选择不合适。

② 波峰温度和焊接时间选择不合适。

③ OSP 涂层厚度偏厚。

（2）形成机理

当波峰焊接加热时，铜的络合物很快分解，只留下裸铜。因为铜的络合物厚度薄，而且焊接时会被稀酸或助焊剂分解，所以不会有残留物或污染问题。假如涂层偏厚、过波峰时夹送速度偏快、助焊剂活性不合适，都有可能造成 OSP 涂层未能充分分解完，在焊盘表面还留下一层稀薄的残留物而造成焊盘不润湿。原本覆盖在 Cu 焊盘上的 OSP 层变得很稀薄了，因此看到的 Cu 焊盘的颜色便更迫近 Cu 的原色（红黄色）。

3. 解决的措施

① 波峰焊接有别于再流焊接，它焊接时间短（3~5 s），所以选择 OSP 厚度要尽可能接近下限取值。

② 在实施波峰焊接时，要针对不同的涂层厚度，选择与其相匹配的助焊剂的类型。

③ 根据选择好的助焊剂类型，再优化波峰焊接的各工艺要素（如焊接温度和速送链速度）。

④ 对于涂覆 OSP 的 PCB，储存环境条件和储存时间等都要有严格的管理和匹配要求。

⑤ 只有对这些因素具体了解清楚后，才能正确地设定实施的工艺操作规范。否则会造成 OSP 保护性能失效，从而导致焊接时不润湿现象的发生。

No. 105　某工厂 PCBA 在波峰焊接中出现桥连缺陷

1. 现象描述及分析

某工厂 PCBA 波峰焊接桥连现象比较严重，而且桥连缺陷基本上集中在铜箔密集区，如图 No. 105-1 所示为桥连密集区。

2. 形成原因及机理

铜箔密集区形成桥连高发区的原因如下所述。

由于 Cu 的比热小，故在相同的加热热量下其温度上升最快，而在局部加热的情况下，又因为其导热性好，散热快，故其在焊接中又是引发桥连的因素。但在再流焊和波峰焊接中，发生桥连的原因却是截然不同的。

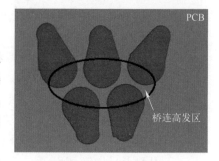

图 No. 105-1　桥连密集区

① 再流焊接的加热形式如图 No. 105-2 所示。从图中可知，再流焊接时由于 PCB 是整板位于炉腔内同时进行加热的，板面受热基本上是均匀的，此时比热小的区域温度上升快，温度高，而熔融状态的焊料总是由低温区流向高温区的，因而在高温区易出现液态焊料的过量聚集，从而增大了桥连的风险。铜箔密集区是桥连发生的高发区，如图 No. 105-3 所示。

② 波峰焊接时是局部加热的，此时浸入波峰焊料的大铜箔区的温度上升快，能很快达到焊接温度，而未浸入波峰的区域温度尚远离焊接温度，它们之间出现了一个很大的温度

差，由于 Cu 的传热性很好，从而导致焊接区域所积聚的热量很快向低温区流失，焊接区因热量流失，温度下降而偏离焊接温度，因而在大铜箔区形成温度陷阱，造成冷焊性桥连缺陷。波峰焊接时的加热方式及大面积铜箔区温度陷阱的形成如图 No. 105-4 所示。

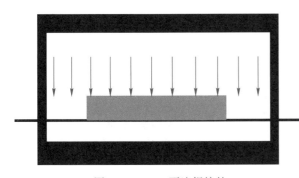

图 No. 105-2　再流焊接的
加热形式

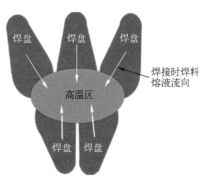

图 No. 105-3　铜箔密集区是桥连
发生的高发区

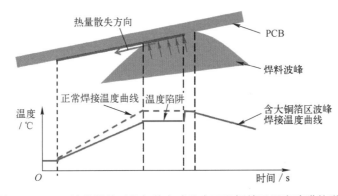

图 No. 105-4　波峰焊接时的加热方式及大面积铜箔区温度陷阱的形成

3. 解决办法

① 增大相邻两导体之间的间距：焊接中相邻导线和焊盘间可能发生桥连，进行桥连机理分析的物理模型如图 No. 105-5 所示。图中的 R_1、R_2、R_3 是熔融焊料所形成的曲率半径，设定位于焊料外侧的曲率半径 R_3 为负值，而位于焊料内部的 R_1、R_2 为正值，f 是液态焊料的表面张力，P 是曲率半径内液体的压力。

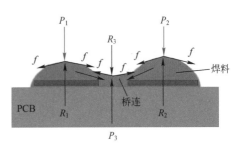

图 No. 105-5　桥连机理分析的物理模型

在 PCB 安装面积不可变的情况下，可酌情减小焊盘尺寸以增大两焊盘的间距（即曲率半径 R_3↑）。

$$\because \qquad P_3 = -f/R_3, R_3\uparrow, |P_3|\uparrow$$

$$\therefore \qquad \Delta P_{13} = P_1 - P_3 = f(1/R_1 + 1/R_3)\downarrow$$

当 $R_1 \gg R_3$ 时，$\Delta P_{13} \approx f/R_3$，从而 R_3↑可有效地抑制桥连现象的发生。

② 优化 PCB 焊盘图形的 DFM：PCB 相邻焊盘应以点相对（见图 No. 105-6），避免以

线相对（见图 No. 105-7）。由图 No. 105-7 可知，在同样间距的情况下，设定相对单位长度的压力差为 ΔP_0，当以点相对时，假设相对点的尺寸为 d_1，那么其压力差就为 $\Delta P_\text{点} = \Delta P_0 \times d_1$。线由若干个点集合而成，当以线相对时，如果相对长度为 L，那么，在 L 长度上的压差用数学积分可表示为 $\Delta P_L = \int_1^L \Delta P_0 \mathrm{d}l$，$\Delta P_L \gg \Delta P_\text{点}$。所以，以点相对可以有效地减少焊接桥连。

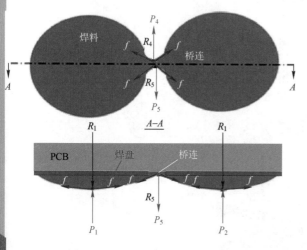

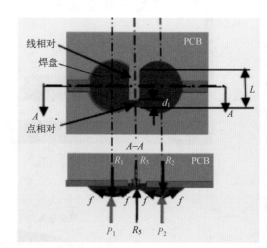

图 No. 105-6　相邻焊盘以点相对　　　　图 No. 105-7　相邻焊盘以线相对

③ 增设阻焊坝：当 PCB 面积有限不可能增加相邻焊盘的间隙时，可以采用增设阻焊坝的方式来解决。采用阻焊坝阻断焊接时桥连现象的发生，如图 No. 105-8 所示。

图 No. 105-8　采用阻焊坝阻断焊接时桥连现象的发生

No. 106　某液晶显示器主板波峰焊接后出现"红眼"现象

1. 现象描述及分析

（1）现象描述

某公司在生产液晶显示器主板时，波峰焊接后板面出现"红眼"现象（即测试点未被焊料润湿现象）如图 No. 106-1 所示。

（2）现象分析

① 主板测试点直径大小为 0.9 mm。

② 据某公司提供的样品照片发现，缺陷点发生位置是不固定的，显然其形成的影响因

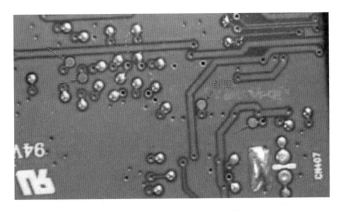

图 No.106-1　"红眼"现象

素也是随机变化的。

　　③ PCB 基材来源于三家公司，均出现了此缺陷。

　　④ 助焊保护涂层采用 OSP，膜厚度为 0.2~0.35 μm。

　　⑤ 绿油厚度为 20~30 μm，经常发现，下板时绿油颜色深浅不同，绿油颜色比较深的板"红眼"不良现象比较多些，如图 No.106-2 所示。

图 No.106-2　下板时绿油颜色深浅不同

　　⑥ 使用双波峰，链速为 1200~1400 mm/min，波峰 1 不稳定时"红眼"也会多，调整焊料槽后仍有"红眼"，如图 No.106-3 所示。

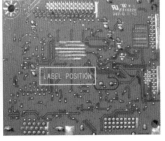

图 No.106-3　调整焊料槽后仍有"红眼"

2. 形成原因及机理

（1）形成原因

从现象描述和分析归纳可能形成的原因如下。

① 焊料波峰高度不够或者波峰波面不平整或局部区跳动过大：从局部区域焊点的放大图来看，已润湿了的焊点敷形良好，说明焊料槽输出的名义波峰高度已满足要求（见图 No.106-4），但波峰的平整度和上下跳动过大（>1 mm），就构成了"红眼"发生的条件之一。

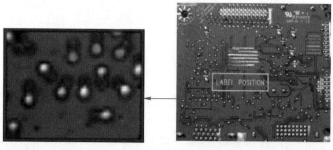

图 No.106-4　焊点敷形良好，焊料槽输出的名义波峰高度已满足要求

② 助焊剂喷涂器喷涂不均匀，在"红眼"发生区域不是漏喷，就是喷量不够，这是产生"红眼"现象的另一重要原因。

（2）形成机理

① 造成缺陷的原因是波峰面的平整度不好，局部区域由于波峰面随机上下跳动过大而造成该区域漏焊，形成"红眼"。

② OSP 膜厚度为 0.2~0.35 μm，这是期望的厚度范围。以苯并三唑 OSP 为例说明其工作机理：苯并三唑化学物质与氧化亚铜（Cu_2O）反应，形成聚合铜盐，覆盖在 PCB 的 Cu 箔表面上。采用 OSP 工艺的 PCBA 在施焊过程中，首先由于助焊剂和温度的联合作用，使由 OSP 和 Cu 反应形成的铜的复合物分解，在 Cu 箔表面留下润湿性非常好的活性 Cu 层和焊料合金发生冶金反应，故在波峰焊之前应保证在焊盘和孔内涂上足够量的助焊剂并保证有足够的预热时间，以使焊盘和孔内的 OSP 膜被彻底溶解掉。（注：氧化亚铜 Cu_2O 的颜色是红色的，而氧化铜 CuO 的颜色是黑色的。）

3. 解决措施

在使用波峰焊接设备时应关注：

① 波峰面平稳，波动量<1 mm，最大波峰高度≥10 mm；工作可靠的焊料波峰发生器。

② 喷雾均匀，喷雾量可连续调节；工作稳定可靠的助焊剂喷雾器。

No.107　某 PCBA 在波峰焊接中出现吹孔、焊料不饱满及虚焊现象

1. 现象描述及分析

（1）现象描述

① 某系统产品 PCBA 在波峰焊接中多个 PTH 出现吹孔、焊料不饱满及虚焊等缺陷，如

图 No. 107-1 所示。

② 吹孔切片图如图 No. 107-2 所示。

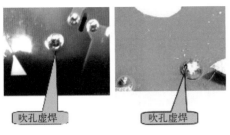

图 No. 107-1　PTH 出现吹孔、焊料不饱满及虚焊

图 No. 107-2　吹孔切片图

（2）现象分析

① 对不良 PCBA 进行检查，发现焊接不良区域焊点表面光亮，除有吹孔外，焊料对焊盘润湿良好。

② 图 No. 107-3 展示了镀铜层的厚度，从其切片中可以看出，吹孔孔壁厚度平整。由不良 PTH 孔壁粗糙度测试可知，粗糙度控制在工艺要求范围（≤ 20 μm）以内，如图 No. 107-4 所示，故可排除由孔壁粗糙度超标导致的吹孔。

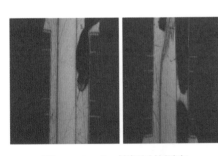

图 No. 107-3　镀铜层的厚度

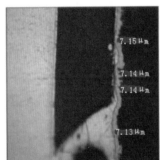
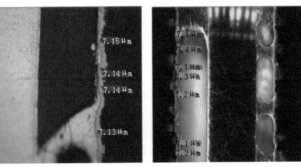

图 No. 107-4　不良 PTH 孔壁粗糙度测试

③ PTH 孔壁破洞处铜层如图 No. 107-5 和图 No. 107-6 所示，图中显示了不良 PTH 吹孔孔壁铜层破洞，放大孔壁破洞处铜层并使用微蚀液将孔壁微蚀分层，可见破洞两端孔铜层，一次铜层被二次铜层包裹住，此现象为典型的背光不良导致的镀铜空洞。

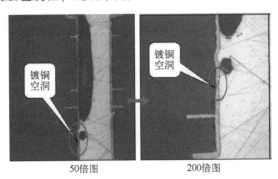

50倍图　　　　200倍图

图 No. 107-5　PTH 孔壁破洞处铜层（一）

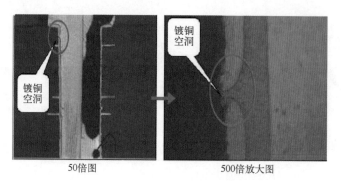

图 No. 107-6　PTH 孔壁破洞处铜层（二）

④ 对不良 PTH 镀铜层厚度和孔壁镀层表面粗糙度进一步做切片分析，其切片图如图 No. 107-7 和图 No. 107-8 所示。

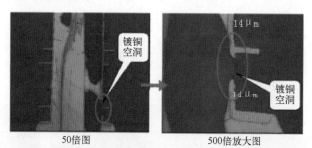

图 No. 107-7　不良 PTH 孔壁镀铜层厚度和粗糙度切片图（一）

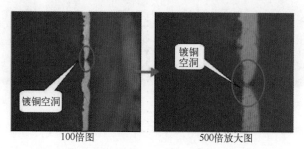

图 No. 107-8　不良 PTH 孔壁镀铜层厚度和粗糙度切片图（二）

2. 形成原因及机理

（1）形成原因

由图 No. 107-7 和图 No. 107-8 可以确定，PCBA 上 PTH 制造不良是导致吹孔、焊料不饱满和虚焊等缺陷的根源。

（2）形成机理

① PCB 供应商生产工艺过程监控不严，PTH 制程中截留水汽在孔内，当波峰焊接时在孔内的水汽不能及时散发出，或残留的气泡吹出造成焊料不饱满现象。

② 供应商 PCB 制程中因设备原因（活化缸振动部件不工作，除胶缸振动部件松动，起不到振动作用），导致 PCB 厚板药水交换困难，除胶不净导致树脂上吸附钯不良，有局部空洞，从而导致 PTH 孔壁铜层局部区域缺失而形成空洞。

③ 供应商 PCB 制程中沉铜缸 HCHO 含量偏低，导致整个铜缸的活性降低，沉积速度下降，引起 PCB 背光不良。

④ 未按工艺要求操作，没有隔齿插架，造成背光不良。

⑤ PCB 受潮，残留在孔内的气泡不能及时散发出或形成气泡吹出造成焊料不饱满，如图 No. 107-9 所示。

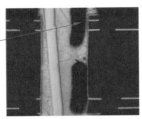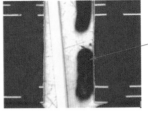

残留的气泡吹出造成焊料不饱满

孔内的气泡不能及时散发出

图 No. 107-9　PCB 受潮

3. 解决措施

① PCB 生产方必须完善工艺，强化制程过程的严格监管，确保产品质量。

② 为防止 PCB 受潮，应用方在上线组装之前，建议对 PCB 在 120℃下烘烤 2 小时，每叠不超过 40 pcs。

③ 仓库存放区域要进行温湿度管控，要求温度≤30℃，湿度≤60%；出货前应全面检查湿度指示卡有无变色，当湿度指示卡显示变色已超过 20% 时，说明 PCB 受潮，应采取相应处理措施。

No. 108　多芯插座在波峰焊接中出现桥连

1. 现象描述及分析

（1）现象描述

某批量生产的用户 PCBA 上安装的高密集型（例如 96 芯）插座，在波峰焊接中出现桥连，调整波峰焊接各项工艺参数，改善效果均不明显，如图 No. 108-1 所示。

图 No. 108-1　高密集型（例如 96 芯）插座在波峰焊接中出现桥连

（2）现象分析

① 测试该多芯密集型插座在 PCBA 上实际安装的配合结构尺寸，如图 No. 108-2 所示，

插针伸出 PCB 焊接面达 1.7 mm。

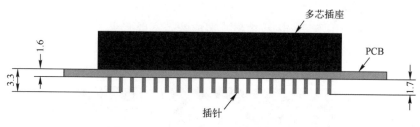

图 No.108-2　实际安装的配合结构尺寸

② 桥连模式大多为复合式，如图 No.108-3 所示，显然该图间接反映了该波峰焊接设备的波峰平整性存在不良缺陷。

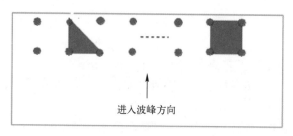

图 No.108-3　桥连模式大多为复合式

③ 实测该波峰焊接设备的焊料波峰的平整性，发现焊料波峰在靠近喷嘴端板附近波峰降低，如图 No.108-4 所示。

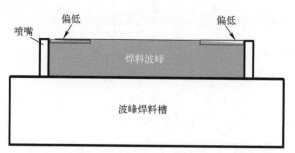

图 No.108-4　焊料波峰在靠近喷嘴端板附近波峰降低

2. 形成原因及机理

（1）形成原因

根据对桥连模式、插针伸出高度及焊料波峰的平整性的分析和测试可知，导致本案例缺陷发生的原因是插座插针伸出 PCB 过高及焊料波峰平整性欠良。

（2）形成机理

① 元器件引脚伸出焊盘的高度是引起相邻焊点间发生桥连的重要因素，特别是对密集型焊点群（如多芯插座）尤为明显。引脚伸出焊盘高度对桥连的影响如图 No.108-5 所示。

- 在图 No. 108-5 （a） 中，因引脚伸出板面过长，由于前面引脚的阴影效应，脱离时剥离薄层区被拉长，将后面焊点及引脚全套入了薄层区内，因而形成了桥连的条件；
- 图 No. 108-5 （b） 所示为标准引脚伸出高度，由于前面引脚阴影效应不明显，剥离薄层区很窄，不可能跨越两个焊盘，因此不易形成桥连的条件。

② 焊料波峰平整性欠良：焊料波峰平整性欠良是导致波峰焊料浸入 PCB 后产生横向流动的根源，而在波峰焊接过程中波峰焊料横向流动和漩涡运动，是导致密集型焊点群（如多芯插座等）产生横向桥连和复合桥连现象的关键因素。焊料波峰平整性不良导致波峰焊料横向流动，如图 No. 108-6 所示。

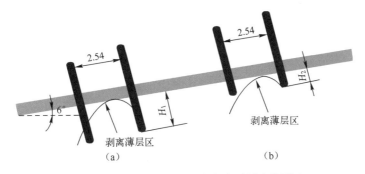

图 No. 108-5 引脚伸出焊盘高度对桥连的影响

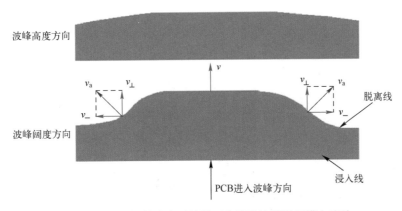

图 No. 108-6 焊料波峰平整性不良导致波峰焊料横向流动

3. 解决措施

（1） 减小插针伸出 PCB 波峰焊接面的高度

当插针伸出 PCB 波峰焊接面的高度≤0.8 mm 时，则基本上可以消除桥连缺陷，波峰焊接插座插针无桥连的合格率可达 99% 以上。而当伸出高度≤0.6 mm 时，则波峰焊接插座插针无桥连的合格率可完全稳定为 100%，即可完全根除桥连缺陷。

（2） 改善焊接面波峰的平稳性

① 改善焊接面波峰的平整性，尽力消除波峰高度的边缘效应。

② 选择平整性最好的区间作为 PCB 的焊接工作段。焊接最佳工作段的优选如图 No. 108-7 所示。

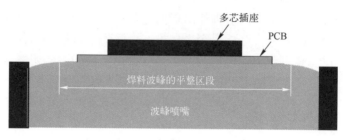

图 No. 108-7　焊接最佳工作段的优选

No. 109　西南某城市一家电公司的 PCBA 可靠性问题

1. 现象描述及分析

（1）现象描述

① 缺陷发生在问题 PCBA 的芯片焊接引脚之间，其位置如图 No. 109-1 所示。焊接及其相邻区域有明显的异物污染，这是助焊剂残留物。

② 组装的工艺流程是：选择性喷助焊剂→插元器件→预热→选择性焊接→洗板，焊料是 Sn63Pb37，助焊剂由深圳某公司提供，焊盘引脚间有绿油隔离，如图 No. 109-2 所示。

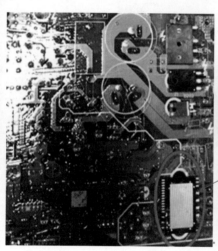

异物污染痕迹

图 No. 109-1　缺陷在问题 PCBA 上的位置

图 No. 109-2　焊盘引脚间有绿油隔离

（2）现象分析

① 失效位置出现的异常现象如图 No. 109-3 所示，该图给出了两焊盘之间发生缺陷的位置，相邻两导线间为绿油阻隔，相邻两导线表面可见被助焊剂残液浸渍的痕迹，并明显可见有助焊剂残留块黏附，中间导线与右边间距小的相邻导线之间有明显的腐蚀现象。

② 在相邻最窄的两导线间生长的枝状物如图 No. 109-4 所示，该图表明在被助焊剂残液浸透过的最窄的相邻导线间有非常明显的黑色枝状晶体（简称树枝晶）在生长，有些已与相邻导线完全连接起来。

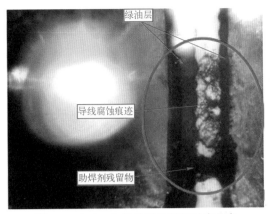

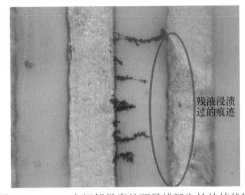

图 No.109-3　失效位置出现的异常现象　　　　图 No.109-4　在相邻最窄的两导线间生长的枝状物

2. 形成原因及机理

（1）形成原因

由上述分析可见，这是一例典型的因电迁移而导致的电路工作不正常的可靠性问题。

（2）形成机理

① 电迁移是在直流电场影响下发生的离子迁移，阴离子（如 Cl、Br、有机酸等）向阳极迁移，而阳离子向阴极迁移，并在阴极还原，形成金属树枝晶，如图 No.109-5 所示。

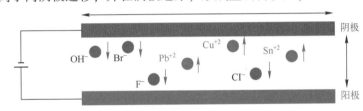

图 No.109-5　直流电场下发生的离子迁移

② 潮湿是造成电迁移的重要原因，在潮湿条件下，金属离子会在阳极形成并向阴极迁移，形成树枝晶。当树枝晶连接两个导体时会造成短路，而且树枝晶内的电流可能会骤增而发生熔断。

③ 在 PCBA 表面树脂层或 SR 层的潮气中溶解的离子污染物有 OH^-、Br^-、Cl^-、F^-、卤素，离子反应速度较快，而有机酸离子［如-OOC（C_2H_4）COO-］反应速度比卤素慢，例如，用己二酸助焊剂，有 2 年后才发生腐蚀的案例。

④ 电化学腐蚀随着电路间距的减小而增大，这是因为电场随着导体间距离的减小而增强。

⑤ 污染物中盐的溶解度取决于 pH 值，在直流电场作用下，水的离子化反应在阳极产生酸性介质，而在阴极产性碱性介质。

阳极：$H_2O = 1/2O_2 + 2H^+ + 2e^-$　　（酸性介质）

阴极：$2H_2O + 2e^- = 2OH^- + H_2$　　或　$O_2 + H_2O + 4e^- = 4（OH）^-$（碱性介质）

⑥ 树枝晶在表面的形成可能是助焊剂（焊膏）残留物或其他残留物的污染所致。树枝晶的特性与表面合金相关。在阳极可能发生如下氧化反应：

$$Cu \rightarrow Cu^{n+} + ne^- \quad （铜的树枝晶）$$
$$Pb \rightarrow Pb^{2+} + 2e^- \quad （铅的树枝晶）$$
$$Sn \rightarrow Sn^{n+} + ne^- \quad （锡的树枝晶）$$

⑦ 产生的树枝晶常见的有锡的树枝晶、铅的树枝晶、铜的树枝晶等，不同金属析出的枝晶形状如图 No. 109-6 所示。

图 No. 109-6　不同金属析出的枝晶形状

3. 解决措施

① 影响电迁移的因素很多，包括基板和镀金属种类、黏污物、电压梯度和足够的湿气。其中，最关键的是湿气，如果表面没有足够的水分子层，就不可能发生离子迁移。

② 加强清洗工艺，彻底除去基板表面的一切多余物。

No. 110　D6VB-PBC 基板插件孔润湿不良

1. 现象描述及分析

（1）现象描进

① D6VB-PCB 基板插件孔波峰焊接后不润湿，缺陷 PCB 基板外观如图 No. 110-1 所示。

② 插件孔焊环不润湿，金面有轻微发黑现象，如图 No. 110-2 所示。

③ 元器件面插件孔焊料不饱满（未润湿），如图 No. 110-3 所示。

（2）现象分析

① 润湿不良仅发生在插件孔焊接面上，其余涂敷 OSP 焊盘均无问题。焊接面元器件引脚润湿良好，仅焊环不润湿，在镀金面露 Ni 且有发黑现象。从元器件面观察，孔内及元器件引脚面焊料极少，镀 Au 层似无异常。

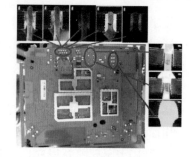

图 No. 110-1　缺陷 PCB 基板外观

图 No. 110-2　插件孔焊环不润湿，金面有轻微发黑现象

图 No. 110-3　元器件面插件孔焊料不饱满（未润湿）

通过对安装焊接后的 PTH 进行观察测试，确定孔内无异物，镀 Ni、Au 层厚度均符合要求，但 PTH 镀后的孔径与元器件引脚直径严重失配，如图 No. 110-4 所示。

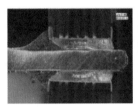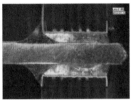

图 No. 110-4　PTH 镀后的孔径与元器件引脚直径严重失配

　　② 对不良 PCBA 插件孔焊环剥 Au 后进行 EDS 分析，剥 Au 后不良样品 1 和 2 的 EDX 分析结果分别如图 No. 110-5 和图 No. 110-6 所示。

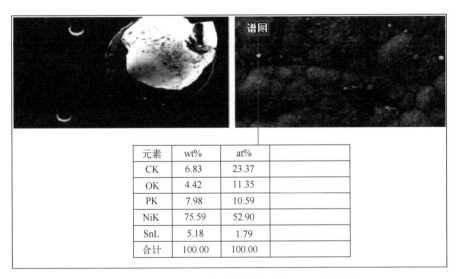

元素	wt%	at%	
CK	6.83	23.37	
OK	4.42	11.35	
PK	7.98	10.59	
NiK	75.59	52.90	
SnL	5.18	1.79	
合计	100.00	100.00	

图 No. 110-5　剥 Au 后不良样品 1 的 EDX 分析结果

2. 形成原因及机理

（1）形成原因

　　① 镀金后的安装孔径和元器件引脚直径严重失配，这是造成波峰焊接 PTH 透入焊料不良的根本原因。

　　② 焊接面焊环的 ENIG Ni（P）/Au 出现了严重的黑盘现象，这是造成焊接面焊环不可焊

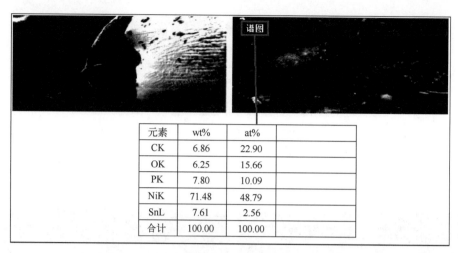

元素	wt%	at%	
CK	6.86	22.90	
OK	6.25	15.66	
PK	7.80	10.09	
NiK	71.48	48.79	
SnL	7.61	2.56	
合计	100.00	100.00	

图 No. 110-6　剥 Au 后不良样品 2 的 EDX 分析结果

的主要原因。

（2）形成机理

① 元器件引脚直径与电镀 Cu、Ni、Au 后的安装孔内径形成紧配合（无过盈），在波峰焊接时焊料无润湿通道。

② ENIG Ni(P)/Au 工艺存在问题，造成黑盘的根源是：

● 在化学沉 Au 时，底层 Ni 受到镀 Au 液的攻击；

● Au 层覆盖性不良，有针孔让空气中湿气和焊接时助焊剂液浸入，腐蚀了 Ni 层。

3. 解决措施

① 一定要确保镀后的安装孔内径比元器件引脚直径大 0.1~0.2 mm 的过盈量。

② 加强 ENIG Ni(p)/Au 工艺参数过程控制，改善 Au 层的覆盖性能。

No. 111　无铅波峰焊接中有机薄膜电容器的损坏现象

1. 现象描述及分析

（1）现象描述

对于各类 THC/THD 而言波峰焊接因属非浸入式波峰焊接，故其波烽焊接工况要比 SMC/SMD 的再流焊接工况好得多，因此，在波峰焊接中很少发现有热损坏元器件的现象。然而在一段时间内，在 THT 生产线上却频繁发现安装的薄膜电容器，在波峰焊接中累累出现热损坏现象。结论是唯一的，波峰焊接中的某一环节超温了。

（2）现象分析

① 此现象发生在无铅波峰焊接中，与 PTH 焊料透孔不良伴生。我们知道夹送速度直接反映了焊点浸渍在波峰焊料中的时间，即焊接时间，降低夹送速度，对改善孔的填充性有正面作用。但若降的太多了，将使焊接时间严重超标（>5 秒），将导致元器件体上温升过

高，甚至超过元器件体的极限耐温值而造成元器件热损坏。举例来说，电容器 A 热容量 Q_A 大，电容器 B 热容量 Q_B 小，假定它们是同质的，即比热 C_0 是相同的，焊接时间同为 6 秒，假定热容量 Q_A $=2Q_B$，那么电容器 B 的温升 T_B 为电容器 A 温升 T_A 的 2 倍，即 $T_B=2T_A$。也就是说当电容器 A 上的温度升到 130℃ 时，电容器 B 上的温升已升到 260℃ 的 MVC 热损坏温度了。波峰焊接中有机电容热损伤的机理如图 No.111-1 所示。

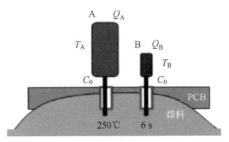

图 No.111-1　波峰焊接中有机电容器热损伤的机理

② 有机薄膜电容器内部电极通常采用蒸发铝膜制作而成，外部电极底层采用镀黄铜，外层则采用无铅合金（SnAgCu）作为可焊性保护涂层。为了阻断底层中的 Zn 向表层扩散影响表层的可焊性，在它们之间再涂覆一层磷青铜合金作为中间涂层。磷青铜系合金本身具有在大气和海水中耐蚀性极好的特点。有机薄膜电容器的内部结构，如图 No.111-2 所示。

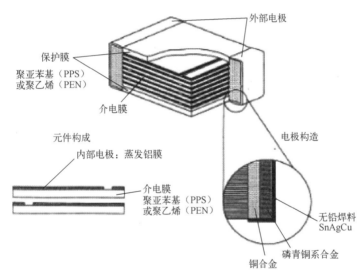

图 No.111-2　有机薄膜电容器的内部结构

③ 目前最常用的有机薄膜电容器主要有下述两类。

- 聚酯薄膜电容器：热变形温度为 224℃ 左右，长期使用温度为 120℃，短期可以达到 150℃；
- 聚丙烯树脂电容器：热变形温度为 150~160℃，长期使用温度为 100~120℃，增强 PP 片塑料热变形温度为 130℃。

2. 形成原因及机理

（1）形成原因

由上述分析可知，造成有机薄膜电容器在波峰焊接过程中损坏的原因主要是元器件的引脚在焊料波峰中浸渍的时间过长（即焊接夹送速度太慢）。

（2）形成机理

① 电子元器件（含 PCB）的 MVC 温度，目前国际上公认的值如下：

- 有铅元器件为 240℃；
- 无铅元器件为 260℃。

② 在波峰焊接过程中，由 MVC 温度造成元器件的热损坏现象通常发生在波峰焊接中，由于温度过高或者焊接时间过长，造成元器件体上热量过度积聚，导致元器件体上的温升超过了该元器件的 MVC 温度值，而使元器件热损坏。

3. 解决措施

① 优化波峰焊接工艺窗口参数。

- 有铅波峰焊接：焊接温度≤250℃，焊接时间≤3 s；
- 无铅波峰焊接：焊接温度≤265℃，焊接时间≤5 s。

② 在波峰（包括手工）焊接中，为防止对热容量小的小型元器件的损伤，最常用且简单有效的办法是增大加热源对元器件加热通道的热阻或热分流。抑制焊接热损伤元器件的措施如图 No. 111-3 所示。

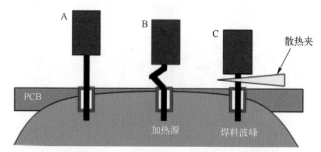

图 No. 111-3　抑制焊接热损伤元器件的措施

在图 No. 111-3 中：

① A、B 两种安装方式均采用增加引脚长度的方式来限制热量的传导。由于 A 方式抬高了元器件的安装高度，且高度无限位措施，所以几乎不采用。在同样增长引脚的情况下，B 安装方式采取折弯引脚的方法，不仅降低了元器件的安装高度，而且还有确保安装形位规范化的作用。

② 在高频情况下，为了限制引脚电感的影响，在不允许增长引脚的情况下，可采用热分流的办法，如图中所示 C 安装方式，该方式在焊接热敏元件和微波器件时广泛采用。

No. 112　PCBA 波峰焊接后焊盘发黑不润湿

1. 现象描述及分析

（1）现象描述

① 某 PCBA 在波峰焊接中焊盘不润湿且发黑，不良率高达 90% 以上，PCBA 外观及焊接面切片位置（红框区域）照片如图 No. 112-1 所示。该 PCBA 由珠海某厂生产，表面镀覆层采用 ENIG Ni(P)/Au 工艺，波峰焊接后因局部焊盘表面发黑，无法加焊料维修，属 PCB

制造质量问题，故退回生产厂处理。

②生产厂在显微镜下观察可焊性不良的焊盘外观，发现焊接面焊盘边缘未润湿，焊盘边缘不润湿区域的颜色为黑色，切片焊点采样照片如图 No. 112-2 所示。

图 No. 112-1　PCBA 外观及焊接面切片位置外观照片　　　图 No. 112-2　切片焊点采样照片

（2）现象分析

①对图 No. 112-1 中标记 1、2 红框内有问题的焊点进行切片分析如下。

- 位置 1：PTH 爬升高度虽然达到要求，但 PTH 下端孔壁润湿不良，而引脚润湿良好，如图 No. 112-3 所示。
- 位置 2：在所检测的两个焊点中，其中一个焊点 PTH 爬升高度不足 75%，另一个焊点 PTH 爬升高度约 75%，但底部孔壁均存在润湿不良现象，位置 2 的 PTH 的缺陷如图 No. 112-4 所示。

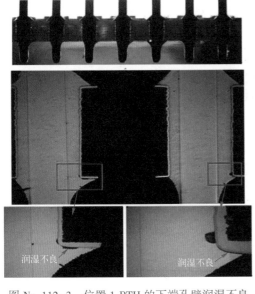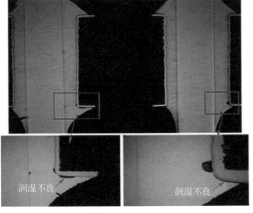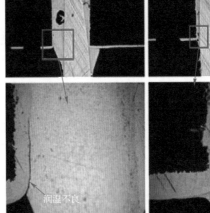

图 No. 112-3　位置 1 PTH 的下端孔壁润湿不良　　　　图 No. 112-4　位置 2 PTH 的缺陷

②SEM 分析：针对发黑焊点，PCB 生产厂方进行了 SEM 分析，图 No. 112-5 给出了不良焊点的 SEM 分析照片。从图 No. 112-5 中可见，焊盘存在明显的局部不润湿现象，而将未焊接的 PCB 样品镀层表面的 Au 层除掉，表面除 Au 后 Ni 层表面形貌如图 No. 112-6 所示。从图中可知，在底层 Ni 沿 Ni 的晶界均不同程度地存在氧化现象，表明 ENIG Ni(P)/Au 涂层工艺存在不良缺陷。

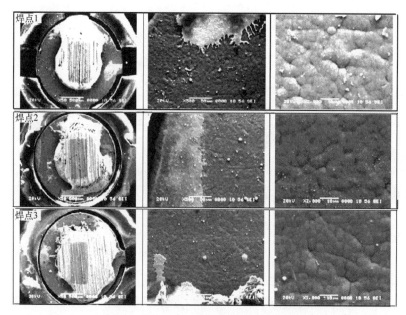

图 No. 112-5　不良焊点的 SEM 分析照片

图 No. 112-6　表面除 Au 后 Ni 层表面形貌

③ EDX 分析：不润湿区域的 EDX 分析照片如图 No. 112-7 所示，从该图中可知，Au 元素已完全溶入焊料波峰中，元素 P、Ni 是 ENIG Ni（P）/Au 镀层的底层金属，而来自切片磨料的元素 C 不会与底层金属发生任何化学反应。O 在 Ni 层表面的出现，表明 Ni 表面已经受到了氧的不同程度的侵蚀（以氧化镍的化合物存在并覆盖在表面）。

2. 形成原因及机理

（1）形成原因

基于上述对外观及 SEM/EDX 的分析，对本案例缺陷形成的原因可以定性为 PCB 的 ENIG Ni（P）/Au 工艺不完善。

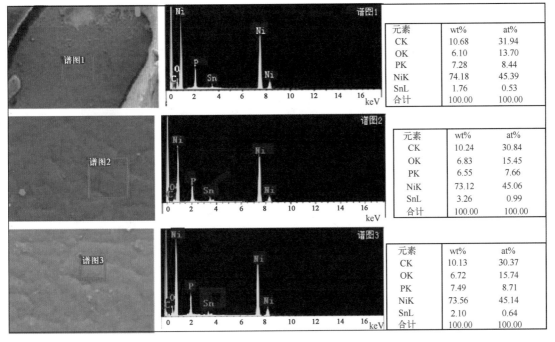

元素	wt%	at%
CK	10.68	31.94
OK	6.10	13.70
PK	7.28	8.44
NiK	74.18	45.39
SnL	1.76	0.53
合计	100.00	100.00

元素	wt%	at%
CK	10.24	30.84
OK	6.83	15.45
PK	6.55	7.66
NiK	73.12	45.06
SnL	3.26	0.99
合计	100.00	100.00

元素	wt%	at%
CK	10.13	30.37
OK	6.72	15.74
PK	7.49	8.71
NiK	73.56	45.14
SnL	2.10	0.64
合计	100.00	100.00

图 No. 112-7　不润湿区域的 EDX 分析照片

（2）形成机理

在执行 ENIG Ni(P)/Au 工艺过程的沉 Au 工序中，Ni 遭受了化学药水的攻击，导致在 Ni 层沿晶界受到腐蚀，导致了该缺陷。

3. 解决措施

① PCB 制造方：应尽力完善 ENIG Ni(P)/Au 工艺，确保产品质量符合要求。

② PCB 用户方：建议采用 OSP 或 Im-Sn 十热熔涂层工艺替代 ENIG Ni(P)/Au 工艺。

No. 113　无铅波峰焊接中连接器的起翘现象

1. 现象描述及分析

（1）现象描述

连接器在波峰焊接中由于引脚密集，在无铅波峰焊接中由于 PCB 基材、焊料和引脚之间 CTE 不匹配，因而不时会出现与连接器相连接的焊盘与基板之间的分离起翘现象。

（2）现象分析

在无铅波峰焊接过程中，连接器发生起翘现象的热力学作用及形变过程，如图 No. 113-1 所示。

① 受热及膨胀：PCB 在与波峰焊料接触过程中，首先从熔融焊料中直接接受了大量的热量，导致基板发生热膨胀。即使在 PCB 通过波峰后的一个短时间内，由于焊料凝固过程中所释放出来的大量的凝固热传导至相邻的基板，还将使其继续处于热膨胀过程中。热膨胀如图 No. 113-2 所示。

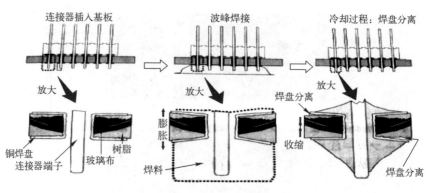

图 No. 113-1　连接器发生起翘现象的热力学作用及形变过程

② 冷却及收缩：随着冷却过程的开始，在基材内的热量迁移过程就会慢慢地停止下来，焊料的凝固热就仅仅局限在焊点区域内扩散，而造成焊点区域或靠近焊点的连接器进一步温升，直到217℃，凝固热释放结束，焊点温度开始缓慢下降，和室温一致。热收缩如图 No. 113-3 所示。

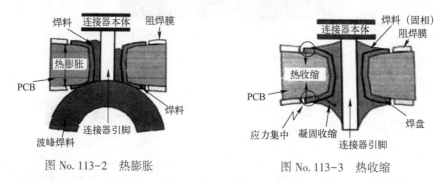

图 No. 113-2　热膨胀　　　　　　图 No. 113-3　热收缩

2. 形成原因及机理

（1）形成原因

构成连接器焊点的 PCB、焊料和引脚之间材料的 CTE 不匹配。

（2）形成机理

当焊点开始固化时，基板开始冷却并逐渐恢复到其原来的平板形态。在热收缩过程中，在焊点表面会产生相当大的应力。然而在此时，即使很小的应力也足以引起焊盘起翘或者焊点表面开裂。当焊盘与基板间的黏附力大于焊料的内聚力时，裂缝就会发生在焊点的焊料区域。

3. 解决措施

① 注意基板的热传导设计，通过对基板的热传导设计，可实现基板内热量的有效散发。

② 控制焊盘尺寸和波峰温度。焊盘直径大小对焊盘剥离率有较大影响。

③ 建议采取阻焊膜定义焊盘，其抑制率几乎可达到100%。

No. 114　PCBA 安装焊接中的翘曲变形现象

1. 现象描述及分析

（1）现象描述

由于 PCB 在安装、加工、焊接等过程中发生翘曲变形，导致 PCBA 上元器件损伤，如玻璃元器件体裂痕、陶瓷电容器分层及微裂纹等，如图 No. 114-1～图 No. 114-3 所示。

　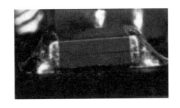　

图 No. 114-1　玻璃元器件体裂痕　　图 No. 114-2　陶瓷电容器分层　　图 No. 114-3　陶瓷电容器微裂纹

（2）现象分析

从图 No. 114-1～图 No. 114-3 所示的损伤模式来看，这些元器件都是在安装、加工和焊接过程中，沿元器件安装的长度方向受到了外来的应力作用而损伤的。

2. 形成原因及机理

（1）形成原因

PCB 在安装、加工和焊接过程中发生翘曲变化，使得安装在其上的对应力作用敏感（如玻璃和陶瓷）的元器件因受到应力作用而损伤。

（2）形成机理

从结构强度观点看，PCB 是一个不良结构件，它把不同膨胀系数和具有巨大差别弹性模数的材料装配在一起并承受不均匀载荷，而且它们都装在一个本身可挠折的层压板上，随着振动及自重而运动。这种结构中有许多尖角，增加了许多应力集中之处。况且，PCB 包括强度不高的层压板及脆弱的铜箔层均不能承受较大的机械应力。当 PCB 在切割、剪切，以及连接器安装、焊接过程中装夹时都会因基板过度弯曲而变形，而在焊接部位会造成加工应力，导致元器件损伤（产生裂纹、焊点疲劳等）。

3. 解决措施

由于现在还没有一个标准能确定在元器件损伤前允许 PCB 有多大的翘曲度，但是元器件在波峰焊接过程的应力开裂（如陶瓷电容器等）与 PCB 翘曲度有关，且随基板材料的不同而变化，所以在制造和安装过程中均要求对组装件的翘曲度进行控制和管理。

（1）元器件的安装布局

元器件在 PCB 上的安装布局设计是降低波峰焊接缺陷率的极重要的一环，在进行元器件布局时应尽量满足下列要求。

① 元器件布局应远离挠度很大的区域和高应力区，不要将元器件布置到 PCB 的四角和边缘上，离开边缘的最小距离应≥5 mm。在组装加工中 PCB 面的应力分布，如图 No. 114-4～

图 No. 114-7 所示，其中，PCB 翘曲和连接器缺陷的高发区分布如图 No. 114-4 所示，安装和剪切的高应力分布区如图 No. 114-5 所示，预刻角线可使应力缺陷最少如图 No. 114-6 所示，靠近板角的应力分布如图 No. 114-7 所示。

② 元器件分布应尽可能均匀，特别是对热容量较大的元器件更要特别关注，要采取措施避免出现温度陷阱。

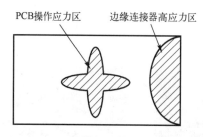

图 No. 114-4　PCB 翘曲和连接器缺陷的高发区分布

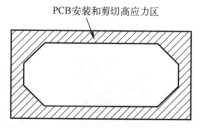

图 No. 114-5　安装和剪切的高应力分布区

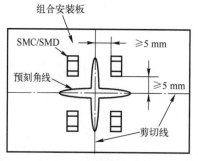

图 No. 114-6　预刻角线可使应力缺陷最少

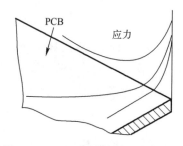

图 No. 114-7　靠近板角的应力分布

③ 功率器件要均匀地布置在 PCB 的边缘。

④ 贵重的元器件不要布置在靠近 PCB 的高应力区域，如角部、边缘、连接器所在位置，以及安装孔、槽、拼板的切割槽、豁口和拐角处。具有最小应力的元器件安装方位如图 No. 114-8 所示，元器件在切割槽和豁口附近的配置方向如图 No. 114-9 所示。

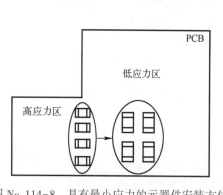

图 No. 114-8　具有最小应力的元器件安装方位

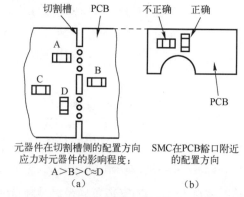

元器件在切割槽侧的配置方向
应力对元器件的影响程度：
A＞B＞C≈D
（a）

SMC在PCB豁口附近
的配置方向
（b）

图 No. 114-9　元器件在切割槽和豁口附近的配置方向

⑤ 由于 PCB 尺寸过大易翘曲，安装时即使元器件远离 PCB 边缘，缺陷仍然可能产生，因为垂直于应力梯度方向的元器件最容易产生缺陷，因此应尽量避免采用过大尺寸的 PCB。

（2）元件的安放

① 相似的元器件在板面上应以相同的方式和方向排放，这样可以加快插装速度且更易发现错误。

② 尽量使元器件均匀地分布在 PCB 上，以降低波峰焊接过程中发生翘曲的可能性，并有助于使其在过波峰时热量分布均匀。

③ 应选用根据工业标准进行过预处理的元器件。因为元器件准备工作是生产过程中效率最低的工作之一，它除了增添了额外的工序，增加了静电损坏风险，还增加了出错的机会。

No. 115　波峰焊接中钎料槽杂质污染的危害

1. 现象描述及分析

（1）现象描述

在正常运行一段时间后，在所有运行工艺参数均未改变的工况下，波峰焊接面持续出现下述不良现象：网状钎料（见图 No. 115-1）、金属颗粒物（见图 No. 115-2）、桥连（见图 No. 115-3）、拉尖（见图 No. 115-4）、针孔和块状颗粒物（见图 No. 115-5）、钎料氧化丝和金属颗粒（见图 No. 115-6）等。

图 No. 115-1　网状钎料

图 No. 115-2　金属颗粒物

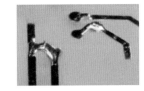
图 No. 115-3　桥连

图 No. 115-4　拉尖

图 No. 115-5　针孔和块状颗粒物

图 No. 115-6　钎料氧化丝和金属颗粒

（2）现象分析

根据大量实践经验可知，上述各种不良均系钎料槽中的钎料受到了污染所带来的危害。

① 对有铅钎料：对有铅波峰焊接钎料槽中的钎料来说，元素 Cu、Ag 和 Au 均属杂质金属，它们对波峰焊接效果影响极大，当含量超标时对焊点性能的主要影响如下所述。

- 铜：Cu 与 Sn 可生成 Cu_3Sn 和 Cu_6Sn_5 两种金属间化合物，使液态钎料呈砂性且流动性变差，焊点变脆。
- 银：Ag 和 Sn 可生成 AgSn 和 Ag_3Sn 两种金属间化合物，使钎料呈砂性、被焊表面出现小疙瘩，焊点失去自然光泽，并出现白色颗粒状物。

- 金：Au 与 Pb 生成 Au_2Pb 和 $AuPb_2$ 金属间化合物，Au 与 Sn 生成 Au_6Sn、AuSn、$AuSn_3$ 和 $AuSn_4$ 等金属间化合物，使焊点变脆，并形成暗色的颗粒状轮廓线。
- 金和铜发生复合作用会很快破坏整个钎料槽中的钎料性能。

② 对无铅钎料：目前在无铅波峰焊接中最常用的钎料是 SAC（SnAgCu）和 SnCu 等合金。因此，除杂质元素 Au 外，此时 Ag 和 Cu 均为主要构成成分而不能称作杂质。在应用中不是如何除掉它，而是如何控制其在正常的成分范围内不要超标。

- 当 Cu 的成分超过 1.5wt% 时，屈服强度会降低。整体合金的塑性在 Cu 成分为 0.5～1.5wt% 范围内是较高的，然后随着 Cu 的进一步增加而降低。
- 对于 Cu 含量为 0.5～0.7wt% 的 SAC 合金，当 Ag 从 3.0wt% 增加到更高的水平（如 4.7wt%）时，将增加 Ag_3Sn 粒子的体积比例，从而得到更高的屈服强度，但不会增加疲劳寿命。
- 如前所述，Ag 是 SAC 合金中最贵的部分，和低 Ag 合金相比，高 Ag 合金在工艺性、可靠性及供应方面没有什么明显的优点。有人认为含 Ag 量高的合金有助于提高湿润性，但是湿润试验表明，含 Ag 量低的合金实际上比含 Ag 量高的合金的湿润性更好。

2. 形成原因及机理

（1）形成原因

在波峰焊接中，上述不良现象形成的原因均系波峰焊接钎料槽的钎料受到杂质金属的污染。

（2）形成机理

不论是有铅钎料还是无铅钎料的波峰焊接，钎料槽中的杂质污染的主要来源是浸入钎料槽中的被焊基体金属（元器件引脚及 PCB 焊盘），这意味着在波峰焊接中，只有有限的几种元素（Cu、Ag 和 Au）能够溶于钎料槽的钎料中。

由于钎料中杂质金属过量，使得钎料槽中的液态钎料呈砂性，熔点升高且流动性变差。

钎料氧化程度的加剧，将导致钎料槽中的钎料氧化渣大量积聚，使得图 No.115-1～图 No.115-6 所示的焊接不良现象更突出。

3. 解决措施

（1）有铅波峰焊接防污染对策

① 尽可能缩短焊接时间或降低焊接温度。

② 遮蔽不要求焊接的金属表面（如使用阻焊膜）。

③ 用高纯度的钎料补充钎料槽中钎料的耗损。

④ 禁止将钎料的边角余料和滴落钎料重新加入钎料槽内（因为从工件上滴落的钎料中金属杂质含量高）。

⑤ 当已证明钎料污染是产生质量问题的主要原因时，必须将整槽钎料完全更新，在更新过程中应用软毛刷清除黏附在钎料槽壁上的任何非金属浮渣和原有的钎料，且不得用硬金属丝制成的刷子，以避免新的污染。

⑥ 铜锡化合物凝固温度比 Sn37Pb 钎料的熔点约高 5～10℃，可把钎料槽温度降到铜锡化合物凝固点，再用特制的工具把铜锡结晶生成物舀出加以清除，然后再用纯度高的原生

态钎料对钎料槽进行补充，这样便进一步稀释了钎料槽中杂质 Cu 的浓度。

（2）无铅波峰焊接防污染对策

① 对无铅波峰焊接用钎料（SAC 和 SnCu），在钎料槽中 Ag 的积累只有当 PCB 的可焊性涂层采用 Im-Ag 时才有可能出现，然而由于 Im-Ag 层很薄，故溶入钎料槽的量非常有限，而且用低 Ag 的 SAC 钎料作为钎料槽的消耗补充，很容易让其达到动态平衡。

② 对 Cu 就不一样了，由于无铅焊接温度高，而且钎料均属高 Sn 合金，由于上述两个因素综合作用的结果，在焊接工艺过程中钎料槽中的 Cu 将快速积累。

由于无铅钎料均属高 Sn 基合金，在熔融状态下对 Cu 的溶解能力更强了，再加上在无铅波峰焊接过程中，钎料槽的工作温度与 Sn37Pb 钎料的熔点相比，高了 10~20℃，因此，溶蚀 Cu 的能力也成倍地增加了。因此，无铅波峰焊接必须要解决钎料槽中 Cu 成分的快速积累问题。

解决上述问题的比较经济的办法，就是要在无铅波峰焊接过程中，对钎料槽中 Cu 的积累和消耗建立某种动态平衡，其实施的技术途径请参阅相关专业书籍，如《现代电子装联波峰焊接技术基础》。

第五篇

PCBA-SMT 工序中安装焊接缺陷（故障）经典案例

No. 116　PCBA 在再流焊接中出现的元件吊桥现象

1. 现象描述及分析

（1）现象描述

PCBA 表面贴装元件（SMC）在焊接时，有时会发生有些片状元件一端与焊盘相连，另一端就像吊桥一样被吊起来离开了焊盘的现象，吊桥缺陷如图 No. 116-1 所示。

（2）现象分析

从图 No. 116-1 中可以看到，贴片元件的两电极的连接焊盘中间的阻焊坝太厚，明显高于焊盘，抬高了元件中间的贴片高度，就好像跷跷板。

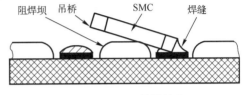

图 No. 116-1　吊桥缺陷

2. 形成原因及机理

（1）形成原因

① 两安装焊盘中间的阻焊堪太厚，高出了两侧焊盘。

② 与元件两端电极对应的两焊盘在焊接时润湿力不平衡（焊盘面积不相等或洁净度有差异）。

（2）形成机理

不适当的阻焊坝设计将导致下述两种缺陷：

① 阻焊坝与布线图配准不良，从而导致湿膜塌落，使得焊盘表面和周围被污染，造成两侧电极焊盘润湿不良，两侧焊盘润湿力不平衡。

② 阻焊坝过厚，超过 PCB 铜箔焊盘厚度，在焊接时便形成吊桥或开路，如图 No. 116-2 所示。

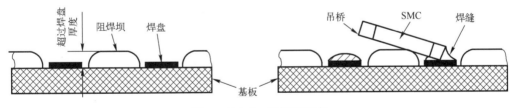

图 No. 116-2　吊桥的形成

3. 解决措施

① 阻焊坝的厚度设计必须要薄于焊盘的厚度，以避免出现跷跷板现象。

② 要确保两焊盘面积一致，洁净无污染，以实现在焊接时两焊盘润湿力的平衡。

No. 117　PCBA 安装焊接时两相连贴片元件开路

1. 现象描述及分析

（1）现象描述

PCBA 在安装焊接过程中，沿轴向相连的两元件中，左侧元件沿轴向被拉离原位，电极偏出焊盘，如图 No. 117-1 所示。

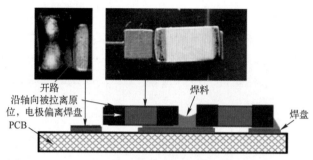

图 No. 117-1　左侧元件沿轴向被拉离原位，电极偏出焊盘

（2）现象分析

在再流焊接过程中，图 No. 117-1 中左侧元件由于受到一个沿轴向从左向右的力的作用，其电极偏出焊盘，造成开路。

2. 形成原因及机理

（1）形成原因

此现象出现在再流焊接中，两元件受到的液态焊料表面张力作用的不平衡造成了该缺陷。

（2）形成机理

① 在图 No. 117-1 所示的安装与焊接结构中，在再流焊接中两元件受到平衡张力作用的安装位置，如图 No. 117-2 所示。

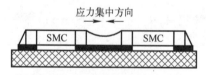

图 No. 117-2　在再流焊接中两元件受到平衡张力作用的安装位置

② 两元件在再流焊接中，当诸如焊盘和电极的面积、可焊性以及焊接时间和温度等有差异时，就会出现表面张力作用力不平衡现象，如图 No. 117-1 所示，受表面张力作用力小的左侧元件被拉向受表面张力作用力大的右侧元件。

3. 解决措施

当有两个以上靠得很近的 SMC 且其焊盘共用一段导线时，应设置阻焊坝将其分开，以免焊料收缩时产生的张力使 SMC 移位或拉裂。阻焊坝的设置如图 No. 117-3 所示。

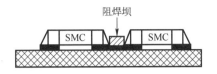

图 No. 117-3　阻焊坝的设置

No. 118　HDI 多层 PCB 在无铅再流焊接中的分层现象

1. 现象描述及分析

（1）现象描述

在再流焊接中，发生在 PCB 基板内部织物层之间的分离现象被定义为分层（注意与爆板的区别），在单、双面多层 PCB 内部都有可能发生，而且往往在焊接之前就可能已存在这种隐患，但由于尺寸比较小，未超出基板验收时的可接受标准。然而，在再流焊接的高温作用下（特别是在无铅情况下），原已存在的起泡现象在再流焊接过程中迅速发展为分层，以致超出了可接受的质量标准要求。再流焊接过程中发生的分层现象如图 No. 118-1 示。

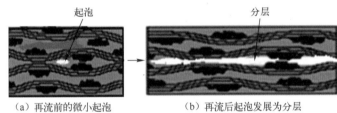

（a）再流前的微小起泡　　　　（b）再流后起泡发展为分层

图 No. 118-1　再流焊接过程中发生的分层现象

（2）现象分析

切片试验：多层 PCB 内层大铜箔区，在再流焊接中（特别是在无铅情况下）的高温工况下，各内层间会出现多处微裂，内部分层切片图如图 No. 118-2 所示。

在此情况下只要外层未出现起泡或分层隆起，这些隐藏于内层的微裂将不易被人所觉察，但在可靠性方面却留下了隐患（如为 CAF 生长提供了条件）。

2. 形成原因及机理

（1）形成原因

① 再流焊接炉的"温度-时间曲线"设计不当，是再流焊接过程中造成 PCB 基材内部分层的主要原因。

② 从切片图来看，基材 α_2 橡胶态的 Z 轴方向 CTE 太大，也是导致层压基材内部分层的主要原因。

图 No. 118-2　内部分层切片图

（2）形成机理

以目前最常用的无铅焊料合金 SAC305（液化温度为 220℃）为例，再流焊接峰值温度常取 235~245℃，在峰值温度下经历的时间为 50~80 s。如此高的温度和热量远远超出了各种 PCB 基材的 T_g 值，使得基材软化成 α_2 橡胶态，刚性几乎完全丧失，导致对 Z 方向的任何外来拉伸力毫无招架之势。

3. 解决措施

① 在无铅焊接时要选用高 T_g 值和 T_d 值的层压材料。

② 尽量选用 α_2 橡胶态中 Z-CTE 偏小的基材。

③ 在确保产品质量和可靠性要求的前提下，应尽量靠近上述给出的峰值温度范围的低端选取焊接峰值温度和时间。

④ 目前，PCB 行业针对无铅焊接的高温、高热量采取了如下改善措施：

- 在树脂中添加无机填充材料；
- 提高热分解温度 T_d 的门槛值（例如，IPC-4101B /99 为 325℃）；
- 确定相关板材 α_2 的 Z-CTE 上限为 $3×10^{-4}$/℃；
- 确定起码耐热裂时间，例如，TMA288（T288）下限为 5 min 等。

即便如此，由于后端组装和焊接工序的复杂性，也很难确保不产生分层缺陷。

⑤ 美国微电子封装专家 C. G. Woychik 指出："使用通常的 SnPb 合金，在再流焊接时元器件和 PCB 所能承受的最高温度为 240℃。而当使用 SnAgCu（无铅）合金时，JEDEC 规定最高温度为 260℃。温度提高了，就可能危及电子封装组装的完整性，特别是对许多叠层结构材料，易使各层间发生分层，尤其是那些含有较多潮气的新材料，内部含有的潮气和温度的升高相结合，将使大多数常用的叠层板（HDI 积层多层 PCB）发生大范围的分层"。

经过综合分析，在 HDI 积层多层 PCB 的无铅再流焊接中，当使用 SnAgCu 焊料合金时，峰值温度建议取 235℃，最高不要超过 245℃。实践表明，采取此措施后，效果非常明显。

No. 119　再流焊接中的墓碑缺陷

1. 现象描述及分析

（1）现象描述

① 随着 SMC/SMD 的微小型化，在再流焊接时，片式元器件会经常发生元器件的一端附着在 PCB 的焊盘上，另一端翘起离开焊盘的现象，此现象通常被称为墓碑现象，也被称为曼哈顿现象或立碑现象，如图 No. 119-1 所示，墓碑的微切片图如图 No. 119-2 所示。

图 No. 119-1　墓碑现象

图 No. 119-2　墓碑的微切片图

② 有沉埋孔及宽阔焊盘是形成墓碑现象的原因之一。沉埋孔和大铜箔面形成的墓碑现象如图 No. 119-3 所示。

（2）现象分析

① 由于无铅焊料更高的熔点以及更大的表面张力，使阻容元器件在再流焊接过程中发生墓碑现象更加严重。

② 如图 No. 119-3 所示的有沉埋孔和大铜箔面这种焊盘，元器件在湿润期间可能发生移动，一端将翘起来并脱离焊盘。因为有沉埋孔或大铜箔面的焊盘热容量小，升温更快，墓碑现象特别明显。

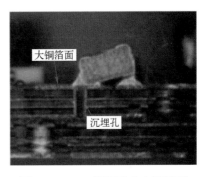

图 No. 119-3　沉埋孔和大铜箔面
形成的墓碑现象

2. 形成原因及机理

（1）形成原因

元器件两端焊料的初始润湿力不相同是造成墓碑的根本原因。

（2）形成机理

元器件两端焊料的初始润湿力不相同有下述几方面的不同机理。

① 两个焊端表面的温度和可焊性存在差异：理想状态下，元器件两个焊端都会同时进行再流、润湿并形成焊点。此时，作用在两个焊端的力（如润湿力和焊料的表面张力）将同时作用并互相抵消。但如果不是这样，比如其中一个焊端更快地进行再流和润湿，那么作用在该焊端上形成焊点的力，就可能使元器件另一端焊料还没有熔化的焊端抬起来，从而形成墓碑现象。

润湿机理包括三个重要参数：一是初始润湿时间，二是润湿力，三是完全润湿时间。发生完全润湿的时间长短直接关系到墓碑缺陷的产生，因为当完全润湿发生时，在焊点和元器件上的作用力最大。如果元器件的一个焊端比另一个焊端早早地先达到完全润湿，那么润湿力就有可能把元件抬起来。

② 热容因素影响：片式元器件两个焊端焊点的热容对墓碑现象的产生有着直接的影响。两个焊端的焊料热容差异势必会造成墓碑缺陷的产生，因为焊料热容小，再流速度和润湿会更快些，这样施加在元器件这个焊端上的作用力就会更大。

无源元件两个焊端焊点热容差异来自焊盘尺寸、元件金属焊端尺寸、印刷焊膏体积等的公差，以及 PCB 上过孔/内层热耗散的差异。

- 焊盘热容：焊盘尺寸越大，熔融焊料润湿的表面积就越大，表面张力也就越大。虽然对某一种元器件，均有其推荐的焊盘尺寸，但没有具体要求它们的公差，所以焊盘尺寸变化较大。不确定的公差对于焊盘热容有很大的影响。另外，焊盘尺寸与公差应与贴片精度相对应，但在大多数情况下，焊盘尺寸与元器件不成比例，因而使墓碑缺陷更容易产生。

- 焊端热容：与元器件类型和外形相关的焊端热容差异影响加热速度和再流时间。同样，虽然元器件尺寸和公差同样表示了，但它们之间应建立联系，因为元器件越小，焊盘、焊端和贴片等精度与尺寸相关的公差就越重要。

- 焊膏热容：焊膏量少比量多能更快地再流。不管采用何种印刷工艺，在各个焊盘上的焊膏量应均匀一致。

③ 减少温度梯度 ΔTs：元器件焊端和单板焊盘的表面越干净，越没有被氧化，界面的表面张力越小，发生初始润湿的时间就越短，润湿力也越大，最后完全润湿的时间也越短。基于此，当两个焊端表面都存在一定程度氧化时，这些氧化物会推迟初始润湿的发生，这样就为较大焊盘/焊端的温度升高提供了时间，减少了 ΔTs。

④ 氮气的影响：在再流加热过程中，氮气起到了阻止表面再氧化的作用，加快了初始润湿的发生。与常规环境下的再流过程相比，其润湿速度更快。因此，我们在看到在氮气气氛下焊接的明显好处的同时，也要采取额外的预防措施来减少墓碑缺陷的产生。

⑤ 设备热工特性不良：再流炉内温度分布不均匀导致加热不均匀，板面温度分布不均匀。因此，再流焊接炉在焊接时一定要先试验，找到合适的温度曲线后再大批量焊接。

3. 解决措施

① 通过对再流温度曲线的控制，减少 PCB 上的温度梯度 ΔTs。

② 检查 SMC/SMD 两端电极面积的精度及基板焊盘区的尺寸公差是否符合规定。

③ 在保证焊点强度的前提下，焊盘尺寸应尽可能小，使两焊盘焊膏同时熔化概率增大。

④ 检查焊膏的涂敷量是否在规定要求之内。

⑤ 提高焊膏印刷和贴片精度，能避免元器件因贴装不对称而造成在再流过程中受力不均匀。

⑥ 保持与两焊端对应的焊盘焊膏的等量性。

⑦ 改善钢网开孔设计，使元器件钢网开孔的两个焊盘中心朝元器件中间移动，这样不仅对抑制墓碑现象有利，而且还能减少在元器件体中间产生焊料珠的可能。

⑧ 阻焊层厚度的变化也是一个不能忽视的因素，特别是对小而轻的元器件，厚度的变化有时可能在焊盘之间产生"跷跷板"，将元器件一端抬高，使其离开焊盘。

No. 120　再流焊接中的焊料珠与焊料尘现象

1. 现象描述及分析

（1）现象描述

① 焊料珠：在焊接过程中，焊料由于飞溅等原因在 PCB 上的某些位置形成不规则的分散小球。常见于元器件引脚周围及在引脚和焊盘的间隙等地方，也有出现在离焊点很远位置的。它们一般成群地、离散地、以小颗粒出现。如图 No. 120-1~图 No. 120-3 所示。

② 焊料尘：对于密间距元器件，存在焊料尘的危险。虽然有免洗助焊剂包围住，不能移动，但是焊料尘不应该存在于相邻焊盘之间。焊料尘如图 No. 120-4 所示。

（2）现象分析

专项试验研究表明，在再流焊接过程中发生焊料珠的情况锡铅焊膏（Sn37Pb）要好于无铅焊膏（SAC305）。有铅焊膏样品中的平均焊料珠的数目为 5 ~ 10，焊料珠的直径为 30 ~ 50 μm；而无铅焊膏样品中平均焊料珠的数目为 10 ~ 15。焊料珠的直径为 40 ~ 50 μm。对两种类型的焊膏测试后发现，主体焊料珠周围的残渣都是光滑的，其颜色呈微黄色。

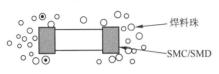

图 No. 120-1　焊料小球

图 No. 120-2　焊料珠

图 No. 120-3　侧向焊料珠

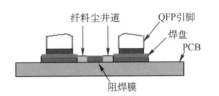

图 No. 120-4　焊料尘

2. 形成原因及机理

（1）形成原因

焊料珠：再流焊接预热时间过长，加热升温过快，焊料粉末被氧化等均是形成焊料珠的原因。

（2）形成机理

1）焊料珠

① 焊膏中的活性物质损失过多过快，导致保护焊料粉末不被氧化的能力丧失。

② 在金属焊点的形成过程中，加热升温过快，焊膏中助焊剂溶剂剧烈汽化产生爆喷而导致焊料珠飞溅。在飞溅过程中，部分小滴焊料会随助焊剂一起喷射，从主体焊料中分离出来，最终留在焊点周围。

③ 由于焊膏中焊料粉末的氧化程度不相同，表面的物理缺陷使得整体内的各个部分的受热升温、化学反应等过程不均匀导致了焊料珠的形成。

④ 如果在焊点形成之前存在过量的氧化物，也就是说焊盘、引脚或者焊膏中焊料粉表面氧化得厉害，引起润湿性不良，最终也和焊料珠的形成密不可分。

⑤ 较低的焊膏黏度更容易引起较多焊料珠飞溅，这是因为外表液滴和主体亲和力小，在助焊剂的帮助下，容易形成细小球状颗粒而飞出。

⑥ 内部气泡的压力超过熔融焊料的表面张力导致气泡爆裂，带走更多的焊料颗粒。

⑦ 阻焊层类型与焊料珠出现频率的关系：不光滑的表面涂层产生较少的焊料珠，因为它对残留物提供了立足之地，因而减少了残留物的扩散。光滑的表面涂层产生较多的焊料珠，因为它可使液态助焊剂扩散更容易。

⑧ 在再流焊接加热过程中，由于焊膏中溶剂沸腾而引发焊料飞溅。由此原因引发的缺陷特征是：与上述形成原因相比，其产生的焊料珠一般都能飞溅到较远的位置，它与助焊剂残渣是分离的，而且不一定是球形，也可能是扁球形等其他形状。

2）焊料尘

对于非阻焊膜定义的焊盘，由于极细的焊料粉尘在预热过程中被助焊剂中的浓溶剂所携带，可以到达焊盘与阻焊之间的间隙内（见图 No.120-4）。这些焊料尘可能留在井道内，在再流焊接期间不能被吸回到焊点上。

3. 解决措施

（1）焊料珠

精细优化再流焊接温度曲线，具体如下所述。

① 在再流焊接过程中温度曲线的斜率会影响焊料珠的形成。较大的斜率通常会导致焊料珠的形成，引起焊膏内气体的快速逃逸，某些粉末过早失去溶剂载体而发干，难以和主体一起回缩，尤其是边缘部分，最终留在原始位置，形成焊料珠。

② 预热温度和时间：推荐在 2～3 min 内加热到 120～150℃（有铅）。对于大 PCB，以及有较多元器件的 PCBA，建议时间要长些，升温要缓慢，因为各种材料吸收和散热差别大，要一个相对较长的时间，使得各个部件包括焊膏等最终能达到温度均匀一致。

③ 浸润区：无铅时推荐温度为 160～220℃、时间为 50～70 s；有铅时推荐温度为 150～180℃、时间为 50～60 s。否则会破坏助焊剂载体的化学反应平衡。

④ 再流区：无铅时推荐峰值温度为 235～250℃，大于 220℃ 的时间为 50～60 s；有铅时推荐峰值温度为 205～225℃，大于 183℃ 的时间为 40～50 s。这样就使得焊料能充分反应，气泡也能缓慢逸出，从而减少焊料珠的产生。

（2）焊料尘

对于密间距元器件，可以采用阻焊膜定义焊盘，以消除产生焊料尘的危险，消除相邻焊盘之间的焊料尘井道，如图 No.120-5 所示。

图 No.120-5　采用阻焊膜定义焊盘，消除焊料尘井道

No.121　无铅再流焊接中的缩孔和热裂现象

1. 现象描述及分析

（1）现象描述

缩孔和热裂是一种出现在无铅焊点表面的裂缝形成的小切口或小间隙，分别如图 No.121-1 和图 No.121-2 所示。

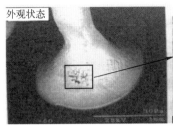
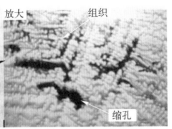
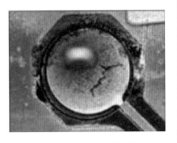

图 No. 121-1　缩孔

图 No. 121-2　热裂

（2）现象分析

进一步研究发现缩孔和热裂存在下述几种危害最大的形态。

① 热裂纹太深，目视时深不见底，如图 No. 121-3 和图 No. 121-4 所示。

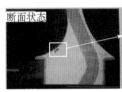
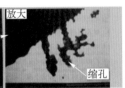

图 No. 121-3　热裂纹太深

图 No. 121-4　目视时深不见底

② 缩孔或热裂纹已触及焊盘，如图 No. 121-5 所示。

③ 缩孔或热裂纹已触及引脚，如图 No. 121-6 所示。

④ 缩孔或热裂纹已触及孔壁，如图 No. 121-7 所示。

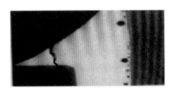

图 No. 121-5　已触及焊盘　　　　图 No. 121-6　已触及引脚　　　　图 No. 121-7　已触及孔壁

2. 形成原因及机理

（1）形成原因

目前对无铅焊点出现的缩孔和热裂形成原因有下述几种解释。

① 由于热胀冷缩机制再加上焊料在凝固过程中存在一个糊状阶段，此阶段正是焊料强度很脆弱的时期。因此，焊料最终固化成的表面必然是出现不少微裂纹的粗糙表面。

② 糊状体是最后凝固的，固化过程中其体积要缩小 4% 左右，由于体积的缩小就会在枝晶间形成凹陷部分（缩孔）。

③ 元器件引脚镀层含的 Pb 或 Bi 熔解浸入焊点内后，少量的 Pb 或 Bi 残余会优先驻留在晶粒的边界上，引起早期晶粒边界的裂纹。

④ 孔大引脚细。

⑤ 合金污染。

⑥ 冷却速度不合适：

- 快速冷却，裂纹多，但是浅；
- 慢速冷却，裂纹少，但是深。

（2）形成机理

① 以 SnCu 焊料合金为例：在焊接后的冷凝过程中，随着 Sn 析出形成枝晶，填充在这些枝晶间的未凝固的熔融焊料不断过渡到共晶熔液（熔点为 217℃）而变成固-液并存的糊状体。糊状体是最后凝固的，固化过程中其体积要缩小 4% 左右，由于体积的缩小就会在枝晶间形成凹陷部分（缩孔）。微裂纹的形成原因如图 No. 121-8 所示。

② 以 SnAgCu 焊料合金为例：图 No. 121-9 描述了使用 SnAgCu 焊料合金在焊接过程中表面缩孔的形成机理。焊料在凝固过程中，最后凝固的是填充在已经凝固的树枝状 Sn 相结晶间缝隙中的 $SnAg_3Sn$ 共晶相。在 $SnAg_3Sn$ 共晶相凝固过程中，首先发生在表面的凝固收缩现象不断向内部发展，其结果便形成了洞穴。由于该洞穴发生在树枝状 Sn 相结晶之间的缝隙中，故从外观上看是由裂缝形成的缩孔。

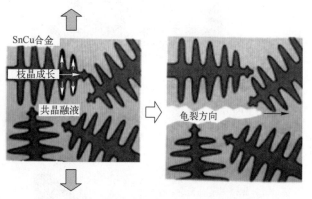

图 No. 121-8　微裂纹的形成原因

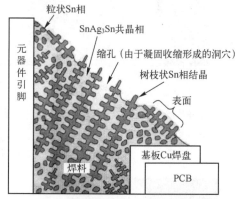

图 No. 121-9　表面缩孔的形成机理

缩孔和由金属疲劳引发的裂缝之间的差异如下所述。

① 缩孔和裂缝的形状不同：缩孔的表面是非常光滑的，而由高、低温循环试验形成的金属疲劳裂缝其表面形状呈尖锐状。

② 形成的原因不同：缩孔是由自然凝固形成的，而金属疲劳裂缝是由周期循环应力作用形成的。

③ 发生的位置不同：缩孔发生在焊点中央焊料较厚的部位，而金属疲劳裂缝发生在引脚附近或孔角上方焊料较薄的部位。

3. 预防措施

① 为避免糊状体的出现，应尽可能采用共晶成分的焊料。

② 在无铅焊接时不允许元器件引脚采用含 Pb 的镀层，因此，要加强对引脚镀层的鉴别。

③ 在操作中应监控合金污染程度，特别是 Pb。

④ 优化焊接后的冷却速度。

⑤ 在设计时应采用适当的引脚直径/孔径比。

No. 122　USB 尾插焊后脱落

1. 现象描述及分析

（1）现象描述

① 某产品 USB 尾插再流焊接后脱落，失效 PCBA 样品及其对应的已脱落的 USB 尾插外观照片，如图 No. 122-1 所示。

图 No. 122-1　失效 PCBA 样品及其对应的已脱落的 USB 尾插外观照片

② 在立体显微镜下观察失效尾插脱落位置的焊盘及已脱落的 USB 尾插的引脚表面（包括固定引脚和电连接引脚），发现焊盘表面与对应的引脚表面均有焊料，断裂面灰暗多孔，失效样品尾插焊盘照片如图 No. 122-2 所示，样品红框 1 处的放大照片如图 No. 122-3 所示，样品红框 2 处的放大照片如图 No. 122-4 所示。

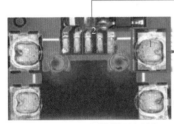
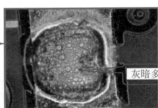
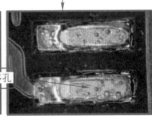

图 No. 122-2　失效样品尾插 　　图 No. 122-3　样品红框 1 处 　　图 No. 122-4　样品红框 2 处的
　　　　　焊盘照片　　　　　　　　　　的放大照片　　　　　　　　　　放大照片

（2）现象分析

1）失效 USB 尾插的引脚（固定引脚和电连接引脚）的 SEM/EDX 分析

经分析发现，失效 USB 尾插固定引脚和电连接引脚的元素分布、成分基本相同。

2）固定引脚的 SEM/EDX 分析

① 所检样品引脚的基材为 Cu 合金，镀层采用 Ni/Sn 工艺。

② 不良品固定引脚镀层 SEM 分析如图 No. 122-5 所示，不良品固定引脚基材与镀镍层之间存在明显的裂缝；不良品固定引脚 IMC 层的 SEM 分析（焊料与引脚之间以及焊料与 PCB 焊盘之间），分别如图 No. 122-6 和图 No. 122-7 所示，从图中可知，焊料与引脚之间以及焊料与 PCB 焊盘之间的 IMC 层较薄，并且焊料呈现疏松多孔的结构特征。

③ 未焊接尾插固定引脚镀层照片以及其不良品未焊接尾插固定电连接引脚镀层 SEM 分析，分别如图 No. 122-8 和图 No. 122-9 所示，从图中可以看出，未焊接的尾插固定引脚的镀 Sn 层厚度不太均匀，基材 Cu 与镀 Ni 层之间存在明显的裂缝。不良品未焊接尾插固定电

连接引脚 SEM/EDX 分析，如图 No. 122-10 所示，从图中可知，不良品电连接引脚的基材与 Ni 层之间存在开裂现象。

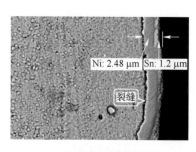

图 No. 122-5　不良品固定引脚镀层 SEM 分析

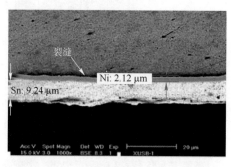

图 No. 122-6　不良品固定引脚 IMC 层的 SEM 分析
（焊料与引脚之间）

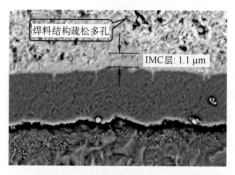

图 No. 122-7　不良品固定引脚 IMC 层的 SEM 分析
（焊料与 PCB 焊盘之间）

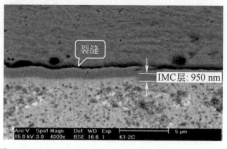

图 No. 122-8　未焊接尾插固定引脚镀层照片

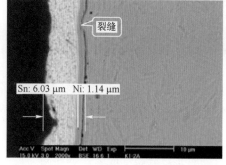

图 No. 122-9　不良品未焊接尾插固定电连接
引脚镀层 SEM 分析

图 No. 122-10　不良品未焊接尾插固定电连接
引脚 SEM/EDX 分析

3）电连接引脚的 SEM 分析

不良品电连接引脚的焊料与引脚镀 Sn 层之间两种材料未能融合，如图 No. 122-11 所示；未焊接的 USB 电连接引脚的镀锡层厚度不均匀，且在引脚材料与镀 Ni 层之间存在裂缝现象；已焊接的 USB 电连接引脚镀层照片如图 No. 122-12 所示。

2. 形成原因及机理

（1）形成原因

SEM 分析表明，良品、不良品，以及未焊接的尾插引脚，不论是固定引脚还是电连接引脚的基材和镀镍层之间均存在明显的裂缝现象，尾插引脚的镀 Ni 层与基材 Cu 结合不良，由供应商工艺质量问题造成。

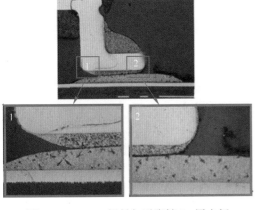

图 No. 122-11　焊料与引脚镀 Sn 层之间
两种材料未能融合

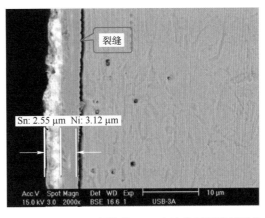

图 No. 122-12　已焊接的 USB 电连接引脚镀层照片

（2）形成机理

① 所检良品或不良品焊点焊料与引脚之间的 IMC 层均较薄，且焊点内部结构疏松多孔，表明在再流焊接过程中由于热量不足导致再流不够充分（冷焊），故焊点的连接强度很弱。

② USB 引脚的基材为 Cu 合金，镀层采用先镀 Ni 后镀 Sn 的工艺。由于纯 Sn 层表面均存在约一个分子层厚度的致密的氧化锡层，因此，当再流焊接峰值温度低于 Sn 的熔点（232℃）时，焊接就会出现不润湿现象，从而导致如上述各图所示的裂缝现象。

3. 解决措施

① 应向尾插产品供应商反馈其产品镀镍层的质量问题，要求其改进工艺，加强质量监控。

② 加强对尾插产品来料入库前的质量验收工作。

③ 优化再流焊接的"温度-时间曲线"，加强再流焊接温度和时间监控。

④ 选用活性较强些的焊膏。

No. 123　PCBA BGA 焊点大面积发生铅偏析失效

1. 现象描述及分析

（1）现象描述

某 PCBA BGA 在再流焊接后，发现在其上位号为 D35、D11 的 BGA 芯片的焊球焊点导通不良。不良 PCBA 芯片安装外观如图 No. 123-1 所示，其焊点为无铅焊球焊点，PCB 镀覆层为 ENIG Ni（P）/Au，制程为有铅、无铅混合工艺，使用的焊膏为 Sn37Pb。

（2）现象分析

① 对从不良芯片 D35 中任选的两个焊球焊点进行切片 SEM 分析，缺陷焊点的 SEM 照片分别如图 No. 123-2 和图 No. 123-3 所示，由图 No. 123-3 中可知，在焊球焊料中散布着

很多的白色的 Pb 枝晶和点，它们不规则地沿着焊球焊料的晶界缝隙生长和扩散，形成了大量的局部 Pb 偏析线和点，开裂就是沿着这些强度极弱的富 Pb 层面发展的。

② 对不良芯片 D11 焊点的切片是沿着图 No. 123-4 中的红虚线进行的，其中，T2 焊点和其他代表性焊点的金相切片照片，分别如图 No. 123-5～图 No. 123-7 所示。

③ 从上述（图 No. 123-5～图 No. 123-7）SEM 分析可知：

图 No. 123-1　不良 PCBA 芯片安装外观

- 从图中可观察到所有焊点均存在晶粒疏松现象，说明再流焊接过程进行得不够充分；
- 焊点内存在大量白色的 Pb 枝晶和点，说明再流过程中各成分间未充分熔合，Pb 偏析现象严重；
- 断裂面及其附近富 Pb 层分布集中，断裂层正是沿着富 Pb 层延伸和发展的。

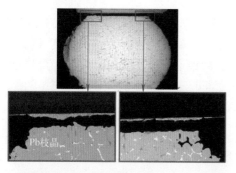

图 No. 123-2　缺陷焊点①的 SEM 照片

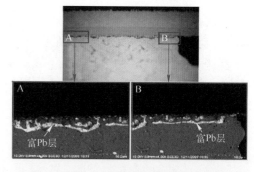

图 No. 123-3　缺陷焊点②的 SEM 照片

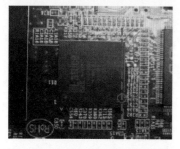

图 No. 123-4　芯片 D11 焊点的切片方向

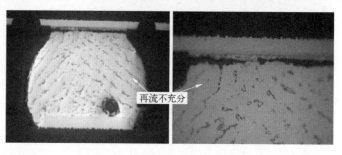

图 No. 123-5　T2 焊点金相切片照片

图 No. 123-6　其他代表性焊点金相切片照片（一）

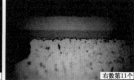

图 No. 123-7　其他代表性焊点金相切片照片（二）

④ 对缺陷焊点进行 SEM/EDX 分析，其代表性照片如图 No. 123-8 所示。从断裂面的谱图元素分析看，Pb 达到了 15.51wt%，Pb 偏析现象非常明显。

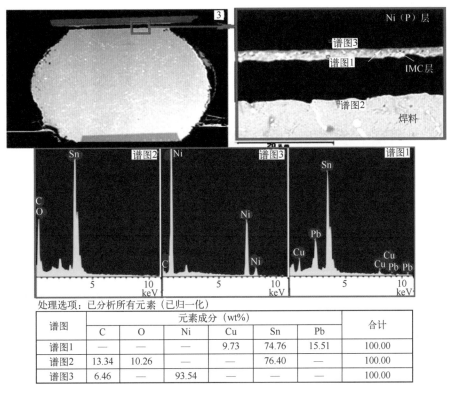

处理选项：已分析所有元素（已归一化）

谱图	元素成分（wt%）					合计
	C	O	Ni	Cu	Sn	Pb	
谱图1	—	—	—	9.73	74.76	15.51	100.00
谱图2	13.34	10.26	—	—	76.40	—	100.00
谱图3	6.46	—	93.54	—	—	—	100.00

图 No. 123-8　缺陷焊点 SEM/EDX 分析的代表性照片

2. 形成原因及机理

（1）形成原因

在再流焊接过程中，"温度-时间曲线"设计错误（采用有铅再流焊接"温度-时间曲线"）。

（2）形成机理

本案例 BGA 芯片的焊点为无铅焊球焊点，PCB 镀覆层为 ENIG Ni（P）/Au，焊膏为 Sn37Pb。属于典型的向后兼容的有铅、无铅混合工艺。向后兼容采用 SnPb 再流"温度-时间曲线"，没有超过 SnAgCu 焊球的熔化温度，沉淀在焊盘上的 SnPb 焊膏熔化了，但是 SnAgCu 焊球还尚未熔化，Pb 扩散到没有熔化的焊球晶粒边界。Pb 在 SnAgCu 焊球中能扩散多高取决于再流温度设置为多高，以及 SnPb 焊料多久能熔化。用标准的 SnPb 再流"温度-时间曲线"将元器件焊接到 PCB 上，最终的焊点微观结构是不均匀的，也是不稳定的，这对焊点的可靠性带来了有害的影响。

3. 解决措施

选择适合有铅、无铅混合组装再流焊接"温度-时间曲线"以确保再流过程充分进行，焊球焊料和焊膏中焊料在再流过程中能充分熔合。

No. 124　镀镍-金铍青铜天线簧片焊点脆断

1. 现象描述及分析

（1）现象描述

① 某天线簧片广泛应用于手机和数据卡等产品中，该簧片在 PCBA 上的安装位置和外形图，如图 No.124-1 所示。

图 No.124-1　簧片在 PCBA 上的安装位置和外形图

② 发现拔脱后的簧片焊接面有明显的不润湿或反润湿现象，如图 No.124-2 所示。反润湿区的特征，如图 No.124-3 所示。

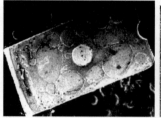
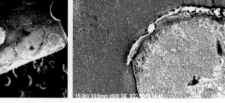

图 No.124-2　拔脱后的簧片焊接面　　　　图 No.124-3　反润湿区的特征

③ 该物料材质为铍青铜，镀镍打底，表面镀金，零件加工数据，如表 No.124-1 所示。

表 No.124-1　零件加工数据

材料名称	镀层技术参数	是否无铅
300 天线簧片	镀铜：0.1mm；镀镍：2~3μm；镀金：0.2μm。SMT 应用	无铅

（2）现象分析

① 从焊点纵向断面切片图可见簧片弯曲部位裂缝非常明显，焊点切片图如图 No.124-4 所示。图 No.124-5 为非裂缝处金相组织的显微放大图。从图中可见，靠近 PCB 焊盘界面区再流焊接中发生的冶金过程较充分，IMC 层生长良好；而靠近簧片侧的焊接界面再流焊接的冶金过程进行得不太充分，有明显的疏松的金锡金属间化合物（$AuSn_4$ 等）富集，冷焊特征较明显。

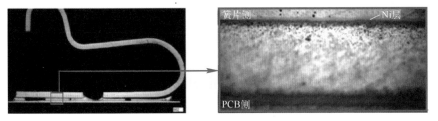

图 No.124-4　焊点切片图　　　　图 No.124-5　非裂缝处金相组织的显微放大图

② 在两个有缺陷的焊点上，一个用手工电烙铁加焊料返修，另一个不进行任何处理，然后分别进行切片和 EDX 分析。其中，1X：表示未处理的焊点；2X：表示已经加焊料返修的焊点。

- 1X 与 2X 在不同放大倍数下的金相切片镜像，如图 No.124-6 所示。从图中可看到：2X 比 1X 焊接接合面有明显的改善，空洞明显减少了很多。由空洞贯穿的两个界面，不论是 1X 还是 2X，在靠近 PCB 焊盘侧，均显示了良好的润湿性（焊面上可见 IMC 层），而簧片侧则明显不润湿。

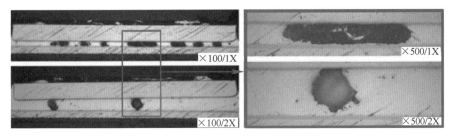

图 No.124-6　1X 与 2X 在不同放大倍数下的金相切片镜像

- EDX 分析：未经返修的焊点 PCB 焊盘附近的 EDS 图，如图 No.124-7 所示，图中给出了 1X（未经电烙铁加焊料的焊点）的谱图 1——靠近 PCB 焊盘附近的元素分布。

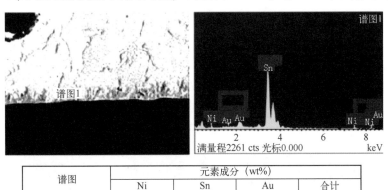

谱图	元素成分（wt%）			
	Ni	Sn	Au	合计
谱图1	2.50	90.70	6.80	100

图 No.124-7　未经返修的焊点 PCB 焊盘附近的 EDS 图

2. 形成原因及机理

（1）形成原因

由图 No.124-7 可知，在焊缝焊料中 Au 元素浓度（wt%）非常高，而且分布极不均匀，靠近 PCB 焊盘附近为 6.80wt%，Au 偏析现象非常明显。显然焊缝受轻微推力就断裂的重要原因是：焊缝焊料中 Au 元素浓度过高，导致焊点抗剪强度退变（金脆现象）。

（2）形成机理

在焊缝中填充了焊料的区域，在簧片焊接表面附近有冷焊迹象，如图 No.124-5 所示。从图中可以看到，PCB 焊盘侧和簧片侧的两个焊接接合界面存在较明显的差异。前者 IMC 层形成较好，未见明显的 $AuSn_4$ 等金属间化合物富集；而后者 IMC 层发育不理想，可见 $AuSn_4$ 等金属间化合物富集。由于簧片附近金元素和金锡金属间化合物的富集，降低了该区域焊料的纯度，破坏了焊料对簧片表面的润湿性，抬高了对簧片表面的润湿温度，从而导致了簧片表面的不润湿和冷焊迹象的出现。按照焊点可靠性要求，焊点焊料中 Au 元素的浓度应<3wt%。

3. 解决措施

① 建议簧片生产厂改变镀层种类。

② 制成的半成品可采取人工电烙铁加焊料补焊。

③ 建议在 PCBA 组装中，禁用在 PCB 焊盘和元器件焊端同时采用 Au 镀层。

No.125　某 PCBA BGA 芯片角部焊点断裂

1. 现象描述及分析

（1）现象描述

在某 PCBA 组件生产中，发现 BGA 芯片（标红箭头）角部焊点断裂，其特征是断裂仅出现在该点，且断裂均发生在芯片侧的 IMC 层上，失效特征和表现如图 No.125-1 所示。

（2）现象分析

1）焊点的纵向切片图及缺陷焊点与相邻焊点的高度（见图 No.125-2）

测试失效焊点及相邻良好焊点芯片焊盘与 PCB 焊盘间的高度，前者的高度明显要大于后者（向上翘曲），高度差为 $d = L_2 - L_1 = 552.161 - 539.822 = 12.339\ \mu m$。

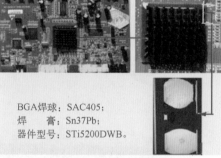

BGA焊球：SAC405；
焊　膏：Sn37Pb；
器件型号：STi5200DWB；

图 No.125-1　失效特征和表现

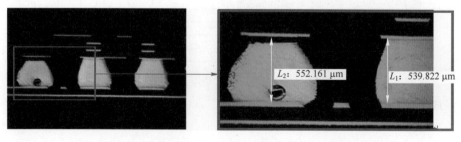

L_2: 552.161 μm　　L_1: 539.822 μm

图 No.125-2　焊点的纵向切片图及缺陷焊点与相邻焊点的高度

2）IMC 层状态分析（见图 No.125-3）

① 芯片封装侧在未组装之前的焊接界面的 IMC 层虽然很薄，但还连续平整，如图 No.125-3（a）所示；而经组装再次进行再流焊接后，IMC 层增厚了且变得凹凸不平了，沿 IMC 层出现了微裂纹和空洞，如图 No.125-3（b）所示；裂缝发生在芯片侧 IMC 层与焊料体的界面上，如图 No.125-4所示。

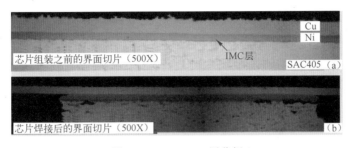

图 No.125-3　IMC 层分析

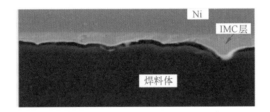

图 No.125-4　裂缝发生在芯片侧 IMC 层与焊料体的界面上

② 界面断裂的局部放大图如图 No.125-5 所示。在断裂的焊点侧，晶粒粗大且疏松。

图 No.125-5　界面断裂的局部放大图

3）SEM/EDX 分析

① 断裂界面谱图 1 的 SEM/EDX 分析，如图 No.125-6 所示。从元素构成可知，形成的 IMC 层的化学结构为 $(Cu,Ni)_6Sn_5$，而且还存在 C、O 和 Pb，断裂位置 IMC 层表面存在氧化现象和 Pb 积聚情况。

② 断裂缝隙邻近上表面附近谱图 1 和谱图 2 的 SEM/EDX 分析，如图 No.125-7 所示，从中可看到 Pb 的存在。

③ 断裂缝焊点侧表面谱图 1 和谱图 2 的 SEM/EDX 分析，如图 No.125-8 所示。从位于断裂面上的谱图 1 元素分布可以看出，Pb 高达 49.42wt%，已经存在严重的 Pb 偏析现象。

④ 未断裂焊点界面的 SEM/EDX 分析，如图 No.125-9 所示，从图中可以看出，在焊点与芯片界面上明显呈白色（Pb 偏析）。

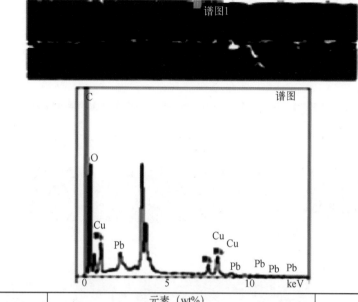

谱图	元素（wt%）						合计
	C	O	Pb	Cu	Sn	Pb	
谱图1	26.54	9.58	8.71	10.74	43.10	1.33	100.00

图 No. 125-6　断裂界面谱图 1 的 SEM/EDX 分析

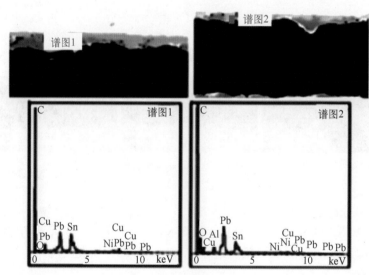

谱图	元素（wt%）						合计
	C	O	Al	Ni	Cu	Sn	Pb	
谱图1	7.10	2.61	—	6.31	12.40	43.40	28.18	100
谱图2	22.28	10.48	2.52	7.81	9.19	24.38	23.34	100

图 No. 125-7　断裂缝隙邻近上表面附近谱图 1 和谱图 2 的 SEM/EDX 分析

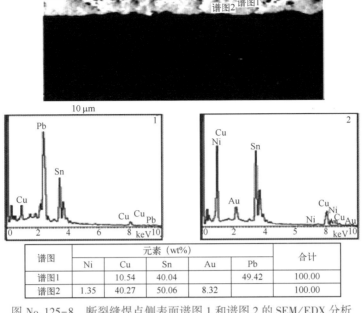

图 No. 125-8　断裂缝焊点侧表面谱图 1 和谱图 2 的 SEM/EDX 分析

谱图	元素（wt%）					合计
	Ni	Cu	Sn	Au	Pb	
谱图1		10.54	40.04		49.42	100.00
谱图2	1.35	40.27	50.06	8.32		100.00

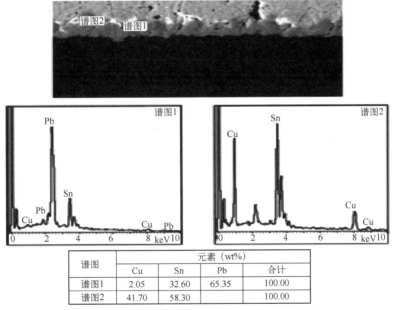

谱图	元素（wt%）			合计
	Cu	Sn	Pb	
谱图1	2.05	32.60	65.35	100.00
谱图2	41.70	58.30		100.00

图 No. 125-9　未断裂焊点界面的 SEM/EDX 分析

2. 形成原因及机理

（1）形成原因

① 在无铅、有铅混装的情况下，采用有铅"温度-时间曲线"进行再流焊接导致的后果。

② PCB 基板在再流焊接过程中发生了热变形。

（2）形成机理

向后兼容采用 SnPb 再流"温度-时间曲线"，没有超过 SnAgCu 焊球的熔化温度，这将影响焊点的质量和可靠性。沉淀在焊盘上的 SnPb 焊膏熔化了，但是 SnAgCu 焊球尚未熔化，造成焊膏焊料和焊球焊料之间未能充分熔合。Pb 将扩散到没有熔化的焊球晶粒边界，Pb 在 SnAgCu 焊球中能扩散多高，取决于再流温度设置为多高，以及 SnPb 焊料多久能熔化。

3. 解决措施

优化再流焊的"温度－时间曲线"，如采用峰值温度为 235～240℃ 的向前兼容的"温度－时间曲线"。

No. 126　FPBA 芯片焊点断裂

1. 现象描述及分析

（1）现象描述

① 某芯片供方的 FPBA 无铅芯片最早使用在某产品中的 PCB 单板上，有约 3‰ 的芯片出现焊点断裂情况。失效 PCBA 外观如图 No. 126-1 所示。

② FPBA 芯片焊点结构：在铜焊盘上电镀 Ni/Au 后再涂覆阻焊膜定义焊盘，如图 No. 126-2 所示。

图 No. 126-1　失效 PCBA 外观

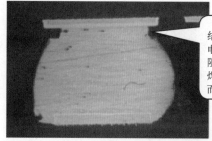

PPBA芯片焊点结构是：在铜焊盘上电镀Ni/Au后再涂覆阻焊膜，阻焊膜嵌入焊球中，有应力集中，而且阻焊膜容易翘起

图 No. 126-2　FPBA 芯片焊点结构

（2）现象分析

① 对断裂焊点 A、B 的切片分析如图 No. 126-3 所示，通过分析发现，有明显的焊料熔融不完全现象，断裂发生在 BGA 焊盘界面 IMC 层一侧的焊料中，在焊料凝固时，由于元素分布的不同，焊点不同位置熔点不一致，当 Sn 和高熔点 Sn 合金先凝固，余下的近似共晶成分焊料再凝固时其体积会收缩约 4%，因此就给界面内部裂缝的形成和扩大提供了机会。对缺陷焊点 B 切片图的深入观察如图 No. 126-4 所示，进一步对焊点 B 进行切片分析，发现在焊点断裂附近存在富 Pb 区。

② 通过对缺陷焊点 A 切片图的深入观察可知，在断裂焊点的两个端部，在再流过程中，由于阻焊层下面的镀 Au 层迅速熔解到焊料中，阻焊层底面不断被熔融焊料挤入，使得阻焊层边缘翘起，焊球

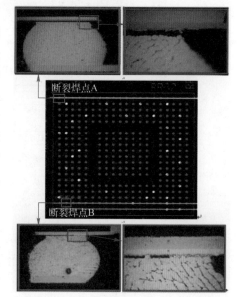

图 No. 126-3　对断裂焊点 A、B 的切片分析

焊料在凝固过程中，焊球边缘因受阻焊层压迫而形成一个台阶，如图 No. 126-5 所示。

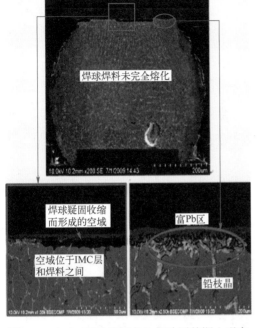

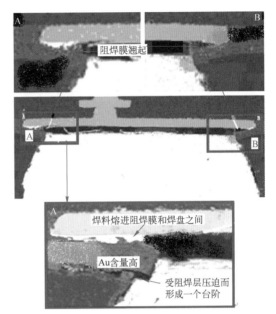

图 No. 126-4　对缺陷焊点 B 切片图的深入观察　　　　图 No. 126-5　对缺陷焊点 A 切片图的深入观察

③ 对断裂焊点 A 的左侧已楔入阻焊层下面的焊料的 SEM/EDX 分析，如图 No. 126-6 所示。在谱图 2 中，由于 Au 层熔解到焊料中，所以其浓度降低，而在谱图 1 中，由于焊料侵入少，Au 损失也少，所以浓度较高。

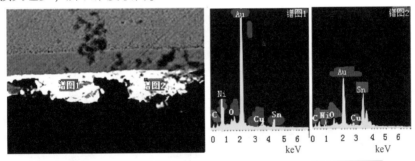

谱图	C(wt%)	O(wt%)	Ni(wt%)	Cu(wt%)	Sn(wt%)	Au(wt%)	合计
谱图1	3.89	2.95	7.80	0.79	2.55	82.02	100.00
谱图2	3.71	8.82	2.55	0.21	12.20	72.51	100.00

图 No. 126-6　对断裂焊点 A 左侧已浸入阻焊层下面的焊料的 SEM/EDX 分析

2. 形成原因与机理

（1）形成原因

元器件采用先电镀 Ni/Au 后再涂覆阻焊膜定义焊盘芯片制造工艺，未考虑应用需要。

（2）形成机理

在铜箔上电镀 Ni/Au 后再涂覆阻焊膜定义焊盘，这种焊盘与在铜层上经棕化或黑化后涂覆阻焊膜然后再电镀 Ni/Au 的焊盘相比，阻焊膜的结合力差。特别是在再流焊接过程中，靠近阻焊膜边缘底下的 Au 层熔解到焊料合金中后会留下空隙，熔融焊料乘虚而入，造成明显的延伸夹缝，使边缘的阻焊膜翘起。

3. 解决措施

① 建议在元器件侧采用 NSMD 定义焊盘，提升焊点的强度。

② 将 PCB 上螺钉安装的散热器更改为导热胶黏结散热器，以减小装配中的应力变形。

No. 127 某 PCBA BGA 焊球焊点裂缝

1. 现象描述及分析

（1）现象描述

某外协厂代工的 PCBA 上的 BGA 器件出现不良，手压 BGA 器件就可以运行，怀疑虚焊，不良比例约为 0.3%，要求对此 BGA 器件进行失效分析，以查明缺陷原因。失效 BGA 器件位于 PCB 中间位置，且体积较大，不良 PCBA 外观如图 No. 127-1 所示。

该 PCBA 属于纯无铅工艺，其工艺流程是：B 面 SMT→A 面 SMT→插件装焊→测试。该 BGA 器件位于 A 面，其焊球成分为 Sn(3.0~3.8)Ag。再流峰值温度为 237~245℃，时间为 40~60 s，潮湿敏感等级（MSL）为 3 级。

图 No. 127-1　不良 PCBA 外观

（2）现象分析

① 该板以前生产时也出现过类似的问题，不良比例在 0.3% 左右，当时也对失效器件进行过切片分析，相关焊点的照片如图 No. 127-2~图 No. 127-4 所示。

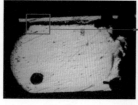 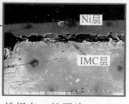 

图 No. 127-2　第 1 排焊点 1 的照片　　　　　图 No. 127-3　第 1 排焊点 2 的照片

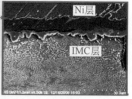

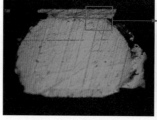 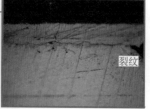

图 No. 127-4　第 2 排焊点 3 的照片

由图 No. 127-2~图 No. 127-4 可知：第 1 排焊点 1、焊点 2 及第 2 排焊点 3 均存在开裂现象，开裂的界面均在器件焊盘 Ni 层与金属间化合物（IMC）层之间，且开裂均发生在器件焊盘一侧。

② 第 2 次对失效 BGA 焊点进行切片分析，发现开裂焊点出现在器件边角位置，图 No. 127-5 给出了 BGA 焊点失效分布。

③ 对开裂焊点进行 SEM/EDX 分析：开裂焊点代表性照片如图 No. 127-6 所示，失效 BGA 器件未开裂焊点金相 SEM 照片如图 No. 127-7 所示，未失效 BGA 器件焊点金相切片照片如图 No. 127-8 所示。

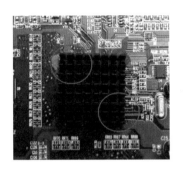

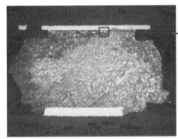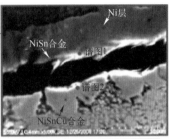

谱图	C（wt%）	O（wt%）	Ni（wt%）	Cu（wt%）	Sn（wt%）	合计
谱图1	24.19	5.82	35.96	/	34.03	100.00
谱图2	20.26	/	10.07	24.50	45.17	100.00

图 No. 127-5　BGA 焊点失效分布　　　　图 No. 127-6　开裂焊点代表性照片

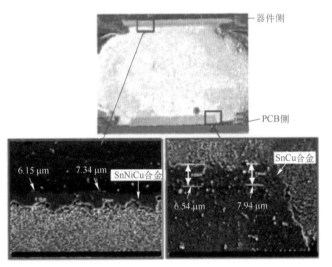

图 No. 127-7　失效 BGA 器件未开裂焊点金相 SEM 照片

- 从图 No. 127-6 可知，在断裂的器件侧焊盘的 Ni 层表面（谱图 1）形成了 Ni_3Sn_4 的二元合金 IMC 层，而在断裂的焊球侧表面（谱图 2），形成了 $(Cu,Ni)_6Sn_5$ 的三元合金 IMC 层。显然断裂是发生在 Ni_3Sn_4 二元合金 IMC 层与 $(Cu,Ni)_6Sn_5$ 的三元合金 IMC 层之间。

- 从图 No. 127-7 中可知，焊球与器件焊盘 Ni 层之间的 $Ni_3Sn_4+(Cu,Ni)_6Sn_5$ 两层 IMC 层的总厚度达到了 6.15 μm，而在焊球与 PCB 焊盘之间的 Cu_6Sn_5 的 IMC 层厚度达到了 7.34 μm，IMC 层均超厚。

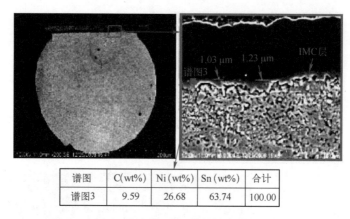

谱图	C(wt%)	Ni(wt%)	Sn(wt%)	合计
谱图3	9.59	26.68	63.74	100.00

图 No. 127-8　未失效 BGA 器件焊点金相切片照片

- 从图 No. 127-8 可知，未失效 BGA 器件焊点与器件侧之间的 IMC 层最大厚度为 1.23 μm，处于正常范围内。

2. 形成原因及机理

（1）形成原因

对失效 BGA 焊球焊点所形成的 IMC 层厚度测试结果显示，厚度均超出正常厚度许多，这是再流焊接温度过高或时间过长导致的后果。

（2）形成机理

由 SME/EDX 分析可知，器件接合界面已经形成了由位于 Ni 层表面的 Ni_3Sn_4 二元合金 IMC 层，以及位于其上的另一个 $(Cu,Ni)_6Sn_5$ 三元合金 IMC 层。元器件焊接界面上形成的这种双 IMC 层之间存在界面脆性，削弱了其连接强度。再加上该芯片安装于 PCBA 板面的中央，较大的热变形（特别是四个角部）形成的应力，使其沿最脆弱的器件侧的两个 IMC 层界面产生了脆断。

3. 解决措施

① 要进一步优化再流"温度-时间曲线"，避免再流温度过高和再流时间过长。
② 避免再流焊接过程 PCB 遭受过大的热应力而导致 PCB 及器件变形。

No. 128　MP3 主板器件焊点脱落

1. 现象描述及分析

（1）现象描述

① 某公司在生产 MP3 过程中，发现主板上的器件封装体在再流焊接后有脱落现象，失效样品如图 No. 128-1 所示。

② 检查样品外观，芯片脱落后的焊盘如图 No. 128-2 所示，对应的尚未焊接的焊盘如图 No. 128-3 所示。由图 No. 128-2 可见，芯片脱落后的焊盘表面均严重发黑，而尚未焊接过的焊盘颜色均为金黄色。

封装体脱落

图 No. 128-1　失效样品

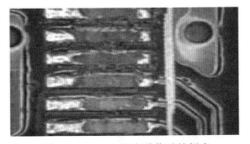

图 No. 128-2　芯片脱落后的焊盘

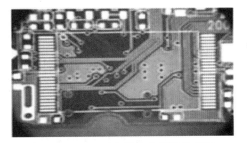

图 No. 128-3　对应的尚未焊接的焊盘

（2）现象分析

① 针对焊料对器件引脚及焊盘的润湿状况所做的金相切片图，如图 No. 128-4 所示。从该图可以看到，在再流焊接过程中，焊料对器件的引脚润湿良好，引脚和焊料的焊接界面的 IMC 层明显可见，而焊料在焊盘界面上却存在贯穿性裂缝。

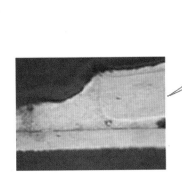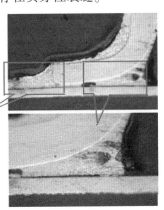

图 No. 128-4　金相切片图

② PCB 铜箔表面镀层采用 ENIG Ni(P)/Au 工艺，焊盘 ENIG Ni(P)/Au 涂层的镀层外观，如图 No. 128-5 所示。

③ 镀镍层元素组成的 EDX 分析，如图 No. 128-6 所示，P 含量偏低。

2. 形成原因及机理

（1）形成原因

PCB 焊盘 ENIG Au/Ni 镀层制程控制不良，导致 Ni 受到化学槽液的攻击形成了不可焊的黑 Ni 层。

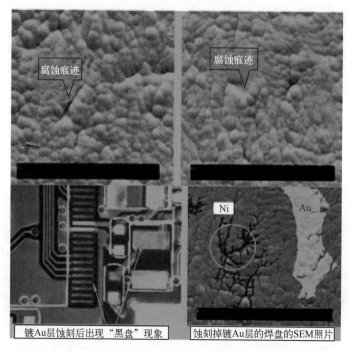

图 No. 128-5　镀层外观

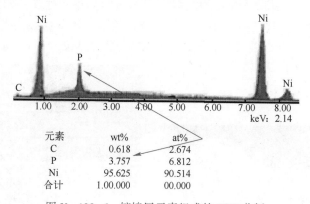

元素	wt%	at%
C	0.618	2.674
P	3.757	6.812
Ni	95.625	90.514
合计	1.00.000	00.000

图 No. 128-6　镀镍层元素组成的 EDX 分析

（2）形成机理

PCB 焊盘 ENIG Au/Ni 镀层结构不够致密，空气中的水分容易进入，表面存在腐蚀痕迹；另外，浸金工艺中的酸液容易残留在镀镍层中，同时镍层中磷含量偏低，导致镀层耐酸腐蚀性能变差，容易发生氧化腐蚀而变色，出现"黑盘"现象，使镀层可焊性变差。作为可焊性保护涂层的镀金层，在焊接时会完全熔解到焊料中，而镀镍层由于可焊性差不能与焊料形成良好的金属间化合物，最终导致器件因焊点强度不够而从 PCB 面脱落。

3. 解决措施

① Ni(P)镀层 P 含量过低，镀层抗腐蚀性差。焊接用 P 含量应为（7~9）wt%，属于 PCB 的制造质量问题。

② 建议凡是需要焊接的焊盘和部位，采用 OSP 涂层取代 ENIP Ni(P)/Au 镀层。

No. 129　某产品 PCBA BGA 焊球焊点开路

1. 现象描述及分析

（1）现象描述

某产品 PCBA 在再流焊接后的测试中，发现有功能异常，部分有开路现象。失效芯片在 PCBA 上的安装位置和焊球分布等相关情况分别如图 No.129-1～图 No.129-4 所示，其中，图 No.129-1 为缺陷样品（红框内为失效芯片），图 No.129-2 为失效芯片外观，图 No.129-3 为芯片失效焊球分布，图 No.129-4 为焊球整体照片。

图 No.129-1　缺陷样品（红框内为失效芯片）

图 No.129-2　失效芯片外观

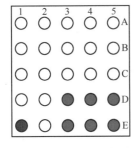

图 No.129-3　芯片失效焊球分布

图 No.129-4　焊球整体照片

（2）现象分析

① 对良好焊点和失效焊点进行切片分析，其金相切片图分别如图 No.129-5 和图 No.129-6 所示。从图 No.129-5 中可以看到界面形成了良好的 IMC 层，而失效焊点在芯片侧焊接界面上出现了明显的贯穿性的裂缝，如图 No.129-6 所示。发生在 PCB 焊盘与焊

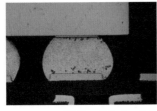

图 No.129-5　良好焊点的金相切片图

球之间的裂缝，其特征是在两个端侧面润湿良好，裂纹发生在焊盘的上平面，图 No. 129-7 给出了发生在 PCB 焊盘和焊球之间的失效焊点的金相切片图。

图 No. 129-6　失效焊点的金相切片图

图 No. 129-7　发生在 PCB 焊盘和焊球之间的失效焊点的金相切片图

② 失效焊点的 SEM/EDX 分析代表照片，如图 No. 129-8 所示。在焊球的开裂位置谱图成分主要是 Sn 和 Ni，说明开裂发生在合金层上。

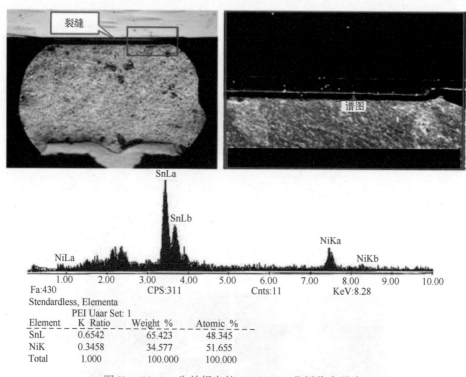

Element	K Ratio	Weight %	Atomic %
SnL	0.6542	65.423	48.345
NiK	0.3458	34.577	51.655
Total	1.000	100.000	100.000

图 No. 129-8　失效焊点的 SEM/EDX 分析代表照片

2. 形成原因及机理

（1）形成原因

芯片焊盘和焊球之间未形成良好的金属间化合物，焊接强度低于焊球和 PCB 焊盘之间的焊接强度。

（2）形成机理

① 两个样品的失效焊点均集中在图 No.129-3 所示的右下角区域。显然，芯片焊盘和焊球之间出现的开裂现象是右下角区域受到了外力作用的结果。

② 从图 No.129-5 可知，焊盘表面润湿性良好，发生在 PCB 焊盘与焊球之间的裂缝产生原因是：焊盘的两个端侧面首先凝固，然后再向焊盘中心发展，中间开裂是由于焊盘中间的夜态焊料最后凝固时体积收缩所导致的。

3. 解决措施

① 调查受力源并予以消除。

② 加快再流焊接后的冷却速度。

No. 130　某产品 PCBA 在再流焊接中 BGA 芯片发生球窝缺陷

1. 现象描述及分析

（1）现象描述

① 某产品 PCBA 再流焊接后，测试时出现网口不能连接，手压 BGA 芯片即恢复正常，出现缺陷的失效 PCBA 外观，如图 No.130-1 所示。芯片焊球成分为 Sn(3.0～3.5)Ag，再流焊接时所用焊膏中的焊料成分为 SAC305。在芯片封装上表面贴装有散热器。

图 No.130-1　失效 PCBA 外观

② 对缺陷样品 BGA 芯片进行染色试验，发现完全开裂的焊点有 4 个，该缺陷主要出现在边角上，开裂的界面主要在焊球与焊膏焊料之间，焊点的失效模式为球窝模式。图 No.130-2 所示为缺陷样品 BGA 焊点染色照片，图 No.130-3 所示为焊点的失效模式——球窝模式。

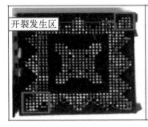
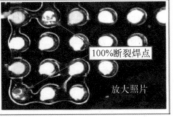

图 No.130-2　缺陷样品 BGA 焊点染色照片

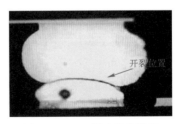

图 No.130-3　焊点的失效模式——球窝模式

③ 通过机械剥离 BGA 芯片与 PCB 侧焊盘焊点进行观察，发现约有 10 个 BGA 焊球与焊膏焊料未很好地熔合，此现象在 BGA 焊点阵列中分布没有规律。不良 PCBA 边角 BGA 焊点焊接情况如图 No. 130-4 所示。

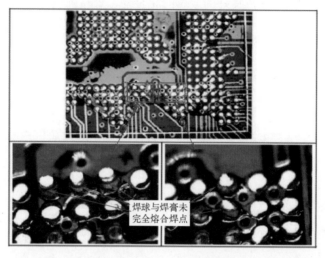

图 No. 130-4　不良 PCBA 边角 BGA 焊点焊接情况

(2) 现象分析

① 失效 BGA 芯片的第 1 列与第 1 和 7 排的交叉点的两个焊点切片图，如图 No. 130-5 所示，图中的第 1 列第 1 排失效焊点是在芯片侧的焊料中断裂，而第 1 列第 7 排交叉点的焊点则在 PCB 侧的焊盘与 IMC 层之间出现裂缝。

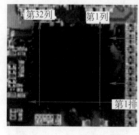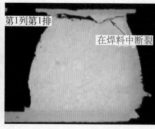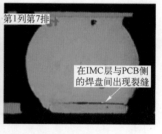

图 No. 130-5　第 1 列与第 1 和 7 排的交叉点的两个焊点切片图

② 失效 BGA 芯片的第 32 列与第 1 和 2 排以及第 6 和 7 排的交叉点的四个焊点切片图，如图 No. 130-6 所示。由图中可知，所切片的前三个焊点的断裂模式均是向上凸的球窝缺陷，而最后一个焊点，焊接情况虽然很好，但断层发生在 PCB 侧的基材的内部。

③ 失效 BGA 芯片的第 1 排的第 1、3、5、6、7 五个焊点切片图，如图 No. 130-7 所示。由图中可知，第 1、3、7 三个焊点明显地呈现向上凸起的球窝缺陷。第 5、6 两个焊点合格。

④ 良好焊点的 SEM/EDX 分析照片，如图 No. 130-8 所示。由图中区域 1、2 的元素分布可知，焊球焊料与焊膏焊料之间已经较好地熔合。

⑤ 球窝焊点的 SEM/EDX 分析照片，如图 No. 130-9 所示。从图中可知，区域 3 的焊膏的金属成分（Sn，Ag，Cu）和区域 4 焊球的金属成分（Sn，Ag）在再流过程中根本未发生熔合，似乎被一道墙所阻隔。

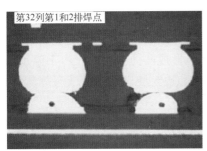 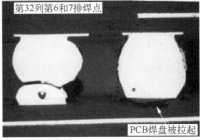

图 No. 130-6　第 32 列与第 1 和 2 排以及第 6 和 7 排的交叉点的四个焊点切片图

   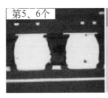 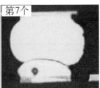

图 No. 130-7　第 1 排的第 1、3、5、6、7 五个焊点切片图

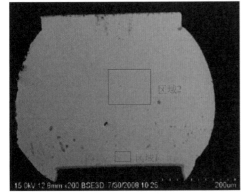

区域	元素（wt%）			累计
	C	Ag	Sn	
区域1	1.00	2.77	96.23	100.00
区域2	1.36	2.99	95.65	100.00

图 No. 130-8　良好焊点的 SEM/EDX 分析照片

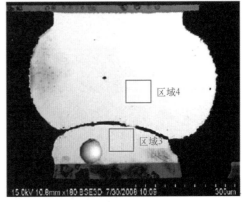

区域	元素（wt%）				累计
	C	Cu	Ag	Sn	
区域3	1.75	1.05	2.37	94.83	100.00
区域4	1.87	—	3.60	94.53	100.00

图 No. 130-9　球窝焊点 SEM/EDX 分析照片

2. 形成原因及机理

（1）形成原因

焊球成分为 Sn3Ag，液化温度范围为 221~226℃；而焊膏焊料成分为 SAC305，其液化温度范围为 217~219℃。该缺陷是熔化和凝固温度不同步、PCB 或芯片热变形共同作用的结果。

（2）形成机理

经过贴片工序后，芯片焊球底部是嵌入在焊膏中的，在再流焊接制程中焊膏焊料首先再流在焊盘上熔聚，助焊剂被挤出焊盘并聚集在焊盘周围。在随后继续加热升温过程中，尚未熔化的浮在焊盘焊料上的芯片焊球的表面已不能获得助焊剂的保护而加速氧化，形成

第五篇　PCBA-SMT 工序中安装焊接缺陷（故障）经典案例

现代电子制造装联工序链缺陷与故障经典案例库

一层较厚的像袋子一样的 SnO 膜，将正在熔化的焊球密封在 SnO 膜中。此时，处于高温状态下的 PBGA 由于其周边或内部某些局部点热变形（如翘曲），使得芯片焊球就可能脱离焊盘焊料。当冷却时焊盘焊料首先冷却，在焊盘上形成凸曲面，随后由于温度的徐徐降低，PBGA 热变形渐渐恢复。此时，焊球表面的 SnO 和被封装于其内的液态焊球焊料就像盛水的软袋子罩在凸曲面的焊盘焊料上，从而形成界面完全被 SnO 膜所阻隔的凸形球窝。PBGA上翘，如图 No. 130-10 所示。

PBGA位于焊膏上

PBGA变形，焊球和焊膏熔化，但未接触

冷却后，焊膏焊料已经固化，导致焊球凹痕

图 No. 130-10　PBGA 上翘

3. 解决措施

① 优化再流炉"温度-时间曲线"，选择一个温度合适、时间较长的均热区，以便能够迅速达到焊料液相线状态的再流焊接温度，对减少球窝缺陷是有利的。

② 采用抗热坍塌能力强，去 $CuO(Cu_2O)$、$SnO(SnO_2)$ 性能好的焊膏，如日本ハリマ公司的失活焊膏。

No. 131　某系统产品 PCBA 可焊性不良

1. 现象描述及分析

（1）现象描述

某不良 PCBA 样品外观如图 No. 131-1 所示，在焊接后发现部分焊盘可焊性不良，不良焊点外观如图 No. 131-2 所示。PCBA 焊盘表面为 ENIG Ni(P)/Au，组装焊接采用无铅制程，焊料型号为 SAC305，未润湿处焊盘发暗。

图 No. 131-1　不良 PCBA 样品外观

焊点1

焊点2

焊点3

图 No. 131-2　不良焊点外观

（2）现象分析

① 不良焊点表面 SEM 分析照片，如图 No.131-3 所示。由图中可见，焊料不润处的 Ni 层表面的晶界已经不同程度地受到了氧的侵蚀。

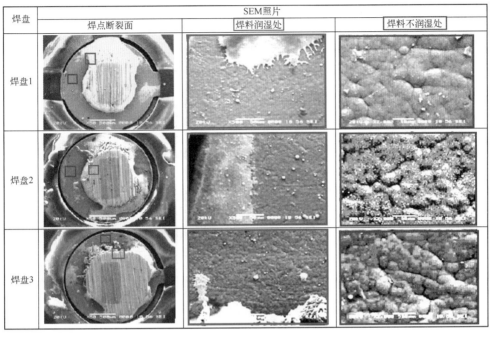

焊盘	SEM照片		
	焊点断裂面	焊料润湿处	焊料不润湿处
焊盘1			
焊盘2			
焊盘3			

图 No.131-3　不良焊点表面 SEM 分析照片

② 对图 No.131-3 中不良焊点 1、2、3 不润湿区域进行的 SEM/EDX 分析可知，三个焊点不润湿（发黑）区域氧含量均较高（>6wt%），表面 Ni 层已经发生了氧化现象。不良 PCBA 焊盘未润湿区的 SEM/EDX 分析代表照片和元素成分如图 No.131-4 所示。

焊盘	分析位置	EDX谱图	元素	含量	
				wt%	at%
焊盘1	谱图1	谱图1	C	10.68	31.94
			O	6.10	13.70
			P	7.28	8.44
			Ni	74.18	45.39
			Sn	1.76	0.53
			合计	100.00	100.00
焊盘2	谱图2	谱图2	C	10.24	30.84
			O	6.83	15.45
			P	6.55	7.66
			Ni	73.12	45.06
			Sn	3.26	0.99
			合计	100.00	100.00
焊盘3	谱图3	谱图3	C	10.12	30.37
			O	6.72	15.14
			P	7.49	8.71
			Ni	73.56	45.14
			Sn	2.11	0.64
			合计	100.00	100.00

图 No.131-4　不良 PCBA 焊盘未润湿区的 SEM/EDX 分析代表照片和元素成分

③ 剥离 Au 后的 Ni 层表面的 SEM 分析结果如下所述。

● PCB 光板（组装前）的 SEM 分析：未组装前的 PCB 光板去 Au 后 Ni 层表面的 SEM 照片如图 No. 131-5 所示，由照片可见，Ni 层表面已受到氧元素侵蚀。

● 组装后的 PCBA 去 Au 后 Ni 层表面的 SEM 的照片如图 No. 131-6 所示，由照片可见，Ni 层表面已经受到了氧元素侵蚀。

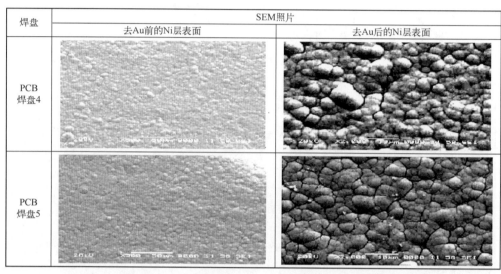

图 No. 131-5　PCB 光板去 Au 后 Ni 层表面的 SEM 照片

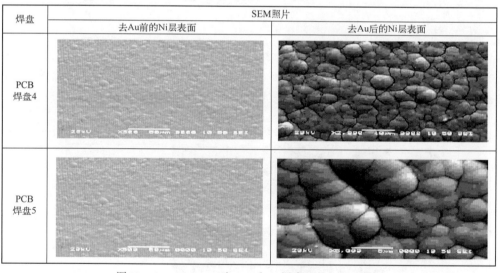

图 No. 131-6　PCBA 去 Au 后 Ni 层表面的 SEM 照片

2. 形成原因及机理

（1）形成原因

导致本案例缺陷的主要根源是在 PCB 制造过程中 ENIG Ni(P)/Au 镀覆层工艺不良。

（2）形成机理

当涂层过薄或者工序过程参数控制不当时，就可能造成覆盖在 Ni 上的 Au 层质量低劣，存在大量的针孔，空气中的氧（O_2）或焊膏中的助焊剂活性物质，穿过这些针孔直接向底层的 Ni 侵蚀，便在沿 Ni/Au 界面的 Ni 层表面形成了一层黑色的氧化镍。

3. 解决措施

① 将缺陷向 PCB 制造方反馈，要求制造方采取措施优化和改进 ENIG Ni(P)/Au 镀层工艺，切实保证镀层工艺质量。

② 建议采用 OSP 或 Im-Sn+热熔工艺取代 ENIG Ni(P)/Au 镀覆层。

No. 132　某产品 PCBA 出现 FBGA 焊接缺陷

1. 现象描述及分析

（1）现象描述

2007 年某产品采用 PCBA 制程，在生产中因芯片虚焊导致测试不良，后分析发现，该 PCBA 在整机生产线的高低温测试中也出现过这种焊接质量问题。

该 PCBA 上用的芯片封装形式为倒装芯片结构 FBGA，在该芯片的中心部位有一个凸台，这与其他 FBGA 芯片有所不同，PCBA 上所用 FBGA 封装形式如图 No. 132-1 所示。

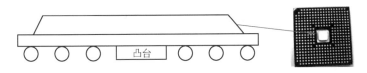

图 No. 132-1　PCBA 上所用 FBGA 封装形式

（2）现象分析

① 对缺陷 FBGA 芯片进行 X-Ray 检测，X-Ray 检测图像如图 No. 132-2 所示，从该图中可发现，芯片外围焊点相对粗大一些（见图 No. 132-2 中的 A 区），而靠近中心芯片（见图 No. 132-2 中的 B 区）的焊点明显比 A 区的小。

② 芯片外围焊球焊点切片照片，如图 No. 132-3 所示，从该照片中可以看出，焊球坍塌比较明显，坍塌高度由里向外（图 No. 132-3 中从右向左）依次递减（350.44→338.1478→331.9997，单位：μm）。边缘焊球焊点出现很明显的裂缝，且裂缝的大小也是从里向外逐渐递减的。

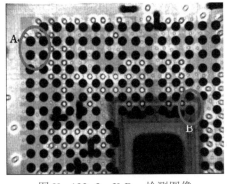

图 No. 132-2　X-Ray 检测图像

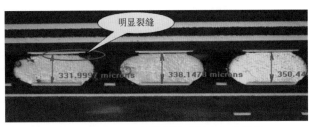

图 No. 132-3　芯片外围焊球焊点切片照片

③ 中间焊球焊点的切片照片如图 No.132-4 所示，由该照片可知，中间焊球焊点由于受到中间芯片凸台顶撑，故中间焊球坍塌非常小，只有 0.13 mm。

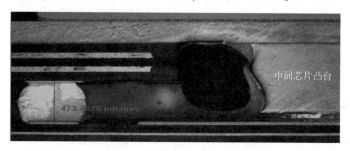

图 No.132-4　中间焊球焊点的切片照片

④ FBGA 芯片本体切片照片如图 No.132-5 所示。从测量数据来看，焊球最大的坍塌量只有 0.15 mm，达不到直径为 0.6 mm 时的理想坍塌高度为 0.2~0.3 mm 的要求。

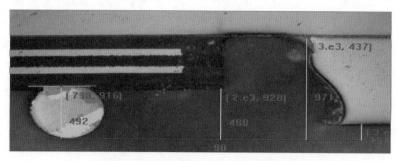

图 No.132-5　FBGA 芯片本体切片照片

2. 形成原因及机理

由于 FBGA 芯片的基板和封装材料以及 PCB 基材的 CTE 不同，在焊接过程中，FBGA 芯片实际上一直处于形变状态，一般的 FBGA 芯片都是先弓后平，再上翘，FBGA 芯片在焊接过程中的应力变化分析如图 No.132-6 所示。

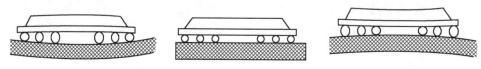

图 No.132-6　FBGA 芯片在焊接过程中的应力变化分析

当焊点冷却时，一般是 FBGA 芯片周边焊点先凝固，中心部位焊点后凝固，在没有任何形变因素的情况下，端部焊点虽然存在一定的拉应力，但不至于发生断裂。

由于本案例 FBGA 封装中心凸台与焊球的尺寸不适配（只有 0.15 mm），一方面，不能按正常的规律实现焊球的坍塌；另一方面，焊点凝固后还会受到很大的拉应力，造成焊点的断裂。

这种 FBGA 芯片存在焊接不良的封装设计问题。当按直径为 0.6 mm 设计焊球时，中心平台表面必须低于焊球焊接平面 0.3 mm，以便在焊接时焊球能够自由坍塌和变形。而此本例中焊球最大坍塌量只有 0.15 mm，未达理想坍塌高度为 0.2~0.3 mm 的要求。

3. 解决措施

① 扩大钢网开口尺寸，优化再流焊接温度曲线，延长焊接时间到 65~90 s。

② 可酌情在 PCB 与 FBGA 芯片凸台相对应的位置开洞，以让芯片凸台能嵌入其内，消除其顶撑带来的不利影响。

③ 将芯片封装结构不利于安装的问题反馈给供应商，要求他们改善封装设计。

No. 133 某 PCBA BGA 芯片焊点虚焊

1. 现象描述及分析

（1）现象描述

① 在对某 PCBA 进行组装测试中发现该板不能正常工作，怀疑因 PCBA 上的 BGA 芯片焊点（位号：D5、D7）虚焊而导致测试不通过，缺陷样品外观如图 No. 133-1 所示。

② 对失效样品焊点进行外观检查，发现已脱落芯片焊盘有不润湿情况，脱落芯片位置的焊盘外观如图 No. 133-2 所示。

（2）现象分析

① 对芯片焊点切片进行 SEM 分析，切片位置照片如图 No. 133-3 所示。在图 No. 133-3 中第一排靠右边有 4 个焊点完全开裂，开裂位置在焊料与 PCB 焊盘 Ni 层之间。

图 No. 133-1　缺陷样品外观

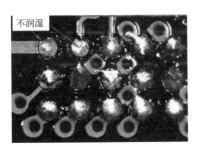

图 No. 133-2　脱落芯片位置的焊盘外观

图 No. 133-3　切片位置照片

② 通过对开裂焊球焊点进行 SEM 分析，发现开裂的界面均未形成良好、连续的 IMC 层，表明焊点在此处为虚焊。同时，对开裂的界面进行观察，发现开裂的界面均位于焊料与 PCB 焊盘 Ni 层之间。开裂焊点的 SEM 照片如图 No. 133-4 所示。

③ 对未开裂的焊球焊点进行 SEM 分析，与开裂焊点现象一致。未开裂焊球焊点的 SEM 照片如图 No. 133-5 所示。

④ 对已脱落不良焊点进行 SEM 分析，发现焊盘表面可分为三个区：黑区应该由黑色氧化镍构成；灰色区表面呈砂粒状，疑似为反润湿区；而突起的发亮区应该是焊点断裂面。显然，此焊点的断裂模式比较复杂，焊点断裂面 SEM 形貌照片，如图 No. 133-6 所示。

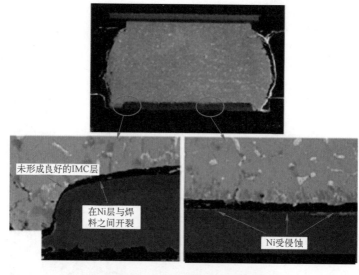

图 No. 133-4　开裂焊点的 SEM 照片

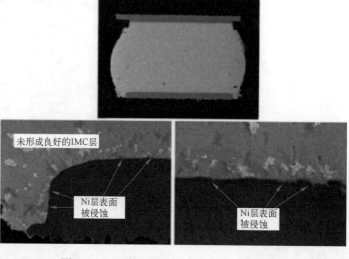

图 No. 133-5　未开裂焊球焊点的 SEM 照片

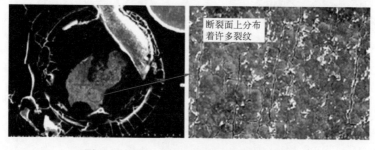

图 No. 133-6　焊点断裂面 SEM 形貌照片

⑤ 对表面呈灰色区进行 EDX 分析，发现 P 含量非常高（P 含量高达 14.69wt%），此部分断裂界面为非常脆弱的 P 异常富集层，其代表照片如图 No. 133-7 所示。

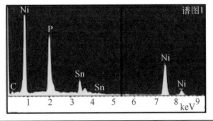

元素	C	P	Ni	Sn	合计
wt%	7.61	14.69	65.01	12.69	100.00

图 No. 133-7　对表面呈灰色区进行 EDX 分析的代表照片

2. 形成原因及机理

（1）形成原因

通过对失效样品的外观检查、切片、SEM/EDX 分析，可归纳出本案例缺陷发生的原因，描述如下。

① PCB 焊盘镀镍层局部腐蚀严重，表面被黑色的 Ni_xO_y 所覆盖（黑盘），可焊性完全丧失。

② 断裂面局部出现了高 P 富集的反润湿区。

正是因为黑盘区和高 P 富集区合计占整个焊盘面积的绝大部分，才导致了本案例虚焊现象的发生。

（2）形成机理

① 黑焊盘现象的出现，使得在再流焊接过程中，不能发生任何冶金反应，因而不能生成 IMC 层，焊料完全是黏附在氧化镍层上，即使受到很小的应力作用，也能发生开裂而失效。

② 高 P 富集层区的出现，使得该区表面的润湿性急剧恶化，是导致该区出现反润湿的根源。

3. 解决措施

① 有铅制程：建议选用 OSP 涂层替代 ENIG Ni(P)/Au 镀覆工艺。

② 无铅制程：选用 OSP 或 Im-Sn+热熔等涂层取代 ENIG Ni(P)/Au 镀覆工艺。

No. 134　某 OEM 公司 PCBA BGA 焊点大面积出现铅偏析现象

1. 现象描述及分析

（1）现象描述

① 2007 年某 OEM 公司在组装某 PCBA 产品的再流焊接中，在 BGA 芯片侧出现大面积的铅偏析现象，BGA 焊球焊点大量开路，稍加推力即掉落，焊点毫无连接强度，焊点断裂发生位置如图 No. 134-1 所示。

② 对缺陷焊点的芯片进行红墨水染色试验，发现大面积的焊点焊盘上均被染成了红色，焊盘上只有少量的未断裂焊点，染色试验代表照片如图 No. 134-2 所示。

③ 所用 PCB 焊盘表面采用 ENIG Ni(P)/Au 镀覆，BGA 焊球成分为 SnAg 无铅合金。采用有铅、无铅混合制程，焊膏焊料成分为 Sn37Pb 合金。

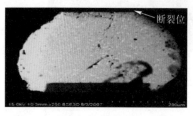

图 No. 134-1　焊点断裂发生位置

图 No. 134-2　染色试验代表照片

（2）现象分析

① 断裂焊点横截面的 SEM/EDX 分析照片，如图 No. 134-3 所示。

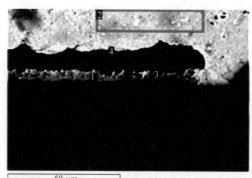

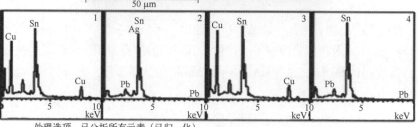

处理选项：已分析所有元素（已归一化）

谱图	元素成分（wt%）				合计
	Cu	Ag	Sn	Pb	
谱图1	43.22	—	56.78	—	100.00
谱图2	1.89	9.87	86.18	2.06	100.00
谱图3	44.60	5.00	50.40	—	100.00
谱图4	—	1.14	88.97	9.89	100.00

图 No. 134-3　断裂焊点横截面的 SEM/EDX 分析照片

② 断裂焊球表面的 SEM/EDX 分析，如图 No. 134-4 所示。从图中可见，Pb 偏析几乎都是沿着焊料合金晶粒的晶隙发展的。

③ 断裂面芯片焊盘侧的 SEM/EDX 分析照片，如图 No. 134-5 所示，图中白色片区和点为富 Pb 区。

④ 断裂面形貌及 EDX 分析如下所述。

- 断裂形貌（一）：如图 No. 134-6 所示，该图展示了脆性及强度复合式断裂形貌。谱图 3 展示了脆性断面的元素分布，在金属间化合物 Cu_6Sn_5 和 Ag_3Sn 中，混杂着呈颗

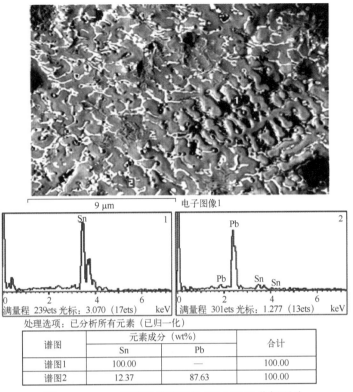

谱图	元素成分（wt%）		合计
	Sn	Pb	
谱图1	100.00	—	100.00
谱图2	12.37	87.63	100.00

图 No. 134-4　断裂焊球表面的 SEM/EDX 分析照片

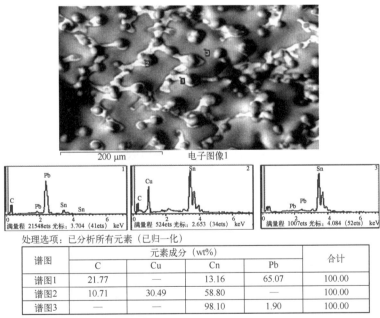

处理选项：已分析所有元素（已归一化）

谱图	元素成分（wt%）				合计
	C	Cu	Cn	Pb	
谱图1	21.77	—	13.16	65.07	100.00
谱图2	10.71	30.49	58.80	—	100.00
谱图3	—	—	98.10	1.90	100.00

图 No. 134-5　断裂面芯片焊盘侧的 SEM/EDX 分析照片

粒状分布富 Pb 晶粒。从高出谱图 3 平面些许的谱图 1 和 2 的元素分布看，断裂位应该在 Cu_6Sn_5IMC 层与富 Pb（Pb 中含 Sn）层之间，而位于最高位的谱图 4（该图中未标出）的位置应该更偏向于焊球侧的焊料内部。

- 断裂形貌（二）：如图 No.134-7 所示，从图中可知，断裂面表面平整，亮区（谱图 1、谱图 2）由合金（Cu_6Sn_5 和 Ag_3Sn）以及富 Pb 区（Pb 和 Sn）组成，黑区（谱图 3）由 C、O 等化合物组成。

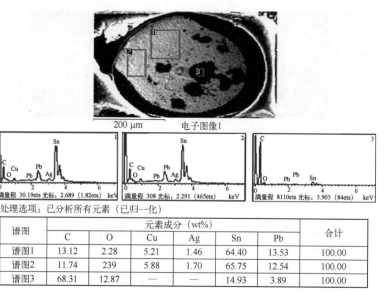

200 μm　　电子图像1

处理选项：已分析所有元素（已归一化）

谱图	元素成分（wt%）						合计
	C	O	Cu	Ag	Sn	Pb	
谱图1	13.12	2.28	5.21	1.46	64.40	13.53	100.00
谱图2	11.74	239	5.88	1.70	65.75	12.54	100.00
谱图3	68.31	12.87	—	—	14.93	3.89	100.00

图 No.134-6　断裂形貌（一）

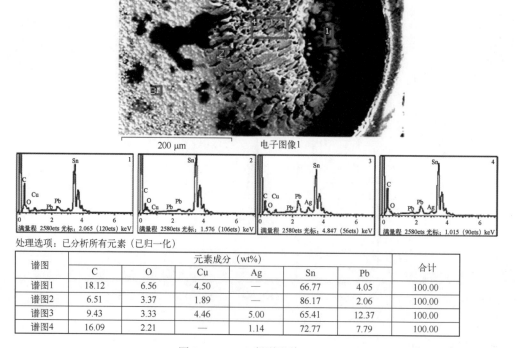

200 μm　　电子图像1

处理选项：已分析所有元素（已归一化）

谱图	元素成分（wt%）						合计
	C	O	Cu	Ag	Sn	Pb	
谱图1	18.12	6.56	4.50	—	66.77	4.05	100.00
谱图2	6.51	3.37	1.89	—	86.17	2.06	100.00
谱图3	9.43	3.33	4.46	5.00	65.41	12.37	100.00
谱图4	16.09	2.21	—	1.14	72.77	7.79	100.00

图 No.134-7　断裂形貌（二）

⑤ 掰分后的焊盘分析如下所述。

● 掰分后的焊盘断面形貌，如图 No. 134-8 所示。焊盘表面大部分覆盖着一层富 Pb 层（亮区），除此之外就是黑区。

● 掰分后缝隙上方的 SEM/EDX 分析照片，如图 No. 134-9 所示。由元素分布可知，焊球焊料为 SnAg。

处理选项：已分析所有元素（已归一化）

谱图	元素成分（wt%）			合计
	C	Ag	Sn	
谱图1	1.16	2.00	96.84	100.00
谱图2	1.29	3.15	95.56	100.00

图 No. 134-8　掰分后的焊盘断面形貌　　　　图 No. 134-9　掰分后缝隙上方的 SEM/EDX 分析照片

● 掰分后缝隙上方焊接界面及其附近的 SEM/EDX 分析照片，如图 No. 134-10 所示。断面界面上方的合金成分主要是 $(Cu, Ni)_6Sn_5$、富 Pb 合金以及 C、O 化合物等。

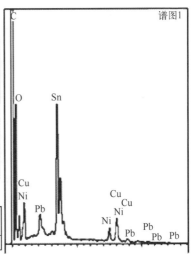

处理选项：已分析所有元素（已归一化）

谱图	元素成分（wt%）						合计
	C	O	Ni	Cu	Sn	Pb	
谱图1	26.50	9.58	8.78	10.74	43.10	1.30	100.00

图 No. 134-10　掰分后缝隙上方焊接界面及其附近的 SEM/EDX 分析照片

● 掰分后缝隙下方焊接界面及其附近的 SEM/EDX 分析照片，如图 No.134-11 所示。

⑥ 未断裂焊点 SEM/EDX 分析照片，分别如图 No.134-12 和图 No.134-13 所示。从图中可见 Pb 在芯片侧焊接界面的局部区域聚集，这是影响焊点连接强度可靠性的潜在隐患。

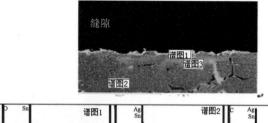

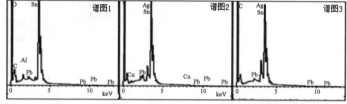

处理选项：已分析所有元素（已归一化）

谱图	元素成分（wt%）							合计
	C	O	Al	Cu	Ag	Sn	Pb	
谱图1	3.89	7.84	1.19	—		85.97	1.11	100.00
谱图2	—			2.08	11.00	82.50	4.42	100.00
谱图3	2.57		—		15.73	80.71	0.99	100.00

图 No.134-11　掰分后缝隙下方焊接界面及其附近的 SEM/EDX 分析照片

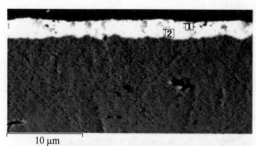

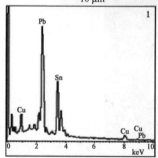
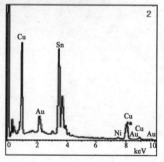

处理选项：已分析所有元素（已归一化）

谱图	元素成分（wt%）					合计
	Ni	Cu	Sn	Au	Pb	
谱图1	—	10.54	40.03	—	49.43	100.00
谱图2	1.35	40.27	50.06	8.32	—	100.00

图 No.134-12　未断裂焊点 SEM/EDX 分析照片（一）

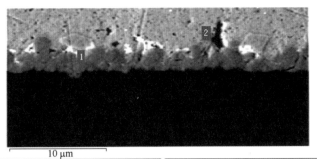

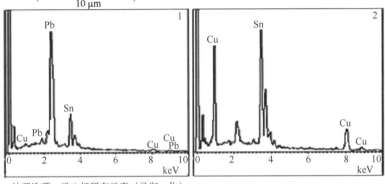

处理选项：已分析所有元素（已归一化）

谱图	元素成分（wt%）			合计
	Cu	Sn	Pb	
谱图1	2.06	32.60	65.34	100.00
谱图2	41.70	58.30	—	100.00

图 No. 134-13　未断裂焊点 SEM/EDX 分析照片（二）

2. 形成原因及机理

（1）形成原因

Pb 偏析是导致大片的 BGA 芯片焊球焊点开裂的根源。

（2）形成机理

① 再流焊接峰值温度偏低或再流时间偏短，热量供给严重不足，是导致 Pb 偏析的主要原因。

② 根据 OEM 厂方提供的再流焊接"温度-时间曲线"可知，该公司所用炉型为 5 温区设备。对方所提供的两条再流焊接"温度-时间曲线"，分别如图 No. 134-14 和图 No. 134-15 所示，由图可知，显然这两条再流"温度-时间曲线"都无法提供有铅、无铅混合组装再流焊接所需要的热量，这是造成该案例发生的最直接的原因。

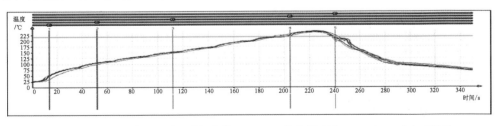

图 No. 134-14　再流焊接"温度-时间曲线"（一）：峰值温度为 217.4℃，对应时间为 35.8 s

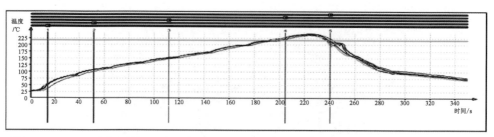

图 No. 134-15　再流焊接"温度-时间曲线"（二）：峰值温度为 219.4℃，对应时间为 51.2 s

3. 解决措施

① 更换再流焊接设备，用 ≥10 温区的设备替换现有设备。

② 按有铅、无铅混合组装再流焊接工艺要求，重新设计再流"温度-时间曲线"。

No. 135　某 PCBA USB 接口焊接不良

1. 现象描述及分析

（1）现象描述

某 PCBA 在组装后出现 USB 接口焊接不良，从外观来看，焊盘焊料上出现发黑现象，不良 PCBA 外观如图 No. 135-1 所示。据 PCB 供货方反应，其他客户也有类似设计的 PCBA，在生产中也出现过类似现象，所用 PCB 面采用 ENIG（P）/Au 镀覆工艺。其他用户产品的焊点外观如图 No. 135-2 所示。

图 No. 135-1　不良 PCBA 外观　　　　图 No. 135-2　其他用户产品的焊点外观

（2）现象分析

① 不良 PCBA 样品板表面 SEM 分析照片，如图 No. 135-3 所示。从图中可以看到，在焊盘表面明显可见不清晰开裂外观，可见该焊盘存在黑盘隐患。

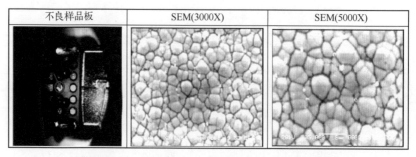

| 不良样品板 | SEM(3000X) | SEM(5000X) |

图 No. 135-3　不良 PCBA 样品板表面 SEM 分析照片

② 不良 PCBA 截面切片及 SEM 分析照片，如图 No. 135-4 所示。从图中可知焊料对孔壁的润湿角（$\theta > 90°$），表面焊料对孔壁存在润湿不良现象。

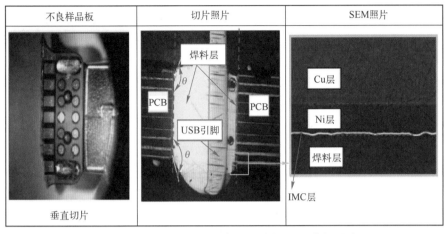

图 No. 135-4　不良 PCBA 截面切片及 SEM 分析照片

③ 不良 PCBA USB 引脚孔内的切片和 SEM 分析照片，如图 No. 135-5 所示。从图中可见表面的焊环（焊盘）也存在不润湿现象。

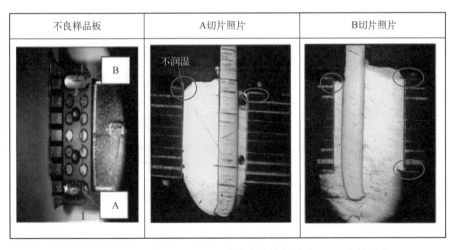

图 No. 135-5　不良 PCBA USB 引脚孔内的切片和 SEM 分析照片

④ 不润湿表面的 EDX 分析照片，如图 No. 135-6 所示。图中，Ni、P 为 ENIG Ni(P)/Au 镀覆层中的固有元素，Au 一部分为镀层固有，另一部分是进行 EDX 分析时为导电喷上去的。C、O 显然是裸露在空气中吸附的，且不含 Sn。因此，O 在 Ni 表面只能以 Ni_xO_y 的形态存在。

⑤ 对 Ni 面进行含 P 含量测试，如图 No. 135-7 所示。实测 P 含量平均值为 9.23wt%，偏高（属高 P 范畴）。

⑥ 不良 PCBA 焊盘表面黑色位置的 EDX 分析照片，如图 No. 135-8 所示。元素成分中不含 Ni，可以排除黑 Ni 的嫌疑。该黑色物质应该是焊膏助焊剂碳化残留物，Al 为空气中的灰尘污染所致。

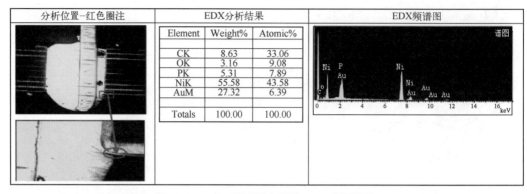

图 No.135-6　不润湿表面的 EDX 分析照片

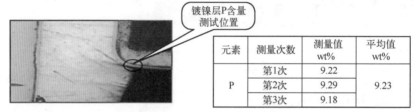

图 No.135-7　对 Ni 面进行含 P 量测试

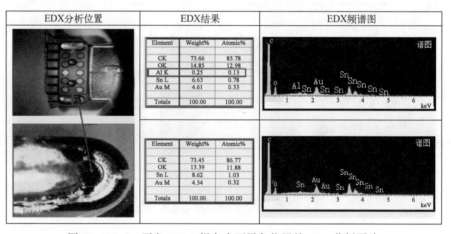

图 No.135-8　不良 PCBA 焊盘表面黑色位置的 EDX 分析照片

2. 形成原因及机理

（1）形成原因

本案例出现润湿不良的原因是 Ni 表面存在氧化现象。

（2）形成机理

在 EING Ni(P) Au 工艺中，黑盘是由于 Ni 层受到浸 Au 药水的剧烈侵蚀的结果。在镀 Au 时，镀液中的 Au 离子吸收金属镍表面的电子，而将镍离子释放到镀液中。由于某些微结构特性，晶粒边界和电化学局部交换并不是始终在进行的，即可将 Au 沉积到一个位置或区域，而镍离子从不同位置或区域释放出来。这种工艺的可能结果是镍层被侵蚀，最终留下粗糙的富磷层，与焊料形成弱连接。受影响的焊点不会与 PCB 形成牢固的机械键合，因此，在相当小的力的作用下，焊点就会失效。

3. 解决措施

① 采用选择性 OSP 涂层：在需要焊接的部位采用 OSP 涂层，其他如金手指、键盘、ICT 测试点等，采用高 P 的 ENIG Ni（P）/Au 镀层取代单一的 ENIG Ni（P）/Au 镀层。

② 优化焊接参数，避免助焊剂残余物炭化。

No. 136　CXXY 等 PCBA BGA 芯片再流焊接不良（冷焊）

1. 现象描述及分析

（1）现象描述

① 2003 年，在批产 CXXY 等终端产品 PCBA 时，发现该板上所用主芯片焊接失效率较高。为了便于比较，试验用样品分为缺陷样品和半成品样品（一次再流和二次再流）两大类，其外观分别如图 No. 136-1 和图 No. 136-2 所示。PCB 表面采用 ENIG Ni（P）/Au 镀覆层，有铅制程，焊球和焊膏合金成分均为 Sn37Pb；

② X-Ray 检查 PCBA 的主芯片的 BGA 焊球，未发现有明显的缝隙等缺陷。

图 No. 136-1　缺陷样品外观（箭头所指为研磨方向）　　　图 No. 136-2　半成品样品外观

（2）现象分析

① 对失效样品芯片焊球进行金相切片 SEM 分析，具体如下所述：图 No. 136-3 所示为焊球整体典型照片，图 No. 136-4 表明 IMC 层和 Ni 层间有缝隙且分界面非常明显，图 No. 136-5 表明 PCB 焊盘和焊球开裂，图 No. 136-6 所示为 PCB 侧焊球焊点冷焊典型照片。从金相切片照片中可以看出，焊球的熔融状况不很理想（见图 No. 136-3），结晶粗糙，只有部分焊球和焊盘生成了合金层（见图 No. 136-4），其中不良样品的第一个焊球和 PCB 焊盘已开裂，开裂处未见 IMC 层（见图 No. 136-5），冷焊现象很明显（见图 No. 136-6）。

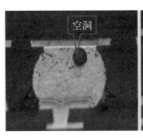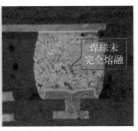

图 No. 136-3　焊球整体典型照片

图 No. 136-4　IMC 层和 Ni 层间有缝隙且分界面非常明显

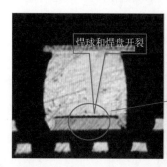

图 No. 136-5　PCB 焊盘和焊球开裂

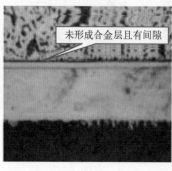

图 No. 136-6　PCB 侧焊球焊点冷焊典型照片

② 从半成品样品的金相切片照片中可以看到，二次再流焊接样品焊料的熔融情况比一次再流焊接样品焊料的熔融情况稍好，具体分析如下。

- 一次再流：一次再流后主芯片焊球典型照片如图 No. 136-7 所示，一次再流后电源芯片焊球典型照片如图 No. 136-8 所示，一次再流后芯片侧焊盘典型放大照片如图 No. 136-9 所示。

图 No. 136-7　一次再流后主芯片焊球典型照片

图 No. 136-8　一次再流后电源芯片焊球典型照片

图 No. 136-9　一次再流后芯片侧焊盘典型放大照片

- 二次再流：二次再流后主芯片焊球典型照片如图 No. 136-10 所示，二次再流后电源芯片焊球典型照片，如图 No. 136-11 所示，二次再流后芯片侧焊盘照片，如图 No. 136-12 所示。

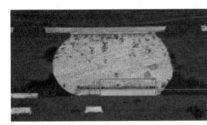

图 No. 136-10　二次再流后主芯片焊球典型照片

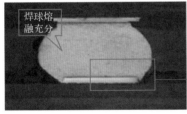

图 No. 136-11　二次再流后电源芯片焊球典型照片

2. 形成原因及机理

（1）形成原因

由上述分析可归纳出：在再流焊接中焊料再流不够充分，焊料未能充分熔融，焊盘和焊料界面未生成良好的 IMC 层，使部分焊料和焊盘开裂是导致本案例 BGA 失效的主要原因。

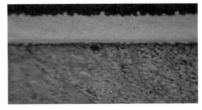

图 No. 136-12　二次再流后芯片侧焊盘照片

（2）形成机理

再流焊接"温度–时间曲线"设置不良（再流温度偏低、时间过短）造成热量供给不足，是导致本案例缺陷发生的总根源。

3. 解决措施

重新设计再流焊接"温度–时间曲线"，适当提高再流焊峰值温度和时间，以增加再流过程中的热量供给。

No. 137 模块电源 ZXDH300 芯片被击穿

1. 现象描述及分析

（1）现象描述

① 电源平台在进行 MTBF 试验中发生模块电源电压降低，部分驱动芯片高压引脚出现电击穿现象，该驱动芯片采用两列 QFN 封装。模块电源驱动芯片封装特征及电击穿焊点外观如图 No. 137–1 所示。

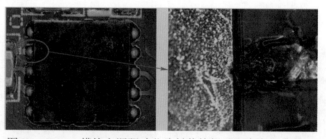

图 No. 137–1 模块电源驱动芯片封装特征及电击穿焊点外观

② 此批产品进行 MTBF 试验的条件如下所述。

- 试验温度：80℃；
- 试验中封装体实测温度：100~110℃；
- 加载的电压值：70 V；
- 发生时间：MTBF 试验的第 3~7 天陆续出现电击现象。

③ 在试验过程中出现烧毁现象，烧损芯片封装体外部焊点周边形貌如图 No. 137–2 所示，将芯片引脚与 PCB 焊盘分离后芯片底面焊区形貌图 No. 137–3 所示。

从图 No. 137–2 中明显可以看到焊点及其外围均被助焊剂残余物所覆盖，在左上角照片中，焊点上显示了助焊剂残留物有碳化迹象，焊点外围散布着颗粒很小的可游离的小焊料珠。在右下角照片中，可见散布着数个较大的焊料球，有已粘连固定的，也有几个未粘连的，有游离的可能性。

图 No. 137–3 显示了将芯片引脚与 PCB 焊盘分离后芯片底面焊区形貌，对离板高度很低的 QFN 封装的焊点，能焊透到如此地步也算可以了。但不足的是，和外露在芯片封装体外的焊区部分（见图 No. 137–2）一样，助焊剂残留物特多，几乎覆盖了全部相邻焊盘之间的绝缘间隔区，PCB 四个角的焊盘和中央散热区之间均被助焊剂残留物所连通甚至堆集。

图 No. 137-2　烧损芯片封装体外部焊点周边形貌

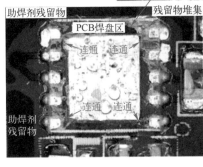

图 No. 137-3　将芯片引脚与 PCB 焊盘分离后芯片底面焊区形貌

（2）现象分析

问题实物 PCB 上的助焊剂残余物的 EDS 元素成分，如表 No. 137-1 所示。

表 No. 137-1　问题实物 PCB 上的助焊剂残余物的 EDS 元素成分

焊膏型号	元素	wt%	at%	备　注
XXX	C	69.73±1.50	83.72	材料实验室测试问题实物 PCB 上的助焊剂残余物中元素成分
	O	15.81±1.67	14.25	
	Si	—	—	
	Sn	13.55±0.54	1.65	
	Cl	0.93±0.11	0.38	

2. 形成原因及机理

（1）形成原因

本案例所发生的模块电源电压降低及部分驱动芯片高压击穿，均是由 PCBA 焊接后助焊剂残留物在高温、高压同时作用下产生的漏电流造成的。

（2）形成机理

① 热击穿机理：表 No.137-1 给出的问题实物 PCB 上的助焊剂残余物的 EDS 分析数据表明，Cl 元素成分达到（0.93±0.11）wt%，这是判断失效模式的关键数据。含 Cl 元素高的残留物在本案例试验的实体温度（100~110℃）和高压（70 V）的同时作用下，受高温加热液化后，将成为一种有较强极性的离子性导电电解质，从而构成了电流泄漏的通路。当在 V_{BH} 和 GND 之间加载 105 V 电压后，在 V_{BH} 和 GND 之间形成了较大的漏电流，造成了芯片的热电击穿。

② 模块电源电压降低的机理：正如前面所分析的原因，形成的较大的漏电流通过电源回路闭合后，在电源内部电阻上形成了一较大的内部电压降（$i_L R_O$），使得电源输出的路端电压下降，其作用过程可用图 No.137-4 所示的模块电源安装在 PCB 上后的等效电路予以说明：

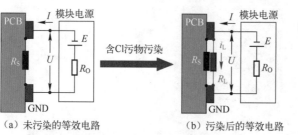

图中：R_S—PCB洁净表面的表面电阻
R_L—表面污染后形成的漏电阻
R_O—电源内部电阻
I—回路电流
i_L—漏电流
E—电源电势
U—电源路端电压

（a）未污染的等效电路　　（b）污染后的等效电路

图 No.137-4　模块电源安装在 PCB 上后的等效电路

图 No.137-4（a）表示洁净状态时的等效电路，此时由于 $R_S \to \infty$，回路电流 $I \to 0$，故路端电压 $U = E$；

图 No.137-4（b）表示受含 Cl 元素污染物污染后的等效电路，PCB 表面受污染后的情况可以用附着在表面上的一个并联的漏电阻 R_L 来表征，此时 PCB 表面的总电阻 R 表示为

$$R = \frac{R_s R_L}{R_s + R_L}$$

式中，$\because R_s \to \infty$　　$\therefore R \approx R_L$　回路电流 $I \approx i_L$　故路端电压 $U = E - i_L R_O$，$U < E$。

此时 U 降低数值的大小取决于漏电流大小，也就是说漏电流 i_L 越大，路端电压 U 就降得越低。这就是导致模块电源输出电压降低的原因。

③ 部分驱动芯片损坏的机理：随着温度的升高，残留物中将有更多的分子获得能量而成为活性分子，因而增加了活性分子的百分数，结果单位时间内的有效碰撞次数增加很多，残留物内的电化学反应也就相应地大大加快了，漏电流将出现雪崩式增长，甚至演变为短路电流而导致模块电源内部电路被烧毁。

3. 解决措施

① 在 PCBA 再流焊接完后要采取清洗工艺将留在板面上的多余物彻底清洗。

② 要加强对所用焊膏卤素含量的严格监控和管理。

No. 138　单板因 CAF 被烧毁案例

1. 现象描述及分析

（1）现象描述

① 单板位号为 D2A2 的 QFN 芯片在高温老化过程中被烧毁，事故主要集中在 55、57、58 引脚区间，引脚加载电压为 120 V，线间最小间距为 0.3 mm，老化温度>80℃，被烧毁单板局部外观如图 No. 138-1 和图 No. 138-2 所示，其特征如下所述。

图 No. 138-1：

● 被烧毁区主要部分位于芯片焊接区的外部；

● 被烧毁区基材表层已被烧损无存，内层损伤直接暴露。

图 No. 138-2：

● 导线两侧烧损最严重，引脚间其余部分轻微烧损；

● 各引脚间有较多助焊剂残余物及焊料珠残留，其位置均贴近芯片封装体；

● 从残留物的形态看不像是再流焊接时形成的，更像是从芯片底部缝隙中挤出的。

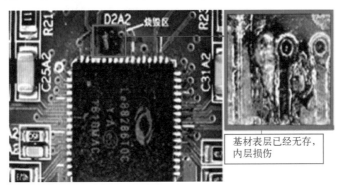

图 No. 138-1　被烧毁单板局部外观（一）

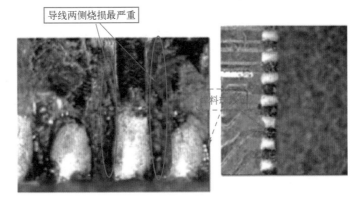

图 No. 138-2　被烧毁单板局部外观（二）

② 最具特征的两幅 X-CT 扫描照片，如图 No. 138-3 和图 No. 138-4 所示，其特征如下所述。

图 No. 138-3：

● 烧毁的中心在 55 导线与其相对的基板 L2（第二层）的 GND 之间，与其相连的另外两个引脚 57、59 未见任何变异；

● 55 导线底面有烧熔化后的铜珠堆集。

图 No. 138-4：

● 55 导线上表面因热氧化发黑的程度向 PTH 方向不断加深，在 PTH 与导线相连区域最黑，表明其底面的内层烧毁最严重，瞬间温度最高；

● 55 导线底部有残铜堆集，周围无规律地散布许多小铜珠，说明发生燃烧瞬间温度大于 1100℃（铜的熔点为 1083.4℃），小铜珠为高温形成的高压气体爆炸溅出的；

● 55 导线焊盘焊料发生重熔，导线窄面已吸附了焊料（底面上也肯定吸附了焊料），55 引脚窄面均被烫出窄缝。

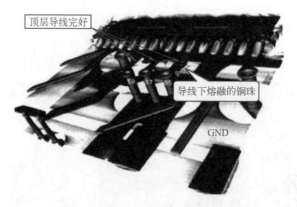

图 No. 138-3　X-CT 扫描照片（一）

图 No. 138-4　X-CT 扫描照片（二）

③ 最具特征的切片分析照片，如图 No. 138-5～图 No. 138-9 所示，其特征如下所述。

图 No. 138-5：

● 烧损最严重区玻璃纤维布的纬线已不可见，经线也只剩下碳化后的残骸，填充的环氧树脂分解后留下大量的空穴；

- 无碱玻璃纤维在 500~600℃ 的高温下，虽然仍然保持纤维形态，但其强度已丧失；
- 环氧树脂在 200℃ 就开始热分解，300℃ 左右碳化，超过 400℃ 就完全变成灰了。

图 No. 138-6：
- 燃烧主要发生在基板内的第二层。

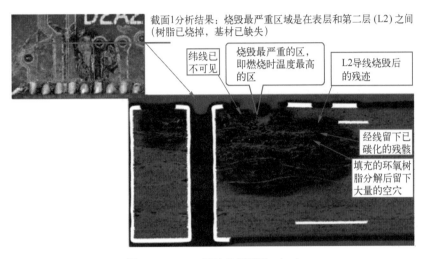

图 No. 138-5　切片分析照片（一）

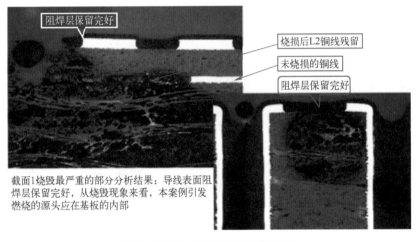

图 No. 138-6　切片分析照片（二）

图 No. 138-7：
- 55 焊盘端部与其很近的中央散热大焊盘间隙为 0.3 mm，未见任何变异，导线完好，可见燃烧最剧烈区是发生在基板的内层。

图 No. 138-8：
- 引脚焊盘底部发现焊料残渣，其成因已在图 No. 138-2 中说明，此处不再重复。
- 从引脚焊盘与芯片下大铜箔面之间的间隙内 PCB 表面形态来看，烧损并不严重，表面填充的环氧树脂均还可见。

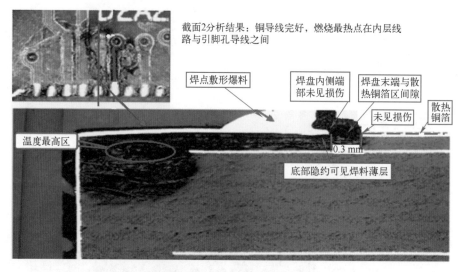

截面2分析结果：铜导线完好，燃烧最热点在内层线路与引脚孔导线之间

焊点敷形爆料

焊盘内侧端部未见损伤

焊盘末端与散热铜箔区间隙

未见损伤

散热铜箔

温度最高区

0.3 mm

底部隐约可见焊料薄层

图 No. 138-7　切片分析照片（三）

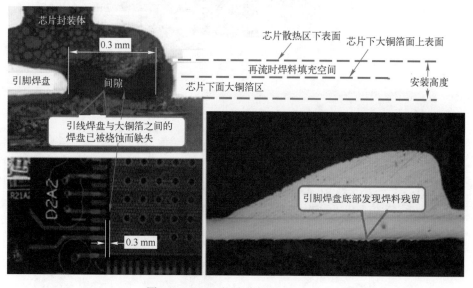

芯片封装体

0.3 mm

芯片散热区下表面

芯片下大铜箔面上表面

引脚焊盘

间隙

再流时焊料填充空间

安装高度

芯片下面大铜箔区

引线焊盘与大铜箔之间的焊盘已被烧蚀而缺失

0.3 mm

引脚焊盘底部发现焊料残留

图 No. 138-8　切片分析照片（四）

图 No. 138-9：

● 该图再次表明燃烧是发生基材内部。

（2）现象分析

① 最具特征的表面 SEM/EDS 分析，如图 No. 138-10 和图 No. 138-11 所示。

图 No. 138-10：SEM、EDS 采择的靶点是焊点间已被烧焦的内层表面，元素 Si、Ca 是来自玻璃纤维碳化后残留物的元素成分，Br 是被加到 PCB 基材中的阻燃剂，是环氧树脂分解后留下的，Sn 是由焊点焊料重熔时渗入的，如图 No. 138-4 所示。

图 No. 138-11：发生在靠近芯片封装体的焊料珠是在进行再流焊接时，焊点经历两次坍塌，由被挤出的部分焊膏所形成的。

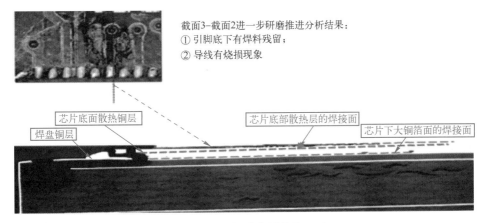

截面3-截面2进一步研磨推进分析结果：
① 引脚底下有焊料残留；
② 导线有烧损现象

芯片底面散热铜层
焊盘铜层
芯片底部散热层的焊接面
芯片下大铜箔面的焊接面

图 No. 138-9　切片分析照片（五）

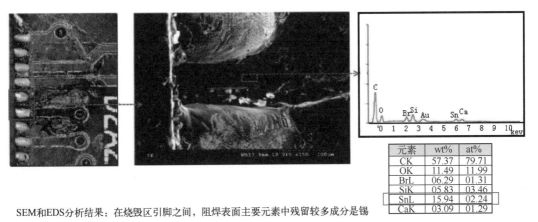

元素	wt%	at%
CK	57.37	79.71
OK	11.49	11.99
BrL	06.29	01.31
SiK	05.83	03.46
SnL	15.94	02.24
CaK	03.09	01.29

SEM和EDS分析结果：在烧毁区引脚之间，阻焊表面主要元素中残留较多成分是锡

图 No. 138-10　表面 SEM/EDS 分析（一）

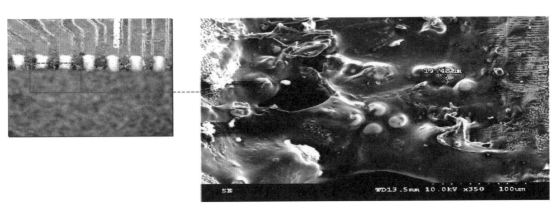

图 No. 138-11　表面 SEM/EDS 分析（二）

② 表面离子残留物分析（未烧板样品），如表 No. 138-1 所示。

表 No. 138-1 检测的数据应为 PCB 未组装前光板上的污染物，与再流焊接时的助焊剂残留物二者的叠加。

表 No. 138-1 中所列举的离子污染物：Cl⁻ 来自助焊剂残留物；Br⁻ 也可能来自助焊剂残

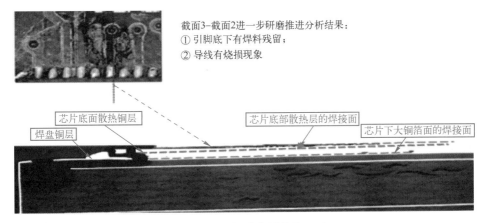

留物，也可能来自 PCB；而 NO_2^-、NO_3^-、SO_4^{2-} 来自 PCB 在制板化学处理过程中的残留物，如孔金属化的 $CuSO_4$ 镀铜溶液就易残留 SO_4^{2-}。

表 No.138-1　表面离子残留分析（未烧板样品）

序号	保留时间/min	名称	类型	扩散率/（$\mu s \times min$）	高度/μm	结果/（$\mu g/cm^2$）
1	4.01	Cl^-	BMB *	0.383	1.708	0.763
2	4.58	NO_2^-	BMB *	0.019	0.082	0.053
3	5.36	Br^-	BM *	0.027	0.104	0.122
4	5.76	NO_3^-	NB	0.072	0.220	0.201
5	0.26	SO_4^{2-}	BMB	0.898	2.221	2.168
合计				1.399	4.335	3.307

① 仪器检测下限：0.003 $\mu g/cm^2$。

② 目前，行业内从避免 PCBA 发生腐蚀及电迁移导致失效的角度考虑，对于采用免清洗工艺的 PCB 组件，表面残留的 Cl^- 应不高于 0.5 $\mu g/cm^2$（3.0 $\mu g/in^2$），Br^- 应不高于 1.9 $\mu g/cm^2$（12 $\mu g/in^2$），NO_3^- 应不高于 0.5 $\mu g/cm^2$（3.0 $\mu g/in^2$），SO_4^{2-} 应不高于 0.5 $\mu g/cm^2$（3.0 $\mu g/in^2$）。

2. 形成原因及机理

（1）形成原因

此次烧毁事故元凶是导电阳极丝（CAF），其他因素均属次要因素。

（2）形成机理

1）CAF 的生成条件

① PCB 基材内部有玻璃-环氧结合的物理性破坏。

无铅焊接中的高温影响：可能损坏玻璃纤维和环氧树脂本体之间的结合，导致玻璃纤维和增强树脂中键合的物理性能下降和分层。

微小孔的数控钻孔质量的影响：当所选择的钻孔工艺条件不适当时，例如数控钻孔机的转速应为 15~30 万转/分，转速越高，钻出孔壁光洁度就越高。否则孔壁粗糙，经常会出现孔壁玻璃纤维露出，孔壁与各层玻璃纤维直接接触。

② 玻璃-环氧的分离界面中存在离子导电溶液，这种导电溶液的来源如下所述。

PCB 孔金属化电镀溶液直接污染：目前 PCB 孔金属化多数采用电镀工艺，它是利用电镀溶液在适当状态下产生电极反应，在负极的金属表面沉积所需要的镀层。电镀铜溶液主要成分是硫酸铜，在溶液内离解成铜离子和硫酸根离子，其电化学反应过程如下：

$$CuSO_4 \rightarrow Cu^{2+} + SO_4^{2-}$$

当在阳极和阴极间加电压后，铜离子不断地向阴极迁移，在阴极获得两个电子还原为金属铜在阴极上沉积：

$$Cu^{2+} + 2e^- \rightarrow Cu^0（金属铜）$$

而在阳极上的铜失去电子溶解为铜离子：

$$Cu^0 \rightarrow Cu^{2+} + 2e^-$$

同理，在电镀溶液污染的情况下，形成 CAF 有与上述相似的过程。

基板受潮：构成基板的玻璃纤维本身虽不吸潮，但玻璃纤维构成玻璃纤维布后，由于织物面积上存在大量的微网孔，若树脂填充不充分，就容易让水分子透过表层织物的微网孔渗入内层，导致玻璃-环氧的分离界面中出现水介质，提供了电化学通道，最易造成电气绝缘可靠性隐患。

③ 存在阳极和阴极。

当 PCB 基材内部存在玻璃-环氧的分离界面，而在这些分离面间又存在湿气和离子污染物时，就可能沿着玻璃纤维和环氧树脂间隙迁移和渗透，成为一条化学通路。当在阳极和阴极之间施加电压后，就会有电化学反应发生，促进了腐蚀物的输运，导电阳极丝的生长，最终将阴极、阳极连接起来而导致两极短路，引发灾难性失效。

2）高温老化加速了 CAF 的生长

任何化学反应都遵循温度每升高 $10\,^{\circ}\!C$，化学反应速度增加 1 倍的规律，老化温度增加 $80\,^{\circ}\!C$，CAF 的生长速度便与平常相比，加快了 8 倍。因此，高温老化能加块 CAF 隐患的提前暴露。

3. 解决措施

① 已通过了高温动态老化未出问题的产品，经清洗和 6 小时烘烤处理后，可以出货。

② 要严控 PCB 清洁度的质量要求。针对 CAF 在 PCB 中的隐蔽性，要求 PCB 生产供货方在生产中，针对会形成 CAF 因素的工艺环节，要采取严格的预防措施。

③ 对无铅高密度安装的 PCBA 要 100% 增加清洗工序，以根除 PCB 光板及助焊剂残余物等中的离子污染物。

No. 139　某 PCBA 在高温老化过程中被烧毁

1. 现象描述及分析

（1）现象描述

① 某 PCBA 在整机动态高温老化过程中，元器件的正极和地之间发生烧损现象，如图 No. 139-1 所示，烧损不良率达 5.57%，该元器件在 PCB 上的安装特征，如图 No. 139-2 所示。

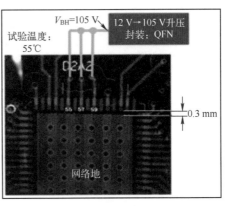

图 No. 139-1　元器件正极和地之间发生烧损现象　　图 No. 139-2　元器件在 PCB 上的安装特征

② 此批产品进行整机动态高温老化的条件如下。

- 老化温度：55℃；
- 老化时间：20 h；
- 实测元器件网络端电压 V_{BH}：108 V；
- 试验中实测元器件封装体温度：84.4℃。

（2）现象分析

老化过程出现的烧毁现象形貌和程度，分别如图 No. 139-3~图 No. 139-8 所示，具体说明如下。

① 图 No. 139-3 显示表层烧焦部位局部碳化，图 No. 139-4 显示内层 Cu 箔被烧损，图 No. 139-5显示与元器件连接的焊端被烧蚀；由图 No. 139-3~图 No. 139-5 可知烧损起始于 PCB 表面，同时向 PCB 内层和元器件封装体内部发展。

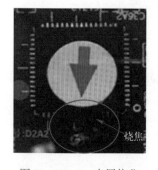
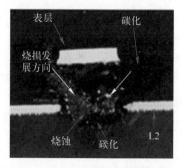
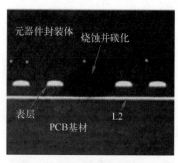

图 No. 139-3　表层烧焦部位局部碳化　　图 No. 139-4　内层 Cu 箔被烧损　　图 No. 139-5　与元器件连接的焊端被烧蚀

② 图 No. 139-6~图 No. 139-8 显示了元器件封装件的烧损情况，从图 No. 139-6 可知，元器件底部碳化严重，从图 No. 139-7 可知，元器件底部出现裂缝；由图 No. 139-8 可知，焊点焊料被烧蚀。

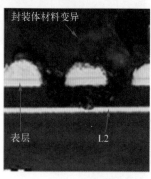
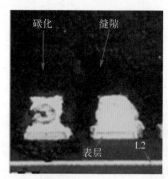
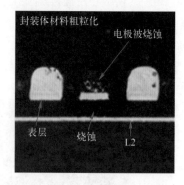

图 No. 139-6　元器件底部碳化严重　　图 No. 139-7　元器件底部出现裂缝　　图 No. 139-8　焊点焊料被烧蚀

2. 形成原因及机理

（1）形成原因

根据上述对烧损现象的分析，烧损的发生原因是在安装元器件底部的 PCB 表面存在离子性污染物。当元器件 V_{BH} 端加载 105 V 电压后，在 V_{BH} 端和 GND（地）之间，因离子移动产生的漏电流形成热量积累，进而导致电介质被热击穿，绝缘材料被烧裂，甚至碳化，导致产品失效。

（2）形成机理

底部元器件（BTC）离板高度 h 过小带来的影响。

① BTC 的基本结构及特点：BTC 封装没有焊球，外形低薄，其外观形貌，如图 No.139-9 所示。

图 No.139-9　BTC 外观形貌

② 离板高度 h 过小带来的影响：由于 BTC 没有焊球，电极又很薄，故安装离板高度 h 很小。离板高度 h 及其对再流焊接的影响如图 No.139-10 所示。按 IPC-7095A 规定，当细间距元器件安装离板高度 <250 μm 时，在再流焊接时因助焊剂挥发物排放不畅而出现助焊剂被截留的情况，焊后助焊剂残留物也不易清洗。在高温高压的同时作用下，免清洗助焊剂残留物软化、液化后变成离子性的糊状电解质，成为漏电流的通路。在本案例高温老化过程中元器件封装体上的实测温度可达 84.4℃，此时助焊剂残留物已呈半液化糊状物，开始释放活性，成为一种可导电的电解质。当在 V_{BH} 端和 GND（地）之间加 105 V 电压后，在 V_{BH} 端和 GND（地）之间形成较大的漏电流，使得糊状物中的温度不断攀升，从而导致电路短路，由短路电流所产生的电火花及电弧将元器件烧损。大多数化学反应随温度的升高反应速度会增大，如果反应物的浓度恒定，则温度每升高 10℃，反应速度大约增大 1 倍。在高温和高电压作用下助焊剂残留物导致电路短路如图 No.139-11 所示。

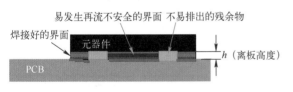

图 No.139-10　离板高度 h 及
其对再流焊接的影响

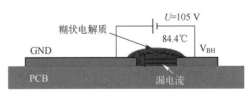

图 No.139-11　在高温和高电压作用下
助焊剂残留物导致电路短路

3. 解决措施

① 为确保离板高度 h >250 μm 的要求，在焊膏印刷、贴装、再流等各工序中，均应尽可能提高 QFN、LGA 元器件等的安装离板高度，可采取如下措施：

● 适当选用焊膏中金属成分比例较高的焊料类型；
● 增厚 PCB 焊盘上焊膏印刷的厚度；

● 可酌情考虑用合适厚度的焊料片取代印刷焊膏；

● 在进行再流焊接时尽量同时使用底部加热器，上、下同时加热可提高加热效果。

② 通过清洗彻底除去 PCB 表面的残留物。

No. 140　ICERA 玻璃体电源管理 BGA 芯片桥连和虚焊

1. 现象描述及分析

（1）现象描述

① ICERA 玻璃体电源管理 BGA 芯片在数据卡等很多项目上都会应用到，该 BGA 芯片在 PCBA 上的安装位置如图 No. 140-1 所示。

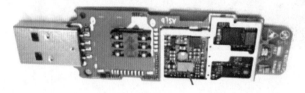

图 No. 140-1　ICERA 玻璃体电源管理 BGA 芯片在 PCBA 上的安装位置

② ICERA 玻璃体电源管理 BGA 芯片主要结构参数：封装尺寸为 4. 614 mm×2. 98 mm×0. 594 mm，芯片厚度为 0. 594 mm，引脚间距为 0. 4 mm，焊球直径为 0. 25 mm，二焊球的间隙为 0. 15 mm。该芯片属于细间距芯片（以下简称芯片），芯片结构参数和 PCB 安装焊盘如图 No. 140-2 所示。

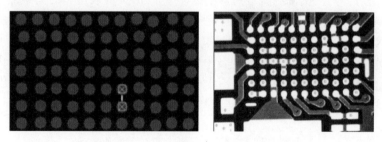

图 No. 140-2　芯片结构参数和 PCB 安装焊盘

③ 芯片从开始批量使用时起缺陷率一直比较高，早期为 0. 70% 左右，通过不断改进后共生产了 60 多万件产品，平均缺陷率已降至 0. 243%。缺陷现象主要表现为桥连和开焊（虚焊），因芯片有一半被另外一面的芯片挡住，X-Ray 照射不到，而且挡住位置的芯片焊点分布不均。缺陷的主要表现和安装模式的关联性如图 No. 140-3 所示。

（2）现象分析

① 针对图 No. 140-3 所示的芯片在 PCBA 上的安装模式，在再流焊接升温过程中芯片受热变形仿真真实地描述了缺陷的形成过程，如图 No. 140-4 所示，从该图中可见，在芯片左侧的焊球和焊膏首先润湿熔合，而右侧（芯片背面贴有另一个芯片）的区域，升温速度明显滞后于芯片左侧，在 209℃ 时出现了一个明显的、向左端翘起的短暂的立碑过程。

（A向）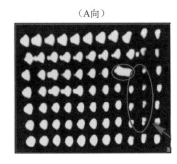

芯片在PCBA上的安装模式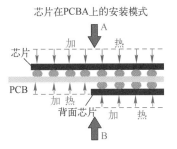

（B向）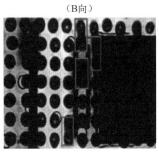

图 No. 140-3　缺陷的主要表现和安装模式的关联性

② 对不良品进行 X-Ray 检测，发现每一块 PCBA 均同时出现桥连、虚焊、焊点大小不一致等不良情况。特别是芯片左侧被另外一面的芯片挡住的位置，芯片焊点大小分布不均匀最为明显，缺陷特征和发生位置与芯片安装布局的关联性如图 No. 140-5 所示。

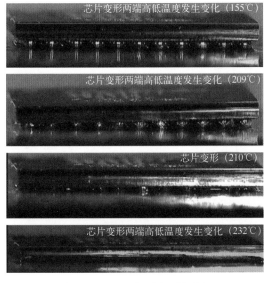

图 No. 140-4　在再流焊接升温
过程中芯片受热变形仿真

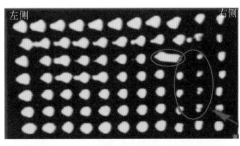

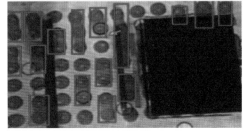

图 No. 140-5　缺陷特征和发生位置
与芯片安装布局的关联性

2. 形成原因及机理

（1）形成原因

由上述分析可知，本案件缺陷的根源是：芯片在 PCBA 上安装设计布局不良，造成 PCBA 在再流焊接制程中再流焊接工艺性不良。

（2）形成机理

图 No. 140-3 所示的芯片在 PCBA 上的安装设计模式，导致了该 PCBA 在再流焊接制程中，出现左、右两侧明显不同的热特性。

左侧：在再流焊接制程中焊接炉上部热气流经过芯片上表面对芯片焊球施加热量，而下部热气流则通过 PCB 基板下表面向焊盘焊料传热，再加上此区域存在三大块未被遮盖的铜箔面，直接接受焊接炉加热源辐射来的热量，故该区域再流焊接制程中吸收焊接热条件非常好。

右侧：由于在芯片的背面多安装了另一个芯片，因而右侧热容量显然要比左侧大了很多，这对再流焊接来说，正好构成了一个要吸取更多热量才能完成焊接冶金过程的热陷阱。

正由于上述原因，在再流焊接过程中，左侧的焊点焊料首先熔化、熔合，并在润湿焊盘过程中形成了润湿力；而位于右侧热陷阱区域的焊点焊料还远未达到熔化、熔合的温度。此时位于芯片靠近左侧中间的焊点焊料已接近熔化的糊状区，正好构成左、右两侧跷跷板的支点，当温度上升到209℃时，左侧积累的润湿力便将芯片右侧上翘起来，已经熔化的焊球焊料由于重力作用便都倾向了左侧；当温度达到210℃的瞬间，作为跷跷板支点的焊球焊料也熔化了，跷跷板便又向右侧倾斜压下去，使左侧焊点焊料受到了向右侧的挤压力，形成了图 No.140-3 左侧（A 向）视图焊点焊料的形貌。A 向视图右侧出现形状不规则的小焊点区域，正是由于背面安装的芯片的阻挡区域，导致热量不足芯片焊球未完熔化所形成的。

3. 解决措施

① 优化芯片在 PCBA 上的安装布局设计，改善芯片在再流焊接制程中的再流焊接工艺。

② 优化再流焊接的"温度-时间曲线"，增加预热区段的均热时间。

③ 尽量选用热工特性优良的再流焊接炉。

No. 141　PCB 的 HASL-Sn 涂层再流焊接虚焊

1. 现象描述及分析

（1）现象描述

某产品 PCBA 因来料问题导致 BGA 芯片虚焊现象非常严重，涉及上千块 PCBA 需要更换 BGA 芯片，且涉及多个批次。该 PCB 焊盘表面处理工艺为 HASL-Sn（喷纯锡），经 HASL-Sn 镀覆处理的 PCB 如图 No.141-1 所示。

图 No.141-1　经 HASL-Sn 镀覆处理的 PCB

（2）现象分析

① 当采用 X-Ray 小角度偏斜对 D3 芯片观察时，看到部分焊点有细小空洞，且均发生在焊盘面上，如图 No. 141-2 所示。

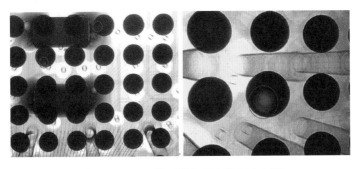

图 No. 141-2　位于焊盘面上的细小空洞

② 切片分析：针对两块 PCB 进行切片，发现其他 D3 芯片因不润湿而虚焊，如图 No. 141-3 所示；或者在界面上存在细小微裂纹，如图 No. 141-4 所示。

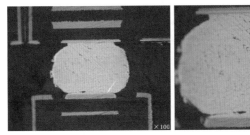

图 No. 141-3　D3 芯片因不润湿而虚焊

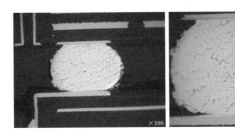

图 No. 141-4　在界面上存在细小微裂纹

③ 染色试验：对 BGA 芯片互连焊点进行红墨水染色试验，发现许多焊球和焊盘界面局部被染成了红色，如图 No. 141-5 所示。在 BGA 焊球和焊盘界面上被染成了红色的地方均是裂纹出现的地方。

2. 形成原因及机理

（1）形成原因

有铅再流焊的 PCB 涂覆层不能使用 HASL-Sn（喷纯锡）工艺，HASL-Sn 工艺是专对无铅 PCB 所采用的一种涂层工艺。

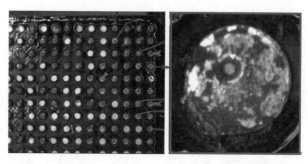

图 No. 141-5　界面局部被染成了红色

（2）形成机理

① 在采用有铅焊膏进行再流焊接时，峰值温度通常不超过 225℃，PCB 上采用 HASL-Sn37Pb（熔点为 183℃）工艺，温度上能很好地兼容；而若采用 HASL-Sn 工艺，则会出现再流峰值温度（225℃）小于 Sn 的熔点（232℃）的情况，温度不兼容。含有细间距芯片的 PCBA 不建议采用 HASL 工艺。

② 氧化锡的生成自由能约为 -100 kcal/mol，比氧化铜生成自由能（约为 -10 kcal/mol）低得多（注：1 kcal/mol=4.184 kJ/mol）。就是说 Sn 极易氧化，且一旦被氧化要除去它也很难；而氧化铜生成自由能较前者高些，故较易去掉它。这就是在有铅焊接时，用活性弱的助焊剂也能焊好，而在无铅焊接时助焊剂的活性就必须要强些。因为，此时不仅要去掉铜的氧化物，而且还要去掉锡的氧化物。

③ 用有铅焊膏（助焊剂活性较弱）再流焊接镀 Sn 层，不仅温度不兼容，而且助焊剂的活性也不兼容，采用这样的工艺，必然失败。这就是本缺陷 PCBA 上所发生的大面积虚焊的要害所在。

采用 HASL-Sn 工艺，在波峰焊接中则不存在此类问题，因为波峰焊接温度为 250℃，大于 Sn 的熔点 232℃，而且波峰焊接用助焊剂活性也要强些。

3. 解决措施

① 在进行 PCB 设计和涂层选择时要注意：有铅再流焊接不能采用 HASL-Sn 涂层工艺。

② 对已经发生缺陷的 PCBA，可在 BGA 返修工作台上，采用 235℃ 峰值温度重焊一次。

No. 142　裸片型 PoP 在再流焊接中的球窝缺陷

1. 现象描述及分析

（1）现象描述

① 裸片型 PoP 的组装结构，如图 No. 142-1 所示。

② PoP 芯片在焊接时，底层芯片焊接与常规工艺相同，顶层芯片由于施加助焊剂以及底层芯片翘曲影响，会产生焊点开路等问题，特别是随着顶层芯片的间距变小，焊点体积缩小时，翘曲的影响会更加显著，芯片翘曲影响示意图如图 No. 142-2 所示。

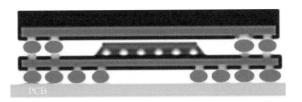

图 No. 142-1　裸片型 PoP 的组装结构

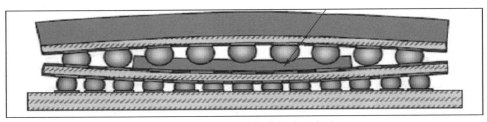

图 No. 142-2　芯片翘曲影响示意图

③ 裸片型 PoP 再流焊接后的球窝缺陷，可通过 ERSASCOPE 30000 光学视觉仪和金相切片进行检测，其球窝缺陷图像特征对比，如图 No. 142-3 和图 No. 142-4 所示。

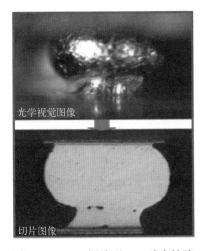

图 No. 142-3　裸片型 PoP 球窝缺陷
图像特征对比（一）

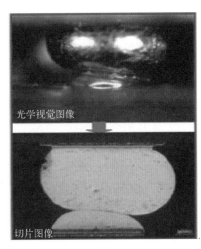

图 No. 142-4　裸片型 PoP 球窝缺陷
图像特对比（二）

（2）现象分析

① 对发生球窝缺陷的芯片直接剥离，剥离后芯片侧剥离面的形貌，如图 No. 142-5 所示。从该图的放大图像可以看出，遗留下的焊球顶面均呈现凹坑状。

② ERSASCOPE 30000 光学视觉检测图像与 2D/X-Ray 检测图像对比，如图 No. 142-6 所示。

2. 形成原因及机理

（1）形成原因

① 上述缺陷是由焊膏中助焊剂清除焊球表面的 SnO 层活性不够造成的。

② 再流焊接温度偏低。

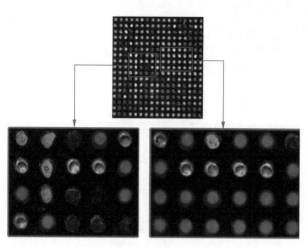

（a）ERSASCOPE 30000光学视觉图像

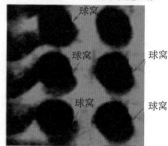

（b）2D/X-Ray图像

图 No. 142-5　剥离后芯片
侧剥离面的形貌

图 No. 142-6　ERSASCOPE 30000 光学视觉
检测图像与 2D/X-Ray 检测图像对比

（2）形成机理

① 助焊剂的活性可以影响熔融焊料液滴的表面自由能，可以通过下述两种方式体现出来：

● 除去熔融状态焊料表面氧化物，降低表面张力，使两种液滴之间更易熔合；

● 由于助焊剂覆盖在两种熔融液滴表面，助焊剂化学活性物质的作用可以降低两种液滴的表面自由能，改善其相互间的熔合性。

② 芯片在再流焊接过程中，由于再流焊接温度偏低，在焊点形成过程中热量供给不足，导致焊盘焊膏中焊料粉粒尚未充分熔解（表面呈颗粒状），焊球焊料也未完全熔融（表面呈橘皮状）。此时，就相当于尚处于似熔非熔的糊状焊球，陷落在未完全熔解的焊盘焊料上，两部分均呈糊状，由于热量不足，其各自所积聚的内能均不能足以突破其表面自由能而实现彼此间充分熔合。

3. 解决措施

① 优化再流焊接制程中的"温度-时间曲线"，如图 No. 142-7 所示。

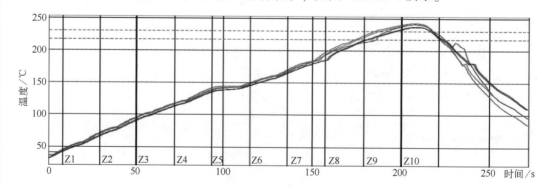

图 No. 142-7　"温度-时间曲线"

② 优选焊膏品牌。例如，曾在某终端产品生产中，原用活性较低的××焊膏再流焊接××芯片时出现了大量的球窝现象，后更换成一种活性和安全性均更好的"失活焊膏"，球窝现象全部消除。

No. 143　氮气气氛保护下的 PoP 再流焊接空洞面积增大问题

1. 现象描述及分析

（1）现象描述

在 U960、N860 等高端终端产品生产过程中，使用 KOKI/S3X811-NT1 焊膏+氮气气氛保护下的再流焊接工艺，在对某 PCBA 上蓝牙芯片的再流焊接中，发现与空气气氛下的再流焊接相比，焊球内空洞的面积明显增大了，出现空洞的焊球数明显多了。氮气气氛下与空气气氛下再流焊接对空洞形成的影响如图 No.143-1 所示。

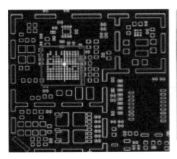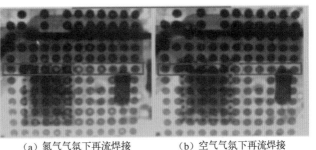

（a）氮气气氛下再流焊接　　　（b）空气气氛下再流焊接

图 No.143-1　氮气气氛下与空气气氛下再流焊接对空洞形成的影响

（2）现象分析

① 当使用双轨线设备时，PCBA 的 A、B 面同时过炉，在氮气气氛下使用同一个炉温曲线。发现 50% 以上的 PCBA 出现空洞，在 B 面的 BGA 芯片第一次过炉时空洞没有超标，随 A 面（即 PoP 面）第二次过炉时空洞面积扩大了，超过了 25% 的可接受标准。

② 调整再流炉温参数后，加长了（150~180）℃区间的恒温时间，效果不佳，双面再流后空洞还是有超标现象。

③ 更换焊膏：焊膏由 Alpha OM338 更换为 Alpha PVC 390，空洞改善效果不明显，N860 在氮气生产环境下双面再流后空洞面积最大为 18%，而 U960 在氮气环境下双面再流后空洞面积最大超过 25%。

④ 取消双轨过炉：在焊接 B 面时关闭氮气，待焊接 A 面时再打开氮气，出现空洞的面积大大减小，面积比低于 5%。有空洞的 PCBA 板数比例也降低为 30% 左右。代价是效率损失严重，BTU 双轨氮气炉密封性能很好，当 A 面转 B 面时氮气排空需要近半小时，而当 B 面转 A 面时，氮气充满需要半小时，产能下降了 50% 以上。

2. 形成原因及机理

（1）形成原因

在再流焊接中，当炉膛内由空气改为氮气后，炉膛内气压、熔融焊料的表面张力以及

炉腔内 O_2 含量的降低等因素的综合作用，导致了焊球内空洞数量增多。

（2）形成机理

① 气压变化的影响：由阿伏伽德罗定律可知，在同温同压情况下，同体积的气体含有相同数目的分子，因此，1 克分子的不同物质，其质量常不相同，但所含的分子数必定相同。因为 N_2 的分子量等于 28，故 1 克分子的氮就是 28 克氮（M 值）；同理 1 克分子的氧就是 32 克的氧。在同温同压情况下，1 克分子的任何气体都占有相同的体积。1 升氧质量为 1.429 克。所以，在标准状态情况下 1 克分子的氧（32 克的氧）所占的体积为 $32/1.429 = 22.4$ 升（气体的克分子体积）。如果所测定的气体不是处在标准状态，则计算分子量的最简便方法是利用门捷列夫方程式：

$$pV = nRT = (g/M)RT$$

式中，p 为气体的压力；V 为气体的体积；T 为气体的绝对温度 $(273+t)$K，t 为摄氏温度；n 为气体的克分子数，它等于气体的质量 g（克）被 1 克分子的气体的质量 M（克）除得到数值；R 为通用气体常数，其数值随着压力和体积的单位不同而不同。

当压力的单位是大气压，体积是升时，

$$R = 0.082 \text{ 升·大气压／度·克分子}$$

当压力是毫米汞柱（常简写为 mm），体积是毫升时，

$$R = 62400 \text{ 毫升·毫米／度·克分子}$$

在进行再流焊接时，充 N_2 和充空气时炉腔内的气压会变化。设定炉腔内的体积为 V，再流焊接温度均为 $(T+245)$℃，粗略地认为空气是由 80% 的氮和 20% 的氧组成的混合气体，在炉膛体积 V 内充 N_2、O_2 和空气时的分子数均为 n。

- 在炉膛内腔 V 内充纯 N_2 气时，气体的质量 g_N 为 $n \times 28$（N_2 的分子量）$= 28n$；
- 在炉膛内腔 V 内充纯 O_2 气时，气体的质量 g_0 为 $n \times 32$（O_2 的分子量）$= 32n$；
- 在炉膛内腔 V 内充空气时，气体的质量 $g_{空气}$ 为 $n \times (0.80 \times 28 + 0.20 \times 32) = 28.8n$。

当炉膛体积 V 内分别充纯 N_2、O_2 和空气时，气体内的气压，利用门捷列夫方程式计算：

$$pV = nRT = (g/M)RT$$

- 在炉膛内腔 V 内充纯 N_2 气时，气体内的气压为 $p_N V = (g_N/M)RT = (28n/M)RT$；
- 在炉膛内腔 V 内充纯 O_2 气时，气体内的气压为 $p_0 V = (g_0/M)RT = (32n/M)RT$；
- 在炉膛内腔 V 内充空气时，气体内的气压为 $p_{空气}V = (g_0/M)RT = (28.8n/M)RT$；
- 当炉膛内腔 V 内由充空气改为充纯 N_2 气时，炉腔内气压的变化：

$$\because p_N V / p_{空气} V = [(28n/M)RT] / [(28.8n/M)RT] \qquad p_N/p_{空气} = 28/28.8 = 0.972$$

$$\therefore \quad p_N = 0.972 \, p_{空气}$$

当炉腔内由空气改成充氮气后，此时炉腔内气压下降了 2.8%，即假定充空气时的气压为 1 大气压（1Pa），换成氮气气氛后，则气压降低了约 28 hPa。为了更好地表述气压的降低对空洞的影响，可用下述物理模式来讨论，炉腔气压变化对空洞大小的影响如图 No.143-2 所示。显然，当由空气气氛改成氮气气氛后，炉膛内气压减小了 28 hPa，故为保持空洞内气压与炉膛气压的平衡只有增大空洞的体积来达到。

② 焊球表面有无纯态 SnO 膜的影响（见图 No.143-3）：在空气气氛下再流焊接时，焊球表面被 O_2 侵蚀，生成一层纯态的 SnO 膜，就像在熔融的焊球表面套上了一层弹性膜，增

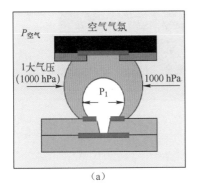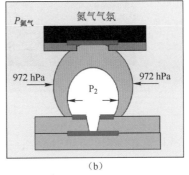

图 No. 143-2　炉腔气压变化对空洞大小的影响

大了焊球的表面能，限制了熔融焊球表面积的增大，也就是说限制了焊球内空洞体积的扩张，如图 No. 143-3（a）所示。而在氮气气氛下再流焊接时，因为缺氧不能生成纯态 SnO 膜，于是表面自由能降低，这就为焊球内空洞体积扩展提供了机会和条件，所以空洞体积增大了，如图 No. 143-3（b）所示。

③ 表面张力变化的影响：在氮气气氛环境中，熔融焊球表面张力要比在空气气氛环境中大些。因此，在氮气气氛中再流焊接，焊球坍塌高度要比在空气气氛中大些（即 $H_N <$ $H_{空气}$），故焊球内空洞沿横向被压缩成椭球形，高度方向压缩了，横向扩展了。故沿垂直方向进行 X-Ray 检测时可看到面积增大了，然而空洞的体积却并未增大，如图 No. 143-3 所示。

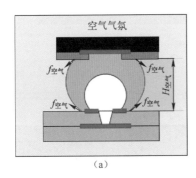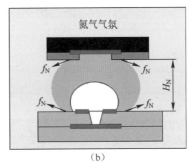

图 No. 143-3　焊球表面有无纯态 SnO 膜的影响

3. 解决措施

由现场试验大数据可知，在炉膛内腔的氮气气氛中增加 O_2 的含量，通过调节含 O_2 的浓度，使问题得到些缓解，具体数值可通过现场试验确定。

No. 144　凹坑型 PoP 在再流焊接中焊点开路及漏电流过大

1. 现象描述及分析

（1）现象描述

① 凹坑型 PoP 的组装结构，如图 No. 144-1 所示。

图 No. 144-1　凹坑型 PoP 的组装结构

② 凹坑型 PoP 正常焊点的 SEM 照片，如图 No. 144-2 所示。

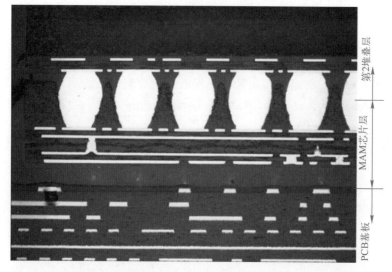

图 No. 144-2　凹坑型 PoP 正常焊点的 SEM 照片

（2）现象分析

① 开路焊点金相切片的 SEM 照片，如图 No. 144-3 所示。

图 No. 144-3　开路焊点金相切片的 SEM 照片

② 由图 No. 144-3 可见，此 MSM 芯片在制造过程中，在采用激光烧蚀凹坑时烧蚀尺寸过大，焊球被激光烧蚀而形成的凹坑导致了开路缺陷。

2. 形成原因及机理

（1）形成原因

芯片供应商产品质量不良。

（2）形成机理

由焊点形状异常诱发的电气异常（漏电流增大），如图 No.144-4 所示。其形成的主要原因是激光烧蚀出来的凹坑不论是形状还是尺寸均异常，在再流焊接过程中，由于上端焊盘固着面积大，对液态焊料吸附力大，而下端焊盘固着面积小，对液态焊料吸附力小，故液态焊料大部被沿着红箭头往上吸，造成上部焊料堆积，甚至超出焊盘以外与其他导体局部桥连，产生额外的漏电流，增大了芯片焊盘上的漏电流，甚至造成短路。

图 No.144-4 由焊点形状异常诱发的电气异常（漏电流增大）

3. 解决措施

① 向芯片供应商反馈产品质量问题并索赔造成的损失。
② 加强对芯片购入时的入库验收检查工作。

No. 145 球窝现象诱发的电气异常

1. 现象描述及分析

（1）现象描述

某系统产品 PCBA 在组装过程中，发现 PoP 芯片焊点出现接触电阻增大、工作电流减小的现象。对有问题的芯片进行金相切片，PoP 芯片失常焊点形貌，如图 No.145-1 所示。

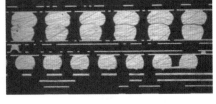

图 No.145-1 PoP 芯片失常焊点形貌

（2）现象分析

不同形态的凹坑型 PoP 球窝焊点如图 No.145-2 所示。根据该图，对不同形态的凹坑型

PoP 球窝焊点在机械和电特性方面的隐患分析如下。

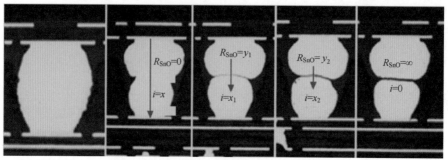

（a）理想焊点　　（b）球窝缺陷（一）（c）球窝缺陷（二）（d）球窝缺陷（三）（e）球窝缺陷（四）

图 No. 145-2　不同形态的凹坑型 PoP 球窝焊点

① 图 No. 145-2（a）：理想堆叠焊点的图像，焊点在再流焊接中，上、下两焊球受热均匀，内能和外能作用达到平衡。因此，上、下两焊球焊料相互间熔合很充分，焊点表面形态规范，符合表面积最小的自然法则。

② 图 No. 145-2（b）：上、下两焊球受热不太均衡，凝固时上慢下快（形成凸形球窝）。此时，内、外能未能完全平衡，上、下两焊球的接合界面间存在界面层。这种接合面间的界面层主要由 SnO 膜所构成，当 SnO 膜厚度 <50Å 时，由于隧道效应，此时电子的迁移反而变得更容易进行。因此，可以认为界面电阻 $R_{SnO}=0$，此时对电流通道不构成任何影响。然而它却构成了机械强度方面的隐患，当受到外力冲击时，接触界面可能断裂。

③ 图 No. 145-2（c）：由于界面 SnO 膜的厚度增加，R_{SnO} 电阻值大，致使通道电流减小。

④ 图 No. 145-2（d）：随着界面 SnO 膜的厚度继续增大，R_{SnO} 电阻值也跟随增大，致使通道的电流也减小得更多。

⑤ 图 No. 145-2（e）：接触界面层厚度增加，变得更厚，甚至断裂，$R_{SnO} \to \infty$，电流 $i \to 0$，焊点彻底失效。

2. 形成原因及机理

（1）形成原因

在再流焊接中由于 PoP 上、下焊球未充分熔合而形成了一个接触界面层，增大了其相互间的接触电阻，从而造成电气异常。

（2）形成机理

球窝现象诱发的电气异常指通道电阻增大、电流减小，在忽略助焊剂残余物的离子性电流泄漏情况下，其机理可以用图 No. 145-3 所示的结构物理模型来描述。

由于 PoP 焊球几乎都是高 Sn 合金（>90wt%），金属氧化膜生成的难易程度和稳定性可以从其生成的自由能 ΔF 来定性判断，主要金属氧化物生成的标准自由能 ΔF（227℃）如表 No. 145-1 所示。

表 No. 145-1　主要金属氧化物生成的标准自由能 ΔF（227℃）

氧化物	Ag_2O	CuO	Cu_2O	PbO	NiO	FeO	SnO	SnO_2
ΔF（kcal/mol）	+0.6	-27.2	-32.7	-40.5	-46.2	-55.3	-56.8	-114.5

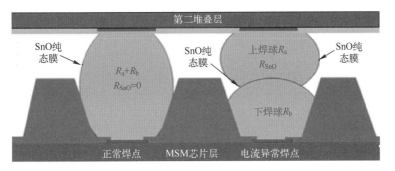

图 No.145-3　球窝诱发的电气异常的机理

由图 No.145-3 可知，正常焊点的电流通路电阻为

$$R_0 = R_a + R_b$$

式中，R_0 为正常焊点呈现的电阻；R_a 为上焊球的电阻；R_b 为下焊球的电阻。

当出现球窝时，由于存在界面层电阻，此时，电流通路电阻为

$$R_{01} = R_a + R_b + R_{SnO}$$

式中，R_{01} 为出现球窝时焊点呈现的电阻；R_a 为上焊球的电阻；R_b 为下焊球的电阻；R_{SnO} 为球窝界面 SnO 纯态膜的电阻。

假定在某一恒压源 U_0 作用下，产生的电流分别如下所示。

正常情况下，

$$I_0 = U_0/R_0$$

当存在界面膜层（>50Å）时，

$$I_{01} = U_0/R_{01}$$

$\because$　　　　　　　　　　$R_{01} > R_0$，$\therefore I_{01} < I_0$。

由于界面存在 SnO 膜，导致球窝界面的接触电阻增大，从而使通路的电流减小。

3. 解决措施

① 相对而言 SnO 膜是很稳定的，因此，除去 SnO 膜必须用活性较强的助焊剂才行。在选择 PoP 组装浸蘸工序所使用的助焊剂时，应尽可能选择那些具备溶胶特性的黏性助焊剂。

② 由于上、下两个堆叠层的焊球共面性不良和芯片的变形，造成上、下两个堆叠层的焊球对接不良，极易造成球窝缺陷。堆叠层的焊球共面性不良和芯片变形如图 No.145-4 所示。

图 No.145-4　堆叠层的焊球共面性不良和芯片变形

目前，PoP 贴装普遍使用助焊剂完成，按美国芯片供货商高通公司产品的要求：

● 在 25℃时，焊球的共面性应 <80 μm；

● 在再流温度下热变形总量应 <60 μm；

● 对于 PoP 产品全部热变形应 <60 μm。

③ 正确选用和优选再流焊接的"炉温–时间曲线"。

No. 146　西南某公司 U229 主板 BGA 芯片开路

1. 现象描述及分析

（1）现象描述

① 西南某公司 U229 主板在进行测试时发现 BGA 芯片开路，PCB 焊盘与焊球断裂位置，如图 No. 146–1 所示。断裂表面非常平整。

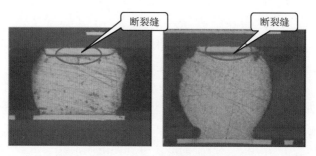

图 No. 146–1　PCB 焊盘与焊球断裂位置

② 将 BGA 芯片从 PCB 上掰开后，可见大部分焊球的断裂位置在芯片侧，因此，焊球仍留在 PCB 焊盘上，有不到 20% 的焊球断裂位置在 PCB 焊盘（图中无焊球）上，从 PCB 上掰开 BGA 芯片后的形貌，如图 No. 146–2 所示。从图 No. 146–2 中 A、B 两个断裂焊盘的局部放大图可看出，焊盘断裂面颜色较暗。

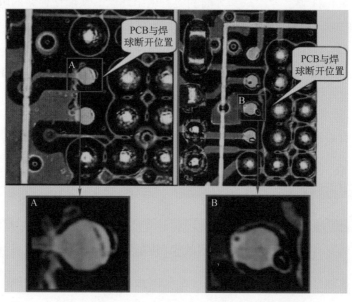

图 No. 146–2　从 PCB 上掰开 BGA 芯片后的形貌

（2）现象分析

1）样品 1 断裂面下表面的 SEM/EDX 分析

① 图 No.146-3 所示为样品 1 断裂面下表面的 SEM 分析图，由该图可知，断裂面较平整，具有脆性断裂的特征。

② 图 No.146-4 所示为样品 1 断裂面下表面的 EDX 分析图，由该图可知，C(2.7 wt%)、O(5.03 wt%)含量高，Au(5.26 wt%)断面存在一定程度的氧化现象和脆性特征，Pb 含量为10.82wt%表征其为有铅制程。

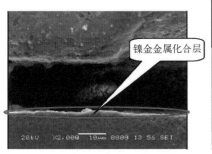

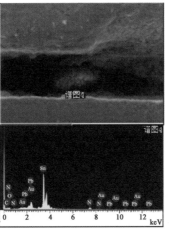

Spectrum processing No peaks omitted		
Element	Weight%	Atomic%
CK	2.71	16.63
NK	0.86	4.51
OK	5.03	23.21
NiK	4.73	5.95
SnL	70.59	43.88
AuM	5.26	1.97
PbM	10.82	3.85
Totals	100.00	100.00

图 No.146-3　样品 1 断裂面下
表面的 SEM 分析图

图 No.146-4　样品 1 断裂面下
表面的 EDX 分析图

2）样品 2 断裂面上表面的 SEM/DEX 分析

① 图 No.146-5 所示为样品 2 断裂面上表面的 SEM 分析图，由该图可知，断裂面较平整，具有脆性断裂的特征。

② 图 No.146-6 为样品 2 断裂面上表面的 EDX 分析图，由图 No.146-4 和图 No.146-5可知，该主板焊盘系采用 ENIG Ni/Au 工艺的有铅制程。

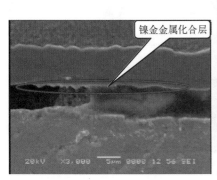

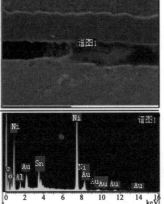

Spectrum processing No peaks omitted		
Element	Weight%	Atomic%
CK	18.40	50.76
OK	5.44	11.26
AlK	1.66	2.04
NiK	56.14	31.68
SnL	10.56	2.95
AuM	7.80	1.31
Totals	100.00	100.00

图 No.146-5　样品 2 断裂面
上表面的 SEM 分析图

图 No.146-6　样品 2 断裂面
上表面的 EDX 分析图

2. 形成原因及机理

（1）形成原因

由上述分析可知，造成 BGA 芯片部分焊点开路的原因是：Au 含量高（>3.0 wt%），Ni 层氧化。

（2）形成机理

① 由图 No.146-4 和图 No.146-6 可知，样品 1 的 Au 含量为 5.26 wt%；样品 2 的含 Au 量为 7.8 wt%，均严重超标（>3.0 wt%），所造成的断面很平整是典型金脆断裂。

② 由于 ENIG Nl/Au 镀层中 Ni 层氧化，焊料润湿不良，造成虚焊。

3. 解决措施

PCB 基板制造方应加强对 ENIG Ni/Au 镀层工艺过程参数的控制和管理，严控镀 Au 层的厚度。

No. 147　P855A11/D501-P7UA/BGA 芯片失效

1. 现象描述及分析

（1）现象描述

P855A11/D501-P7UA/BGA 芯片失效，失效位置，如图 No.147-1 红色圈所示。

（2）现象分析

① 对问题 BGA 芯片进行切片分析：缺陷焊点和正常焊点的对比切片分析，如图 No.147-2所示。

② 由图 No.147-3 展示的缺陷焊点的切片面形貌可明显看到，带盲孔的 BGA 安装焊盘右侧已完全缺失。

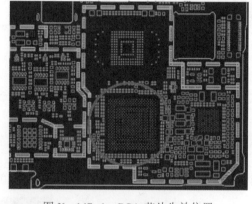

图 No.147-1　BGA 芯片失效位置

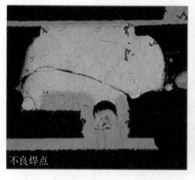
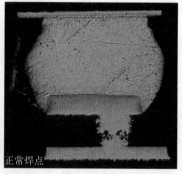

不良焊点　　　　　　正常焊点

图 No.147-2　缺陷焊点和正常焊点的对比切片分析

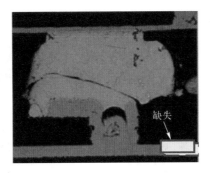

图 No. 147-3　带盲孔的 BGA 安装焊盘右侧已完全缺失

2. 形成原因及机理

（1）形成原因

① 由上述切片分析图可见，造成切片的截面形貌极度异常的原因是：带盲孔的 BGA 安装焊盘右侧完全缺失。

② 造成左侧的典型的凸型球窝的原因是：焊盘上的再流重熔凝聚的焊膏未与 BGA 焊球焊料相互熔合。

（2）形成机理

① 由于右侧焊盘缺失，引起再流焊粉在重熔凝聚时各种作用力的变化（见图 No. 147-4）；因右侧无焊盘，故润湿力完全丧失，当焊粉重熔凝聚时，左、右所受到的凝聚力极度不平衡，焊膏中焊粉重熔凝聚后的焊料便全部聚集在左侧焊盘的剩余铜箔上。

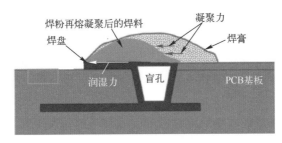

图 No. 147-4　右侧焊盘缺失，引起再流焊粉在重熔凝聚时各种作用力的变化

② 由于再流焊接时热量供给不充分，虽然焊盘上的焊膏已经重熔并凝聚了，然而焊球焊料却还尚未完全熔化；由于焊球表面被氧化或者污染所形成的膜，使得焊球焊料就像装在一个薄膜袋里的胶体一样，阻碍了两部分焊料之间的相互熔合，焊球焊料仅仅是覆盖在焊盘焊料上。由于右侧焊盘缺失在再流焊接过程中的综合力的作用，使得上、下两部分焊料的重心是偏位的，焊球焊料的重心是在焊盘焊料的右侧，从而导致了焊球焊料从右侧对焊盘形成了一个左向的挤压力，将焊盘焊料挤向了左侧，凝固后便形成了左、右不对称的凸型球窝。焊球焊料对焊盘焊料形成挤压力，如图 No. 147-5 所示。

3. 解决措施

① 焊盘部分缺失很大可能是 PCB 来料问题，因此，要加强对来料入库的质量验收管理。

图 No. 147-5 焊球焊料对焊盘焊料形成挤压力

② 此案例很大可能是无铅制程中的后向兼容工艺（即无铅焊球、有铅焊膏）没有采用后向"温度-时间曲线"，而是错误地采用了有铅再流焊接"温度-时间曲线"。

③ 如果采用纯有铅或纯无铅制程工艺，必须优化再流焊接的"温度-时间曲线"，以增加再流焊接热量供给。

No. 148 BGA 芯片在再流焊接中的虚焊缺陷

1. 现象描述及分析

（1）现象描述

① 虚焊现象成因复杂，影响面广，隐蔽性大，因此造成的损失也大。在实际工作中，为了查找一个虚焊点，往往要花费不少的人力和物力，而且根治措施涉及面广，找到长期稳定的解决办法也是不容易的。因此，虚焊问题一直是电子行业关注的焦点。

② 虚焊是一种典型的界面失效模式。在焊接参数（温度、时间）全部正常的情况下，在焊接过程中，凡在连接界面上未形成合适厚度的 IMC 层就可定义为虚焊，如图 No. 148-1 所示。

③ 若将虚焊焊点撕裂开，在基体金属和焊料之间几乎没有相互楔入的残留物，分界面平整，无金属光泽，好像用糨糊粘的一样。撕裂后的虚焊焊盘表面如图 No. 148-2 所示。

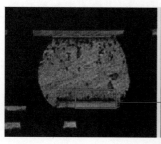

焊盘处未形成良好的合金层

图 No. 148-1 界面未形成合适厚度的 IMC 层

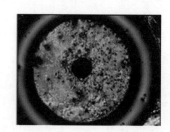

图 No. 148-2 撕裂后的虚焊焊盘表面

（2）现象分析

① PCB 焊盘上的有机物污染导致 PCB 焊盘和 BGA 焊球界面的不可焊，不可焊焊盘如图 No.148-3 所示。焊料会润湿 BGA 焊球但是不会润湿焊盘，这会产生部分或完全开路的电路接触。

② 在 ENIG Ni(P)/Au 工艺过程中可能会导致焊盘污染（见图 No.148-4），也就是大家所熟知的黑盘现象，该现象也有可能是 PCB 供应商在对 BGA 芯片进行返修处理过程中重新涂覆阻焊膜造成的。

图 No.148-3　不可焊焊盘　　　　　　　图 No.148-4　焊盘污染

③ 虚焊与冷焊在表现形式上有许多相似之处，这正是在实际工作中常常造成误辨的原因。因此准确地辨识虚焊和冷焊的相似性与相异性，对电子产品制造中质量控制是非常重要的。

④ 虚焊和冷焊所造成的焊点失效均具有界面失效的特征，即焊点的电气接触不良，IMC 层不明显，或者焊盘和焊料相接触的界面出现微裂缝，如图 No.148-5 和图 No.148-6 所示。

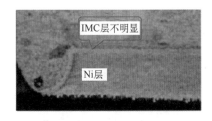
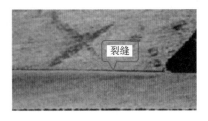

图 No.148-5　IMC 层不明显　　　　　　图 No.148-6　界面出现微裂缝

2. 形成原因及机理

（1）形成原因

被焊表面丧失了可焊性是造成虚焊的根本原因。由于不可焊的界面层的阻隔，熔融焊料合金中的 Sn 很难和基体铜之间发生冶金反应，因而不能形成 IMC 层。

（2）形成机理

① 基体金属表面丧失可焊性：在生产中由于储存、保管和传递不善，导致基体金属表面因被氧化、硫化和污染（油脂、汗渍等）而丧失可焊性。被污染后的表面如图 No.148-7 所示。

图 No.148-7　被污染后的表面

② EING Ni/Au 镀层的黑盘现象：在焊接之前，对镀层进行金相切片分析，其截面形貌如图 No. 148-8 所示；在焊接之后对焊点进行金相切片分析，其截面形貌如图 No. 148-9 所示。

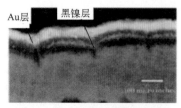

图 No. 148-8　镀层截面形貌

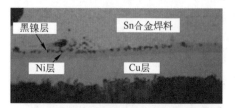

图 No. 148-9　焊接之后焊点截面形貌

③ 可焊性保护涂层与助焊剂不匹配：目前，元器件引脚焊端或 PCB 焊盘的可焊性保护镀层种类不断刷新。一种新的镀层结构的确定，必须要考虑与现有焊膏或助焊剂性能的匹配问题。例如，某芯片的引脚焊端采用 Ni/Pd/Au 新镀层结构，再流焊接时仍采用目前业界普遍使用的焊膏。因此，出现了严重不润湿现象，引脚界面未形成 IMC 层，如图 No. 148-10 所示，虚焊比率相当高。

④ 助焊剂活性太弱：助焊剂除去氧化物的能力与其活性强弱有极大关系，如表 No. 148-1 所示。

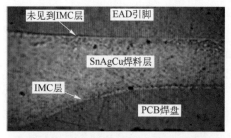

图 No. 148-10　引脚界面未形成 IMC 层

表 No. 148-1　助焊剂除去氧化物的能力

助焊剂的活性	除去氧化物的能力（氧化铜膜的厚度）
RMA 系	100Å
RA 系	200Å

⑤ 可焊性保护层太薄：以 HASL/Sn37Pb 涂层为例，当经受不适宜的多次加热后，使得 IMC 层（Cu_6Sn_5）生长得太厚，焊料层不断被消耗而变薄，甚至消失。造成 IMC 层直接暴露在空气中而加速被氧化，从而导致半润湿或反润湿等不良现象发生。润湿不良如图 No. 148-11 所示。

图 No. 148-11　润湿不良

3. 解决措施

参考上述分析中所列因素一一予以排查，并采取有针对性的解决措施。

No. 149　μBGA 芯片和 CSP 芯片在再流焊接中的冷焊缺陷

1. 现象描述及分析

（1）现象描述

在现代电子装联焊接中，冷焊是间距≤0.5mm 的 μBGA（微 BGA）芯片和 CSP 芯片在再流焊接中的一种高发性缺陷。在这类器件中，由于焊接部位的隐蔽性，热量向焊球焊点部位传递困难，因此，冷焊发生的概率比虚焊还要大。然而由于冷焊与虚焊在表现形式上非常相似，因此，往往被误判为虚焊而被掩盖。在处理本来是由于冷焊现象而导致电路功能失效问题时，往往按虚焊来处理，结果是费了劲，效果却甚微。

（2）现象分析

① IMC 层生长发育不完全：由于再流焊接热量不足，焊接界面无法进行充分的冶金反应，因而不能形成 IMC 层或者 IMC 层很不明显，甚至出现裂缝，如图 No.149-1 和图 No.149-2所示。

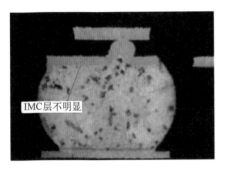
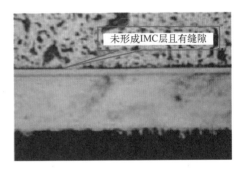

图 No.149-1　界面 IMC 层不明显　　　　图 No.149-2　界面未形成 IMC 层并出现裂缝

② 利用微光学视觉检测系统（如 ERSASCOPE 30000XL）检测 BGA（CSP）焊球外观镜像，发现表面呈明显的橘皮状，如图 No.149-3 所示，这种橘皮状形貌与无铅制程的焊球焊点的表面较粗糙是明显不同的。

③ 焊球坍塌高度不足，如图 No.149-4 所示。

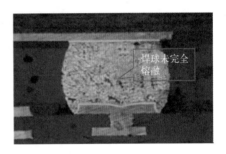

图 No.149-3　表面呈明显的橘皮状　　　　图 No.149-4　焊球坍塌高度不足

上述的 IMC 层生长发育不完全、表面呈橘皮状，焊球坍塌高度不足，是 μBGA 芯片和 CSP 芯片冷焊焊点具有的三个典型的特征，这些特征通常可以作为 μBGA 芯片和 CSP 芯片冷焊焊点的判据。

2. 形成原因及机理

（1）形成原因

由上述分析可知，再流焊接过程中热量供给不足，是造成 μBGA 芯片和 CSP 芯片冷焊缺陷的根本原因。

（2）形成机理

① μBGA 芯片和 CSP 芯片在再流焊接时，由于封装体的重力和表面张力的共同作用，正常情况下都要经历下述过程：阶段 A 的开始加热→阶段 B 的焊球第一次坍塌→阶段 C 的焊球第二次坍塌三个基本的阶段。图 No.149-5 给出了 μBGA 芯片和 CSP 芯片再流焊接的物理化学过程。

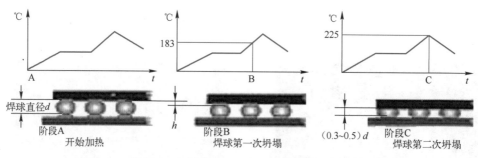

图 No.149-5　μBGA 芯片和 CSP 芯片再流焊接的物理化学过程

如果再流过程只进行到 B 阶段的焊球第一次坍塌，便因热量供给不足，而不能持续进行到阶段 C，便形成冷焊焊点。

阶段 A：开始加热时 μBGA 和 CSP 焊点的形态，如图 No.149-6 所示。

阶段 B：经历了第一阶段加热后的焊球在接近和通过其熔点温度时，焊球将发生一次垂直坍塌，直径开始增大。此时的焊料处于液、固相并存的糊状的状态，由于热量不够，焊球和焊盘之间冶金反应很微弱，故其连接是很脆弱的，且焊球表面状态是粗糙和无光泽的，焊球接近或通过熔点时刻的状态如图 No.149-7 所示。

图 No.149-6　开始加热时 μBGA 和 CSP 焊点的形态　　图 No.149-7　焊球接近或通过熔点时刻的状态

阶段 C：当进一步加热时，焊球达到峰值温度，焊球与焊盘之间开始发生冶金反应，发生第二次垂直坍塌。此时焊球变平坦，形成水平拉长的圆台形状，表面呈现平滑有光泽的结构。由于界面合金层的形成，从而大大地改善了焊点的机械强度和电气性能。此时芯片离板高度与开始时的高度相比，大约减小了 1/4～1/2。正常再流后形成的焊点如图 No.149-8 所示。

② 诱发 μBGA 芯片和 CSP 芯片冷焊的原因：在再流过程中，μBGA 芯片和 CSP 芯片封装体和 PCB 首先被加热，然后将热量传导到焊盘和焊球以形成焊点。例如，如果 240℃ 的热空气作用在封装体表面，焊盘与焊球将逐渐被加热，温度上升的进度与其他元器件相比在时间上将出现一段延迟时间，如果不能在要求的再流时间内上升到所要求的润湿温度，就会发生冷焊，图 No.149-9 给出了 μBGA 芯片和 CSP 芯片冷焊形成原因。

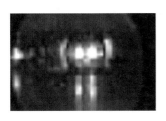

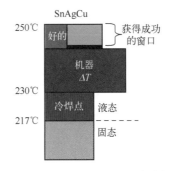

图 No.149-8　正常再流后形成的焊点　　图 No.149-9　μBGA 芯片和 CSP 芯片冷焊形成原因

3. 解决措施

① 优化再流焊接"温度–时间曲线",建议采用梯形温度曲线(延长峰值温度时间)。

② 改进再流焊接热量的供给方式,有条件可采用对流与红外辐射加热的再流焊接炉型。

No.150　BGA 芯片在再流焊接中的爆米花和翘曲缺陷

1. 现象描述及分析

(1) 现象描述

① 爆米花现象:当 BGA 芯片和 CSP 芯片在再流焊接过程中因故发出像爆米花那样的爆裂声时,芯片内部将产生大量的裂纹而导致芯片工作失效,如图 No.150-1 所示。

② 芯片翘曲:BGA 芯片沿封装基准平面的共面性发生了变化,即封装基准平面发生了翘曲变形,如图 No.150-2 所示。

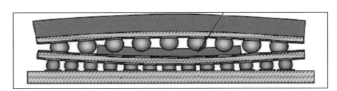

图 No.150-1　爆米花现象　　　　　　　　图 No.150-2　芯片翘曲

(2) 现象分析

① 爆米花现象:这种缺陷主要由芯片在再流焊接前受潮所致,由于爆米花导致 BGA 芯片封装体下方扩展,封装中心焊球的尺寸变大,这些焊球被 BGA 芯片封装体和 PCB 基板挤扁,其X-Ray图像,如图 No.150-3 红框内所示。

② 芯片翘曲:通常 BGA 芯片封装体在边角处的翘曲最大,如图 No.150-4 所示。在发生翘曲的 BGA 芯片封装体边角处,常常可以看到被拉长的焊点。BGA 芯片发生翘曲时的X-Ray图像如图 No.150-5所示。

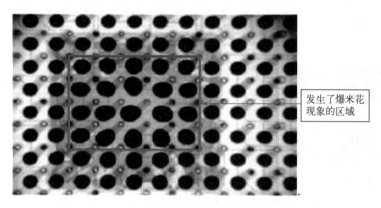

图 No. 150-3　发生爆米花现象区域的焊球 X-Ray 图像

图 No. 150-4　芯片封装体在边角处的翘曲最大　　图 No. 150-5　BGA 芯片发生翘曲时的 X-Ray 图像

2. 形成原因及机理

（1）形成原因

① 爆米花现象：主要由 BGA 芯片和 CSP 芯片在再流焊接前受潮所致。

② 芯片翘曲：芯片翘曲是由基板结构、模压材料和芯片内部之间的 CTE 不匹配造成的。较大的封装尺寸出现翘曲的可能性要比较小的封装尺寸更大。

（2）形成机理

① 爆米花现象：当潮湿敏感元器件（MSD）暴露在再流焊接升高温度环境中时，因渗入 MSD 内部的潮气蒸发产生足够的压力，使封装塑料从芯片或引脚框上分层，线绑接和芯片损伤并产生内部裂纹，在极端情况下，裂纹会延伸到 MSD 表面，甚至造成 MSD 鼓胀和爆裂。

② 芯片翘曲：翘曲是一种三维现象，BGA 芯片高度曲线与 PCB 焊盘曲线如图 No. 150-6 所示，图中，上部分为 BGA 芯片高度曲线，下部分为 PCB 焊盘曲线；BGA 芯片高度曲线与 PCB 焊盘曲线的关系如图 No. 150-7 所示，从图可知，在焊料固化时二者相对共面，但当达到再流焊峰值温度时，左角焊球出现桥连缺陷。图 No. 150-6 和图 No. 150-7 所示的 PBGA 引脚 1 与邻近焊盘出现桥连（焊盘图像左边绿色区域）。在模拟再流焊接温度（225℃）条件下对焊盘和 PBGA 进行观察，可以看到二者都出现了翘曲。在多数焊接区域，焊球实际受到一个拉力，但在引脚 1 附近的焊球却受到挤压，直到与旁边的其他焊点连到一起。

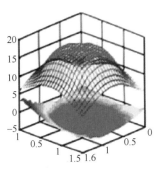 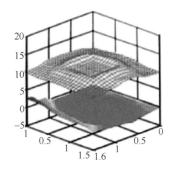

图 No. 150-6　BGA 芯片高度曲线与 PCB 焊盘曲线　图 No. 150-7　BGA 芯片高度曲线与 PCB 焊盘曲线的关系

3. 解决措施

（1）爆米花现象

① MSD 要适当地分类、标记和封装在干燥的袋子中待用，一旦袋子打开，每个元器件都必须在规定时间内装配和焊接完。要求对每一卷或每一盘 MSD 的累积暴露时间进行工艺跟踪，直到所有 MSD 都在车间寿命期内完成了全部组装过程。

② 凡是在车间寿命限定时间之内未组装完的 MSD，应通过充分的干燥程序将 MSD 重新恢复到干燥储存状态。

③ 在工艺过程中对已干燥过的 MSD，在不超过 30℃/60% RH 的车间环境中，若暴露时间大于 8 小时，则应适当地进行室温干燥，最小干燥时间为暴露时间的 5 倍。干燥完毕后重新设置车间寿命计时。

④ 在再流焊接过程中，MSD 体上的最高温度不得超过标注在警告标签上的温度值或供应商提供的最高温度。特殊情况下，当峰值温度高于最高警示温度时，应与供应商确认其危害。

⑤ 如果进行了一个以上的多次再流焊接过程，必须确保在最后一道再流焊接前的所有MSD，无论是贴装的还是不贴装的，都不能超过其车间寿命。

（2）芯片翘曲

① 优化再流"温度-时间曲线"，避免过热。

② 改善热风再流的均热能力，改善封装体上温度的均匀性。

③ 加强对再流炉排气系统的监控，确保排气管道顺畅有效。

No. 151　BGA 芯片再流焊接加热不充分或不均匀现象

1. 现象描述及分析

（1）现象描述

BGA 芯片加热不足或不均匀是再流焊接过程中常见的工艺性缺陷，在返修过程中出现的比较多，在接地面和电源面多层板的生产过程中也会出现，特别是当 BGA 芯片背面附近有屏蔽元器件时，会造成 BGA 芯片加热不足或加热不均匀的现象发生。这种现象发生在再流焊接完成之前，因热导元件传导走了 BGA 芯片上的热量所致。

（2）现象分析

① BGA 焊球应与焊盘紧密接触并且要与焊盘完全润湿，这样才能形成光滑的柱状结构。用 X-Ray 呈 45°检测 BGA 焊球是一个很好的方法，它能找出热量不足或不润湿的焊点，当 BGA 焊球一角被不均匀加热时呈 45°的 X-Ray 图像如图 No. 151-1 所示，该图像可以由封装下方不同位置的 BGA 焊球的尺寸差异来表征。

② 热量不足的标志包括与焊盘的不完全润湿，或者焊点中间凹陷，表明焊球和焊膏并没有一起再流形成一个焊点。当 BGA 焊球被不均匀加热时的 X-Ray 图像如图 No. 151-2 所示。

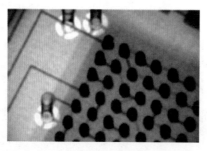 

图 No. 151-1　当 BGA 焊球一角被不均匀加热时　　　　图 No. 151-2　当 BGA 焊球被不均匀
　　　呈 45°的 X-Ray 图像　　　　　　　　　　　　　　加热时的 X-Ray 图像

③ 这些图像表明 BGA 焊球经过部分再流，但是焊盘没有经过长时间完全润湿，焊球不会坍塌成漂亮的球形。加热不充分的焊球焊点如图 No. 151-3 所示。

④ 焊球焊点周围的锯齿状形貌，如图 No. 151-4 所示。

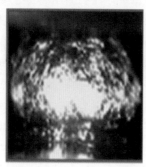 

图 No. 151-3　加热不充分的焊球焊点　　　图 No. 151-4　焊球焊点周围的锯齿状形貌

⑤ BGA 焊球和各自的 PCB 焊盘没有对准也是造成加热不足的一种因素。焊球与焊盘对位不准的 X-Ray 图像由同一朝向或非同一朝向的拉长焊球进行表征。焊球与焊盘未对准是造成加热不足的形成原因，如图 No. 151-5 所示。

2. 形成原因及机理

① 再流"温度-时间曲线"设计不良，造成再流炉供给的热量不足，导致加热不充分。

② 有大铜箔面的接地面和电源面的大导热区。在同等的再流加热条件下，热导元件导走了 BGA 芯片上的热量，造成了局部区域加热不均匀。

③ 当 BGA 芯片背面附近有屏蔽元器件时，背面安装的屏蔽元器件分流了 BGA 的热量，造成 BGA 的加热不足。

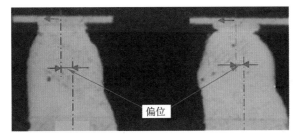

图 No.151-5　焊球与焊盘未对准是造成加热不足的形成原因

④ BGA 焊球与各自的 PCB 焊盘没有对准也是造成加热不足的一种因素，这是由于传热途径截面减小，传热路径增长，从而导致传热途径热阻增大。

3. 解决措施

（1）加强对 PCB 设计的热管理

① 在完成 PCB-EDA 设计后建议进行热分析，防止 PCBA 在再流焊接制程中出现热陷阱，改善再流焊接工艺芯片。

② 优化 PCBA 焊接的 DFM 要求：可制造性设计（DFM）具体描述了在进行产品设计过程中，必须要考虑的可制造的工艺芯片要求。

③ 在当今电子安装领域中，由于电子产品正朝着超薄、超小、超轻、高密度方向发展，使得设计人员不仅要熟悉所设计的电路、系统，还要了解所设计的产品将怎样去制造，以及产品制造的主要工艺环节，这是解决 PCBA 设计不良而造成焊接缺陷的唯一正确途径。

（2）优化"温度-时间曲线"

① 再流焊接"温度-时间曲线"受许多因素的影响，包括焊膏、基板和元器件。这一曲线可形成连续的升温和降温过程。再流工艺分为三个阶段，所有的操作都是为了达到适当的再流温度，当焊料的温度和可焊表面的温度达到焊料合金的熔融温度以上时，再流焊接阶段的操作即开始。逐渐上升的温度使得焊料能够达到润湿的要求。

② 热量施加不当会损坏元器件。暴露于高温下的所有的元器件都是有极限值要求的。大多数表面贴装元器件允许 220℃ 的峰值温度的持续时间为 60 秒，快速升温造成的热冲击会使某些元器件开裂。然而，由于再流炉峰值温度的不同，应将焊料加热到 210～220℃（对 Sn37Pb 而言）或 235～245℃（对 SAC305 而言）焊点所需的温度。

③ 应将焊料合金加热到熔融温度以上 25～40℃，在熔融温度以上的滞留时间应为 30～90 秒。通常，焊料和涂覆有机材料的 PCB 所需的滞留时间在 90 秒左右。适当的再流温度和滞留时间可以实现合适的润湿。

（3）尽可能提高安装的对位精度

No.152　BGA 芯片和 CSP 芯片在再流焊接中的热膨胀系数不匹配现象

1. 现象描述及分析

（1）现象描述

① 基板、焊料和 Cu 等的热膨胀系数（CTE）的差异是引发热膨胀系数不匹配缺陷的

重要因素。

② 在常规检测过程中，用 X-Ray 和在线测试这样的检测方法很难检测到这些缺陷。这些缺陷存在很大的可靠性问题，因为这些缺陷是间歇性的，会导致严重的失效问题。很多情况下，这些缺陷要在失效产品被返回后，通过破坏性实验才能被发现，如采用横切面的方式去确定失效的根源。

（2）现象分析

① 最常见的 BGA 芯片因热膨胀系数不匹而引发的缺陷有可能是由组装过程或潜在的焊接连接部失效引起的，缺陷可能是焊接连接部全部开裂，如图 No. 152-1 所示；也可能是焊接连接部部分开裂，出现发丝状裂纹，如图 No. 152-2 所示；还可能是出现了与焊球内部空洞相连通的微裂纹，如图 No. 152-3 所示。

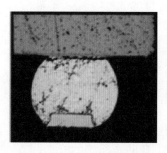 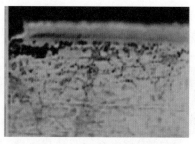 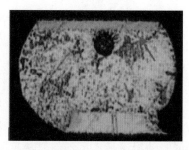

图 No. 152-1　焊接连接部全部开裂　　图 No. 152-2　焊接连接部部分开裂，出现发丝状裂纹　　图 No. 152-3　出现了与焊球内部空洞相连通的微裂纹

② 在无铅焊球再流焊过程中，焊盘基材呈现坑裂现象，如图 No. 152-4 所示。虽然未造成任何断路，电测法很难查出，然而当出现坑裂情况时，将为 CAF（导电阳极丝）的产生提供通道，成为产品可靠性潜在的隐患。当发生坑裂时，导线会被扯断，当然就很易被发现了。坑裂已将导线扯断剖面如图 No. 152-5 所示。

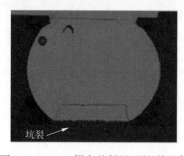 

坑裂

导线被扯断

图 No. 152-4　焊盘基材呈现坑裂现象　　　　图 No. 152-5　坑裂已将导线扯断剖面

③ 由于无铅焊接的强热造成板材树脂处于 α_2 的软弱橡胶态，再加上 BGA 芯片封装载板顶部内硅晶片的 CTE 只有 $(3\sim4)\times10^{-6}/℃$，且在强热中载板本身沿 X、Y 方向的 CTE 达 $15\times10^{-6}/℃$，其两者之差异使 BGA 载板发生凹形下翘，如图 No. 152-6 所示；同时，载板沿

图 No. 152-6　硅晶片与载板间 CTE 的差异使载板发生凹形下翘

BGA 芯片四个角的向下拉力产生不同的缺陷，如图 No. 152-7 所示。

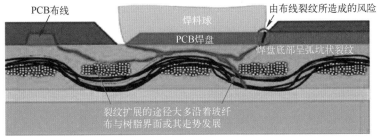

图 No. 152-7　载板沿 BGA 四个角的向下拉力产生不同的缺陷

　　图 No. 152-7 展示了 BGA 芯片载板在强热条件下发生的垂直或斜向拉力所造成的坑裂，多半沿玻纤布与树脂界面或其走势发展。

　　在图 No. 152-8 中，在再流焊的强热条件下，大型 BGA 芯片四个角的焊球被拉伸，其载板基材沿 X、Y 方向的 CTE 为 $(14 \sim 15) \times 10^{-6}/℃$，将因芯片的 CTE 太小 $[(3 \sim 4) \times 10^{-6}/℃]$ 而呈现上凹现象。此时，无铅焊球会因其刚性较大而容易出现断头或断脚的危险。

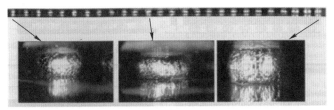

图 No. 152-8　大型 BGA 芯片四个角的焊球被拉伸

2. 形成原因及机理

（1）形成原因

　　热膨胀系数不匹配的严重性以及由此造成的可靠性隐患，取决于电子组装的设计参数和工作使用环境。

（2）形成机理

　　① 整体热膨胀系数不匹配：是由于将具有不同热膨胀系数的电子元器件或连接器与 PCB 通过表面上的焊点连接在一起造成的。由于热膨胀系数以及造成热能在有源器件内耗散的热梯度的不同，使得整体热膨胀的程度也有所不同。在 FR-4/PCB 上，整体热膨胀系数不匹配，高可靠性组装选用的热膨胀系数为 $2 \times 10^{-6}/℃$，陶瓷元件的热膨胀系数约为 $14 \times 10^{-6}/℃$。图 No. 152-1 所示的焊点失效是由于晶圆级 CSP 芯片上热膨胀系数不匹配所造成的。

　　② 局部热膨胀系数不匹配：是由焊料和电子元器件或与其焊接的印制电路板的不同热膨胀系数所造成的。由于焊料热膨胀系数以及基材中不同范围内变化的热膨胀系数的不同，使得局部热膨胀的程度也有所不同。典型的局部热膨胀系数不匹配的热膨胀系数从铜的约为 $7 \times 10^{-6}/℃$ 到陶瓷的约为 $18 \times 10^{-6}/℃$，以及 42 号合金和科伐合金的约为 $20 \times 10^{-6}/℃$。局部热膨胀系数不匹配情况比整体热膨胀系数不匹配情况要好些，这是由于局部热膨胀系数不匹配作用的距离、最大的润湿区域面积都要比整体热膨胀系数不匹配小得多的缘故。

　　③ 内部膨胀系数不匹配：焊料内部热膨胀系数（约为 $6 \times 10^{-6}/℃$）的不匹配是由焊料

中富锡相和富铅相不同的热膨胀系数引起的，一些处理过的无铅焊料有相近的热膨胀系数特性。内部热膨胀系数不匹配的影响常常是最小的，是由于其作用距离、晶粒结构的尺寸远比润湿长度或者元器件尺寸要小的缘故。

3. 解决措施

① 取消大型 BGA 芯片四个角的各三个焊球，或布置为无功能的假焊球与假焊盘。

② 高阶产品可在 BGA 芯片底部充填胶。

③ 小型 BGA 芯片或 CSP 芯片可在四角之外缘点黏胶剂。

④ 针对 BGA 芯片四个角的焊球焊盘，采用 SMD 绿油定义，以强化其与基材板面的固着力。

⑤ 加大四个角的 1 个或 3 个焊盘（或无功能者）的直径，使其在强热条件下具有更好的黏着力。

No. 153　BGA 焊球在再流焊接后出现粗大枝状晶粒缺陷

1. 现状描述及分析

（1）现象描述

在再流焊（波峰焊）制程中，由于焊后冷却速度缓慢，时间过长，出现被焊接的热容量较大的元器件［如 BGA 元器件及较厚的 PCB 基板（>2.5 mm）］与 PCB 焊盘之间的连接强度很差，有时会出现轻微碰触即掉落的现象。

（2）现象分析

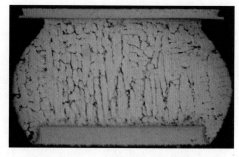

① 对掉落的 BGA 焊球焊点进行切片分析，其截面形貌如图 No. 153-1 所示。从图 No. 153-1 中可知，BGA 焊球上、下两个界面（PCB 侧和芯片侧）IMC 层均明显可见，未见微裂纹，但焊球内枝状晶粒明显粗大。

② 对掉落的其他元器件引脚切片的截面形貌进行分析，发现不易散热的元器件引脚焊缝晶粒粗大，如图 No. 153-2 所示。

图 No. 153-1　BGA 焊球焊点截面形貌

图 No. 153-2　元器件引脚焊缝晶粒粗大

③ 对失效元器件电极焊接圆角进行切片，其截面形貌如图 No. 153-3 所示，观察发现在其最后凝固的部位晶粒粗大。

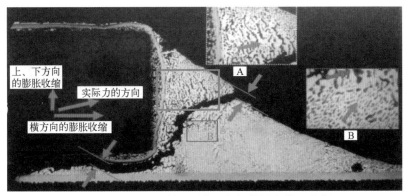

图 No. 153-3　失效元器件电极焊接圆角截面形貌

2. 形成原因及机理

（1）形成原因

再流焊接或波峰焊接后，由于焊点晶粒增粗，导致焊点强度下降，这是由焊接后冷却速度缓慢、时间过长导致的。

（2）形成机理

① 焊点内部的显微组织及其焊料和基板界面的显微组织决定了焊点的力学性能，而焊接工艺和后续的固相老化，以及热循环又决定了原始的显微组织和显微组织的演变。

② 通常认为再流焊接的加热和冷却速度或焊接工艺是影响焊点成分波动的主要原因。当焊料与焊盘金属之间发生冶金反应时，会出现各种程度的冶金学反应等级。冷却速度对焊点微观结构的组织形式有很大的影响。

③ 在冷却区段焊膏内的焊料粉末已经被熔化并充分润湿连接表面后，应该用尽可能快的速度使其冷却，这样将有助于得到明亮的焊点及好的外形和低的接触角度。缓慢冷却会导致焊盘 Cu 更多地扩散而进入焊料中，从而产生灰暗毛糙的焊点。在极端情形下，它能引起反润湿从而减弱焊点结合力。冷却段降温速度一般为（3~6）℃/s，冷却至 75℃ 以下即可。

④ 由于再流区（特别是无铅制程）峰值温度高，对具有大热容量的元器件而散热又不大良的焊区，焊点经过再流焊接峰值区进入冷却区后，焊点冷却速度慢，凝固时间过长而表现的退火效应，导致了焊点整个或局部区域结晶粒粗大。

3. 解决措施

（1）再流焊接

为了避免枝状结晶的过度增大，同时防止产生偏析，应提高再流焊接后的冷却速度，使焊点快速降温。焊接设备应具备冷却速度为（5~6）℃/s 的快速冷却能力。

经典的 PCBA "温度–时间曲线" 将保证 PCBA 安装的最佳的、稳定的质量，降低 PCBA 的报废率，提高 PCBA 的生产效率和合格率。考虑到组装基板装载元器件的热容量的差别，设置不同的再流焊接 "温度–时间曲线" 就显得十分重要。热容量大的元器件的 "温度–时间曲线" 的冷却段如图 No. 153-4 所示。

（2）波峰焊接

在 SMA 波峰焊接中，焊接后采用 2 分钟以上的缓慢冷却方式，对减小因温度剧变所形成的应力，避免元器件损坏（特别是对以陶瓷作为基体或衬底的元器件的断裂现象）是有意义的。然而对无铅波峰焊接的热容量大和厚 PCB 基板的工况，则要求对焊接面施以较快的冷却速度，以抑制发生焊缘起翘和焊点晶粒增粗、增大等缺陷。SMA 波峰焊接"温度-时间曲线"的冷却段如图 No. 153-5 所示。

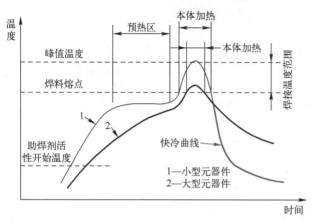 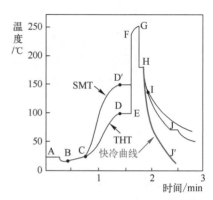

图 No. 153-4　热容量大的元器件的　　　　　图 No. 153-5　SMA 波峰焊接"温度-
"温度-时间曲线"的冷却段　　　　　　　　　　　时间曲线"的冷却段

No. 154　PoP 的冷焊和空洞缺陷

1. 现象描述及分析

（1）现象描述

① 冷焊：是 PoP 再流焊接制程中比较高发的一种缺陷，由在焊接时温度或时间未达到工艺要求所导致。由于 PoP 焊点的隐匿性，不易通过视觉系统发现它，只能通过相关电路特性的变化感觉到它的存在。

② 空洞：是 PoP 再流焊接中的另一种高发缺陷，是存在于焊点内部的一种隐性缺陷，只能通过无损探查的 X-Ray 来发现它。

（2）现象分析

① 冷焊：其图像特征是焊球表面呈橘皮状，对冷焊的焊点进行光学检测是最好的方法。冷焊形成的焊点表面粗糙且凹凸不平，当采用 2D/X-Ray 检测时，其影像特点是边缘轮廓模糊，沿周边分布着毛刺状的不规则凸出点。PoP 冷焊如图 No. 154-1 所示。

② 空洞：针对某 PCBA 有问题的 PoP 多排焊点进行切片，上层 BGA 芯片焊接后形成的大空洞示意图如图 No. 154-2 所示。这种靠近 PCB 焊盘侧所形成的很规则的圆形空洞，是由于在焊接过程中，较多助焊剂挥发物被封闭在焊盘附近无逃逸通道所形成的。

2. 形成原因及机理

（1）形成原因

① 冷焊：再流焊接"温度-时间曲线"设计不当，再流焊接时热量不足。

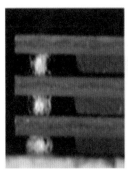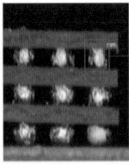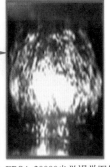

（a）ERSA-30000光学视觉图像 （b）2D/X-Ray图像

图 No. 154-1　PoP 冷焊

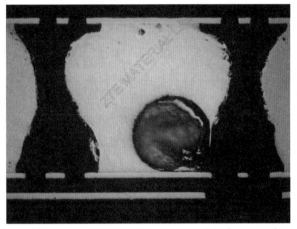

图 No. 154-2　上层 BGA 芯片焊接后形成的大空洞示意图

② 空洞：在焊接过程中，因较多助焊剂挥发物被封闭在焊盘附近无逃逸通道所造成。

（2）形成机理

① 冷焊：再流焊接"温度-时间曲线"应该确保足够高的温度和足够的完成冶金反应的时间，保证所有焊料能完全熔化并熔合，焊盘表面才会达到合适的润湿程度，从而形成良好的焊点。否则表面看似润湿，但焊料和母材金属接合界面未发生冶金反应，未形成适当厚度的 IMC 层，从而产生焊点可靠性不良的隐患。

② 空洞：在再流焊接过程中，随着再流温度上升，会出现截留气体和助焊剂挥发物逸出的问题，如果在再流焊接制程中不能为截留气体或助焊剂挥发物的逸出提供足够的时间和通道，那么，在再流"温度-时间曲线"冷却区，当熔融焊料固化时，就会形成空洞。

3. 解决措施

（1）冷焊

造成冷焊现象的原因是在再流焊接时热量不足，故通常采取优化再流焊接"温度-时间曲线"解决。"温度-时间曲线"如图 No. 154-3 所示。

（2）空洞

① 优化再流焊接"温度-时间曲线"，改善预热效果。

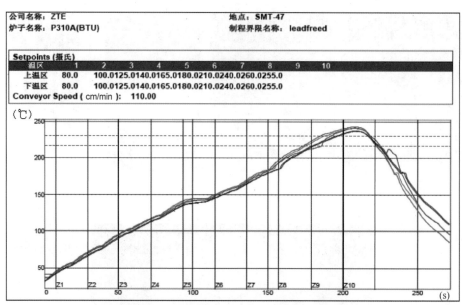

| 公司名称: ZTE | | | | 地点: SMT-47 | | | | | |
| 炉子名称: P310A(BTU) | | | | 制程界限名称: leadfreed | | | | | |

Setpoints (摄氏)

温区		1	2	3	4	5	6	7	8	9	10
上温区	80.0	100.0	125.0	140.0	165.0	180.0	210.0	240.0	260.0	255.0	
下温区	80.0	100.0	125.0	140.0	165.0	180.0	210.0	240.0	260.0	255.0	

Conveyor Speed (cm/min): 110.00

图 No. 154-3　"温度-时间曲线"

② 关注并改善再流焊接制式，解决助焊剂挥发物的逃逸通道问题。

No. 155　PTH 在穿孔再流焊接时透孔不良且孔壁不润湿

1. 现象描述及分析

（1）现象描述

某产品 PCBA 的 PTH 在穿孔再流焊接接时，出现透孔不良及孔壁不润湿现象。第三方（某 PCB 基板制造公司）提供了不良板的相关 PTH 切片分析图的截面形貌，具体如下所述。

① 正常的孔壁润湿及透孔情况。

- 图 No. 155-1：正常的 PTH 孔壁润湿形貌，孔壁润湿和填充均良好；
- 图 No. 155-2：正常的 PTH 填充形貌，该图显示了孔填充形貌，孔壁润湿尚可，但焊环润湿情况尚欠完整。

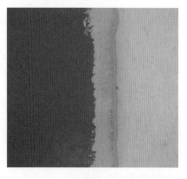

图 No. 155-1　正常的 PTH 孔壁润湿形貌

图 No. 155-2　正常的 PTH 填充形貌

② 异常孔壁的切片分析图。

- 图 No. 155-3：孔壁呈黑色且已出现腐蚀现象，孔壁不润湿；
- 图 No. 155-4：焊环润湿良好而孔壁完全不润湿；
- 图 No. 155-5：不良 PTH 在穿孔再流焊接过程中的透孔形貌。

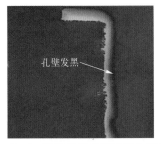

孔壁发黑

焊环润湿良好

图 No. 155-3 孔壁呈黑色且已发生腐蚀现象   图 No. 155-4 焊环润湿良好而孔壁完全不润湿

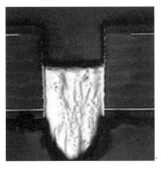

图 No. 155-5 不良 PTH 在穿孔再流焊接过程中的透孔形貌

（2）现象分析

根据 PCB 厂商提交的 ENIG Ni(P)/Au 工艺质量分析照片可以得出：

① 剥金后 PTH 焊环镍层的 SEM/EDX 分析的元素分布数据，如图 No. 155-6 所示。由该图可知，C 为 7.66wt% 偏高，P 为 7.75wt% 属中 P 范围，能满足焊接工艺要求。

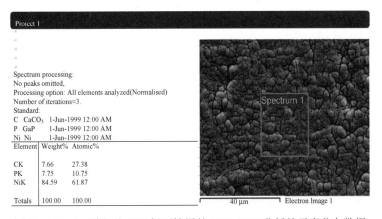

图 No. 155-6 剥金后 PTH 焊环镍层的 SEM/EDX 分析的元素分布数据

② PTH 孔壁面 Ni 层的 SEM/EDX 分析的元素分布数据，如图 No. 155-7 所示。由该可知，P 为 4.65wt%，属低 P 范围，不能满足焊接工艺要求。

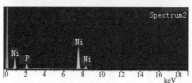

图 No. 155-7　PTH 孔壁面 Ni 层的 SEM/EDX 分析的元素分布数据

2. 形成原因及机理

（1）形成原因

根据上述分析可知，孔壁 ENIG Ni(P)/Au 镀层中 Ni 层中 P 含量低是造成 PTH 孔壁不润湿和透孔不良的主要原因。

（2）形成机理

化学镀镍层的 P 含量对镀层可焊性和耐腐蚀性是至关重要的。一般以中 P(7~9)wt% 为宜。低 P(<7wt%)镀层耐腐蚀性差，易氧化。而且在腐蚀环境中，由于 Ni/Au 的腐蚀原电池作用，会对 Ni/Au 的 Ni 表面层产生腐蚀，生成 Ni 的黑膜，这对可焊性和焊点的可靠性都是极为不利的。高 P(>9wt%)镀层抗腐蚀性提高了，但可焊性差。

3. 解决措施

用于焊接目的的 ENIG Ni(P)/Au 镀层必须采用中 P 镀层。

No. 156　通过增加焊膏量解决高速连接器焊接短路问题[①]

1. 现象描述及分析

（1）现象描述

底部引脚的面阵列高速连接器外观如图 No. 156-1 所示。在 SMT 再流后发现大比例的相邻引脚的短路现象，不良比例在 10%~60% 之间，而且在后续生产中发现，只要用到类似物料的 PCBA，生产中该问题几乎都会出现，短路位置仅发生在 Y 方向的两排引脚之间。高速连接器短路的 X-Ray 图片如图 No. 156-2 所示。

（2）现象分析

① 该器件相邻两排引脚间距为 1.27 mm，针对该短路现象，采取各种常规改善措施，诸如修改钢网以减小焊膏量，增大相邻引脚间距，效果不仅不明显，反而还有越来越严重的趋势。

---

① 本案例由孙磊、邱华盛、统雷雷提供。

图 No. 156-1　高速连接器外观

图 No. 156-2　高速连接器短路的 X-Ray 图片

② 从放大的 X-Ray 图像看，短路点之间焊料丝往往很细，呈明显的缩颈状，如图 No. 156-3 所示。

③ 该高速连接器的引脚与面阵列器件焊球结构不同，它由从连接器内部引出的铜镀锡连接引脚和通过铆接方式挂在相邻连接引脚上的相向悬挂的纯锡块组成，图 No. 156-4 展示了高速连接器的引脚结构。

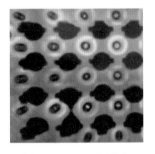

图 No. 156-3　短路点
放大的 X-Ray 图像

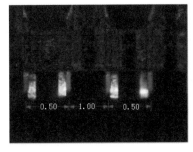

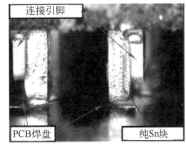

图 No. 156-4　高速连接器的引脚结构

④ 仔细观察放大的不良焊点的 X-Ray 图像（见图 No. 156-5），发现再流焊点并不圆滑，且所有焊料仍堆积在原始位置，并没有润湿到纯锡块的另一侧，使得面对面悬挂锡块的两排引脚间的间距变得非常小，而背靠背悬挂锡块的两排引脚间的间距变大。器件单独过炉后引脚的形貌如图 No. 156-6 所示。

图 No. 156-5　不良焊点的 X-Ray 图像

图 No. 156-6　器件单独过炉后引脚的形貌

⑤ 这种结构在再流焊接过程中，当纯锡块融化并坍塌时，连接引脚之间的间距为 1.27 mm，而悬挂的纯锡块之间的间距比此间距要小很多，因此，只在相邻排之间形成短路，而在相邻列之间不会短路。

2. 形成原因及机理

（1）形成原因

基于上述对缺陷现象的分析，缺陷的形成原因归纳如下：

① 由连接器内部引出的连接引脚是由铜基材镀锡制成的，而纯锡块是通过铆接方式挂在连接引脚上的。纯锡的氧化自由能很低，因而纯锡表面始终被一层很致密的氧化锡膜所包裹着。

② 由于高速连接器特殊的端子结构，纯锡块与连接引脚之间是机械连接的，两个连接面之间缝隙中的空气是热传导的不良体，而两个连接界面间隔着的氧化锡膜又形成了一个热障层。在再流焊接时，当热量从 PCB 焊盘经纯锡块向连接引脚传导时，由于极大的热阻，它们之间必然存在一个温度差，造成焊点温度不均匀的原因如图 No. 156-7 所示。

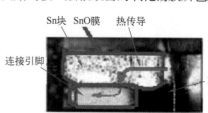

图 No. 156-7　造成焊点温度不均匀的原因

（2）形成机理

当进行再流焊接时，即使焊膏中的焊料和纯锡块熔合了，而温度低的连接引脚可能还远未达到焊料能润湿的温度。由于熔合的焊料不能润湿连接引脚表面而获得向上爬的润湿力，故其只能下坠并堆积在下部而形成短路，并且印刷的焊膏量越少，助焊剂去除表面氧化物及改善热传导的能力越弱，故上述所描述的短路现象也将越严重。纯锡的熔点为232℃，在有铅再流焊接工艺窗口下，甚至连纯锡块都很难完全熔融。

3. 改善措施

① 增加印刷的焊膏量，改善后焊膏印刷及贴片形态如图 No. 156-8 所示，可获得下述好处：

- 可充分润湿和洁净连接引脚的被焊表面，去除氧化膜，改善了焊点的焊接性；
- 充分填充了连接引脚与纯锡块连接面之间的所有缝隙，改善了再流焊接时纯锡块与连接引脚之间的热传导能力，使得整个焊接区的温度场变得更均匀了，这极有利于再流时纯锡块及连接引脚表面的锡镀层等与焊膏中焊料合金间更好地熔合。

② 增加焊膏的改善机理和效果：增加了整个焊点被液态焊料包裹的能力，从而增强了焊料熔液的表面张力，使其在凝固过程中，遵循表面能最小的自然法则，凝固成光滑的且具有最小表面积、外形轮廓形状最佳的焊点。改善后焊点的金相切片和外形轮廓图像如图 No. 156-9 所示。

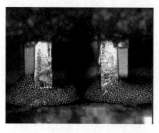
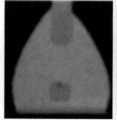
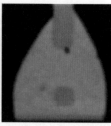

图 No. 156-8　改善后焊膏印刷及贴片形态　　图 No. 156-9　改善后焊点的金相切片和外形轮廓图像

③ 按改善的工艺条件再生产一批产品验证，累计统计了2884件产品的生产数据，不良率为零。

1. 现象描述及分析

（1）现象描述

元器件在 PCB 上位移有以下两种缺陷形式。

① 元器件沿 PCB 平面的垂直方向垂立或斜立在一端的焊盘上，另一端则完全悬空，由此出现沿 PCB 平面垂直方向旋移的立碑（曼哈顿）缺陷，如图 No. 157-1 所示。

② 元器件沿 PCB 平面方向位移，即元器件一端仍留在焊盘上，而另一端则沿 PCB 平面旋转位移到焊盘以外的区域，本案例属于此种形式。图 No. 157-2 给出了沿 PCB 平面方向旋转位移的缺陷形貌。

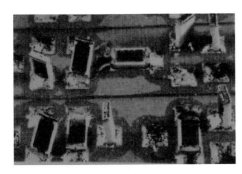

图 No. 157-1　沿 PCB 平面垂直方向
旋移的立碑（曼哈顿）缺陷

平面旋转

图 No. 157-2　沿 PCB 平面方向旋转
位移的缺陷形貌

（2）现象分析

沿 PCB 平面方向的位移，最常见的表现形式有以下两种。

① 平行位移：元器件体整体发生平行位移。这种位移在再流焊接之前的贴片和焊膏印刷工序中几乎会发生，如焊膏印刷偏位、贴片偏位，或者上述两种形式都有的复合偏位。平行位移及再流焊接时熔融焊料自校正作用的影响，如图 No. 157-3 所示。

② 焊膏印刷和焊盘之间对位很好，但由于贴片机定位精度问题，导致元器件位置发生平行偏位，如图 No. 157-3（a）所示。此时，假设焊盘和元器件电极均润湿性良好，则当有铅时，$d<D/2$、$b<B/2$；当无铅时，$d<D/4$、$b<B/4$，在再流焊接时可以依靠熔融焊料的自校正作用，使元器件能完全拉至与焊盘对准的位置，如图 No. 157-3（b）所示。但一旦条件变为当有铅时，$b>B/2$、$d>D/2$；当无铅时，$b>B/4$、$d>D/4$，自校正作用已无力将元器件拉回到正确对准位置，于是便成为偏移缺陷，如图 No. 157-3（c）所示。

③ 平面旋转偏移：此种现象在再流焊接过程中几乎都会发生，其形成原因是：

- 再流焊接设备夹送系统传送不平稳；
- 由于片式元器件电极和焊盘构成的两焊端焊膏完全熔化不同步，存在时间差，先熔

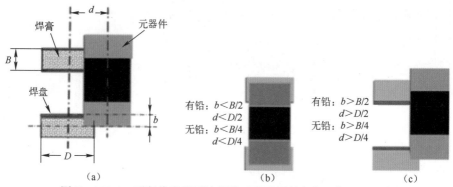

图 No. 157-3　平行位移及再流焊接时熔融焊料自校正作用的影响

化的焊端焊料所形成的表面张力作用使元器件位置发生偏移。

2. 形成原因及机理

（1）形成原因

① 设备夹送系统传送不平稳。

② 元器件的两焊端焊膏再流（完全熔合）的初始润湿温度不同步，存在时间差。据现场观察，这是造成该缺陷的最主要因素。

（2）形成机理

在 PCB 平面上元器件位置发生偏位的机理如图 No. 157-4 所示。假如右侧焊盘焊料先于左侧焊盘焊料熔化，该熔化焊料的时间差造成了左、右两侧两焊盘间的表面张力不平衡。右侧先熔化的液态焊料在表面自由能的作用下，将收缩成最小的表面积，因此在表面自由能的驱动下，元器件电极不断地调整位置以满足液态焊料收缩为最小面积而达到动态平衡的条件，从而造成了元器件体的旋转位移，其受力状态，如图 No. 157-4 所示。

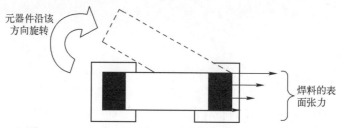

图 No. 157-4　在 PCB 平面上元器件位置发生偏位的机理

3. 解决措施

（1）再流焊接设备 PCB 传送系统振动问题

对再流焊接设备进行维修和调整，消除造成设备工作不稳定、振动大的根源。

（2）为消除初始润湿温度不同步所造成的影响可采取的对策

① 通过优化再流"温度-时间曲线"，减少 PCB 上的温度梯度 ΔTs。例如，提高预热温度和增加预热时间，以改善 PCB 温度的均匀性。

② 检查 SMC/SMD 两端电极面积的精度和基板焊盘区的尺寸公差是否符合规定。

③ 在保证焊点强度的前提下，焊盘尺寸应尽可能小，因为当焊盘尺寸减小后，焊膏的

涂敷量相应减少，焊膏熔化时的表面张力也跟着减小，整个焊盘的热容量减小，两个焊盘上焊膏同时熔化的概率就大大增加。

④ 检查焊膏的保管状态是否符合规定。

⑤ 检查焊膏的涂敷量是否在规定要求之内。

⑥ 检查焊膏印刷机印刷的精度是否符合要求。

⑦ 检查贴片机的贴装精度是否符合要求。

No. 158　HDI 多层 PCB 在无铅再流焊接中的爆板现象

1. 现象描述及分析

（1）现象描述

① 爆板几乎都发生在未开窗口的较大铜箔面区域，对应的正面都是元器件安装密集区，爆板发生面（反面）与爆板区正面分别如图 No. 158-1 和图 No. 158-2 所示。

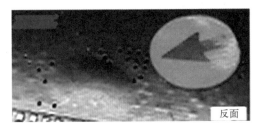

图 No. 158-1　爆板发生面（反面）　　　　图 No. 158-2　爆板区正面

② 不同厂商生产的 HDI 多层 PCB 在相似的位置上均有爆板现象发生，只不过程度不同，有些非常明显，如图 No. 158-3 所示；有些只是呈点状或线状，未连成面，不注意就很难发现，如图 No. 158-4 所示。

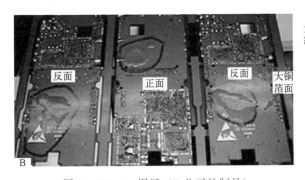
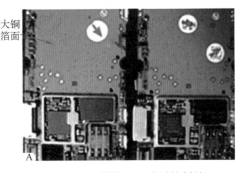

图 No. 158-3　爆板（B 公司的制品）　　　　图 No. 158-4　爆板（A 公司的制品）

③ 热应力试验后整体外观如图 No. 158-5 所示，从该图中可知，顶面和底面均出现相同程度的起泡现象。

（2）现象分析

切片试验：对 HDI 多层板发生爆板的部位进行切片，发现爆板均发生在 L1-L2 埋孔密

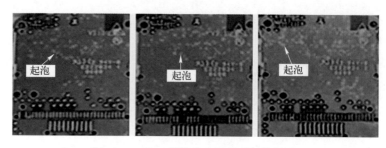

图 No.158-5　板热应力试验后整体外观

集区，并且多发生在大铜箔面下部和埋孔的上方。爆板位置切片如图 No.158-6 和图 No.158-7所示。

图 No.158-6　爆板位置切片（一）　　　　图 No.158-7　爆板位置切片（二）

2. 形成原因及机理

（1）形成原因

① PCB 制程中吸湿：PCB 挥发物来源于 PCB 制程中的湿气，PCB 构成材料（如织物和胶料）对水都有很好的亲和性，极易吸附湿气。PCB 中的水分主要存在于树脂分子中以及 PCB 内部宏观物理缺陷（如空隙、微裂纹）处。

② 成品存储和组装过程中吸湿：HDI 多层 PCB 属于潮湿敏感部件，PCB 中湿气的存在对其性能有异常重要的影响。例如，在无防护情况下，PCB 的半固化片（PP 片）极易吸湿气，PP 片的存储时间与吸湿率的关系如图 No.158-8 所示，该图显示了 PP 片在相对湿度为 30%、50%、90% 条件下存放时的吸湿情况。

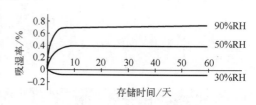

图 No.158-8　PP 片的存储时间与吸湿率的关系

③ PP 片与铜箔面黏附力差：铜在金属状态下是一种非极性物质，因此许多黏合剂对铜箔的黏附力极小。铜箔表面若不经过处理或处理不良，即使性能优良的黏结剂也不能使其具有充分的黏附力和耐热性。

④ 再流焊接"温度-时间曲线"设计不良：由于无铅焊料的熔点温度高于 Sn37Pb 共晶焊料的熔点温度（183℃），为了防止爆板，应尽可能降低再流焊接的峰值温度，故设计一条合适的再流焊接"温度-时间曲线"就显得特别重要。通常峰值温范围控制在 235～245℃ 为宜。

（2）形成机理

① PCB 在无铅再流焊接时温度升高，导致自由体积中的水与极性基团形成氢键的水，能够获得足够的能量在树脂内做扩散运动。水向外扩散，并在空隙或微裂纹处聚集，空隙

处水的体积增加。另外，随着焊接温度的升高，使水的饱和蒸汽压也同时增大。当材料层间的黏合强度小于水汽产生的饱和蒸汽压时，材料即发生爆板现象。

② 可挥发物逃逸不畅：从各切片图中可以看到，爆板位置几乎都是发生在埋孔上方覆盖有大面积铜箔的部位，这种设计的可制造性确实有问题，主要表现在下述几个方面：

- 对积聚在埋孔和层间的可挥发物（如湿气等）排放不利；
- 加剧了在再流焊接时板面温度分布的不均衡性；
- 不利于消除焊接过程中的热应力，容易使应力集中，加剧了 HDI 多层 PCB 内层层间的分离现象。

3. 解决措施

① 处理好再流焊接过程中的温度选择问题，既要确保再流焊接质量，又不诱发爆板。

② 严格控制 PCB 成品仓库存放条件，特别是阴雨天，要适时增加抽湿机的功率，控制仓库的湿度。

③ 改进无铅制程中 PCB 产品的包装，采用真空薄膜+铝膜包装，确保保存时间内的干燥度符合要求。

④ 寻找新的耐热性能好、吸潮率低的材料。

⑤ 改善大铜箔面的透气性：试验证明对表面有大铜箔面的 PCB 进行局部开窗处理（即在铜箔面上开 0.4 mm 孔径的盲孔），对抑制爆板有较好的效果。

No. 159　某终端产品 QFN 芯片在再流焊接中出现桥连缺陷[①]

1. 现象描及分析

（1）现象描述

① 某终端产品在进行密间距 QFN 芯片再流焊接中，在内排焊盘外排线路走线处，集中发生桥连缺陷，如图 No. 159-1 所示。

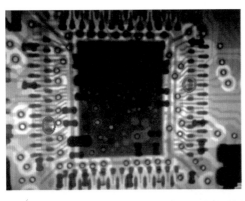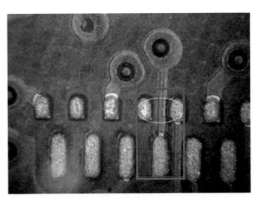

图 No. 159-1　QFN 芯片内排焊盘外排线路走线处在再流焊接中发生桥连缺陷

---

① 本案例由康湘衡提供。

② 所用 PCB 由 A、B 两家厂商供货，缺陷均发生在 A 厂的产品中，而 B 厂的产品则无异常。

（2）现象分析

① 焊盘参数对比，如图 No.159-2 所示。

- A 厂 PCB：表面吃锡焊盘均值为 191.726 μm，部分数值低于规格下限 190 μm，小于设计值 220 μm；
- B 厂 PCB：表面吃锡焊盘均值为 223.979 μm，符合设计要求值 220 μm，规格上、下限要求为 220±30 μm。

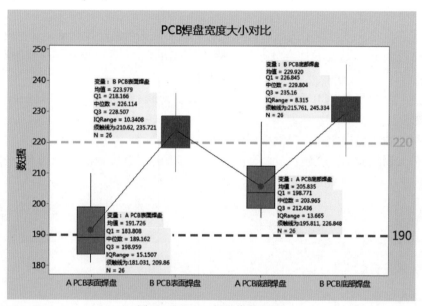

图 No.159-2 焊盘参数对比

② 缺陷产品的 SEM 分析：A 厂产品桥连不良品切片结果显示，桥连及焊料侧均为 SMD 定义的焊盘，导致焊盘有效固着面积变小（正常品焊盘均为 NSMD 设计），缺陷产品的 SEM 形貌如图 No.159-3 所示。

2. 形成原因及机理

（1）形成原因

A 厂供应的 PCB 在再流焊接中 QFN 芯片易出现桥连缺陷，是由于其焊盘采用 SMD 定义，其焊盘有效固着面积变小所造成的。

（2）形成机理

① 焊盘小：A 生产的菲林片焊盘补偿值为 20 μm，故其焊盘大小为 0.24±0.03 mm，当生产异常时易偏出规格。（注：设计要求为 0.22±0.03 mm；B 厂的菲林片补偿值为 30 μm）。

② 采用 SMD 定义的焊盘：阻焊生产的曝光能量及曝光尺寸的差异化会造成部分板件曝光不良，导致阻焊开窗变小，焊料被挤出而形成桥连。

3. 解决措施

① 经研究决定，根据 A 厂 PCB 来料焊盘实际尺寸对钢网设计进行优化，改善生产条

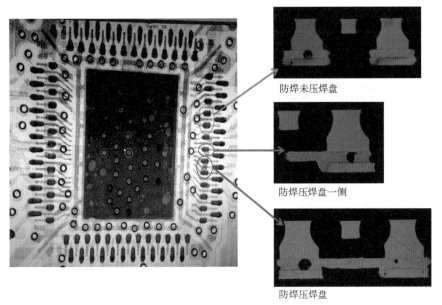

防焊未压焊盘

防焊压焊盘一侧

防焊压焊盘

图 No. 159-3　缺陷产品的 SEM 形貌

件，满足生产需求。

② 建议 A PCB 厂商针对焊盘大小及防焊工艺进行改善并强化工艺过程管控。

No. 160　PCB 焊盘尺寸与物料 Pin 脚不匹配缺陷[①]

1. 现象描述及分析

（1）现象描述

① PDI 发现 X 机型主板不支持热插拔。

② X-Ray 显示 XJ4301 第二个 Pin 脚的副 Pin 脚与第一个 Pin 脚之间疑似短路，如图 No. 160-1所示。

图 No. 160-1　第二个 Pin 脚的副 Pin 脚与第一个 Pin 脚之间疑似短路

---

① 本案例由杨龙龙提供。

（2）现象分析

实验室切片确认，XJ4301 第二个 Pin 脚的副 Pin 脚与第一个 Pin 脚短路，如图 No. 160-2 所示。

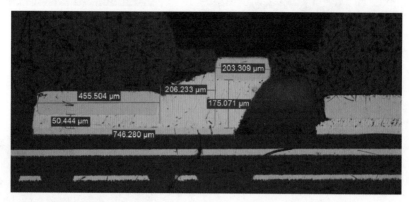

图 No. 160-2　第二个 Pin 脚的副 Pin 脚与第一个 Pin 脚短路

2. 形成原因及机理

（1）形成原因

由上分析可知，缺陷形成的原因是 PCB 焊盘设计尺寸过大，与物料不匹配。

（2）形成机理

① PCB PAD 切片所示的短路缺陷为第一个焊盘与物料的第二个 Pin 脚的延伸 Pin 脚（副 Pin 脚）短路。PCB 焊盘及钢网开口尺寸如图 No. 160-3 所示，宽度为 0.75 mm，两个焊盘间距为 0.3 mm，钢网开孔间距为 0.3 mm。

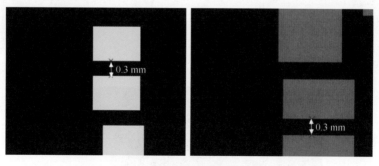

图 No. 160-3　PCB 焊盘及钢网开口尺寸

② 物料尺寸：副 Pin 脚自身宽度为 0.2 mm，左右间隙为 0.2 mm，物料 Pin 脚间距示意图如图 No. 160-4 所示。

③ 按上述分析的尺寸关系，贴装后的位置关系如图 No. 160-5 所示。

- 在图 No. 160-5 中，蓝灰色所示 PCB 焊盘宽度为 0.75 mm，红色物料焊接 Pin 脚长为 0.45 mm，黄色物料副 Pin 脚长为 0.2 mm（不参与焊接）；

- 贴装完成后，副 Pin 脚距离两边焊盘距离［（两焊盘间距 0.3 mm-副 Pin 脚宽度 0.2 mm)/2］为 0.05 mm。在此种情况下，物料贴装后焊盘左右两边还剩余 0.15 mm

的空隙，此处不包括物料和焊盘的公差。

- 若贴装向左偏差 0.05 mm，则 Pin 脚 2 的副 Pin 脚则会与焊盘 1 有短路风险，正如此次质量问题。若向右偏差，因 Pin 脚 2 的副 Pin 脚本为一体则不会出现问题。

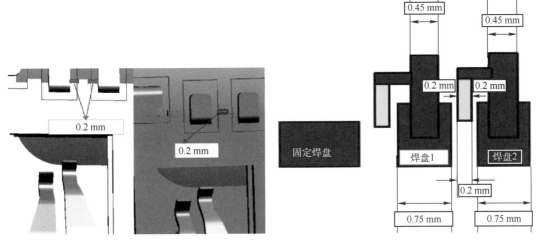

图 No. 160-4　物料 Pin 脚间距示意图　　　图 No. 160-5　贴装后的位置关系

3. 解决措施

① 在原程序中，针对此物料在贴装时将贴装坐标右移 0.1 mm，即由 80.511 mm 变更为 80.611 mm，使 Pin 脚 2 的副 Pin 脚与焊盘 1 间距增大。

② 钢网开孔：焊盘 1 和焊盘 2 分别内切 0.1 mm，减少因焊料量偏多和结构问题引起的桥连。

③ 研发、优化 PCB 焊盘。

No. 161　晶振在无铅制程后高低温循环试验中的失效现象[1]

1. 现象描述及分析

（1）现象描述

2015 年系统产品无铅试点，在 PCBA 温度循环-40~125℃试验中，发现晶振焊点有开裂现象。共 8 块 PCBA，每块安装有 2 只晶振，失效晶振有以下两种封装类型：

① 封装尺寸为 7 mm×5 mm×1.8 mm 的晶振，在 250 次循环中失效 2 pcs，失效形貌如图 No. 161-1 所示。

② 封装尺寸为 7 mm×5 mm×3.8 mm 的晶振，在 550 次循环中失效 5 pcs，失效形貌如图 No. 161-2 所示。

（2）现象分析

① 有关晶振基座和 PCB 基材的结构特性：

---

① 本案例由王世坤提供。

- 晶振为石英晶体，其晶振基座由陶瓷材料构成，再进行外部封装；
- PCB 基板为 FR-4，其热膨胀系数 CTE 为（16~19）×10^{-6}/℃，而构成晶振基座的陶瓷材料的 CTE 为（5~7）×10^{-6}/℃，两种材料的 CTE 相差近 3 倍，组合后在热膨胀系数上存在着明显的不匹配性。

 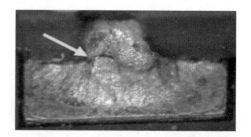

图 No. 161-1　封装尺寸为
7 mm×5 mm×1.8 mm 的晶振失效形貌

图 No. 161-2　封装尺寸为
7 mm×5 mm×3.8 mm 的晶振失效形貌

- 晶振封装多为城堡式的结构，组装到 PCB 上后，局部区域刚性很大，应力得不到有效释放。

② 晶振电极和 PCB 焊盘接头的裂缝失效位置，如图 No. 161-3 所示。

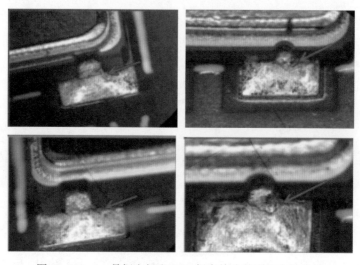

图 No. 161-3　晶振电极和 PCB 焊盘接头的裂缝失效位置

2. 形成原因及机理

（1）形成原因

综合上述现象描述及分析，可以认定本案例在高低温循环试验中出现晶振焊点失效（裂缝），主要是由于晶振基座材料和 PCB 基材之间的 CTE 不匹配。

（2）形成机理

为了便于分析，说清问题，我们可以仿真晶振和 PCB 组装后的组合体，建立其在高低温循环中应力作用的动态等效模型来说明，如图 No. 161-4 所示。

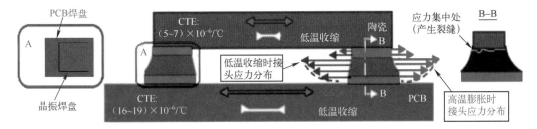

图 No. 161-4　高低温循环中应力作用的动态等效模型

从图 No. 161-2 中可知：

① 对同一种晶振型号尺寸与 PCB 基板通过焊接构成的组合体来说，在相同循环温度试验范围（-40~+120℃）内，设定晶振基座沿长度方向的尺寸为 L，当温度为 120℃ 时，由于热膨胀使它们的长度增加，如下所述。

- 晶振陶瓷基座：$\Delta L_1 = CTE \times L \times 120 = 5 \times 7 \times 120 \times 10^{-6} \approx 0.0042 \text{ mm}$；
- PCB 基板：　　$\Delta L_2 = CTE \times L \times 120 = 16 \times 7 \times 120 \times 10^{-6} \approx 0.01344 \text{ mm}$，

$\Delta L_2 = 3.2 \Delta L_1$。

由此可知，在紧贴晶振基座和 PCB 焊盘组合体之间的接合界面上，存在一个断崖式的应力差值（数值的、方向的），此差值正是导致接合界面产生剪切应力而使接头出现刚性变形的因素，当形成的剪切应力很大时，就可能导致在剪切应力最大处出现机械断裂。

② 由于循环温度范围为 -40~+120℃，当大于 0℃ 时膨胀，而当小于 0℃ 时收缩，随着温度循环次数的增加，膨胀→收缩→膨胀……不断循环进行，使接合界面最薄弱处（剪切应力集中处），出现一个方向呈周期性变化的循环作用的剪切应力，使焊点出现疲劳损伤。此时，即使重复作用的剪切应力并不大，但随着高低温循环试验周期的不断增加，接头的疲劳损伤不断积累，当达到疲劳极限时便形成疲劳性断裂。

3. 解决措施

① 优化晶振的封装尺寸（特别是长度方向），尽可能减小 CTE 的不匹配程度。

② 适当增加焊接接缝处的焊料填充厚度，提高晶振基座的离板高度。因为焊料柔性和挠性好，可以有效地吸收因 CTE 不匹配所造成的危害。通过增加晶振基座安装的离板高度以吸收剪切应力能量如图 No. 161-5 所示。

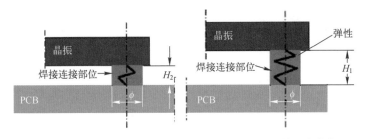

图 No. 161-5　增加晶振基座安装的离板高度以吸收剪切应力能量

③ 优化设计的 DFM 要求，晶振封装的长度方向应尽可能顺着基板玻纤布的纬线方向。

No. 162　SBCJ 单板 SMT 焊接不润湿（拒焊）[①]

1. 现象描述及分析

（1）现象描述

① SBCJ 单板 PCB 表面处理采用 ENIG Ni(P)/Au 工艺，在再流焊接中焊盘不润湿，在金色表面当用烙铁加焊焊料时存在拒焊问题；涉及两个批次，不良率为 13.52%，不良 PCB 都是某品牌 PCB 1717 周期 PCB 光板，缺陷外观如图 No. 162-1 所示。

② 取某品牌 PCB 1717 周期 PCB 光板印锡后不贴片，直接过炉，发现同样存在润湿不良情况，焊盘润湿角>90°，轻推拒焊的焊球，焊球与焊盘分离，焊盘无焊料覆盖，如图 No. 162-2 所示。

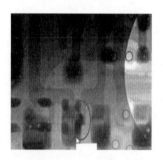

图 No. 162-1　缺陷外观

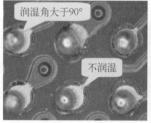

图 No. 162-2　润湿不良

（2）现象分析

① 对不润湿的焊盘进行切片分析，由纵切面发现，润湿角>90°，焊接面未见 IMC 层，焊盘存在渗透性镍腐蚀，如图 No. 162-3 所示。

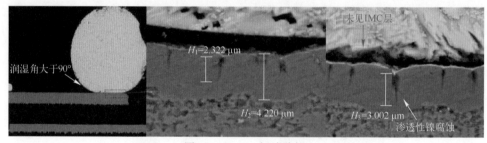

图 No. 162-3　切片分析

② SEM/EDX 分析：对失效样品进行 SEM/EDX 分析，发现拒焊的焊盘表面主要元素为 Au，同时含有较多的有机元素 O 等；P 含量较低，只有 5.26at%，其腐蚀形貌如图 No. 162-4 所示。

③ 故障单板剥金分析如图 No. 162-5 所示。对失效焊盘进行清洗（因为经过焊接，怀疑有助焊剂残留），主要元素为 Au、Ni 和 O，同时表面存在腐蚀现象（见图 No. 162-5 中

---

① 本案例由陈伟雄提供。

间图片）；剥金后，有镍腐蚀。

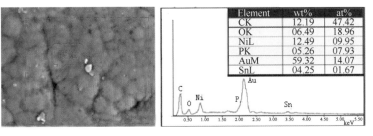

图 No. 162-4　SEM/EDX 分析

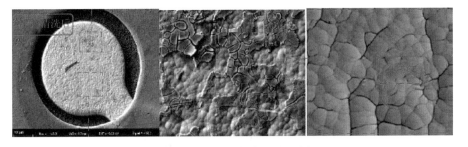

图 No. 162-5　故障单板剥金分析

④ 对同批次的 3 块光板进行 SEM/EDS 分析，检测到 Au 和 Ni 元素，剥金后，发现 1 块光板有镍腐蚀问题。未焊接 PCB 光板剥金分析如图 No. 162-6 所示。

图 No. 162-6　未焊接 PCB 光板剥金分析

2. 形成原因及机理

（1）形成原因

由上述分析可知，导致本案例焊盘不润湿的原因是采用 EGIG Ni（P）/Au 工艺的 Ni 层出现腐蚀。

（2）形成机理

在本案例中，由于采用 ENIG Ni（P）/Au 工艺的 Ni 层中 P 含量（5.26wt%）偏低（<7wt%，属低 P 范围）抗腐蚀能力差，故在化学沉 Au 时，底层 Ni 受到了 Au 槽液的化学攻击，在 Ni 层表面生成了腐蚀层，即不可焊的黑 Ni 层。

3. 解决措施

① 对于在途和在库的某品牌的 1717 周期的 PCB 全部退回厂商进行报废处理，公司内

部在线的结存的和已加工完的 PCBA 全部报废，由责任厂家赔偿损失。

②责任 PCB 厂商应对内部 PCB 加工流程进行回溯整改。

③加强对采用 ENIG Ni(P)/Au 工艺进行表面处理的 PCB 来料中 P 的监控，要求 PCB 生产厂商严格按照焊接要求的最适宜的含 P 范围[(7~9)wt%]组织生产，完成质量验收工作。

No. 163　材质耐热性不好吸潮导致盲孔附近 PCB 起泡分层[①]

1. 现象描述及分析

（1）现象描述

①2011 年 7 月，某生产线生产的 COMB PCBA 在过炉后发现有起泡现象，不良率达 40.5%，起泡发生位置均在 BGA 芯片附近，如图 No.163-1 所示。

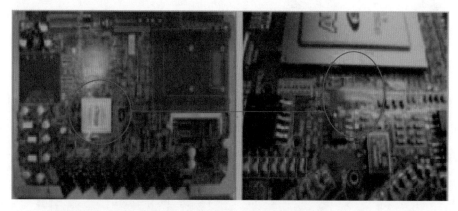

图 No.163-1　起泡发生位置

②所用 PCB 参数如下所述。

- PCB 尺寸：320mm×215mm×2.5mm；
- 基材：N4000-13SI；
- 层数：18 层；
- 铜箔厚度：外层 1 盎司，内层 0.5 盎司；
- 表面处理：HAL Sn37PB；
- 拼板。

（2）现象分析

①取一块不良 PCBA 板，将起泡位置撕裂观察未发现异物，如图 No.163-2 所示。

②沿起泡的垂直方向进行切片分析，发现起泡位置在 L6-L7 层之间，通过对切片面的形貌观察，确定分层发生在 L6-L7 之间的半固化片上，如图 No.163-3 所示。

③此 PCB 共 18 层板，其 PCB 的叠层结构及缺陷位置，如图 No.163-4 所示。此叠层

---

①　本案例由赵丽提供。

结构经过二次压合，而且 BGA 芯片所在区域钻孔密集，盲孔主要集中在 BGA 芯片附近。

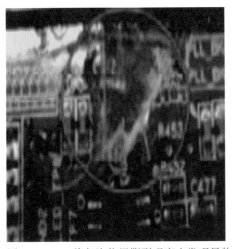

图No. 163-2　将起泡位置撕裂观察未发现异物

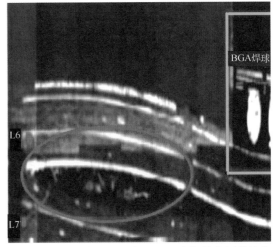

图 No. 163-3　分层发生在 L6-L7 之间的半固化片上

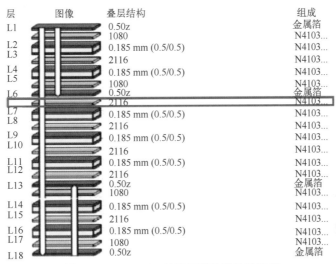

图 No. 163-4　PCB 的叠层结构及缺陷位置

2. 形成原因及机理

（1）形成原因

① 材料本身耐热性不好，无法耐受无铅再流焊接的高温。

② BGA 芯片所在区域钻孔密集，增加了 BGA 芯片区域抗湿性不好的内层在 PCB 制程中吸湿和储湿机会。

③ 无铅再流焊接制程的"温度-时间曲线"设计欠妥，导致局部区域热应力过大。

（2）形成机理

① 基材材料 N400-13SI 本身耐热性较差，在构成多层板内层后 CTE 不匹配，热胀冷缩不均，导致粘接界面分层。例如，铜的 CTE 为 $16.8 \times 10^{-6} / ℃$，而作为半固化片材料的 N4000-13SI 沿 X、Y 方向的 CTE 为 $9.13 \times 10^{-6} / ℃$，沿 Z 方向 Pre-Tg 为 $70 \times 10^{-6} / ℃$，沿 Z 方

向Post-Tg为 $280×10^{-6}/℃$ 。当受热时，Z 方向伸缩不一致，导致层间局部分离、起泡。

② 由于基材内层在 PCB 制程中吸湿，在无铅再流焊接的高温下，这些隐藏在内层微缝中的湿气和聚合物中的分子水被蒸发出来集聚在微缝中并形成一定的蒸气压。随着再流焊接温度的上升，一旦达到饱和蒸气压温度，强大的膨胀压就会使微缝变成大裂缝，而且还会使内层间黏附力较弱的界面被撕裂，出现起泡现象。这就是起泡、分层为什么都是发生在 BGA 芯片周围盲孔附近的原因，而且这种内层起泡、分层就宛如手撕剥离一样，具有光整、规则的界面。因基材内层吸湿在再流焊接中出现起泡、分层缺陷的特征如图 No. 163-5 所示。

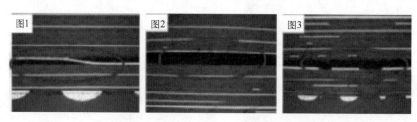

图 No. 163-5　因基材内层吸湿在再流焊接中出现起泡、分层缺陷的特征

3. 解决措施

① 为适应无铅制程的需要，不论是元器件还是 PCB 基材的耐热性，MVC 的温度必须大于 260℃。

② 按照无铅制程要求，优化再流焊炉的"温度-时间曲线"。

③ 对于"吸湿→蒸发→饱和蒸气压→起泡、分层"这种缺陷模式，以适度降低再流焊接峰值温度最为有效。

④ PCB 厂商在 PCB 制程中应加强场地的湿度管理和控制，特别要加强对半固化片（PP 片）的防潮管理。

No. 164　插件器件模组在焊接中的透孔不良缺陷[①]

1. 现象描述及分析

（1）现象描述

① TRM248 为 2011 年量产 PCBA，焊接方式原为选择焊接，由于产能不能满足市场交付需要，故将焊接方式由选择焊接切换为模组焊接，以满足市场需要。然而切换为模组焊接后，却发现电源模块 5.5 V 引脚开路，不能正常给 PCBA 供电。

② 经过对不良部位切片分析，发现焊盘孔内焊料透孔量不足 30%，不良部位切片形貌如图 No. 164-1 所示。

（2）现象分析

由图 No. 164-1 可知，由于模组焊接热冲击很大，再加上传送链的振动，导致在焊环底的 PP 片层发生了明显的翘裂，从而使相近的孔壁镀层断裂，阻断了焊料向孔的深部继续透

---

① 本案例由马俊提供。

入的通道。

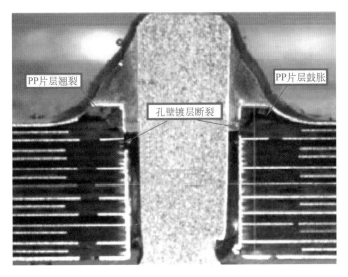

图 No. 164-1 不良部位切片形貌

2. 形成原因及机理

（1）形成原因

本案例形成的根源是模组焊接局部热冲突过大。

（2）形成机理

本案例介绍的缺陷是由于模组焊接局部热冲击过大，导致邻近焊环的 PP 片层翘裂或鼓胀，再加上设备运行中振动应力的叠加效应，造成孔壁镀层断裂，从而使焊料向孔深度方向透入的壁面润湿通道被阻断所造成的。

3. 解决措施

① 优化模组焊接的"温度-时间曲线"，减少热冲击。

② 对运行设备采取减振降噪措施。

No. 165　在整机动态高温测试时发现 BGA 芯片角部焊点断裂①

1. 现象描述及分析

（1）现象描述

① 2016 年 6 月，在整机动态高温测试时发现 VSTEG-PCBA 的 1～24 路，或 1～12 路，或 13～24 路业务失败，不良率为 20%。

② 通过对相关芯片（位号 D13）切片分析，发现该位号 BGA 芯片有四个焊点在 BGA 芯片侧断裂，裂缝位于 BGA 芯片侧 IMC 层与焊料的界面，其切片形貌，如图 No. 165-1 所示。

---

① 本案例由唐昕提供。

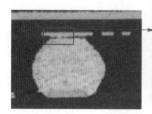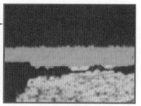

图 No. 165-1　相关芯片（位号 D13）切片形貌

（2）现象分析

① 从切片形貌看，断面凹凸不平，具有焊接界面因抗剪切或抗拉强度不够而断裂的特征。

② 本案例是在整机动态高温测试过程中发生的，而不是在再流焊接制程中发生的，故图 No. 165-1 所揭示的断裂形貌为一典型的芯片整体热膨胀系数不匹配所形成的断面。

2. 形成原因及机理

（1）形成原因

本案例是在整机动态高温测试中发生的，它是由 BGA 芯片和 CSP 芯片在动态高温测试中内部整体热膨胀系数不匹配所引起的。

（2）形成机理

① 整体热膨胀系数不匹配是由不同热膨胀系数的电子元器件与 PCB 通过表面上的焊点连接在一起造成的。由于热膨胀系数以及热能在有源器件内耗散的热梯度的不同，使得整体热膨胀的程度也有所不同。例如，FR-4 印制板 X、Y 平面的 CTE 为 $(16\sim19)\times10^{-6}/℃$，而构成 BGA 芯片和 CSP 芯片晶圆级的陶瓷基片的 CTE 为 $2\times10^{-6}/℃$。故从芯片的晶圆级陶瓷片到 PCB，整体热膨胀系数从 $2\times10^{-6}/℃$（晶圆级陶瓷片）到 $(16\sim19)\times10^{-6}/℃$（PCB），再到焊球之间，在动态高温测试过程中，存在着明显的不匹配性，整体热膨失配造成的芯片形变如图 No. 165-2 所示。

图 No. 165-2　整体热膨失配造成的芯片形变

② 由于热应力所引起的热形变与距离成正比，因芯片的四个角部有最大的距离，所以断裂现象往往都发生在芯片的四个角。

3. 解决措施

根据具体芯片的技术特性和要求，重新优化整机动态高温试验要求和规范。

No. 166　阻焊油墨（SR）定义焊盘导致的短路案例[①]

1. 现象描述及分析

（1）现象描述

① 2013 年年初至 5 月，在终端产品生产中，在对首件 PxA20 进行 X-Ray 检测时发现其

---

① 本案例由梁剑提供。

短路，不良率达 95%。

② 由不良 PCBA 的 X-Ray 图像发现，短路主要发生在固定的某些位置，短路发生位置如图 No.166-1 所示。

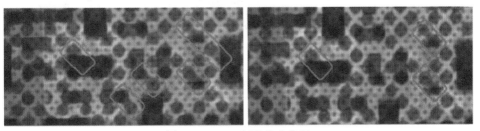

图 No.166-1　短路发生位置

（2）现象分析

① 根据短路发生位置，将不同公司 PCB 进行对比，发现有一个共同点，即短路的位置，其中一个焊盘为阻焊油墨（SR）定义（SMD 焊盘），且该焊盘一般都为三线连接。S 公司的 PCB 与 H 公司的 PCB 对比如图 No.166-2 所示，图中在 S 公司的 PCB 上，短路位置在黄圈中间焊盘与旁边孤立的铜箔定义的焊盘（SMD 焊盘）上；而在 H 公司的 PCB 上，短路位置在三线连接的焊盘上，连线一侧为 NSMD 焊盘。

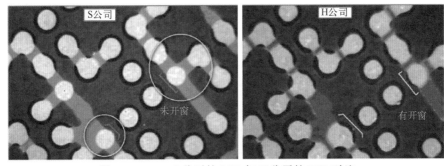

图 No.166-2　S 公司的 PCB 与 H 公司的 PCB 对比

② 对短路位置焊盘尺寸测试进行对比：S 公司和 H 公司的焊盘存在一定的差异，S 公司的焊盘为 SMD 焊盘，其直径为 0.25 mm，S 公司的 PCB 及焊盘定义和直径如图 No.166-3 所示；H 公司的焊盘为 NSMD 焊盘，其阻焊开窗直径为 0.35 mm，H 公司的 PCB 及焊盘定义和直径如图 No.166-4 所示。

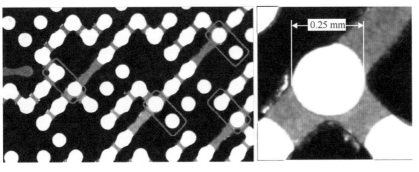

图 No.166-3　S 公司的 PCB 及焊盘定义和直径

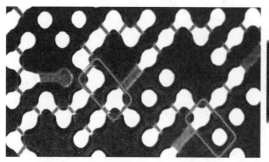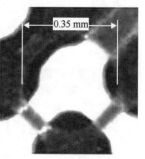

图 No.166-4　H 公司的 PCB 及焊盘定义和直径

③ 再流焊接制程要素分析如下。

- BGA 焊球高度：0.17 ± 0.04 mm，焊球间隙：0.4 mm；
- 钢网厚度均为 0.08 mm，所印焊膏量相同；
- PCB 厚度最薄为 0.65 mm；
- 均为双轨线体，N_2 保护气氛。

2. 形成原因及机理

（1）形成原因

根据上述分析可知，造成本案例缺陷的主要原因是，S 公司采用阻焊油墨定义焊盘（SMD 焊盘）。

（2）形成机理

① 由于不同的开窗方式，对焊料量的要求是不一样的，在焊盘表面尺寸相同的情况下，NSMD 焊盘比 SMD 焊盘承载的焊料量要多些，这是因为 NSMD 的侧壁也要消耗一部分焊料。

② 在相同的 PCB 焊盘设计情况下，PCB 制造方采用不同的焊盘定义方式，在再流焊接时焊点所能承载的焊料量也是不一样的，NSMD 焊盘要多些。

③ 上述两个因素共同构成了本案例 S 公司的 PCB 在再流焊接时易发生桥连短路的形成机理。

3. 解决措施

① PCBA 组装工艺应进一步完善，优化 PCB 设计的 DFM。

② 对同一产品 PCB 的 EDA 设计，应明确焊盘定义方式，不能由 PCB 承制方自由选择。

No. 167　热应力集中导致 1206 封装电容器在过波峰时损坏[①]

1. 现象描述及分析

（1）现象描述

① 某 PCBA 在生产的 4 个批次中共有 14 pcs 陶瓷电容器失效，且多集中在 C29、C40

---

① 本案例由陈伟雄提供。

位号上，其中 C40 位号最多，失效位号陶瓷电容器在 PCBA 上的位置如图 No. 167-1 所示。

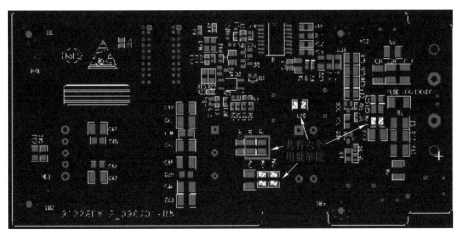

图 No. 167-1　失效位号陶瓷电容器在 PCBA 上的位置

② 失效电容器为 TAIYO、1206 封装。

③ 从失效电容器外观来看，电容器底部有裂纹，且在焊盘附近有因打火将单板表面烧黑的痕迹，如图 No. 167-2 所示。

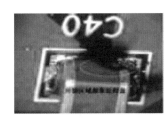

图 No. 167-2　失效电容器外观

（2）现象分析

① 从失效电容器切片形貌可知，电容器底部有明显的破损和裂纹，且裂纹均是在右下角最严重，如图 No. 167-3 所示。

图 No. 167-3　失效电容器切片形貌

② 电容器供应商提供的分析报告认为是机械应力导致的，并对该型号电容器进行了三点弯曲试验，试验表明，形变量为 2.2~3 mm（对应单板应变量为 2000 μm 以上）时，该陶

瓷电容器才会失效，三点弯曲形变量与单板对应关系图如图 No. 167-4 所示。

③ 分析失效率最高的 C40 位号电容器在 PCB 上的设计安装环境：其长度方向与 PCB 的长度方向（玻纤布的径线方向）一致（见图 No. 167-1），其安装焊盘均在需要穿孔采用波峰焊接的两个大面积铜箔区的边缘，如图 No. 167-5 所示。

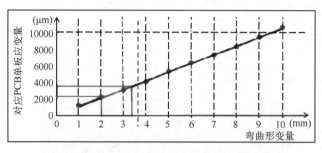

图 No. 167-4　三点弯曲形变量与单板对应关系图

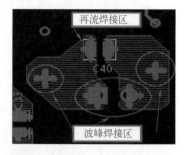

图 No. 167-5　C40 位号电容器在 PCB 上的设计安装环境

2. 形成原因及机理

（1）形成原因

该陶瓷电容器在 PCB 上的安装设计位置不妥，未考虑焊接的工艺要求，致使该陶瓷电容器在进行局部波峰焊接时，因局部区域遭受了很大的热冲击而失效。

（2）形成机理

① 陶瓷片虽然耐温（缓慢变化的温度）性好，但耐热冲击能力很差。

② 根据上述可知，本案例中的波峰焊接工况是：虽然陶瓷电容器被托架封闭保护，但与其两端相连接的焊盘引脚区域都是大铜箔区（见图 No. 167-5），在未进入波峰区之前，陶瓷体上的温度按波峰焊接工艺要求通常小于 30℃，而焊料波峰的温度有铅时为 250℃，无铅（SAC305）时为 260℃。

③ 在进入波峰区的一瞬间，波峰与铜箔一接触立即将大量的热量通过铜箔传至离陶瓷电容器最近的右下角，使该区域的温度瞬时剧增，导致其与陶瓷体其他区域的温度差远超过 100℃上，形成强烈的热应力而使其崩裂。本案例在波峰焊接中的工况如图 No. 167-6 所示。

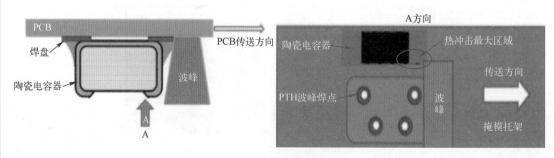

图 No. 167-6　本案例在波峰焊接中的工况

④ 随后整个陶瓷电容器上的温度便稳定在一个较高的慢变的温度值上。

3. 解决措施

① 优化 PCB 安装图形设计中的 DFM：例如，将陶瓷电容体的长度方向沿基板玻纤布的纬线方向排列；在陶瓷电容器电极的安装焊盘与 PTH 大铜箔面之间设置细颈线使其相连，以增大之间的热阻；选用体形更小的 0603 和 0402 陶瓷电容器替代 1206 封装电容器。

② 优化阻焊托架开口图形和尺寸。

③ 优化选择焊接或模组焊接的"温度-时间曲线"。

No. 168　BGA 盲孔焊盘在再流焊接中出现超大空洞缺陷[①]

1. 现象描述及分析

（1）缺陷外观

① 某产品 PCBA，采用 A 厂制造的 PCB，再流焊接中在 BGA 焊点出现超大空洞（超出 IPC 标准可接受条件——等于或小于 25%），且焊点尺寸大于其他正常焊点的尺寸，如图 No. 168-1 所示。

② 同一单板，A 厂生产的 PCB 在再流焊接中有 8% 左右 BGA 焊点出现超大空洞缺陷，而 B 板厂生产的 PCB 却没有该问题。焊点出现超大空洞的位置，焊盘下方均是盲孔，该异常和盲孔相关性较大。对内部焊点观察，在焊盘的盲孔处可清晰地看到排锡现象，空洞缺陷应是从盲孔处溢出的气体所导致的，超大空洞与盲孔的相关性如图 No. 168-2 所示。

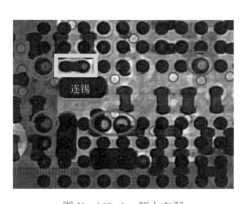

图 No. 168-1　超大空洞

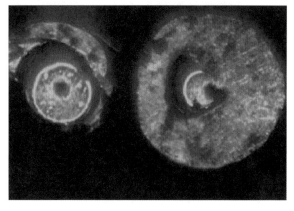

图 No. 168-2　超大空洞与盲孔的相关性

（2）切片分析

对焊点处盲孔进行横向切片发现：

① A 厂生产的 PCB 盲孔孔口小，呈漏斗形，成型效果较差，易残留水汽及有机物。

---

① 本案例由王乐提供。

② B 厂生产的 PCB 盲孔为广口孔，A、B 二厂焊盘切片后盲孔形貌对比，如图 No. 168-3 所示。

2. 形成原因及机理

（1）形成原因

由上分析可知，A 厂生产的 PCB 在再流焊接中 BGA 焊点内出现的超大空洞，是由该厂焊盘盲孔形貌异常所造成的。

图 No. 168-3　A、B 二厂焊盘切片后盲孔形貌对比

（2）形成机理

① 由 SEM 分析测试数据可知：

- B 厂 PCB 盲孔口直径为 65.64 μm，盲孔介质层厚为 52.56 μm，口大且深度浅；
- A 厂 PCB 盲孔口直径为 62.56 μm，盲孔介质层厚为 61.28 μm，口小且深度深；
- 电镀后 B 厂盲孔截面形貌呈直筒状，而 A 厂盲孔截面呈小口径烧杯状，A、B 二厂 PCB 焊盘盲孔形貌和尺寸的差异如图 No. 168-4 所示。

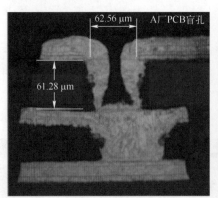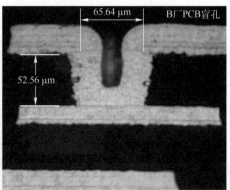

图 No. 168-4　A、B 二厂 PCB 焊盘盲孔形貌和尺寸的差异

② 显然 A 厂的口径小，深度深的烧杯状盲孔最利于储存水分和焊膏中助焊剂的溶剂，且不易挥发；而 B 厂的口径大深度浅的直筒状盲孔不利于储存水分和助焊剂溶剂，而且很易挥发，这样在再流焊接过程中的预热阶段，积藏在 B 厂盲孔内的水分和助焊剂溶剂，便大部分被挥发到焊炉的炉腔内，到再流焊接时挥发到焊料中的气体便所剩无几了，故形成的空洞就小。相反，由于 A 厂盲孔的异常形貌，在预热阶段深藏在孔内的可挥发物在预热阶段向炉腔内挥发得很少，只能在再流阶段的高温下才能大量由孔内向焊料中挥发，成为在焊点内形成超大空洞的气体源。

3. 解决措施

① 建议在设计规范中增加对盲孔上塞孔的要求。
② 优化半填通孔工艺。

No. 169　某公司射频 PCBA 高温试验后焊点阻抗增大

1. 现象描述及分析

（1）现象描述

某公司射频 PCBA 经组装、电气调试后，电参数均已达标，但经高温试验后再复试，发现电参数发生了偏移，测试焊点射频阻抗普遍增大，不能"复零"。

（2）现象分析

① 该 PCBA 所用 PCB 焊盘采用 ENIG Ni(P)/Au 涂层工艺。

② 再流焊接采用 Sn37Pb 焊膏。

③ 高温试验温度：150℃。

④ 高温试验前各项射频电参数均已达标，经高温试验后焊点的阻抗增大，且不能恢复到原态，肯定与高温试验过程中焊点的金相组织变化有关。

2. 形成原因及机理

（1）形成原因

焊点的射频阻抗经高温试验后出现增大现象，该现象是由在高温试验过程中焊点内部金相组织发生了变化所造成的。

（2）形成机理

1）一次再流

PBGA 在 ENIG Ni(P)/Au 表面按常规方式焊接，在刚进行再流焊接的 SEM 切面图中，在焊料和基板界面间仅有一层薄的 Ni_3Sn_4，在焊球焊料中 $AuSn_4$ 呈针状的颗粒，一次再流后焊点的 SEM 形貌如图 No. 169-1 所示。

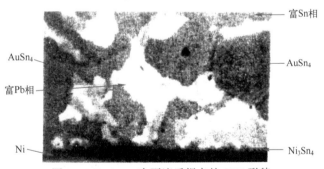

图 No. 169-1　一次再流后焊点的 SEM 形貌

① 当共晶 Sn37Pb 在 Ni-Au 镀层的 Cu 上再流时，Au 和 Ni 熔解到焊料中，熔解情况与温度和速度及 Ni 和 Au 在液态焊料中的溶解度有关。

② 在再流焊接温度下，一般会有 0.1 μm 厚的 Au 熔解到焊料中，因为 Ni 在熔融焊料中溶解度低，所以几秒钟就会达到饱和。

③ 在剩下的 60 s 的再流焊接时间内，被暴露的 Ni 和液态焊料反应，形成 Ni_3Sn_4 的金属间化合物。

④ 从焊接温度开始冷却起，当焊料中的 Au 超过凝固温度的溶解极限值 0.3wt% 时，针状的 $AuSn_4$ 就会形成，并且均匀分布在整个焊料体中（见图 No.169-1）。

2）高温试验

PBGA 在 ENIG Ni(P)/Au 表面按常规工艺再流焊接后，再经 150℃ 高温试验数小时后，在 Ni_3Sn_4 层上面生成一个化合物层，$AuSn_4$ 从焊料内部向基板焊盘界面迁移，高温后的 SEM 切面形貌图如图 No.169-2 所示。

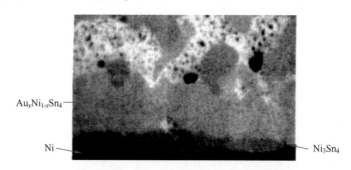

图 No.169-2　高温后的 SEM 切面形貌图

① 再沉积层并不是 $AuSn_4$ 的 IMC 层，而是 $Au_{0.5}Ni_{0.5}Sn_4$ 或者 $Au_{0.45}Ni_{0.55}Sn_4$。$Au_{0.5}Ni_{0.5}Sn_4$ 是一种三元金属间化合物，其中 Ni 部分取代了 $AuSn_4$ 中的 Au，$Au_{0.5}Ni_{0.5}Sn_4$ 的组分对应于 Ni 在 AuSn4 中的溶解度极限。同时，我们还可观察到 x 值有变化的 $Au_xNi_{1-x}Sn_4$。

② TEM 观察结果表明，Ni_3Sn_4 层由相对较大的单一的晶粒组成。而 $Au_xNi_{1-x}Sn_4$ 层为纳米晶结构，其中有很多微小的孔洞，特别是在晶界微孔洞很多。

③ 在 150℃ 下 Ni 在共晶 Sn37Pb 固相中的溶解度很小，可以忽略。故在高温试验过程中，$AuSn_4$ 中的 Au 溶解到共晶 Sn37Pb 焊料中并达到其溶解度。由于 Au 在 Pb37Pb 中的扩散较快，因此 Au 能很容易到达界面并与 Ni_3Sn_4 中可用的 Ni 反应，形成 $Au_xNi_{1-x}Sn_4$。界面 Au 的逸失又致使 Au 从焊料中向界面扩散。

3）界面导电性的变化

上面已分析了，PBGA 在 ENIG Ni(P)/Au 表面按常规工艺再流焊接，再经 150℃ 高温试验数小时后，在 Ni_3Sn_4 层上面又生成了一个具有较厚的纳米晶结构且多微小孔洞的三元金属间化合物层（$Au_xNi_{1-x}Sn_4$ 层）（见图 No.169-2），使得界面层的电阻在原来的 Ni_3Sn_4 IMC 层的基础上增大了，所以界面层的总电阻值增大了不少，从而导致了射频阻抗不能"复零"。

3. 解决措施

① 在射频产品应用中应尽可能选用 OSP 或 Im-Ag 涂层替代 ENIG Ni(P)/Au 涂层。

② 含有小间距芯片的射频 PBGA 等产品，应尽量避免高温试验。

No.170　某产品高低温循环试验后 BGA 芯片焊点出现裂缝

1. 现象描述及分析

（1）现象描述

某产品 PBGA 在高低温循环可靠性试验中发现一 BGA（CSP）芯片离其边缘最近的焊

点出现裂缝，有断路现象。

（2）现象分析

采用扫描电镜（SEM）对失效焊点进行检测，具体内容如下所述。

① 试验条件 A：TCA 温度为 0~100℃；保持时间为 5 min；跃变速度为 10 ℃/min；循环时间为 30 min。对失效焊点进行切片，TCA 热循环试验后失效焊点的形貌和 Pb 元素分布，分别如图 No.170-1 和图 No.170-2 所示。

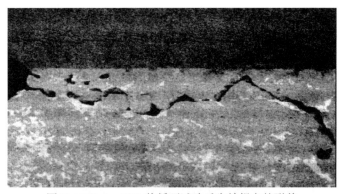

图 No.170-1　TCA 热循环试验后失效焊点的形貌

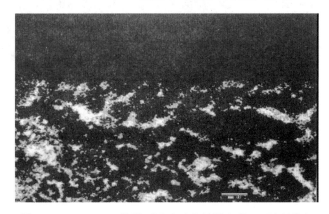

图 No.170-2　TCA 热循环试验后失效焊点的 Pb 元素分布

② 试验条件 C：TCC 温度为（-40~125）℃；保持时间为 10 min；跃变速度为 5 ℃/min；循环时间为 35 min。对失效焊点进行切片，TCC 热循环试验后失效焊点的形貌和 Pb 元素分布，分别如图 No.170-3 和图 No.170-4 所示。

③ 观察图 No.170-1 和图 No.170-2 所示的 TCA 热循环试验后失效焊点的 SEM 照片和 Pb 元素分布图，可以发现裂纹开始并沿着富 Pb 区扩展。同样，从图 No.170-3 和图 No.170-4 所示的 TCC 热循环试验后失效焊点的 SEM 照片和 Pb 元素分布图也可以发现，裂纹也是沿着富 Pb 区扩展的。

2. 形成原因及机理

（1）形成原因

由上述分析可知，与界面失效相反，上述焊点失效缺陷主要是由高低温循环试验造成

图 No. 170-3　TCC 热循环试验后失效焊点的形貌

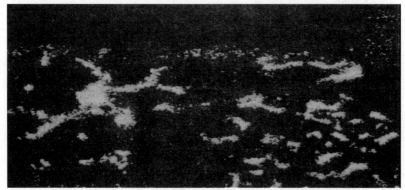

图 No. 170-4　TCC 热循环试验后失效焊点的 Pb 元素分布

了焊点焊料疲劳而引发的。

（2）形成机理

① 焊点常常连接的是特性不相同的材料，焊料内部热膨胀系数（约为 $6×10^{-6}/℃$）的不匹配是由焊料中富锡相和富铅相的不同的热膨胀系数引起的。内部热膨胀的不匹配常常是最小的，这是由于其作用距离、晶粒结构的尺寸远比润湿长度或者元器件尺寸要小的缘故。

② 离芯片边缘最近的焊点最容易失效，这是因为这些焊点热膨胀系数（CTE）失配最大。

3. 解决措施

① 热膨胀系数不匹配及由此造成的可靠性隐患与电子组装的设计参数和工作使用环境有关，优化设计参数，改善工作环境，可减少可靠性隐患。

② 优化再流焊接"温度-时间曲线"，选择最适宜的焊接温度和时间组合，是避免焊点内出现偏析现象的有效手段。

No. 171　P1XX 终端产品 BGA 芯片局部焊点开路

1. 现象描述及分析

（1）现象描述

① P1XX 终端产品 PCBA 上的 BGA 芯片（SFC2300-200）失效，其外观如图 No. 171-1

所示。测试中发现其功能异常，局部焊点有开路现象，芯片焊点位置俯视图，如图 No.171-2 所示。

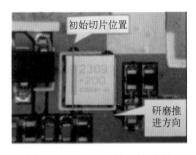

图 No.171-1 失效芯片外观

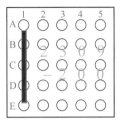

图 No.171-2 芯片焊点位置俯视图

② 对两件失效样品的检测结果如下。

● 样品 1：失效焊点位置，如图 No.171-3 所示，E5 位置开路，其余焊点良好。

● 样品 2：失效焊点位置，如图 No.171-4 所示，C4、C5、D4、D5、E1、E4、E5 位置开路，其余焊点良好。

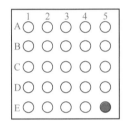

图 No.171-3 样品 1 失效焊点位置

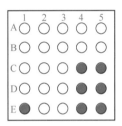

图 No.171-4 样品 2 失效焊点位置

（2）现象分析

1）样品 1

① 正常焊球和焊盘润湿良好，焊料熔合很充分，如图 No.171-5 和图 No.171-6所示为正常焊球焊点照片。

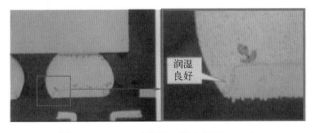

图 No.171-5 正常焊球焊点照片（一）

② E5 位置焊球和芯片之间存在较明显的贯穿性裂缝，不良焊球焊点整体照片如图 No.171-7 所示。

2）样品 2

① 正常的焊球焊点照片如图 No.171-8 所示。E1 位置焊球和 PCBA 焊盘之间发生贯穿

图 No. 171-6　正常焊球焊点照片（二）

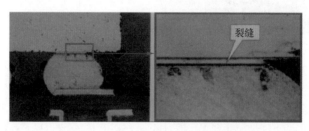

图 No. 171-7　不良焊球焊点整体照片

性裂缝，不良焊球焊点照片如图 No. 171-9 所示。

图 No. 171-8　正常焊球焊点照片

图 No. 171-9　E1 位置不良焊球焊点照片

　　② C4、D5、E4、E5 位置焊球和芯片之间发生贯穿性裂缝，C5 位置焊球上部开裂，下部焊球和焊盘间也发现有裂缝，但因焊盘侧面润湿良好，故未形成开路，不良焊球焊点照片及开裂位置焊球典型成分谱图分别如图 No. 171-10~图 No. 171-15 所示。

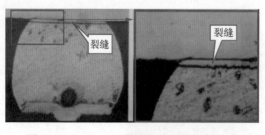

图 No. 171-10　C4 位置不良焊球焊点照片

图 No. 171-11　C5 位置不良焊球焊点照片

　　③ D5 位置不良焊球焊点照片如图 No. 171-12 所示。图 No. 171-13 显示了图 No. 171-12 开裂位置（图 No. 171-12 红星处）焊球典型成分谱图，在焊球开裂位置，元素主要成分是 Sn 和 Ni，说明断裂是发生在 IMC 层。

　　④ 焊球与芯片的断裂面平整，锯齿状极微，且具脆断特征。

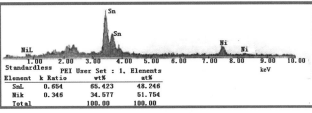

图 No. 171-12　D5 位置不良焊球焊点照片　　　　图 No. 171-13　开裂位置焊球典型成分谱图

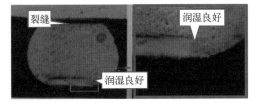

图 No. 171-14　E4 位置不良焊球焊点照片　　　　图 No. 171-15　E5 位置不良焊球焊点照片

2. 形成原因及机理

（1）形成原因

① 样品 1 的 E5 位置和样品 2 的 E1 位置的不良现象形成原因是焊盘不可焊。

② 其余发生在芯片侧的不良现象形成原因均系芯片整体热膨胀系数不匹配。

（2）形成机理

① 焊盘不可焊：PCB 焊盘上的有机物污染会导致 PCB 焊盘和 BGA 焊球界面不可焊。焊料会润湿 BGA 焊球但是不会润湿焊盘，这会产生部分或完全开路的电路接触。这种失效特征很可能是 PCB 在进行 Ni/Au 表面处理时，在电镀镍过程中导致的，这种现象即"黑盘"现象。

② 整体热膨胀系数不匹配是由具有不同热膨胀系数的电子元器件或连接器与 PCB 通过表面上的焊点连接在一起造成的。由于热膨胀系数以及造成热能在有源器件内耗散的热梯度的不同，使得整体热膨胀的程度也有所不同。本案例在芯片侧焊点的失效，是由于晶圆级 CSP 芯片上热膨胀系数不匹配所形成的剪切应力作用于脆弱的 Ni_3Sn_4 IMC 层，导致其发生了脆性断裂。

3. 解决措施

① 组装前加强对 PCB 焊盘可靠性的检测和监控，注意安装环境的 7S 管理。

② 优化再流焊接"温度-时间曲线"，避免生成过厚的 Ni_3Sn_4 层，甚至在 Ni_3Sn_4 底部出现 Ni_3Sn_2 的双层 IMC 结构。

No. 172　产品 AXX 的 PCB 焊盘在再流焊接中发生拒焊现象

1. 现象描述及分析

（1）现象描述

① AXX 终端产品 2#PCBA 样品 A2 处在撕裂条码时轻轻一拉 BGA 芯片就脱落，PCBA

样品整体外观如图 No. 172-1 所示。将图 No. 172-1 中 1#PCBA 样品 A1 处（位置同 2#PCBA 样品的 A2 处）红框内芯片外观放大，其放大照片如图 No. 172-2 所示。

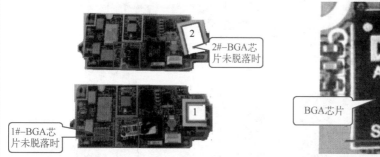

2#-BGA芯片未脱落时

1#-BGA芯片未脱落时

BGA芯片

图 No. 172-1　PCBA 样品整体外观　　　图 No. 172-2　图 No. 172-1 中 A$_1$、A$_2$ 处红框内芯片放大照片

② 用立体显微镜对图 No. 172-1 中 2#PCBA 样品中 A2 处 BGA 芯片脱落后焊盘外观进行检查，发现 BGA 焊点脱落位置绝大部分在焊料和焊盘之间，少数在焊盘与 PCB 之间，且焊盘表面均有不同程度的变色，如图 No. 172-3 所示。

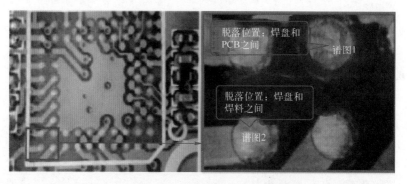

脱落位置：焊盘和 PCB 之间　　谱图1

脱落位置：焊盘和焊料之间　　谱图2

图 No. 172-3　图 No. 172-1 中 A2 处 BGA 芯片脱落后焊盘外观

（2）现象分析

① 图 No. 172-2 中底边第一排焊点截面整体照片如如图 No. 172-4 所示，从图中可发现第 7、8、10 个焊点的 PCB 焊盘 Ni 层与焊料层之间有裂缝，焊点 IMC 层不明显，其代表性照片，如图 No. 172-5~图 No. 172-8 所示，其中，图 No. 172-5 所示为图 No. 172-4 中左起第 1 个焊点形貌照片，图 No. 172-6 所示为图 No. 172-4 中左起第 7 个焊点形貌照片，图 No. 172-7 所示为图 No. 172-4 中左起第 10 个焊点形貌照片，图 No. 172-8 所示为图 No. 172-6 中 A 处 SEM 局部放大图。

② SEM/EDX 分析。

- 对 1#PCBA 样品中 BGA 焊点进行 SEM/EDX 分析，代表性照片如图 No. 172-8 所示的图 No. 172-6 中 A 处 SEM 的局部放大图，同时对图 No. 172-8 中 B 区域进行 EDX 分析，得知该区域只包含 Ni 和 P 两种元素，其中 P 元素含量 9.868wt%，未发现 Ni 层有明显腐蚀现象。

图 No. 172-4　底边第一排焊点截面整体照片

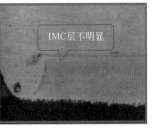

图 No. 172-5　图 No. 172-4 中左起第 1 个焊点形貌照片

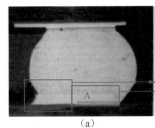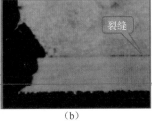

（a）　　　　　　　　　（b）　　　　　　　　　（c）

图 No. 172-6　图 No. 172-4 中左起第 7 个焊点形貌照片

图 No. 172-7　图 No. 172-4 中左起第 10 个焊点形貌照片

图 No. 172-8　图 No. 172-6 中 A 处 SEM 局部放大图

- 对 2#PCBA 样品已脱落 BGA 芯片的焊盘（见图 No. 172-3）进行 EDX 分析，得知图 No. 172-3中焊盘表面谱图 1 的元素成分为 C、P、Sn、Ni，其中 P 含量为 9.878wt%；而图 No. 172-3 中焊盘表面谱图 2 的元素成分为 C、P、Sn、Ni。

2. 形成原因及机理

（1）形成原因

① 通过对 1#PCBA 样品中 BGA 芯片焊点进行金相切片分析，发现底边第一排的 7、8、10 个焊点的 PCB 焊盘 Ni 层与焊料之间有明显的裂缝。这些裂缝在使用过程中在机械应力和热应力的作用下扩展，最后导致断裂。经过对已脱落焊盘表面进行 EDX 检测，P 含量均进入了高 P 区（>9wt%）。

② 造成裂缝的原因是焊盘的镀 Ni 层中 P 含量超标。

（2）形成机理

① 在母材金属上的镀 Ni 层中，P 含量对镀层可焊性和耐腐蚀性是至关重要的，作为焊

接连接，以含 P(7~9)wt% 为宜（中磷）。

② 含 P<7wt%（低磷），镀 Ni 层耐腐蚀性差，易氧化，而且在腐蚀环境中由于 Ni/Au 的腐蚀原电池作用，会对 Ni/Au 的 Ni 层表面产生腐蚀，生成 Ni 的黑膜（Ni_xO_y），这对可焊性和焊点的可靠性都是极为不利的。

③ 含 P>9wt%（高磷），Ni 层抗腐蚀性有所改善，但可焊性明显不良，甚至完全丧失，从而造成焊点焊接界面接合强度很差，稍受外力作用便会开裂脱落。

3. 解决措施

① PCB 制造方应严格按照用户技术要求，执行含 P(7~9)wt%（中磷）质量标准。

② 对质量未达标的 PCB 产品应退回供货方。

③ 对已生产的成品应进行报废处理，并由 PCB 供货方负责赔偿损失。

No. 173　产品 G90 和 G76 PCBA BGA 芯片局部焊点断路

1. 现象描述及分析

（1）现象描述

产品 G90（样品 1#和 2#）和 G76（样品 3#和 4#）四种不良 PCBA 样品外观如图 No. 173-1所示。图中红框处 BGA 芯片的不良现象是样品 1#的 G5 引脚、样品 2#的 L3 引脚、样品 3#的 L6 引脚、样品4#的 K6 引脚等均发生了虚焊。

图 No. 173-1　G90 和 G76 不良 PCBA 样品外观

（2）现象分析

1）X-Ray 和声学扫描显微镜检查分析

均未发现明显的不良现象。

2）染色渗透试验分析

对样品 2#和 4#染色渗透试验数据进行归纳，其统计情况如图 No. 173-2 所示。

3）金相切片分析

① 样品 1#BGA 焊点金相切片分析：样品 1#失效部位 BGA 芯片整体照片如图 No. 173-3 所示。

- 由图 No. 173-3 可知，底边第 1 排 BGA 焊点绝大部分有严重开裂现象，且开裂发生在 PCB 焊盘和焊料之间，图 No. 173-3（b）中第 1 排左起第 3 个焊点切片形貌如图 No. 173-4所示。

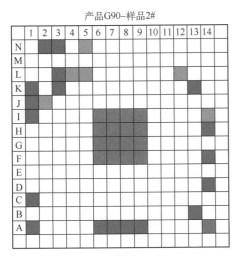

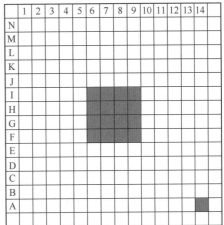

■ ← 表示渗透面积＞50%   ■ ← 表示渗透面积＜50%

■ ← 表示该处无焊点   □ ← 表示无渗透

图 No. 173-2　样品 2#和 4#染色渗透试验数据统计情况

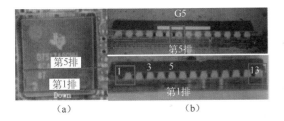

图 No. 173-3　样品 1#失效
部位 BGA 芯片整体照片

图 No. 173-4　图 No. 173-3（b）中第 1 排
左起第 3 个焊点切片形貌

● 图 No. 173 - 3（b）第 1 排左起第 5 个焊点切片形貌，如图 No. 173 - 5 所示，图 No. 173 - 3（b）第 5 排 G5 焊点切片形貌如图 No. 173 - 6 所示。比较图 No. 173 - 5 和图 No. 173 - 6 焊球芯片侧，其焊盘均为阻焊膜定义，图 No. 173 - 5 中虽然阻焊膜也伸入焊盘和焊球之间，但未形成附加应力，因此，焊点形貌理想；而图 No. 173 - 6 中的阻焊膜已像楔子一样楔入焊球和焊盘之间。

润湿良好

图 No. 173-5　图 No. 173-3（b）第 1 排左起第 5 个焊点切片形貌

② 样品 3#BGA 焊点金相切片分析：样品 3#BGA 焊点底边第 1 排焊点照片，如图 No. 173-7所示。

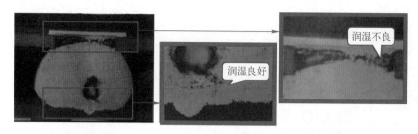

图 No. 173-6　图 No. 173-3（b）第 5 排 G5 焊点切片形貌

- 由图 No. 173-7 可知：底边第 1 排 13 个 BGA 焊点中有 8 个焊点在 PCB 焊盘与焊料之间存在严重开裂现象，其中左起第 1 个焊点切片形貌如图 No. 173-8 所示。

图 No. 173-7　3#样品 BGA 焊点底边第 1 排焊点照片

图 No. 173-8　图 No. 173-7 中左起第 1 个焊点切片形貌

- 样品 3#BGA 焊点第 1 排第 13 个焊点以及第 6 排第 6 个焊点（L6）在芯片焊盘与焊球之间存在开裂现象，而焊球和 PCB 焊盘之间却润湿良好。样品 3#BGA 焊点第 1 排第 13 个焊点整体照片如图 No. 173-9 所示，样品 3#BGA 焊点第 6 排第 6 个焊点（L6）切片截面形貌图 No. 173-10 所示。

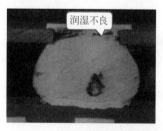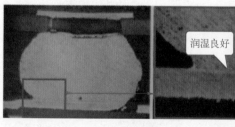

图 No. 173-9　3#样品 BGA 焊点第 1 排第 13 个焊点整体照片　　　图 No. 173-10　样品 3#BGA 焊点第 6 排第 6 个焊点（L6）切片截面形貌

4）SEM & EDX 分析

① 将 PCBA 样品 2#和 4#BGA 芯片去掉，对 PCB 焊盘表面进行 EDX 分析，元素 P（7.377wt%）和 Ni（92.623wt%）均属过常范围。

② 对 PCBA 样品 1#和 3#切片，对焊点开裂处两边界面进行 SEM 和 EDX 分析，样品 1# 和 3#开裂焊点 SEM 代表照片如图 No. 173-11 所示，其界面结构，如图 No. 173-12 所示。

- 位置 A 谱图元素成分：C（16.917wt%）、O（0.717wt%）、Br（1.002wt%）、P（2.595wt%）、Pt（6.301wt%）、Cl（0.714wt%）、Sn（49.742wt%）、Ni（22.012wt%）。从谱图元素分布看，在生成 Ni_3Sn_4 二元 IMC 层 1 过程中消耗了合金 Ni_3P 中的 Ni，因此在 Ni_3Sn_4 下部会形成一定厚度的富 P 层。
- 位置 B 谱图元素成分：C（1.234wt%）、P（6.919wt%）、Sn（2.464wt%）、Ni（85.687wt%）、Cu（3.696wt%）。从谱图元素分布看，焊盘镀 Ni 层的表面生成了 $(Ni, Cu)_3Sn_2$ 三元 IMC 层 2。

综合 SEM 和 EDX 分析结果可绘出界面结构，如图 No. 173-12 所示，其界面 SEM 形貌如图 No. 173-13 所示。

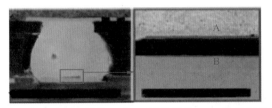

图 No. 173-11　样品 1#和 3#开裂焊点 SEM 代表照片

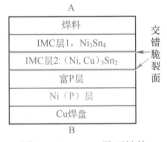

图 No. 173-12　界面结构

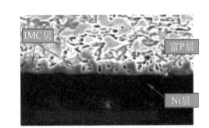

图 No. 173-13　界面 SEM 形貌

2. 形成原因及机理

（1）形成原因

焊球和芯片间因应力拉伸断裂；焊球和 PCB 焊盘因两个 IMC 层及富 P 层之间的交错脆断而开裂。

（2）形成机理

① SMD 焊盘产生的应力集中，造成焊点失效。这是由于阻焊膜热膨胀系数（设为 CTE1）与焊料的膨胀系数（设为 CTE2）不匹配（CTE1>CTE2），其所形成的应力，将焊球从焊盘上撕裂开。

② 由于在 Ni_3Sn_4 下部生成了 $(Ni, Cu)_3Sn_2$ 三元 IMC 层，此两个 IMC 层界面间结合力很差，加上 P 是无机物，该物质的强度也较差，若富 P 层过度生长，会对焊点可靠性造成较大影响。

3. 解决措施

① 芯片制造方应增大芯片及 SMD 焊盘定义的尺寸，或改为 NSMD 焊盘。

② 优化再流焊接"温度-时间曲线"，阻断富 P 层和（Ni、Cu）$_3$Sn$_2$ 三元 IMC 层的生成。

No. 174　BGA 芯片在再流焊接中常见的焊点缺陷

1. 现象描述及分析

（1）理想焊点

理想焊点大小形貌一致，对称排列在焊盘上。再流焊接后均匀一致的焊点如图 No. 174-1 所示。

（2）常见缺陷焊点

缺陷焊点的形貌可采用内窥镜探视，常见缺陷焊点如下所述。

① 过度氧化的焊点：如图 No. 174-2 所示。

② 反润湿的焊点：如图 No. 174-3 所示。

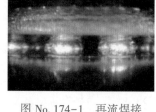

图 No. 174-1　再流焊接后均匀一致的焊点

图 No. 174-2　过度氧化的焊点

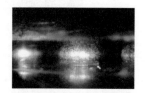

图 No. 174-3　反润湿的焊点

③ 被污染焊盘的焊点：如图 No. 174-4 所示。

④ 变形的焊点：如图 No. 174-5 所示。

图 No. 174-4　被污染焊盘的焊点

图 No. 174-5　变形的焊点

⑤ 缺失焊球的焊点：如图 No. 174-6 所示。

⑥ 过多焊料造成桥连的焊点：如图 No. 174-7 所示。

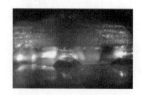

图 No. 174-6　缺失焊球的焊点

图 No. 174-7　过多焊料造成桥连的焊点

⑦ 柱状焊球的焊点：如图 No. 174-8 所示。

⑧ 不规则焊点：如图 No. 174-9 所示。

图 No. 174-8　柱状焊球的焊点

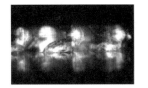

图 No. 174-9　不规则的焊点

⑨ 过热和冷焊的焊点：分别如图 No. 174-10 和图 No. 174-11 所示。

⑩ 不完全再流焊接的焊点：如图 No. 174-12 所示。

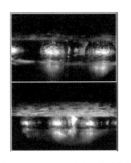

图 No. 174-10　过热的焊点

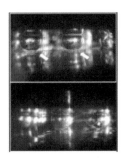

图 No. 174-11　冷焊的焊点

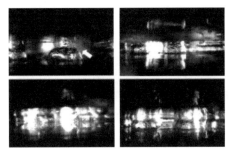

图 No. 174-12　不完全再流焊接的焊点

2. 形成原因及机理

① 过度氧化的焊点：焊点经过多次再流焊接循环过程会产生焊点氧化的现象（如在焊点的顶部和底部）。

② 反润湿的焊点：焊点在接触界面的反润湿可能是焊盘氧化、有机物污染造成的，如图 No. 174-3 所示。薄镀层会造成焊点反润湿，如在电镀 Ni/Au 的过程中，很高比例的磷（P）残留在表面。

③ 被污染焊盘的焊点：有机污染物影响焊点的一致性，使焊球和 PCB 焊盘表面不能完全连接。

④ 变形的焊点：焊点变形发生在再流焊接过程中，由于芯片封装翘曲或 PCB 翘曲，导致元器件移位和/或焊盘图形几何尺寸不正确。

⑤ 缺失焊球的焊点：如果 BGA 焊球在任何焊点的焊接部位缺失，要想与印有焊膏的 PCB 焊盘形成连接是不可能的。

⑥ 过多焊料造成桥连的焊点：造成焊点桥连缺陷的几个因素是很明显的，如 PCB 焊盘表面施加了过多的焊膏，BGA 焊球受压过度而坍塌等。

⑦ 柱状焊球的焊点：产生柱状连接的焊球变形情况很可能是在再流焊接过程中，基板短时间的翘曲造成的，如图 No.174-8 所示。在这种状况下，封装基材的边角在高温条件下向上翘起，从 PCB 表面剥离。这时，如果焊料合金冷却，焊球就会形成柱状。

⑧ 不规则焊点：图 No.174-9 所示的这种状况是焊球在由熔融状态向固态转变时，封装发生移动所导致的。这种移动可能是直接接触器件或者是在组装过程中产生了严重的机械振动所造成的。

⑨ 过热和冷焊的焊点：

- 过热的焊点（斑点状焊点）——形成如图 No.174-10 所示的焊点表面状态，是在再流焊接过程中或处于液相温度以上时间过长，焊点过热导致的。
- 冷焊的焊点——在这些例子中，焊点在焊接部位并没有完全润湿，如图 No.174-11 所示。这种状况是再流焊接热量不足造成的。

⑩ 不完全再流焊接的焊点：BGA 芯片上的焊球和 PCB 焊盘上的焊料在再流焊接过程中都没有达到完全的液化状态，如图 No.174-12 所示。

3. 解决措施

① 过度氧化的焊点：优化工艺流程，避免多次再流焊接。

② 反润湿的焊点：关注 PCB 焊盘入库和上线前可焊性的检测和监控。

③ 被污染焊盘的焊点：切实落实产品安装的 7S 管理，严防有机污染物对焊接部位的污染。

④ 变形的焊点：优化再流焊接"温度–时间曲线"及 PCB 设计的 DFM，尽量减小芯片封装及 PCB 翘曲，确保焊盘图形尺寸的正确性。

⑤ 缺失焊球的焊点：加强安装过程中的工艺过程控制和检查。

⑥ 过多焊料造成桥连的焊点：优化焊膏印刷过程，减小贴片压力及再流过程中外力施加的影响。

⑦ 柱状焊球的焊点：优化再流焊接"温度–时间曲线"，尽量减小芯片封装及 PCB 的变形和翘曲。

⑧ 不规则焊点：尽量避免 PCBA 在再流过程中可能出现的各种机械振动。

⑨ 过热和冷焊的焊点：优化再流焊接过程中的"温度–时间曲线"。

⑩ 不完全再流焊接的焊点：优化再流焊接过程中的"温度–时间曲线"。

No. 175　BGA 芯片在再流焊接中常见的缺陷

1. 现象描述及分析

（1）焊盘定义所形成的缺陷

BGA 焊盘有以下两种定义方式。

① 非阻焊膜（NSMD）定义的焊盘：其金相形貌特征是，掩膜的开口要比铜箔焊盘大，所以在再流焊接之后，焊球不会接触阻焊掩膜，如图 No. 175-1 所示。

② 阻焊膜（SMD）定义的焊盘：其金相形貌特征是，焊盘的尺寸要比阻焊掩膜大，再流焊接之后，熔化的焊球接触阻焊掩膜，如图 No. 175-2 所示。SMD 定义焊盘失效，其金相形貌特征是，裂纹从焊料开始向下延伸穿过 IMC 层，向阻焊掩膜下的 Ni 层发展，如图 No. 175-3 所示。

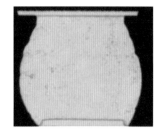

图 No. 175-1　NSMD 定义焊盘

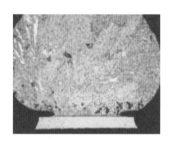

图 No. 175-2　SMD 定义焊盘

图 No. 175-3　SMD 定义焊盘失效

（2）BGA 芯片中介层变形所形成的焊点缺陷

BGA 芯片边角处焊球短路是 BGA 芯片边角向 BGA 芯片内部变形的一种表现。BGA 芯片边角附近及对角线上的焊点短路都是基板向下弯曲产生的应力施加到边角处焊点的结果。当基板由向下弯曲变成向上弯曲时，又会造成焊球离开 BGA 芯片边角，从贴装的 PCB 单板上剥离开来，BGA 芯片封装基板翘曲如图 No. 175-4 所示。BGA 芯片边角焊点开路是由封装的边角受到向上的力引起的。封装基板翘曲造成焊点开路如图 No. 175-5 所示。

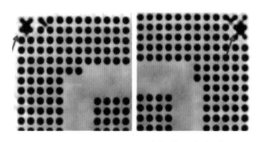

图 No. 175-4　BGA 芯片封装基板翘曲

图 No. 175-5　封装基板翘曲造成焊点开路

（3）整体热膨胀系数不匹配造成的焊点缺陷

焊点常常连接的是特性不相同的材料，导致整体热膨胀系数（CTE）不匹配，如图 No. 175-6 所示，该图也给出了此类焊点缺陷的金相形貌特征。

（4）局部热膨胀系数不匹配造成的焊点缺陷

作为主要材料的焊料，在特性上与焊接结构材料有很大的不同，导致局部热膨胀系数（CTE）不匹配，如图 No. 175-7 所示，该图也给出了此类焊点的金相形貌特征。

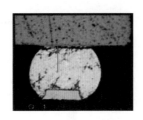
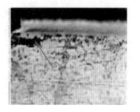

图 No. 175-6　整体 CTE 不匹配　　　　图 No. 175-7　局部 CTE 不匹配

（5）焊盘被污染造成的焊点缺陷

被污染焊盘焊点的金相形貌特征，如图 No. 175-8 所示。

（6）焊盘不可焊造成的焊点缺陷

焊盘不可焊焊点的金相形貌特征，如图 No. 175-9 所示。

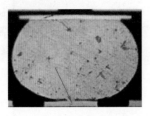
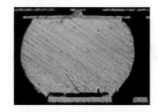

图 No. 175-8　被污染焊盘焊点的金相形貌特征　　　图 No. 175-9　焊盘不可焊焊点的金相形貌特征

2. 形成原因及机理

① 焊盘定义所形成的缺陷：阻焊膜定义的主要问题是 SMD 焊点产生的应力集中，这是造成焊点失效及可靠性变差的起因，如图 No. 175-3 所示。

② BGA 芯片中介层变形所形成的焊点缺陷：PBGA（塑料 BGA）芯片在正常再流焊接组装过程中容易发生翘曲，这种翘曲发生在 BGA 芯片封装的基材或者贴装 BGA 芯片的 PCB 基板上，焊点由于受到应力的作用，出现开路或者短路缺陷。焊接温度（再流曲线）、BGA 芯片自身的结构、焊料量及冷却速度等都可能对焊点的缺陷造成影响。

③ 整体热膨胀系数不匹配造成的焊点缺陷：整体热膨胀系数不匹配是由具有不同热膨胀系数的电子元器件或连接器与 PCB 通过表面上的焊点连接在一起造成的。由于热膨胀系数以及造成热能在有源器件内耗散的热梯度的不同，使得整体热膨胀的程度也有所不同。图 No. 175-6 所示的焊点失效是由晶圆级 CSP 芯片上热膨胀系数不匹配所造成的。

④ 局部热膨胀系数不匹配造成的焊点缺陷：局部热膨胀系数不匹配是由焊料和电子元器件或与其焊接的印制电路板的不同热膨胀系数所造成的。由于焊料热膨胀系数及基材在不同范围内变化的热膨胀系数的不同，使得局部热膨胀的程度也有所不同。典型的局部热膨胀系数不匹配值从铜的约为 $7 \times 10^{-6}/℃$ 到陶瓷的约为 $18 \times 10^{-6}/℃$，以及 42 号合金和科伐合金的约为 $20 \times 10^{-6}/℃$。局部热膨胀系数不匹配比整体热膨胀系数不匹配的影响要小，这是由于其作用的距离、最大的润湿区域面积都要比整体热膨胀系数不匹配小得多的缘故。

⑤ 焊盘被污染造成的焊点缺陷：黑盘或阻焊掩膜残留物、PCB 焊盘上的有机物污染都会导致 PCB 焊盘和 BGA 焊球界面不可焊。焊料会润湿 BGA 焊球但是不会润湿焊盘，这会导致电路部分接触或完全开路，如图 No. 175-8 所示。

⑥ 焊盘不可焊造成的焊点缺陷：该缺陷很可能是 PCB 在进行 Ni/Au 表面处理时，电镀镍过程中所导致的，这种现象也就是大家所熟知的"黑盘"及"高 P"现象，如图 No. 175-9 所示；也有可能是 PCB 供应商在对 BGA 芯片区域进行返修处理过程中，重新涂覆阻焊掩膜造成的。

3. 解决措施

① 焊盘定义所形成的缺陷：对相同高度的焊点来说，在恶劣的负载条件下，建议采用 NSMD 定义焊盘。这是因为 NSMD 定义的焊盘要比 SMD 定义的焊盘使焊点质量有大幅度改善，疲劳寿命预计要增加 1.25~3 倍。

② BGA 芯片中介层变形所形成的焊点缺陷：针对图 No. 175-5 所示的开路现象，可以通过在变形部位添加焊料量的方法来减少焊点开路的产生。

加入额外的焊料只是有助于焊点的连接，并不能有效地解决这个问题。找到根本因素并指出异常原因对保证稳定的工艺质量更为重要。通过重新设计钢网开口来增加焊膏的印刷量的办法有一个前提，即当前的再流焊接工艺是否已经达到最优化的情况。还有就是在异常问题根源无法根除的情况下，可以使用额外的焊料，比如 BGA 芯片的封装形式无法再重新设计，BGA 芯片中介层位置无法重新设计和产品的单板无法重新设计。在缺陷持续发生而不是随机事件的情况下，采用增加焊料的方法在解决空洞缺陷问题时，在一定程度上增加了桥连、锡珠等其他缺陷发生的概率。

③ 整体热膨胀系数不匹配造成的焊点缺陷：热膨胀系数不匹配的严重性以及由此造成的可靠性隐患与电子组装的设计参数和工作环境有关，应从优化设计参数、改善工作环境着手解决。

④ 局部热膨胀系数不匹配造成的焊点缺陷：解决措施与整体热膨胀系数不匹配相同。

⑤ 焊盘被污染造成的焊点缺陷：加强生产现场的 7S 管理。

⑥ 焊盘不可焊造成的焊点缺陷：PCB 制造商应优化焊盘表面涂覆层工艺，加强对工艺过程参数的监控。

No. 176　PoP 在安装焊接中常见的球窝缺陷

1. 现象描述及分析

① 球窝的分类和形貌特征：PoP（封装上的封装，堆叠封装）目前在生产现场发生的球窝现象，如果以再流焊接后焊点的形状特征来区分，可分为以下两类。

- 凹形球窝：凹形球窝形貌如图 No. 176-1 所示，该图显示了凹形球窝缺陷的典型金相切片图像，此类球窝现象仅发生在 CBGA 芯片的再流焊接中，其他情况极少见。
- 凸形球窝：凸形球窝形貌如图 No. 176-2 所示。该图显示了凸形球窝缺陷的典型金相切片图像，此类球窝现象在生产中时常有出现，故应该是关注的焦点。

② 加热不充分的 PoP 球窝焊点：由再流不充分所造成，焊球不会变成完全的液态状态与 PCB 焊盘上的焊料结合形成焊点，产生翘曲变形球窝，其形貌如图 No. 176-3 所示。

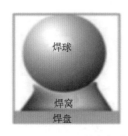

图 No. 176-1　凹形球窝形貌

图 No. 176-2　凸形球窝形貌

③ 同质焊球未熔合的球窝焊点：此种球窝焊点上、下已软化但未熔合的焊球之间有平直的界面。同质焊球未熔合球窝如图 No. 176-4 所示。

图 No. 176-3　翘曲变形球窝形貌

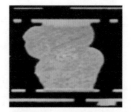

图 No. 176-4　同质焊球未熔合球窝

④ 拉长的球窝焊点：拉长的球窝焊点如图 No. 176-5 所示，该图显示了其典型的形貌特征。这是一种隐形的凸形球窝焊点，若不从其外形轮廓切片分析，是很难判断的。

（a）　　　　　　　　（b）　　　　　　　　（c）

图 No. 176-5　拉长的球窝焊点

⑤ 偏位的球窝焊点：从其金相切片的形位特征看，它是一种既有偏位又有拉伸的隐形球窝现象，如图 No. 176-6 所示。图 No. 176-6（a）中所描绘的是一种分界面已经显露的球窝现象，而图 No. 176-6（b）和（c）是隐藏的球窝现象。

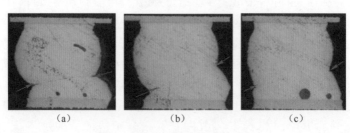

（a）　　　　　　　　（b）　　　　　　　　（c）

图 No. 176-6　偏位的球窝焊点

⑥ 凹坑型 PoP 球窝缺陷：激光凹坑型 PoP 是美国高通公司的产品，与裸芯片相比其封装较厚，是目前国内外业界流行的 PoP 封装形式。凹坑型 PoP 球窝缺陷焊点切片形貌，如

图 No. 176-7 所示。

图 No. 176-7　凹坑型 PoP 球窝缺陷焊点切片形貌

⑦ 裸片型 PoP 球窝缺陷：使用 ERSASCOPE 30000 检测裸片型 PoP 球窝缺陷形貌，如图 No. 176 - 8 所示。使用 2.5 D/X-Ray 检测裸片型 PoP 球窝缺陷形貌，如图 No. 176-9 所示。

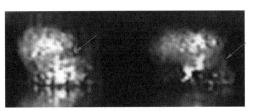

（a）光学视觉图像

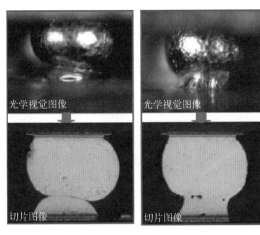

图 No. 176-8　ERSASCOPE 30000 检测裸片
型 PoP 球窝缺陷形貌

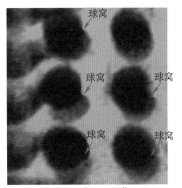

（b）2.5D/X-Ray图像

图 No. 176-9　2.5D/X-Ray 检测裸片型 PoP
球窝缺陷形貌

2. 形成原因及机理

① 球窝缺陷在 PBGA 芯片上会随机出现，图 No. 176-2 展示了一个典型的凸形球窝缺陷。从图中可以看到，焊球好像与整个焊料连接在一起，但实际上它只是盖在没有相互熔合的凸堆上。

② 加热不充分的 PoP 球窝焊点：这种失效特征是焊盘上的焊膏已再流形成曲面，而 BGA 焊球尚未被充分加热，只是软化而没有完全熔化，此时 PCB 受热发生了翘曲变形从而造成此缺陷。

③ 同质焊球未熔合的球窝焊点：由于上、下焊球是同质的，它们具有完全相同的物、化内能以及熔化、凝固特性，所以上、下焊球软化后能形成平直界面，但由于助焊剂活性

弱或剂量不足，不能充分化学破除界面间的 SnO 膜而造成此缺陷。

④ 拉长的球窝焊点：该类球窝是焊点焊料在熔融状态时受到了拉伸力所导致的。从特征上看，只要不出现如图 No. 176-5（a）所示的明显裂缝，如图 No. 176-5（b）和（c）所示焊点是可以接受的。

⑤ 偏位的球窝焊点：它是一种既有偏位又有拉伸的隐形球窝缺陷，对于图 No. 176-6（b）和（c），当分界面膜厚度<50Å 时，一般的扫描电镜不易观察到。然而，作为一种半导体膜（SnO），厚度在 5～50 Å（1 Å = 10^{-10} m）时，由于隧道效应电子迁移更容易，故图 No. 176-6（b）和（c）作为电流通道毫无不利影响，但这种界面层却构成了可靠性隐患，当受到外部机械力或跌落冲击时，界面层可能断裂。

⑥ 凹坑型 PoP 球窝缺陷：此缺陷是由使用的助焊剂活性不足，或在高温环境中暴露时间过长，助焊剂吸湿变质，活性降低导致的，雨季是高发期，要特别加强工艺过程监控。

⑦ 裸片型 PoP 球窝缺陷：形成原因和机理同凹坑型 PoP 球窝缺陷。

3. 解决措施

① 优化再流焊接"温度-时间曲线"。

② 选用活性更强、安全性更好的焊膏，降低液滴的表面自由能，改善其相互间的熔合性。

③ 优化芯片引脚焊球的共面性，采取措施改善和抑制芯片的变形和翘曲。

④ 尽可能选用上、下同质的焊球，以及与焊球材料同质的焊膏。

第六篇

PCBA 产品在服役期间
发生的故障经典案例

No. 177　某 PCBA 电阻排被硫污染腐蚀

1. 现象描述及分析

（1）现象描述

从外场送回的 PCBA 电阻排有一路颜色比较暗，疑似发生了腐蚀现象，如图 No. 177-1 所示。该 PCBA 在国内某站点运行大约一年后，有几路电阻排因发生上述现象而导致工作不正常。该批电阻排是同一代码下某厂家生产的，发到其他地方的 PCBA 均无问题。

图 No. 177-1　从外场送回的 PCBA 电阻排有一路颜色比较暗

（2）现象分析

① 将失效样品进行 SEM 和 EDS 检查，发现失效电阻排端子与玻璃釉的缝隙处生长出大量片状晶体，其化学成分为 Ag_2S，说明电阻排内部的 Ag 电极被硫化，而通过端子与玻璃釉的缝隙生长到本体外表上来。如图 No. 177-2 所示和 No. 177-3 所示。

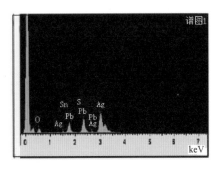

图 No. 177-2　SEM 检查（失效样品）　　图 No. 177-3　EDS（能谱）检查

② 对暂未失效的电阻排表面进行 SEM 和 EDX 检查，也发现了大量的 Ag_2S 晶体，说明该板上该种电阻排已普遍被硫侵蚀。如图 No. 177-4 和图 No. 177-5 所示。

图 No. 177-4　SEM 检测

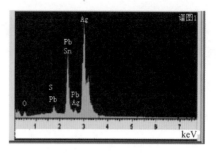
图 No. 177-5　EDX 检测

③ 现场勘察带回来一些机柜防尘网上的尘土，经过测试 S 含量>4wt%。同时，还检测到 Cl 的含量超过 1wt%。机柜防尘网上的尘土元素成分（wt%）如图 No. 177-6 所示。

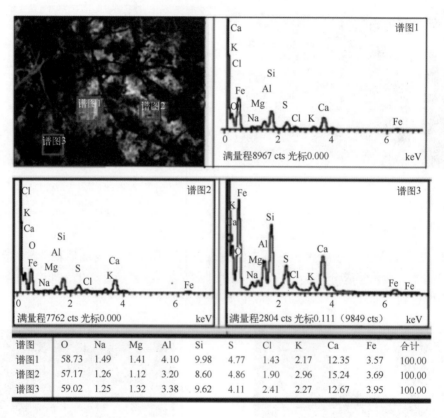

谱图	O	Na	Mg	Al	Si	S	Cl	K	Ca	Fe	合计
谱图1	58.73	1.49	1.41	4.10	9.98	4.77	1.43	2.17	12.35	3.57	100.00
谱图2	57.17	1.26	1.12	3.20	8.60	4.86	1.90	2.96	15.24	3.69	100.00
谱图3	59.02	1.25	1.32	3.38	9.62	4.11	2.41	2.27	12.67	3.95	100.00

图 No. 177-6　机柜防尘网上的尘土元素成分（wt%）

2. 形成原因及机理

（1）形成原因

设备安装运行局方的机房空气环境较差，空气中含有较多的 S 和 Cl 元素，导致 PCB 焊盘和焊点严重被硫侵蚀，发生了爬行腐蚀。

（2）形成机理

在爬行腐蚀过程中首先发生的是电化学反应，同时伴随着体积膨胀以及腐蚀产物的溶解、扩散、沉淀。即，首先是铜基材被氧化失去一个电子，生成一价铜离子并溶解在水中。由于腐蚀点附近离子浓度高，在浓度梯度的驱动下，一价铜离子会自发地向周围低浓度区域扩散。当环境中相对湿度降低、水膜变薄或消失时，部分一价铜离子会与水溶液中的硫离子等结合，生成相应的盐并沉积在材料表面。

3. 防护措施

① 三防涂覆无疑是防止 PCBA 发生爬行腐蚀最有效的措施之一。

② 设计和工艺均要设法减少组装过程中 PCB 和元器件直接露铜的概率。

- 再流：再流的热冲击会造成绿油局部产生微小剥离，或某些表面处理的破坏（如 OSP），使电子产品露铜更严重，增加了爬行腐蚀风险；
- 波峰焊助焊剂：腐蚀点均发生在托架波峰焊的阴影区域周围，助焊剂残留对爬行腐蚀有加速作用。

③ 组装过程要减少热冲击及污染离子残留。

④ 机房选址应避开明显的硫污染区，并采取温、湿度控制措施。

No. 178　BGA（MTC6134）芯片服役期间焊点出现裂缝

1. 现象描述及描述

（1）现象描述

① 某产品 PCBA 在服役期间发现部分功能异常，经检测发现，所有失效现象均为 BGA 焊球与元器件本身的 PCB 焊盘 Ni 层之间断裂，而在 BGA 芯片与 PCBA 侧焊盘之间形成的焊点质量和可靠性均表现良好。BGA 焊球沿芯片侧焊盘面断裂，如图 No. 178-1 所示。

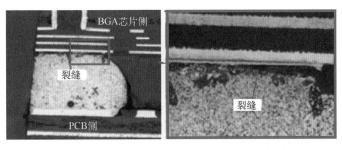

图 No. 178-1　BGA 焊球沿芯片侧焊盘面断裂

② 手工将 BGA 芯片从 PCB 主板上分离开来，发现绝大部分断裂位置均发生在 BGA 焊球与芯片本身 PCB 焊盘之间，分离后绝大部分焊球均留在 PCB 主板的焊盘上，且与 PCB 主板焊盘结合良好，如图 No. 178-2 所示。

③ 用显微镜对芯片侧 PCB 焊盘镀 Ni 层表面进行观察，芯片侧 PCB 焊盘面沿 Ni 晶隙之间有黑镍现象，如图 No. 178-3 所示，表明芯片侧焊盘表面已严重黑化。

图 No. 178-2　分离后绝大部分焊球均
留在 PCB 主板的焊盘上

图 No. 178-3　芯片侧 PCB 焊盘面沿
Ni 晶隙之间有黑镍现象

（2）现象分析

SEM/EDX 分析如下。

① 芯片侧界面无裂缝焊点 SEM 析照片，如图 No. 178-4 所示。从图中可见，界面结合良好，在焊料与 Ni 层之间已生成了连续的 IMC 层（Ni_3Sn_4）。

② 在芯片侧界面有裂缝焊点的 SEM 照片，如图 No. 178-5 所示。从图中可见，在焊点的边角有裂缝。

图 No. 178-4　芯片侧界面无裂
缝焊点的 SEM 照片

图 No. 178-5　芯片侧界面有裂缝焊点的 SEM 照片

③ 图 No. 178-6 显示了产生界面断裂的应力来源，由该图可知，在芯片焊点两侧的阻焊膜均嵌入焊球和焊盘之间（SMD 焊盘），由于阻焊膜和界面合金层的 CTE 有差异，在界面上便产生拉伸力，且在界面的两个端部形成应力集中点，这便是导致在焊盘端部界面产生裂缝的作用力的来源。

图 No. 178-6　产生界面断裂的应力来源

④ 为了清楚地了解在裂缝界面附近元素的分布状况，沿界面区的不同位置进行了 EDX 取样分析。

谱图 1：引脚材料表面附近的 EDX 分析照片如图 No.178-7 所示，由图可知，元素分布属正常态。

谱图 2：引脚 Ni-P 镀层表面的 EDX 分析照片如图 No.178-8 所示，由图可知，元素分布正常，属中磷镀层。

谱图 3：Ni-P 镀层表面的 EDX 分析照片如图 No.178-9 所示，由图可知，P 含量为 7.43wt%，属中 P 镀层。

谱图 4：IMC 层靠近 Ni-P 镀层的 EDX 分析照片如图 No.178-10 所示，由图可知，生成的 IMC 层为 Ni_3Sn_4，P 含量为 7.18wt%，属中 P 镀层。

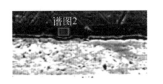

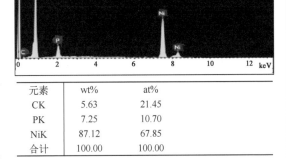

元素	wt%	at%
CK	5.52	23.60
NiK	1.18	1.03
CuK	93.30	75.37
合计	100.00	100.00

图 No.178-7　引脚材料表面附近的 EDX 分析照片

元素	wt%	at%
CK	5.63	21.45
PK	7.25	10.70
NiK	87.12	67.85
合计	100.00	100.00

图 No.178-8　引脚 Ni-P 镀层表面的 EDX 分析照片

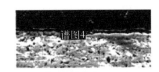

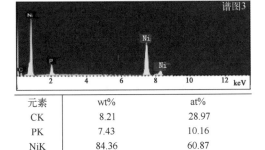

元素	wt%	at%
CK	8.21	28.97
PK	7.43	10.16
NiK	84.36	60.87
合计	100.00	100.00

图 No.178-9　Ni-P 镀层表面的
EDX 分析照片

元素	wt%	at%
CK	10.81	36.02
PK	7.18	9.28
NiK	78.50	53.52
SnL	3.51	1.18
合计	100.00	100.00

图 No.178-10　IMC 层靠近 Ni-P
镀层的 EDX 分析照片

图谱5：IMC层靠焊料侧的EDX代表照片如图No.178-11所示。由图中可知，在紧靠Ni_3Sn_4合金相之上还生成了$(Ni,Cu)_3Sn_4$合金相，P含量为4.58wt%，属低P镀层，抗腐蚀性差。

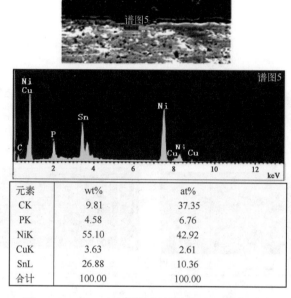

元素	wt%	at%
CK	9.81	37.35
PK	4.58	6.76
NiK	55.10	42.92
CuK	3.63	2.61
SnL	26.88	10.36
合计	100.00	100.00

图No.178-11　IMC层靠焊料侧的EDX代表照片

2. 形成原因及机理

（1）形成原因

由上述分析可知，造成本缺陷的主要原因是PCB的ENIG Ni(P)/Au制程不良。

（2）形成机理

① 在PCB的ENIG(P)/Au制程中，因控制不良，Ni受到化学槽液的攻击，潜伏了黑镍隐患。

② 在ENIG(P)/Au制程中，P元素含量分布不均匀，局部点仅有4.58wt%，导致ENIG(P)/Au镀层局部区域抗化学腐蚀能力差。

③ 由于受多次再流焊接的影响，在第一层IMC(IMC层1)(Ni_3Sn_4)上，又增生出脆性的第二层IMC（IMC层2)[$(Cu,Ni)_6Sn_5$]；IMC层1与IMC层2之间的结合力很差。

④ 在图No.178-6所示的应力作用下，首先在应力集中点诱发局部微裂纹，随着应力的循环作用，裂纹沿着Ni_3Sn_4与$(Cu,Ni)_6Sn_5$之间的脆弱界面不断发展，直至整个焊点断裂。

3. 解决措施

① 尽可能减少再流焊接次数，妥善解决工作过程中的热量散发问题。

② 向供应商反馈问题，要他们改善产品质量。

No. 179　某芯片金属壳-散热器组合脱落

1. 现象描述及分析

（1）现象描述

① 某产品 PCBA 主板在服役期间，用户投诉其 PCBA 主板上某芯片金属壳-散热器组合脱落，失效的 PCBA 主板如图 No. 179-1 所示，失效芯片分散在不同批次中。

图 No. 179-1　失效的 PCBA 主板

② 在该芯片金属壳-散热器组合中，原设计散热器采用导热胶粘在金属壳上，外壳用胶粘在封装塑料基板上。陶瓷芯片和金属壳之间用导热脂填充，以便陶瓷芯片在工作中产生的热量能通过其传递到金属壳和散热器上，从而将热量散发出去，避免陶瓷芯片在工作中温升过高。芯片金属壳-散热器组合如图 No. 179-2 所示。

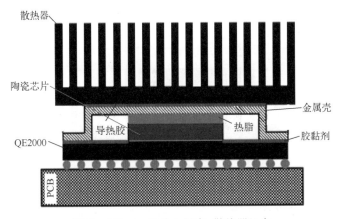

图 No. 179-2　芯片金属壳-散热器组合

- 导热胶：乐泰 384+7387；
- 散热器的尺寸：42.25 mm×43.2 mm×16.5 mm；
- 质量：39 g；
- 在组装、传递、测试过程中均不存在异常外部应力的作用。

（2）现象分析

模仿该 PCBA 主板在垂直安装形态下的受力模型，如图 No. 179-3 所示。该图中由金属壳-散热器构成的组合质量约为 70 g，其厚度为 20 mm。因此导致其脱落的最大力矩也只有 0.07×0.017＝0.0012(kg·m)。室温下如此小的力矩就能使其脱落，真是不可思议，这只能说明其金属壳散热器组合与芯片基座间的黏结强度不够。

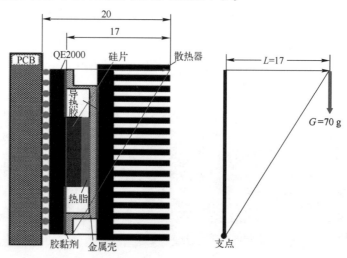

图 No.179-3　在垂直安装状态下的受力模型

2. 形成原因及机理

（1）形成原因

芯片安装结构及散热系统设计不良，是导致本案例发生的主要原因。

（2）形成机理

1）热源、散热及热平衡

芯片-散热器组合热分布物理模型，如图 No.179-4 所示。

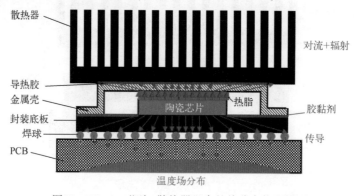

图 No.179-4　芯片-散热器组合的热分布物理模型

2）热源及发热量

该陶瓷芯片功率消耗 $P=13$ W，实测芯片的外形尺寸为 13 mm×16 mm×1 mm，体积 $V=0.208$ cm³，体积密度 $g≈3.7$ g/cm³，所以芯片的质量 $m≈g×V=3.7$ g×0.208＝0.77 g，发热量 $Q=13$ J/s，陶瓷的比热 $Cp=0.8$ J/(g·℃)。显然该芯片在工作中，功耗 $P=13$ W，将产生每秒 21.1℃的温升。随着温度在芯片上的积累，很快使芯片上升到损坏的温度（如 125℃），因此采取完善的散热措施是绝对必要的。

3）芯片上热的积累与散逸

芯片-散热器组合在工作过程中，热的积累与散逸途径可用等效的热流图来描述，如图 No.179-5 所示。

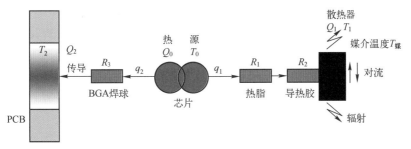

图 No.179-5　热的积累和散逸途径

芯片加电后，由于电功耗连续不断地转换为热能，使芯片温升迅速上升。在热能迅速积累的同时，热能的散逸过程也在同时进行，热能散逸的途径有如下两种。

① 通过散热器的辐射和对流作用向空气中散逸：热能通过陶瓷芯片与金属壳热路上的热脂层（R_1）以及金属壳与散热器相连接的热路上的导热胶层（R_2）传递给散热器。热阻 R_1、R_2 是串联的，所以 R_1、R_2（特别是 R_1）的任何变化（一般都是增大），都会改变流向散热器的热流 q_1 的大小，从而破坏整个芯片在工作过程中的热平衡，影响芯片工作的可靠性。

② 通过 BGA 焊球的热传导作用传递给 PCB 基板。

4）芯片在工作状态中热平衡遭破坏后的恶果

对热源来说通过散热器散逸的热流 q_1 和通过 BGA 焊球散逸的热流 q_2 二者是一个并联系统。因此，q_1 的任何减小，就只能由芯片本身温升的增加和 q_2 的增大来消化，这样就会带来下述两个恶果。

① 芯片热量过量积累，温升过大，超出芯片允许的最大极限温度，造成芯片热劣化而损坏。

② 热流 q_2 过量增大，大量热量传递给 PCB 基板，将加剧基板局部区域 CTE 的更大的失配，从而导致 BGA 焊球焊点因受热应力过大，出现微裂纹甚至断裂的概率增大。

③ 热应力作用只有在芯片和散热器的温升过高，超出了胶黏剂的玻璃化温度而使黏结强度大部分丧失时才会导致这样的结果。也就是说只有供应商使用的胶料的玻璃化温度非常低(小于芯片正常工作发热所引起的温升）才有可能。

正常情况下，芯片供应商所提供的芯片的结构强度应该有足够的裕度，可确保芯片在应用安装中能耐受最少三次再流焊接温度的作用过程，所组装的 PCBA 具有在额定功率负载下长期稳定的工作能力。由此看来，造成金属壳-散热器组合脱落的主要原因是：芯片基座和金属壳连接部位使用的胶黏剂不论是连接强度还是热稳定性均很差。

3. 解决措施

① 芯片供应商应选择性能优良、热稳定性好、玻璃化温度高的胶料，以改善芯片封装质量。

② 改善散热器的安装结构形式，这可能是一劳永逸的长远之策。

因为给 BGA 芯片安装散热片是当今冷却封装在 BGA 芯片内的硅器件最常用的技术。选择合适的热界面材料，减小热阻，改善导热性，这固然是一个重要方面。然而正确的安装结构形式是抵抗随机而来的机械应力和热应力的冲击，避免本案例中发生的脱落事故的一个有效的手段。对此，IPC-7095A 推荐了三种安装结构形式，第一种，将散热片黏附于 BGA 芯片上，用带钩的夹子一端钩住散热器，另一端钩入 PCB 的通孔中；第二种，将黏附于 BGA 芯片封装顶部的具有带钩夹子的散热片，用夹子的钩钩住焊接到 PCB 的标桩上；第三种，将散热片针脚采用波峰焊焊接到 PCB 的通孔中，使散热片与 BGA 连接在一起。上述三种形式分别如图 No.179-6~图No.179-8 所示。

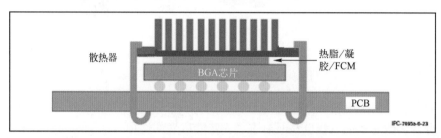

图 No.179-6　将散热片黏附于 BGA 芯片上，用带钩的夹子一端钩住散热器，另一端钩入 PCB 的通孔中

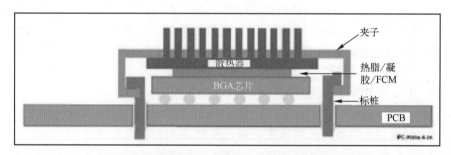

图 No.179-7　将黏附于 BGA 芯片封装顶部的具有带钩夹子的散热片，用夹子的钩钩住焊接到 PCB 的标桩上

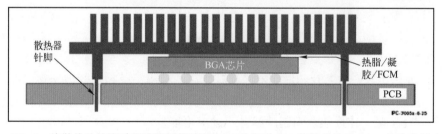

图 No.179-8　将散热片针脚采用波峰焊焊接到 PCB 的通孔中，使散热片与 BGA 芯片连接在一起

No.180　某芯片焊点虚焊、焊球开裂

1. 现象描述及分析

（1）现象描述

① 某 PCBA 主板上的某芯片在测试和工程现场运行中，不时出现时通时不通的现象，

有虚焊的特征。

② 从故障芯片焊点染色试验形貌来看，焊点裂纹从 BGA 焊球中心向外扩展，其扩展方向如图 No.180-1 所示。这与因"温度–时间曲线"设置不当而造成 PCB 与芯片变形的规律是截然不同的。显然，仅此现象即可确认再流焊接"温度–时间曲线"不是构成本案例故障的主要原因，调整"温度–时间曲线"只是一种补充措施。

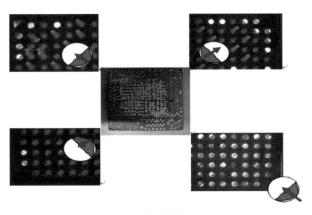

图 No.180-1　焊点裂纹的扩展方向

③ 针对此 PCBA 再流焊接所采用的"温度–时间曲线"，如图 No.180-2 所示。从图中实测的曲线和数据看均属正常。

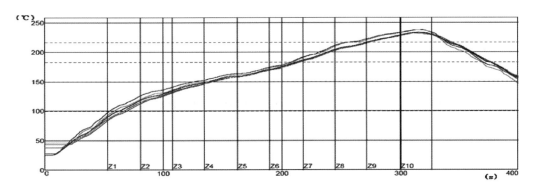

图 No.180-2　采用的再流焊接"温度–时间曲线"

（2）现象分析

① 未断裂焊球焊点 SEM/EDX 分析：未断裂焊球焊点的 SEM/EDX 分析照片，如图 No.180-3 和图 No.180-4 所示。从该图中可清楚地看到，IMC 层过厚，半岛形状非常明显，且在靠近 IMC 层的焊球侧附近的晶粒粗化明显，这与焊点在固相退火或老化，以及高再流温度和再流时间长导致的晶粒粗化现象是一致的。这些现象在采用图 No.180-2 所描述的"温度–时间曲线"进行的再流焊接过程中是不会形成的。那么焊点存在的疑似高温老化过的 IMC 层和晶粒特性是如何形成的呢？这些焊点虽然尚未断裂，然而其内部已经存在了可靠性隐患。IMC 层成分为 Cu_6Sn_5。焊球成分为 SnAg 合金，芯片侧焊盘表面涂层估计是 OSP。

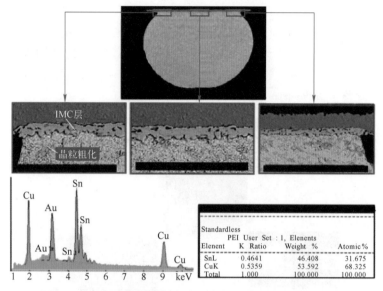

图 No. 180-3　未断裂焊球焊点的 SEM/EDX 分析照片（R1）

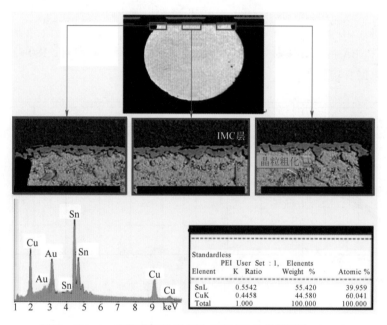

图 No. 180-4　未断裂焊球焊点的 SEM/EDX 分析照片（R15）

②断裂焊球焊点 SEM/EDX 分析：断裂焊球焊点的 SEM/EDX 分析照片，如图 No. 180-5 和图 No. 180-6 所示。从这两张 SEM 分析照片可知，不论 IMC 层生长质量还是晶粒的粗大化，后者比前者更差了，且断裂都发生在 IMC 层中间。

2. 形成原因及机理

（1）形成原因

从 SEM/EDX 分析的形貌特性来判断，造成本案例中芯片焊球沿芯片焊盘界面 IMC 层断裂的原因是，PCBA 长时间地受到了类似于高温老化作用。

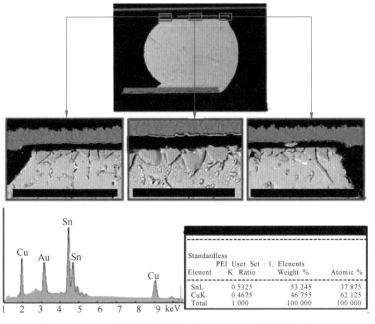

图 No. 180-5　断裂焊球焊点的 SEM/EDX 分析照片（L2）

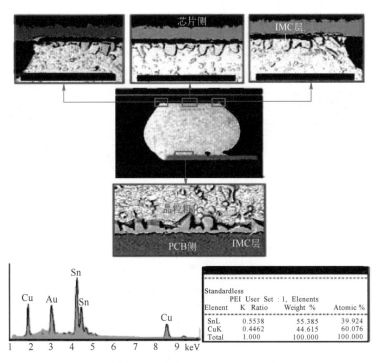

图 No. 180-6　断裂焊球焊点的 SEM/EDX 分析照片（PCBA R1）

（2）形成机理

① 焊点内部微组织及焊料和焊盘界面的微组织（如 IMC 层）决定了焊点的力学性能，而焊接工艺和后续的固相老化等热作用和热循环，又决定了原始的微组织和微组织的演变，因为焊料和 PCB 焊盘界面的反应会影响润湿、焊点的强度和可靠性。我们固然

希望形成的 IMC 层能实现润湿和冶金连接，但过多的界面反应反而会降低焊点的完整性和可靠性。

焊料中的晶粒结构本来就是不稳定的，晶粒尺寸随着时间的增加而增大，晶粒结构的生长减少了细晶粒的内能，是累积疲劳损伤的一种迹象。

② 该芯片在工作中的功耗为 13 W，所耗散的热量一部分通过散热器向空气中散逸，另一部分则要通过 BGA 焊球传导到与 BGA 芯片安装相对应的 PCB 上局部区域。目前所用 PCB 基材主要是 FR-4，其导热性主要取决于环氧树脂。

环氧树脂的导热系数为 0.00047 克卡/cm℃·s，而铜的导热系数为 0.464 克卡/cm℃·s，与 Cu 相比差了 987 倍，所以通过芯片焊球传来的热量，绝大部分都积聚在 PCB 与 BGA 芯片安装底面相对应的局部区域内，其温度场分布如图 No.180-7 所示，封装中由于功耗所形成的温度场如图 No.180-8 所示。

PCB 局部区域的温度场分布规律，取决于 BGA 芯片封装体内的温度场的分布规律，如图 No.180-7 所示。局部区域温度的升高和不均匀分布，造成局部区域沿厚度方向（Z 方向）热膨胀系数的严重失配，沿对角线的角部形成高应力区（红焊点区），如图 No.180-9 所示。

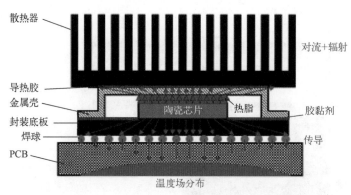

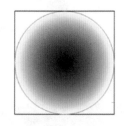

图 No.180-7　PCB 与 BGA 芯片安装底面相对应的局部区域的温度场分布

图 No.180-8　封装中由于功耗所形成的温度场

③ 由于芯片的功耗产生的热量通过 BGA 芯片底部的焊球传递到 PCB 基板上，在局部区域产生了很大的温升 ΔT，该区域受热后便沿基板厚度方向产生局部热膨胀 ΔL。由于 FR-4 基材的导热系数极小，仅为 Cu 的 1/987。因此，可以认为温升全发生在与芯片相对应的 PCB 的局部区域内，如图 No.180-9 所示圆圈以外的红色焊盘区就很小了，超出 BGA 芯片封装体以外的区域温升便接近于零（不考虑其他元器件的散热）。PCB 基板局部区域温升分布如图 No.180-10 所示。

假定 PCB 基板厚度 $D = 2$ mm，由于芯片的散热导致 PCB 局部区域（见图 No.180-8 的圆圈内）的温升 $\Delta T = 70$℃，FR-4 基材的热膨胀系数若取 $CTE_Z = 75 \times 10^{-6}/℃$，$CTE_{XY} = 17 \times 10^{-6}/℃$，故可得：

$$\Delta L_Z = D \times \Delta T \times CTE_Z = 0.0105 \text{ mm}$$
$$\Delta L_{XY} = D \times \Delta T \times CTE_{XY} = 0.0024 \text{ mm}$$
$$\Delta L_Z = 4.38 \Delta L_{XY}$$

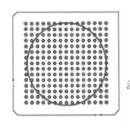

图 No. 180-9　Z 方向热
膨胀不匹配造成的高
应力区（红焊点区）

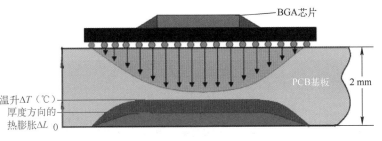

图 No. 180-10　PCB 基板局部区域温升分布

由 ΔL_z 形成的向上顶压的力，通过中间部分焊球传递到 BGA 芯片封装体，使得沿 BGA 芯片封装对角线角部的焊球（见图 No. 180-9 角部的红焊点）的内侧形成应力集中区，该应力由芯片功耗所生热量形成，随芯片加电和断电反复循环作用，在 PCB 上形成局部循环热应力，该力的反复作用结果，轻则导致角部焊点沿内侧产生微裂纹，重则使角部焊点沿芯片侧断裂。由 PCB 基材厚度方向的热膨胀所形成的作用力如图 No. 180-11 所示。

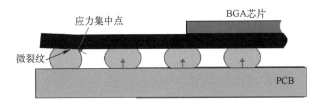

图 No. 180-11　由 PCB 基材厚度方向的热膨胀所形成的作用力

这种失效随芯片工作中散热状态的好坏而变，散热不良或芯片越大，越会使焊接界面遭受过大的应力，就越要关注焊接接合部的可靠性。另外，BGA 焊球焊点发生断裂的部位都是在焊球和芯片封装侧的界面之间。这是焊球和受芯片限制的 BGA 基片之间的局部膨胀系数不匹配造成的。

3. 解决措施

① 最大限度地处理好功率芯片的散热问题，使其在服役期间不至于产生过高的温升，这是解决问题的关键。

② 在确保润湿所必需的温度前提下优化再流焊接"温度-时间曲线"，避免过高的再流峰值温度和过长的再流时间，以尽可能让再流焊接后界面初始晶粒不粗化，IMC 层生长不要过厚。

No. 181　某 PCBA 单板在服役期间其上 BGA 芯片脱落

1. 现象描述及分析

（1）现象描述

① 某 PCBA 单板现场工作 6 个月后发生一例故障，其上的 BGA 芯片脱落，脱落的 BGA

芯片的焊球很多均连接在 PCBA 侧的焊盘上，现象特征如图 No. 181-1 所示。可见断裂现象均发生在芯片侧封装焊盘上。

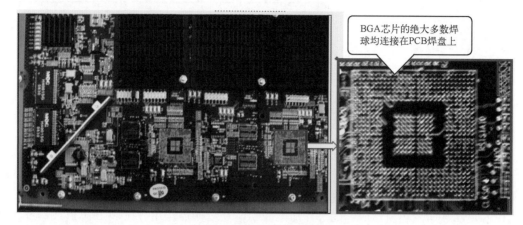

图 No. 181-1　现象特征

② 某 PCBA 现场工作 3 个月后，也发现了一例现象和特征与上述完全相同的故障。BGA 芯片在现场脱落，断裂现象均发生在芯片侧封装焊盘上。

③ 少数与 BGA 芯片对应的焊盘与基材之间发生剥落（对焊盘已进行吸锡清理），如图 No. 181-2 所示。

图 No. 181-2　少数与 BGA 芯片对应的焊盘与基材之间发生剥落（对焊盘已进行吸锡清理）

④ 未见有 BGA 焊点从 PCB 侧焊盘表面的 IMC 层处断裂现象。

（2）现象分析

由于本案例故障芯片焊点的金相结构在现场排查、维修时均被破坏，故无法利用金相切片和 SEM/EDX 等分析手段对故障发生原因做出定量的判断，只能根据故障所表现的外部特征做出定性的分析。

① 因为两款 PCBA 单板的 BGA 焊点断裂位置均发生在 BGA 芯片封装侧的焊盘 IMC 层与焊球之间的界面上，而在 PCB 侧焊盘与焊球之间未发生断裂，所以可以排除 PCBA 组装

中再流焊接过程的影响，也就是说，组装终端工序的再流焊接不是造成 BGA 焊点断裂的主要因素。

② 发生 PCB 焊盘从基板上剥落而焊盘和焊球之间的连接完整无损，这种破坏模式只与该 BGA 芯片焊点受到瞬间的外部大载荷机械力作用（如撞击或跌落）有关，再流焊接不会形成这种失效模式。造成此种破坏的芯片均处于 PCB 的外侧，距离 PCB 边缘仅 3～4 cm，而且 BGA 芯片上方安装有散热器。这表明，在取放或周转过程中，在操作不规范的情况下，BGA 芯片遭到外力冲撞的机会较大。

2. 形成原因及机理

（1）形成原因

发生 PCB 焊盘从基板上剥落的原因如下所述。

● BGA 芯片焊点受到了瞬间的外部大载荷机械力作用（如撞击或跌落）；

● 服役过程中芯片本身温升过高，可能是散热不良造成的。

（2）形成机理

① BGA 芯片本身存在质量隐患，导致芯片在长时间的工作温升作用下，焊球和芯片封装侧焊盘界面上的 IMC 厚度增加。实验研究表明，IMC 层存在一个临界厚度，Sn 与不同的基体金属（Cu、Ni）组合，在不同的受热温度或受热时间下，生成的 IMC 层的临界厚度也是不同的，在临界厚度上剪切强度最大。当 IMC 层厚度小于临界厚度时，剪切疲劳发生在焊料内部。随着受热温度或受热时间的增加，界面 IMC 层超过了临界厚度，通过剪切试验可观察到，在 IMC 层中会发生脆断。

② 上面描述了 IMC 层厚度与断裂模式的变化密切相关，而影响 IMC 层在用户服役期间厚度增加的主要因素如下所述。

（a）受热温度：指工作环境温度与 BGA 芯片本身工作中产生的温升的叠加。虽说通过散热器的作用，可以较大幅度地降低其本身的温升，让其能在 IMC 层厚度生长最缓慢的温度区间长时间地工作。然而，一旦出现散热器安装不良，温升便可在短期内增加到一个较大的值，导致 IMC 层快速增厚，从而在较短的时间内超过临界厚度而发生脆断。

（b）受热时间：只要有效地控制了受热温度使 BGA 芯片在最小的受热温度下工作，受热时间对 IMC 层厚度的增加就变得不那么敏感了。

3. 解决措施

① 严格控制 BGA 芯片工作中的受热温度，确保散热器的散热效果，将其本身产生的温升降到最低。

② 加强工程现场 PCBA 单板周转和存储的管理。

③ 调整 BGA 芯片在 PCBA 单板上的安装位布局，避开易与外力发生碰撞的区域。

No. 182　NASA 发布的由于锡晶须引起的故障报告

1. 现象描述及分析

NASA（美国国家航空航天局）发布了近年来由于 PCB 锡（Sn）晶须而引起的故障报

告，列举了如下一些失效的案例。

① 1986 年：美国空军 F15 喷气式战斗机的雷达设备出现故障，罪魁祸首就是锡晶须侵入了电路中，引起雷达间歇性失效。如果由于机舱的震动使锡晶须移动了位置，则故障会突然消失，雷达又能正常工作。

② 1987 年到现在：至少有七次核电厂关闭，而原因就是报警系统的电路中长出了锡晶须。锡晶须使报警系统误判，导致一些重要的系统不能正常工作，而实际上反应堆本身并没有任何问题。

③ 1989 年：凤凰城美国海军的空对空导弹的目标监测系统中也发现了锡晶须现象。

④ 从 1998 年到现在：在轨道中运行的商业卫星至少因为锡晶须而发生了 11 次故障。问题出现在控制卫星位置的测控系统。有 4 颗卫星丢失，包括为北美几千万寻呼机提供服务的价值 2.5 亿美元的 PanAmSat 公司的银河 4 号通信卫星。

⑤ 2006 年：在一次测试中，系统错误地指出航天飞机的引擎出现问题，导致轨道偏离。

2. 形成原因及机理

Sn 晶须在室温条件下自生长过程是应力产生和松弛同时进行的动力学过程。因此，在研究晶须的生长机理时应先了解其应力产生、应力松弛的发生机制和晶须的生长特征等。

（1）应力产生机制

应力的产生是由于 Cu 原子向 Sn 内进行填隙式扩散并生成了 Cu_6Sn_5 金属间化合物（IMC）层，IMC 层生长造成的体积变化对晶界两边的晶粒造成了压应力。一般来说，在镀 Sn 层中某一固定体积内包含 IMC 沉淀相，吸收扩散来的 Cu 原子后，和 Sn 反应不断生成 IMC 层，就势必在固定体积内增加了原子体积。例如，在某一固定体积内增加一个原子，如果体积不能扩展则就会产生压应力。当越来越多的 Cu 原子（n 个 Cu 原子）扩散到该体积中生成 Cu_6Sn_5 时，固定体积内应力就将成倍地增加。

大部分晶界处的 Cu_6Sn_5 沉淀相是在共晶 SnCu 合金电镀过程中产生的。镀 SnCu 层经过再流处理后，多数晶界处的 Cu_6Sn_5 沉淀相在凝固过程中析出。在熔融状态中，Cu 在 Sn 中的溶解度为 0.7wt%，在凝固过程中 Cu 溶解度处于过饱和态而一定会析出（大部分在冷却至室温过程中以沉淀方式析出）。越来越多的 Cu 原子从 Cu 引线框架扩散至焊料层，使晶界处的沉淀相生长，造成 Cu_6Sn_5 体积增加（一种说法是可增加 20%，另一种说法认为可达到 58%），在焊料镀层内形成压缩应力。室温附近的晶须生长机理如图 No.182-1 所示。

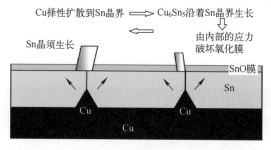

图 No.182-1　室温附近的晶须生长机理

根据这种机理，可以发现晶须形成和生长的参数。首先是受不均匀化合物生成的难易程度的影响较大。在 Cu 的情况下，Cu 基板本身成为 Cu 往镀 Sn 层中扩散的扩散源。如果基板表面是 Ni，同样形成与 Sn 的化合物（Ni_3Sn_4），但它的生长非常缓慢，难以形成晶须。所以如果以 Ni 层作为镀 Sn 层的基底镀层，则可有效抑制室温晶须。"42"合金比 Ni 更加稳定。黄铜对于室温晶须化合物形成比较缓慢，具有抑制晶须的效果。但是黄铜中的 Zn 在易于活动的高温环境下，会扩散到镀 Sn 层中而被氧化，由于体积膨胀作用而发生压缩应力，助长了晶须的形成和生长。

无铅焊料几乎都是高 Sn 合金，纯 Sn 表面很容易受到 Sn 晶体的自然增长而形成 Sn 晶须，而且还有不同的形状，Sn 单晶体在晶格缺陷处生长出来，呈条状和垛状的 Sn 晶须，分别如图 No. 182-2 和图 No. 182-3 所示。

图 No. 182-2　Sn 单晶体在晶格缺陷处生长出来　　　图 No. 182-3　呈条状和垛状的 Sn 晶须

（2）氧化层破裂机制

在通常环境中，Sn 基焊层表面均覆盖有氧化层（SnO 层），且 SnO 层是一个覆盖整个表面的完整体表皮层。晶须为了生长，就必须延伸使得表面氧化层破裂。氧化层最容易断裂的位置就是晶须生长的根部。为了保持晶须的生长，这种断裂一定要产生，以维持未氧化的自由表面，从而保证 Sn 晶须生长所需的 Sn 原子可以扩散过来。

Sn 晶须表面氧化层对 Sn 晶须的生长起到了至关重要的限制作用，而使其沿单一方向生长。表面氧化层阻止了 Sn 晶须的侧向生长，这就解释了为什么 Sn 晶须具有像铅笔形状且直径只有几个 μm。

（3）Sn 晶须的生长

Sn 晶须的生长属于一种自发的表面突起现象。Bell 实验室较早报道了 Sn 电镀层上会出现自发生长的 Sn 晶须。对 Sn 晶须的结构性能进行研究得出：Sn 晶须为单晶结构，Sn 晶须的生长是自底部（根部）而非顶部方式进行的。

Sn 晶须是直径为 1～10 μm，长度为数 μm～数十 μm 的针状形单晶体，易发生在 Sn、Zn、Cd、Ag 等低熔点金属表面。在镀 Sn 层中，Sn 晶须生长的原动力是在镀 Sn 时药水失衡造成层中产生的压缩应力，或是 Cu、Sn 合金相互迁移所形成的内应力。药水失衡形成的 Sn 晶须如图 No. 182-4 所示，Sn 晶须的生长如图 No. 182-5 所示。假若内应力未被控制或释放，Sn 晶须很容易在晶界的缺陷处生长，如图 No. 182-6 所示。Sn 晶须在室温下较易生长，Sn 晶须的生长速度如图 No. 182-7 所示，1.5 个月 Sn 晶须长度可达 1.5 μm，从而造成电气短路，特别是对精细间距和长期使用的元器件影响较大。在 PCBA 组装中，Sn 晶须是从元器件和接头的 Sn 镀层上生长出来的。

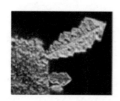

图 No.182-4　药水失衡形成的 Sn 晶须

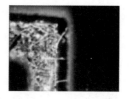

图 No.182-5　Sn 晶须的生长

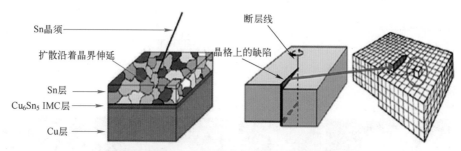

图 No.182-6　Sn 晶须很容易在晶界的缺陷处生长

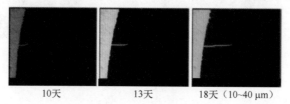

图 No.182-7　Sn 晶须的生长速度

3. 解决措施

① 在 Sn 中加入一些杂质可避免 Sn 晶须的生长。NASA 工程师发现了成千上万的 Sn 晶须，有些 Sn 晶须长度达到了 25 mm。在确认纯 Sn 部件会引起问题之后，他们已经要求在镀 Sn 层中加入少许的铅。

② 在 Cu 引线上先镀一层 Ni 作为镀 Sn 层的基底镀层，则可有效抑制室温晶须生长。

③ 加强对镀 Sn 工艺过程的监控，避免镀 Sn 过程中因药水失衡在镀层中产生压缩压力。

No.183　MELTH QE2000 SPI 异常

1. 现象描述及分析

（1）现象描述

① MELTH PCBA 芯片 QE2000（D68）在服役中，在初始化过程中 TME 到 FE 芯片间 SPI 异常，缺陷 PCBA 外貌如图 No.183-1 所示。

② X-Ray 分析：除了少数孔洞，并未发现其他明显异常，芯片 D68 X-Ray 检测形貌如图 No.183-2 所示。

③ 该 PCBA 采用无铅物料、混装焊接工艺。

（2）现象分析

① 切片分析：焊点断裂位置如图 No.183-3 所示，在 B2 焊点发现裂纹。

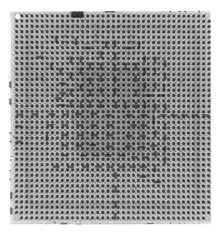

图 No.183-1　缺陷 PCBA 外貌　　　　图 No.183-2　芯片 D68 X-Ray 检测形貌

② 裂纹发生在芯片侧 Cu 焊盘与 IMC 层之间, 为脆性断裂。

③ 裂纹未贯穿整个界面, 如图 No.183-4 所示, 其长度约占界面长的 1/3, 整个界面 IMC 层生长不连续, 有多处间断点。

④ 焊点内部金相组织无偏析现象, 焊接界面 IMC 层生成厚度极不均匀, 最厚达 8.6 μm, 焊点焊料金相组织内似有多处碳化黑点。焊点内金相组织和 IMC 层形貌, 如图 No.183-5 所示。

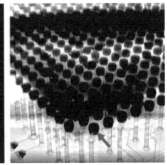

图 No.183-3　焊点断裂位置

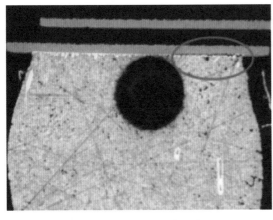

图 No.183-4　裂纹未贯穿整个界面　　　图 No.183-5　焊点内金相组织和 IMC 层形貌

2. 形成原因及机理

（1）形成原因

归纳上述分析，可判定 MELTH PCBA 芯片 D68，在服役中出现初始化过程中 TME 到 FE 芯片间 SPI 异常的原因是，芯片 D68 在再流焊接中存在质量不可靠的不良焊点。

（2）形成机理

该 PCBA 再流制程采用无铅元器件有铅焊膏的前向兼容工艺，再流焊接"温度-时间曲线"设计不当，温度过高，导致：

① 界面在高温下长时间地进行焊接，由图 No.183-5 可明显观察到，电极发生了明显的溶蚀现象，界面化合物生长得很厚，在 Sn 中分散着 Cu 的化合物，这样的界面在基板电极上也变得很不平坦。

② 由于炉温偏高，带来的后果是在 $\eta-Cu_6Sn_5$ 层下还会生成 $\varepsilon-Cu_3Sn$ 层的 IMC 结构，由于 $\varepsilon-Cu_3Sn$ 厚度极薄，一般的显微镜均很难观察到它。界面层的形态对接续构造的可靠性影响很大，特别是厚的反应层和恶性、脆性、导电率较低的 $\varepsilon-Cu_3Sn$ 层的生成，对其粒子尺寸的缺陷带来严重不良后果，且 $\eta-Cu_6Sn_5$ 层和 $\varepsilon-Cu_3Sn$ 层之间结合力很差，往往是界面微裂纹的高发区。

③ 由于炉温偏高，在焊点内夹杂有铅焊膏中的残留物，被碳化后便在焊点金相组织中留下了不少的黑点。

④ 炉温偏高导致芯片 PCB 周边，特别是沿芯片对角线方向发生较大的变形，形成的机械应力造成位于对角线边缘上的焊点出现微裂纹，从而导致电接触失效。

3. 解决措施

针对该 PCBA 应正确设计专用的再流焊接"温度-时间曲线"。

No.184　某电压控制芯片因引脚腐蚀导致电路工作失常[①]

1. 现象描述及分析

（1）现象描述

2013 年某国 BSC 网元多块 GUP2 单板出现故障。故障定位为子卡 VTDS 上的 LTC1702 芯片没有输出。子卡 VTDS 生产总数为 14781 pcs，发往该国约 200 pcs，故障失效率为 8%。其他地区失效率为零。

① 芯片引脚焊点边缘表面被白色斑状结晶物所覆盖，白色斑点结晶态如图 No.184-1 所示。斑状物轮廓近似圆形，边缘轮廓清晰，形似一滴溶液漫流扩散所致，而且均与引脚覆铜区相衔接，表明该溶液是由芯片引脚上流出来，并在封装体的侧面上扩展开来的，故障焊点外观形貌如图 No.184-2 所示。

② 斑状物在二引脚间连成片，如图 No.184-3 所示。当把问题焊点间的白色斑点用刀片划断后，芯片功能便恢复了正常，即划断白色斑点后故障消失，如图 No.184-4 所示。

① 本案例由付红志、刘哲提供。

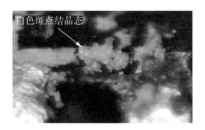

图 No. 184-1 白色斑点结晶态

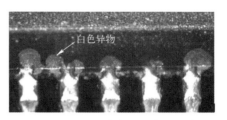

图 No. 184-2 故障焊点外观形貌

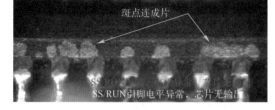

图 No. 184-3 斑状物在二引脚间连成片

图 No. 184-4 划断白色斑点后故障消失

③ 正常引脚焊点再流过程中引脚均未发生芯吸现象，而缺陷焊点均发生了芯吸现象，当熔融焊料爬升过高接触到封装体时（图 No. 184-5 所示），便将剩余的液态助焊剂挤出引脚而排放到封装体侧面的引脚周围。由于芯吸现象部分焊点将助焊剂残液排放到封装体侧壁上，如图 No. 184-6 所示。

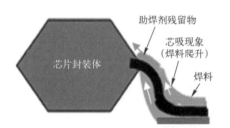

图 No. 184-5 当焊料爬升过高
接触到封装体时

图 No. 184-6 由于芯吸现象部分焊点
将助焊剂残液排放到封装体侧壁上

（2）现象分析

① 引脚外部表面发生电泄漏路程的元素分析，如图 No. 184-7 所示。由白色斑状物的 SEM/EDX 分析可知，元素 C、O 占了 83.56at%，显然斑状物主要是助焊剂的残留物。Si 主要来源于灰尘，元素 Au 是测试过程中引入的，Cu 元素的来源，下面将进一步分析。

元素	wt%	at%
CK	41.71	58.74
OK	23.48	24.82
SiK	24.16	14.56
CuL	5.36	1.43
AuM	5.29	0.45
合计	100.00	100.00

图 No. 184-7 引脚外部表面发生电泄漏路程的元素分析

由于这些助焊剂残留物含有大量的松香成分，有较强的吸湿性。当吸湿量达到0.15%时，便形成白色斑点。当吸湿量>0.15%时，松香就从无色透明的玻璃态转化为白色的结晶态。

② 故障引脚根部表面物质成分的SEM/ESX图像，如图No.184-8所示。由该图中可知，芯片故障点引脚与封装体侧壁相接触的局部区域发生了明显的腐蚀，露出了铜，芯片故障点引脚被腐蚀的外观如图No.184-9所示。由SEM/EDX分析数据可知，此时形成的腐蚀物为白色的氯化亚铜Cu_2Cl_2或者白色的碳酸铅$PbCO_3$等的结晶物。吸湿了的助焊剂残留物中可能尚存微量的活性物质，它们在去除Cu的氧化物的同时，也能溶蚀Cu，这些被溶蚀出来的Cu离子，极易在湿润了的助焊剂残留物中迁移，而且当芯片正在工作时，在那些存在直流电场的二引脚之间，Cu离子迁移现象尤为明显，这正是形成引脚外部电流泄漏的根源。

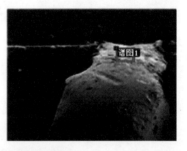

元素	wt%	at%
CK	26.07	63.03
OK	11.60	21.05
ClK	1.45	1.19
CuL	9.91	4.50
SnL	18.64	7.01
AuM	7.29	1.07
PbM	25.04	2.15
合计	100.00	100.00

图No.184-8　故障引脚根部表面物质成分的SEM/ESX图像

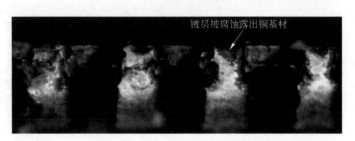

镀层被腐蚀露出铜基材

图No.184-9　芯片故障点引脚被腐蚀的外观

③ 本案例中Cl的来源：上述在对白色斑状物（助焊剂残留物）进行SEM/EDX分析（见图No.184-7）中未发现有Cl元素，而且此故障又仅发生在受海洋性气候影响的某个国家。显然Cl元素只能来源于当地的气候环境中。它首先与焊料中的Pb起化学反应形成白色粉点状的$PbCO_3$，不断地消耗掉焊料中的Pb，使覆盖在引脚接合部的焊料层不断地遭到破坏，而Cl却不会损失。直至局部露出Cu，此时Cl便开始与Cu起化学反应生成白色的Cu_2Cl_2结晶体，氯便不断地被消耗掉，更多的Cu被暴露出来，在电解液和电场的作用下，导致Cu离子的定向迁移而发生电流泄漏现象。

2. 形成原因及机理

（1）形成原因

对产品服役地的环境条件研究不够，导致防护不力。

（2）形成机理

前面在现象分析中已进行了相关说明，故此处不再重复。

3. 防治措施

① 调节再流焊接"温度-时间曲线"，增加预温时间和温度，减小芯片上的温度差，从而达到抑制芯吸现象发生的目的。

② 严格执行焊点的可接受性标准，对具有已发生芯吸现象且焊料已与封装体接触的焊点的产品均应拒收（允许通过返修，且对焊点及封装体进行彻底清洗，达标后重新提交）。

③ 对整板进行三防涂覆处理，杜绝产品在服役期间发生吸潮现象。

No.185　手机产品服役期间出现虚焊和冷焊故障

1. 现象描述及分析

（1）现象描述

① 2004 年年初，针对手机产品在服役期间出现的问题，进行了普查、分析和解剖，发现用户在使用中发生的焊点失效问题，几乎都集中在 μBGA 芯片和 CSP 芯片等密间距球阵列封装芯片的焊点上，且其失效模式又集中表现为焊点虚焊和冷焊。

② 某机型主板基带芯片（BGA 芯片）有 6 pcs 在取下条码时芯片跟随条码掉下来，如图 No.185-1 所示。

③ 对已掉落芯片的 PCB 焊盘用 85 倍显微镜观察，发现有 23.4% 的焊盘完整，芯片掉落后焊盘表面形貌如图 No.185-2 所示，图中白圈内的焊点变黑，其他焊点也基本上不同程度地发生颜色变暗现象，且 PCB 焊盘与焊球相邻面的表面的亮、暗程度是完全一一对应的。

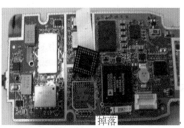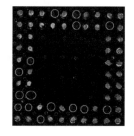

图 No.185-1　在取下条码时芯片跟随条码掉下来　　图 No.185-2　芯片掉落后焊盘表面形貌

（2）现象分析

① 使用微光学视觉检测系统（ERSASCOPE 20000）检测，检测对应芯片在再流焊接后的焊点情况，如图 No.185-3 所示。

具体图像特点如下所述。

- 图 No.185-3（a）：焊球轮廓敷形良好，表面光整平滑，PCB 焊盘形成的润湿角良好，为再流焊接良好焊点；

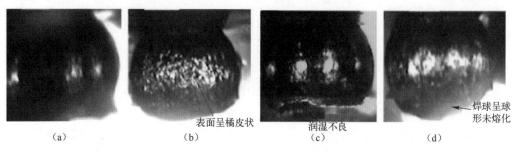

表面呈橘皮状　　　　　润湿不良　　　　　　　　焊球呈球形未熔化

　（a）　　　　　　　　（b）　　　　　　　　（c）　　　　　　　　（d）

图 No. 185-3　使用微光学视觉检测系统（ERSASCOPE 20000）检测

- 图 No. 185-3（b）：焊球表面呈橘皮状，为热量供给不足的冷焊焊点；
- 图 No. 185-3（c）：焊料和 PCB 焊盘表面润湿不良，为虚焊焊点；
- 图 No. 185-3（d）：焊球呈球形，底部圆顶，为焊球焊料未熔融的焊点。

② 代表性的 PCB 焊盘侧焊点断裂面形貌，如图 No. 185-4 所示，从图中可见，断裂层表面灰黑，焊盘不润湿，有的脱离面直接出现在焊盘的镀 Ni 层面上。

③ 芯片脱落后的 PCB 焊盘表面形貌，如图 No. 185-5 所示。从图中可见，Au 层底部局部严重氧化发黑，焊盘面已完全丧失可焊性。

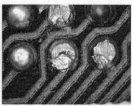　　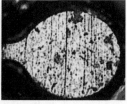

图 No. 185-4　代表性的 PCB 焊盘侧焊点断裂面形貌　　图 No. 185-5　芯片脱落后的 PCB 焊盘表面形貌

④ 对图 No. 185-5 中发黑区域进行 SEM 分析，芯片脱落后的焊盘黑色区域表面的 SEM 照片，如图 No. 185-6 所示。黑色区域为 Ni 层，表面已被侵蚀得非常严重。

表面及晶界处有Ni被氧化，有发黑现象

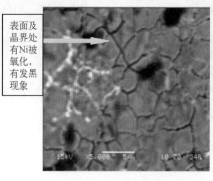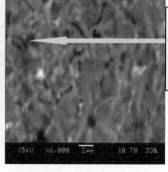

表面及晶界处有Ni被氧化，有发黑现象

图 No. 185-6　芯片脱落后的焊盘黑色区域表面的 SEM 照片

2. 形成原因及机理

（1）形成原因

① 虚焊：导致虚焊的原因是，用于焊接的金属表面被氧化和污染。

② 冷焊：造成冷焊的原因是，再流焊接时热量供给不足。

（2）形成机理

① 由于焊盘面采用的 ENIG Ni(P)/Au 镀覆工艺不良，造成了较严重的黑 Ni 现象，是导致用户 BGA 焊点发生虚焊的主要原因。

② 再流焊接"温度-时间曲线"设计不良，导致焊接热量供给不足，再流焊接过程中冶金反应不完全。

3. 解决措施

冷焊和虚焊在客观效果上所造成的危害和表现形式几乎相同（电气接触不良，电性能不稳定，连接强度不够），然而其发生的机理却是截然不同的，因而解决的措施也是完全不一样的。

1）虚焊

采用选择性 OSP 与中 P 的 ENIG Ni(P)/Au 复合涂层工艺，即需要在焊接处采用 OSP 涂层工艺，而在非焊接面如金手指、键盘、ICT 测试点采用高 P（P>9wt%）的 ENIG Ni(P)/Au 镀覆层。实践证明，采取此措施后可有效地抑制虚焊现象的发生。

2）冷焊

冷焊是由在焊接时供给焊点的热量不足所造成的，其克服办法如下所述。

① 优化再流焊接"温度-时间曲线"，提升再流焊接时的热量供给。

② 根据产能需要，正确选择再流焊接设备类型。

- 当采用有铅制程时，建议选择 8 温区的再流焊接炉型；
- 当采用无铅或有铅、无铅混装制程时，建议选用 10 温区或 12 温区的再流焊接炉型。

No. 186　PCBA 服役期间板面发生化学腐蚀

1. 现象描述及分析

（1）现象描述

① 某 PCBA 上厚膜器件在东北亚某国服役期间，出现严重锈蚀、发霉现象，如图 No. 186-1 所示，产生白色斑状物，不合格率为 15%。

图 No. 186-1　PCBA 上厚膜器件在服役期间出现严重锈蚀、发霉现象

② 进一步检查发现，出现锈蚀、发霉现象的单板上的器件的绝缘性能变差，严重时单

板测试不良。从锈蚀发生的位置特征看，只发生在 PCBA 非波峰焊接板面上，如图 No. 186-2 所示为厚膜器件上出现的严重锈蚀、发霉现象。

图 No. 186-2　厚膜器件上出现的严重锈蚀、发霉现象

（2）现象分析

① 锈蚀残留物如图 No. 186-3 所示，该晶体状物质很像混入了被锈蚀的金属离子的助焊剂残留晶体。

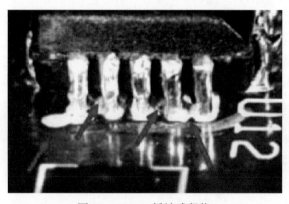

图 No. 186-3　锈蚀残留物

② 大块斑状白色物质很像液态助焊漫流渗透过的痕迹，如图 No. 186-4 所示。

● 在厚膜电路上出现的晶体状物质酷似波峰焊接机排气管道中滤网上的残留物；

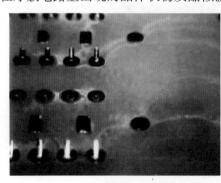

图 No. 186-4　大块斑状白色物质

● 该产品服役的工作环境位于温湿气候区，因此，PCBA 板面上助焊剂残留物中的有机成分构成了霉菌孢子繁殖的营养基，从而导致发霉现象。

2. 形成原因及机理

（1）形成原因

上述故障现象是产品在生产阶段的波峰焊接过程中，由滴落到 PCBA 非波峰焊接面上的助焊剂残留物产生的。

（2）形成机理

上述现象的形成机理，可通过以下两组故障复现试验来加以证实，具体验证过程如下：

① 在插有 10 只厚膜电路组件的非波峰焊的 PCB 面上滴上波峰焊接用的助焊剂，并让其通过正在正常工作的波峰焊接机。

② 在同样插有厚膜电路组件的另一块 PCB 上的 10 只厚膜电路组件上撒上从波峰焊接机排风管道上刮下来的残留物并喷上助焊剂溶剂让其溶解，然后将该 PCB 也通过正在正常工作的波峰焊接机。

③ 将第①和②两组试验后的 PCB 与排气滤网和排风管上刮下来的残留物一同送国家权威部门进行傅里叶红外光谱成分对比分析，发现二者的谱线基本相同。

④ 将第②组试验件经过 13 小时的模拟环境条件的温湿试验后，成功复现了发霉现象。

3. 解决措施

① 加强对波峰焊接设备的清洁和保养，特别是排气管道及滤网，要及时清除积存在其上的助焊剂残留物。

② 加强 PCBA 在生产过程中的洁净度质量监控。

③ 加强操作人员的文明生产责任心教育。

No. 187　某背板焊点出现碳酸盐及白色残留物

1. 现象描述及分析

（1）现象描述

① 2004 年在江南某电信局服役中的背板，在手工焊接的焊点上出现碳酸盐和白色残留物等现象。缺陷背板焊点外观如图 No.187-1 所示，焊点上出现了松散的粉末状白色残留物，如图 No.187-2 所示。

② 手工焊接所用焊料丝为 ALPHA 或 NC88（松香型），焊后人工清洗，清洗剂的主要成分是异丙醇和其他有机物。

（2）现象分析

① 对不同批次的 PCBA 上的白色残留物进行 SEM/EDX 分析，白色残留物的 SEM/EDX 照片如图 No.187-3 所示。从图中可知其元素成分为 C、O 和 Ni，其中 Ni 和 Au 主要来源于镀 Ni/Au 层，而 C 和 O 是构成助焊剂中有机成分的主要元素，显然白色残留物主要是助焊剂残留物。SEM 照片中发黑的部分应该是镍的氧化物。

图 No. 187-1　缺陷背板焊点外观

图 No. 187-2　松散的粉末状白色残留物

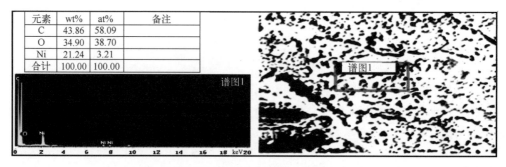

元素	wt%	at%	备注
C	43.86	58.09	
O	34.90	38.70	
Ni	21.24	3.21	
合计	100.00	100.00	

图 No. 187-3　白色残留物的 SEM/EDX 照片

② 对用刀片刮下的残留物进行 SEM/EDX 分析，其 SEM/EDX 代表性照片，如图 No. 187-4 所示。从 SEM/EDX 分析可知，它包含 C 和 O 二元素，因而可判断该物质应该是助焊剂残留物。

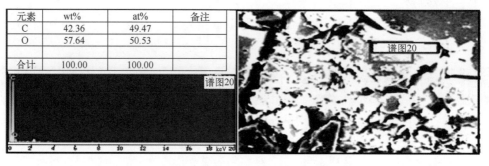

元素	wt%	at%	备注
C	42.36	49.47	
O	57.64	50.53	
合计	100.00	100.00	

图 No. 187-4　用刀片刮下的残留物的 SEM/EDX 代表性照片

③ 白色粉末状残留物的 SEM/EDX 分析代表性照片，如图 No. 187-5 所示，从图中谱图 10 显示的元素成分可知，该物质由 C、O、Al、Sn 及 Pb 组成。

④ 为进一步验证白色残留物为助焊剂残留物的结论，取白色残留物与松香进行 FT-IR 谱图对比分析，二者的 FT-IR 分析谱图，如图 No. 187-6 所示。从图 No. 187-6 可以看出，白色残留物与松香的谱图非常近似，表明白色残留物主要成分是松香。

2. 形成原因及机理

（1）形成原因

背板焊接后清洗不彻底，留下了助焊剂残留物。

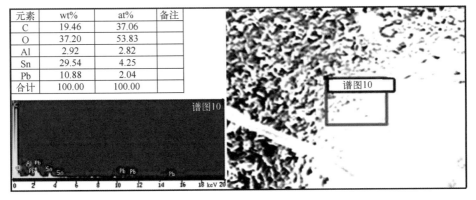

图 No. 187-5　白色粉末状残留物的 SEM/EDX 分析代表性照片

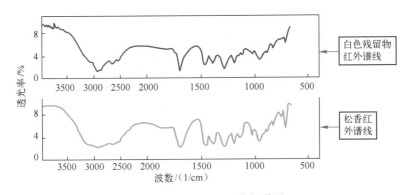

图 No. 187-6　FT-IR 分析谱图

（2）形成机理

① 在焊接中由于松香助焊剂的聚合作用，导致某些松香成为长链分子，这些长链分子不能溶于通常使用的溶剂中。因为，清洗助焊剂的溶剂只能溶解短链松香和原来的松香，而留下的黏性很强的白色黏附物则是聚合松香。一旦形成了聚合松香，甚至连最好的助焊剂溶剂也不易将其溶解掉。

② 当使用醇类清洗剂时，醇类清洗剂与松香酸作用生成松香脂而成为白色残留物。由于清洗溶剂大多沸点都较低，当它挥发时会吸收周围空间的热量，若在潮湿环境下，随着溶剂的挥发会造成空气中水分冷凝，在 PCB 上留下白色斑痕。

③ 当使用松香助焊剂时，在焊接的高温下，松香与熔融的焊料合金发生化学反应，生成松香酸锡盐类，它不易被清洗干净而使 PCB 面泛白。

3. 解决措施

① 改善背板焊接后的清洗效果，确保 PCBA 洁净度符合规定的标准要求。

② 尽量使用不含卤素或卤素含量低的助焊剂。

③ 正确使用清洗溶剂，例如，在使用松香类助焊剂时，正常时由于其中含卤素的活性物质被松香树脂包封着，故不出现腐蚀性。但如果清洗溶剂使用不当，则只能清洗松香而无法去除含卤素的离子，这样就反而加速了腐蚀。

No. 188　某通信终端产品在服役期间 BGA 焊点断裂

1. 现象描述及分析

（1）现象描述

某通信终端产品在海湾地区服役期间，发现有两块 PCBA 主板的 BGA 芯片工作失常，怀疑有焊接不良现象，故障样品外观，如图 No. 188-1 所示。PCB 焊盘镀覆工艺为 ENIG Ni（P）/Au，为了便于识别，将不同位置区的 BGA 焊点分别标识为 BGA-1、BGA-2、BGA-3 和 BGA-4。

图 No. 188-1　故障样品外观

（2）现象分析

① 对 BGA-1、BGA-2 和 BGA-3 焊点进行金相切片分析，其位置区整体照片分别如图 No. 188-2~图 No. 188-4 所示，图中给出了相应切片方向。

图 No. 188-2　BGA-1
位置区照片

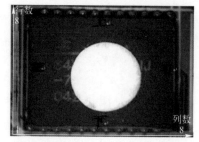

图 No. 188-3　BGA-4 位置区照片

图 No. 188-4　BGA-3
位置区照片

② PCBA151/BGA-1：图 No. 188-2 中第 17 列第 1~7 行 7 个焊点焊球与 PCB 焊盘间存在贯穿性开裂，焊料熔融不充分，合金层很不明显，系再流焊接制程热量供给不足造成的冷焊。BGA-1 位置区第 17 列第 3 行的焊点切片图如图 No. 188-5 所示，BGA-1 位置区第 17 列第 9 行焊点切片图如图 No. 188-6 所示。

③ PCBA152/BGA-4：第 1 行第 1~8 列焊点（见图 No. 188-3）焊球与 PCB 焊盘间有贯穿性开裂，在芯片侧界面有空洞。图 No. 188-3 中第 1 行第 5 列焊点整体照片，如图 No. 188-7所示。金相组织疏松为焊接热量不足形成的冷焊，如图 No. 188-8 所示，该图展示了图 No. 188-1 中 BGA-2 位置区的第 5 行第 5 列焊点整体照片。

图 No. 188-5　BGA-1 位置区第 17 列第 3 行的焊点切片图

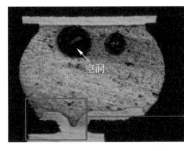
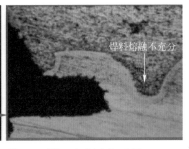

图 No. 188-6　BGA-1 位置区第 17 列第 9 行焊点切片图

④ PCBA151/BGA-3：图 No. 188-4 第 1 行第 1 列有 50% 的焊球与 PCB 焊盘间开裂，且开裂由芯片封装边缘向内部延伸，第 8 行第 1、2 列两个焊点出现贯穿性开裂。图 No. 188-4 中第 1 行第 1 列焊点截面照片如图 No. 188-9 所示，图 No. 188-4 中第 8 行第 1 列焊点截面照片如图 No. 188-10 所示。上述现象属于芯片封装时发生了热变形，这种热变形应该由芯片本身工作温升不正常造成；另外，均有冷焊迹象。

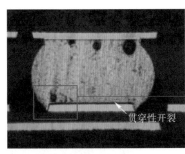
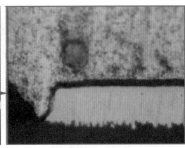

图 No. 188-7　图 No. 188-3 中第 1 行第 5 列焊点整体照片

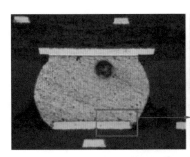
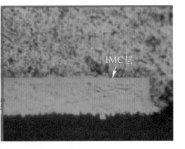

图 No. 188-8　BGA-2 位置区的第 5 行第 5 列焊点整体照片

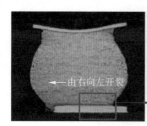

图 No. 188-9　图 No. 188-4 中第 1 行
第 1 列焊点截面照片

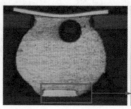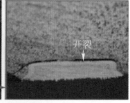

图 No. 188-10　图 No. 188-4 中
第 8 行第 1 列焊点截面照片

⑤ 对开裂焊点进行 SEM 分析照片，相关照片分别如图 No. 188-11~图 No. 188-15 所示。图 No. 188-11 所示为 BGA-1 位置区某一开裂焊点 SEM 照片；图 No. 188-12 所示为图 No. 188-11 中开裂处放大照片，从该图中可以发现，开裂均发生在焊球与焊盘镍层间，IMC 层厚度不明显；从图 No. 188-13 显示的 BGA-1 位置区开裂焊点 SEM 照片可知，个别开裂焊点开裂处界面合金层极薄；图 No. 188-14 所示为图 No. 188-13 中第 2 个焊点开裂处照片（箭头 a 处）由该图可知，金相结构疏松，冷焊特征明显；图 No. 188-15 所示为图 No. 188-13 中第 2 个焊点开裂处照片（箭头 b 处）。

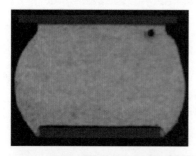

图 No. 188-11　BGA-1 位置区某一开裂焊点 SEM 照片　　图 No. 188-12　图 No. 188-11 中开裂处放大照片

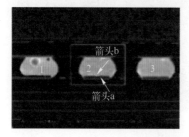

图 No. 188-13　BGA-1 位置区开裂焊点 SEM 照片　　图 No. 188-14　图 No. 188-13 中第 2 个
焊点开裂处照片（箭头 a 处）

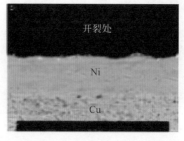

图 No. 188-15　图 No. 188-13 中第 2 个焊点开裂处照片（箭头 b 处）

2. 形成原因及机理

（1）形成原因

① 冷焊：这是在再流焊接制程中形成的。

② 芯片热变形：这是芯片在服役期间本身的温升过高而造成的。

（2）形成机理

① 在再流焊接制程中由于再流"温度-时间曲线"设计不良，导致热量供给不足，造成焊球焊料和焊膏焊料相互之间熔合不充分（冷焊），不能生成所要求的 IMC 层，从而使焊点焊料与焊盘之间形成一种弱相连接的有可靠性隐患的不良焊点。

② 芯片在服役期间由于冷焊造成电气连接不可靠（接触电阻大），使芯片封装体温升增加，产生了向上翘曲的热变形所形成的拉应力，从而使本身就是弱相连接的焊点与焊盘之间，稍受到一点拉力便开裂了。

3. 解决措施

① 进一步优化再流焊接制程，精心设计再流焊接"温度-时间曲线"，消除冷焊。

② 分析产品服役工况，彻底消除导致芯片封装体温升过高的原因。

No. 189　某产品 PCBA 在服役期间过孔口出现硫的爬行腐蚀

1. 现象描述及分析

（1）现象描述

2007 年某产品用 PCBA 在服役期间，用户发现 PCB 上用绿油塞孔（孔壁镀 Cu）的孔口出现黑色异物，故障外观特征如图 No. 189-1 所示，其特征是：

① 用酒精或者异丙醇擦拭都很难将其擦掉，说明该物质与 PCB 结合得很牢固。

② 用刀子轻轻刮掉黑色物质，底下露出的是过孔，过孔内塞满了绿油，在显微镜下观察未见塞孔内的绿油有异常。

③ 电镜扫描发现黑色物质呈颗粒状，黑色污染物 SEM 分析代表性照片，如图 No. 189-2 所示。

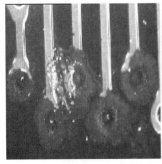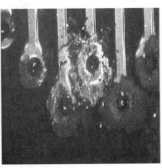

图 No. 189-1　故障外观特征

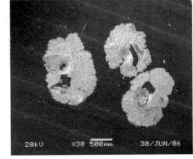

图 No. 189-2　黑色污染物
SEM 分析代表性照片

（2）现象分析

① SEM/EDX 分析：孔口黑色物质 EDX 分析照片如图 No. 189-3 所示，图中元素成分

中最主要是 S 和 Cu。

② 孔口周边绿油表面 EDX 分析照片，如图 No. 189-4 所示，图中元素成分未包含 Cu 元素。

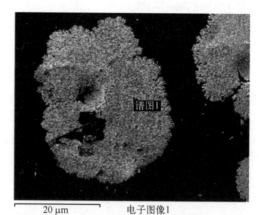

电子图像1

谱图处理：
可能被忽略的峰：942 keV
处理选项：所有经过分析的元素（已归一化）

元素成分	含量	
	wt%	at%
C	10.91	33.27
O	2.56	5.87
S	19.39	22.16
Cu	67.14	38.70
合计	100.00	100.00

满量程 879 cts 光标 19.807（0 cts）

图 No. 189-3　孔口黑色物质 EDX 分析照片

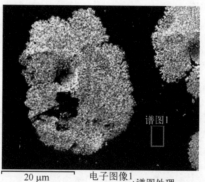

电子图像1
谱图2

谱图处理：
可能被忽略的峰：9440 keV
处理选项：所有经过分析的元素（已归一化）

元素成分	含量	
	wt%	at%
C	54.70	71.63
O	23.22	22.83
Si	2.58	1.44
S	4.20	2.06
Cl	0.86	0.38
Ba	14.44	1.66
合计	100.00	

满量程 983 cts 光标 19.807（0 cts）

图 No. 189-4　孔口周边绿油表面 EDX 分析照片

③ S 和 Cu 元素来源如下所述。

• S：来源于设备的工作环境。

• Cu：来源只能在黑色物质覆盖区域内。

为了查明来源，我们对被黑色物质污染覆盖的绿油塞孔，沿孔轴方向切片进行 SEM 分析，其照片如图 No. 189-5 所示。从图中可见，绿油塞孔无异常，但在孔环表面局部有未被绿油完全覆盖而露出了 Cu 的地方，正是它提供了黑色物质中 Cu 的来源。

图 No. 189-5　绿油塞孔
切片 SEM 分析照片

2. 形成原因及机理

（1）形成原因

PCBA 服役环境中存在 S，造成裸露的 Cu 受到 S 的侵蚀形成了爬行腐蚀现象。

（2）形成机理

爬行腐蚀发生在裸露的 Cu 面上。Cu 面在含硫物质（单质硫、硫化氢、硫酸、有机硫化物等）的作用下会生成大量的硫化物。

Cu 的氧化物是不溶于水的，但是 Cu 的硫化物和氯化物却会溶于水，在浓度梯度的驱动下，具有很高的表面流动性，生成物会由高浓度区向低浓度区扩散。硫化物具有半导体性质，但不会立即发生短路。然而，随着硫化物浓度的增加，其电阻会逐渐减小并造成短路失效。

3. 解决措施

① PCB 制造商应确保绿油塞孔质量，孔环部分也必须覆盖，不允许有任何露 Cu 现象。

② 改善设备工作场地的空气质量，确保有害物质和气体（如 S、H_2S 和 Cl 等）不超标。

③ 采取三防涂覆，提高 PCBA 抗恶劣环境的能力。

No. 190　某通信主板 BGA 焊点开路

1. 现象描述及分析

（1）现象描述

某通信公司反馈：通信主板在测试时发现 BGA 芯片焊点开路。对故障 BGA 焊点进行染色试验，发现断裂发生在 PCB 焊盘与焊球之间的界面上，断裂面非常平整，故障焊点外观如图 No. 190-1 所示。

（2）现象分析

① 对故障焊点进行金相切片，其切面形貌，如图 No. 190-2 所示，通过观察发现，BGA 芯片侧的焊盘与焊球之间出现断裂。为准确判断断裂原因，需要进一步进行 SEM/EDX 分析。

② 对故障焊点 1 的 SEM/EDX 分析如下所述。

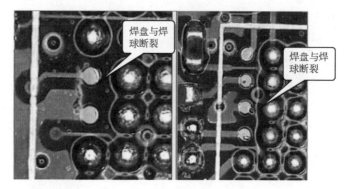

图 No.190-1　故障焊点外观

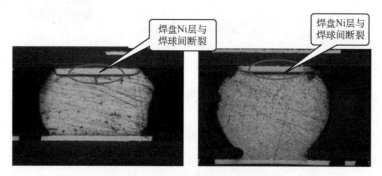

图 No.190-2　故障焊点金相切面形貌

a. 故障焊点 1 的 SEM 照片形貌, 如图 No.190-3 所示, 由图中可见断裂发生在焊盘 Ni 层与焊球之间。

b. 故障焊点 1 的 EDX 分析照片, 如图 No.190-4 所示, 由图中可知:

● 氧元素含量高达 5.03wt%, 表明采样点有氧化现象, 这些氧来源于原已存在于镀 Ni 层表面的氧化膜;

● 铅偏析形成富铅层, 从 EDX 分析数据看, Pb 元素确实偏高, 图 No.190-3 中红圈内表面发白, 是还未完全扩散开的 Pb-Au 金属间化合物层 (Au_2Pb, AuPb);

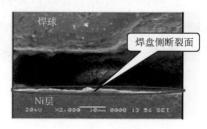

图 No.190-3　故障焊点 1 的 SEM 照片形貌

● Au 含量为 5.26wt%(>3.0wt%)将使焊料出现明显的脆性, 进而使焊点连接的可靠性恶化。

③ 对故障焊点 2 的 SEM/EDX 分析如下所述。

● 故障焊点 2 的 SEM 照片形貌, 如图 No.190-5 所示。由图中可知, 与图 No.190-3 一样断裂发生在 Ni 层与焊球之间。

● 故障焊点 2 的 EDX 分析代表照片, 如图 No.190-6 所示。氧、镍含量均高 (O 为 5.44wt%, Ni 为 56.14wt%), 而 Sn 偏低 (10.56wt%), 这表明数据的采样点已经在氧化镍膜上。

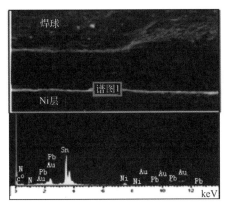

图 No. 190-4　故障焊点 1 的 EDX 分析照片

Element	Weight%	Atomic%
CK	2.71	16.63
NK	0.86	4.51
OK	5.03	23.21
NiK	4.73	5.95
SaL	70.59	43.88
AuM	5.26	1.97
PbM	10.82	3.85
Totals	100.00	100.00

Spectrum processing: No peaks omitted

- 由于 Ni 是不溶于 Sn 的，所以此时界面只有 Sn 原子向 Ni 层的单向扩散，而且由于氧化镍膜的存在，冶金反应所形成的 Ni_3Sn_4 合金层（IMC 层）很薄。
- Au 元素含量高达 7.80wt%（>3.0wt%），使焊料出现明显的脆性，从而使焊点连接的可靠性恶化。

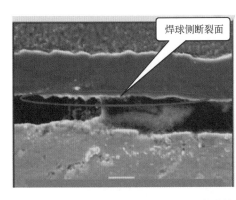

图 No. 190-5　故障焊点 2 的 SEM 照片形貌

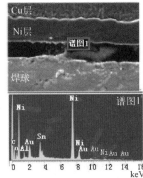

Element	Weight%	Atomic%
CK	18.40	50.76
OK	5.44	11.26
AlK	1.66	2.04
NiK	56.14	31.68
SnL	10.56	2.95
AuM	7.80	1.31
Totals	100.00	100.00

Spectrum processing: No peaks omitted

图 No. 190-6　故障焊点 2 的 EDX 分析照片

2. 形成原因及机理

（1）形成原因

① Ni 层氧化造成局部润湿不良，导致焊点连接强度很差。局部黑盘诱发的断裂面，其形貌如图 No. 190-7 所示。

② Au 元素含量超标导致的金脆特性使焊点发生脆断。脆性断裂面形貌如图 No. 190-8 所示。

（2）形成机理

① 由于 PCB 的 ENIG Ni/Au 制程控制不良，在镀 Ni 层表面形成了不可焊的 Ni 的氧化膜，从而导致焊接界面的焊料和焊盘 Ni 层之间发生断裂。

② Au 含量为 5.26wt%（>3.0wt%）使焊料出现明显的脆性，使焊点连接的可靠性恶化，从而导致焊料和焊盘 Ni 层之间发生脆断。

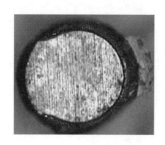

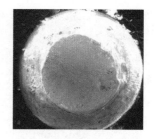

图 No.190-7 局部黑盘诱发的断裂面形貌　　图 No.190-8 脆性断裂面形貌

3. 解决措施

① 采用 OSP 涂层取代 ENIG Ni/Au 镀覆层，IMC/Cu_6Sn_5 的柔韧性和强度比 IMC/Ni_3Sn_4 的好。

② 优化再焊接"温度-时间曲线"，改善合金元素的熔合性，防止偏析现象发生。

No. 191　某通信终端产品在服役期间 BGA 焊点断裂

1. 现象描述及描述

（1）现象描述

2005 年前，某通信终端产品在服役期间不时发现 BGA 焊点出现断裂，具体描述如下。

① 染色试验：将故障 BGA 芯片焊点染色后，再将芯片掰开，掰开后的形貌如图 No.191-1 所示，该图显示了芯片封装焊球区和 PCB 焊盘区的形貌。

图 No.191-1　染色后将芯片掰开后的形貌

② 暗色焊点：以图中红框内的断裂焊点为例，掰开后焊球仍连接在 PCB 焊盘上，而断裂面位于芯片侧的铜焊盘与基材之间，表明芯片焊盘铜箔与基材的结合力不足。

③ 红色的点：表示掰开前在焊球与焊盘或焊料之间就已经出现了裂缝。

④ 白色的点：表明是掰开时才断裂的，是好焊点。这类焊点在图中为少数，可见本案例的严重性。失效焊点基本上分布在芯片和 PCB 侧焊盘的四边和中心地带。

（2）现象分析

1）视觉检测

采用德国 ERSASCOPE 微聚焦透镜系统，观察和比较焊点的外形轮廓、表面形态、焊点高度等，焊点视觉检测形貌如图 No.191-2 所示。从图中可知，焊点表面呈橘皮状，这是典型的冷焊特征。

2）CSAM（彩色超声扫描）

CSAM 检测表明芯片封装存在分层（芯片与塑封层或塑封层与芯片基板之间），CSAM 检测代表照片如图 No.191-3 所示，图中红色部位表示有分层发生的部位，说明在封装制造过程中对芯片的防潮处理存在问题。

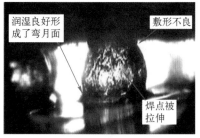

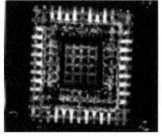

图 No.191-2　焊点视觉检测形貌　　　　图 No.191-3　CSAM 检测代表照片

3）切片 SEM 分析

① 未断裂焊点外观呈现葫芦状，上颈部虽小，但阻焊层（又称阻焊膜）尚未楔入焊球内部。缩小了的颈部已经成为焊点最脆弱处，也是应力集中处。由此可看出，芯片端焊球与 PCB 焊盘相连接的区域是整个焊点强度最薄弱之处。未断裂焊点如图 No.191-4 和图 No.191-5 所示。

图 No.191-4　未断裂焊点（一）　　　　图 No.191-5　未断裂焊点（二）

② 断裂焊点的断裂形态（一）如图 No.191-6 所示，其断裂特征是断裂都发生在芯片侧焊盘 Ni 层和焊球之间。从图中可见，左侧因阻焊层楔入深些，压迫左侧焊盘明显上翘。由于阻焊层和焊球焊料的 CTE 不匹配，所以在产品正常功率产生的温升下，多次循环应力作用于焊球焊料芯片侧的颈部，造成接合处疲劳而断裂。

③ 断裂焊点的断裂形态（二）如图 No.191-7 所示，其断裂特征与图 No.191-6 所示的断裂特征完全相同。

图 No. 191-6 断裂焊点的断裂形态（一）

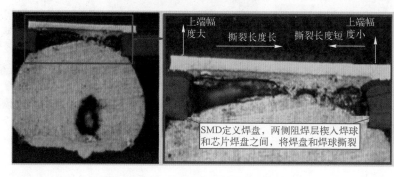

图 No. 191-7 断裂焊点的断裂形态（二）

2. 形成原因及机理

（1）形成原因

归纳上述分析可知，导致本案例 BGA 焊球在芯片侧断裂的主要原因是：

① 芯片封装设计不良（如采用 SMD 焊盘设计），封装制造过程中防湿措施存在问题。

② 芯片封装部内部存在分层隐患。

（2）形成机理

由于芯片封装侧采用 SMD 焊盘，再流焊接时定义焊盘的阻焊层就像打入了焊料中的楔子一样。由于阻焊层和焊球焊料的 CTE 不匹配，嵌入焊料中的阻焊层在沿焊盘周边形成的挤压力作用下，迫使焊盘明显上翘，如图 No. 191-6 所示。产品在正常功率作用下产生的温升形成重复循环应力作用于焊球焊料芯片侧的颈部，造成接合处疲劳而断裂。

3. 解决措施

① 应要求芯片供应商改进封装设计和制造工艺，这是解决问题的最根本途径。

② 建议芯片供方将目前采用的 SMD 焊盘改为 NSMD 焊盘，以彻底消除产生应力的根源。

No. 192　BGA/EPLD 芯片在高温老化时焊点断裂

1. 现象描述及分析

（1）现象描述

① 某 PCBA 单板在高温老化阶段测试时，由于 BGA 芯片焊接不良而导致测试失败，故障单板外观，如图 No. 192-1 所示，不良率为 0.60%~1.0%。

② 芯片封装侧的镀层为 ENIG（或 EG）Ni(P)/Au，焊球焊料为 SnAg 合金，故障现象均出现在无铅焊球+有铅焊膏的混装工艺焊点中。

图 No. 192-1　故障单板外观

③ 该 PCBA 在再流焊接时采用的再流焊接"温度-时间曲线"，如图 No. 192-2 所示，"温度-时间曲线"设计合适。

（2）现象分析

1）芯片染色试验

为判断故障样品 EPLD 芯片不良焊点的分布规律，特对其进行染色试验，如图 No. 192-3 所示。从不良焊点焊盘染色结果的分布来看，贯穿性裂缝在整个焊区中的不良焊点分布是大面积的，不只发生在某些局部区域。

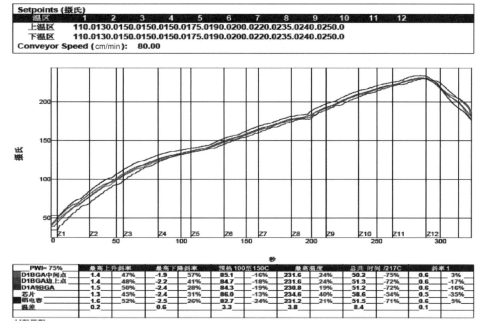

图 No. 192-2　再流焊接"温度-时间曲线"

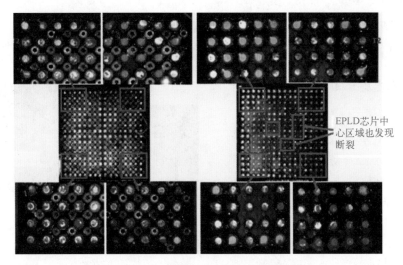

图 No. 192-3　故障样品 EPLD 芯片染色试验

2）掰开后断裂面分析

① 掰下故障 EPLD 芯片后的断裂面表面形貌照片，如图 No. 192-4 所示。从图 No. 192-4（a）中可以看到，断裂面大部发生 IMC 层上（灰色区域），也有发生在 Pb 偏析层上（白色区域），这与图 No. 192-4（b）的 SEM 分析照片相符合。

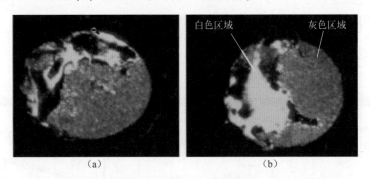

图 No. 192-4　掰下故障 EPLD 芯片后的断面表面形貌照片

② 掰开后的芯片侧的断裂焊盘表面 EDX 照片，如图 No. 192-5 所示，从图中断裂面的元素分布看，界面所生成的 IMC 层为 Ni_3Sn_4（紧挨 N 层）和（Cu,Ni）$_6Sn_5$ 两层，断裂发生在 Ni_3Sn_4 与（Cu,Ni）$_6Sn_5$ 界面的（Cu,Ni）$_6Sn_5$ 侧；从整体看，断裂面分布在 A 和 B 两个区域上，A 区域为 IMC/Ni_3Sn_4 与（Cu,Ni）$_6Sn_5$ 界面的（Cu,Ni）$_6Sn_5$ 侧，B 区域为富 Pb 区。

③ 界面层结构和断裂发生位置如图 No. 192-6 所示。

3）IMC 层厚度

对断裂面切片进行 SEM 分析，IMC 层厚度分布如图 No. 192-7 所示。由图中可知，Ni 厚度约为 7 μm；IMC 层厚度分布不均匀，贝壳形非常明显，厚度为 2～3 μm，对生成的 Ni-Sn 金属间化合物而言超厚了（正常应为 1～2 μm），这是在高温老化过程中形成的。

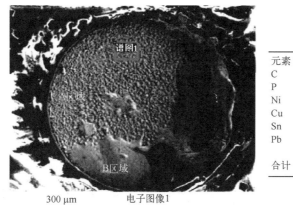

元素	wt%
C	2.61
P	0.55
Ni	7.56
Cu	17.15
Sn	57.49
Pb	14.64
合计	100.00

300 μm   电子图像1

图 No. 192-5 掰开后的芯片侧的断裂焊盘表面 EDX 照片

芯片侧C4焊盘→Ni（P）→Ni₃Sn₄→（Cu,Ni）₆Sn₅→富Pb→焊球焊料体

└─ A区域断裂界面   └─ B区域断裂界面

图 No. 192-6 界面层结构及断裂发生位置

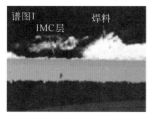
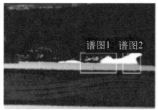

图 No. 192-7 IMC 层厚度分布

4）金相组织

故障板焊点切片 SEM 分析照片，如图 No. 192-8 所示。从图中可知，在芯片侧紧挨 IMC 层的晶粒粗化，有少量的富 Pb 相析出。

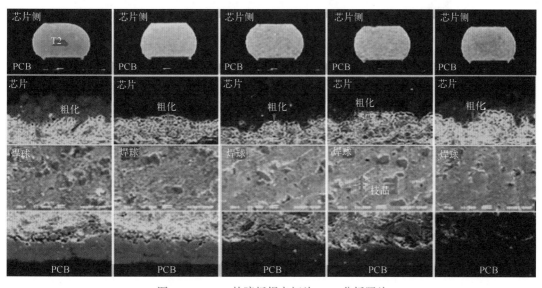

图 No. 192-8 故障板焊点切片 SEM 分析照片

5）SEM/EDX 分析

① 在芯片 T2 附近的 EDX 检测结果表明，在 T2 焊球裂缝界面上检测到 Pb 元素，如图 No.192-9 所示。

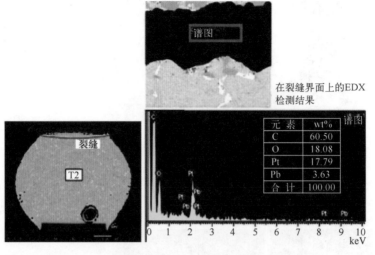

图 No.192-9　在 T2 焊球裂缝界面上检测到 Pb 元素

② 在芯片 R3 附近的 EDX 检测结果表明，在 R3 焊球本体中检测到 Pb 元素，如图 No.192-10 所示。

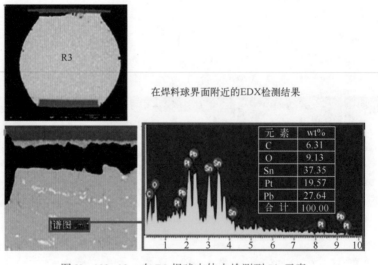

图 No.192-10　在 R3 焊球本体中检测到 Pb 元素

③ 故障芯片 R3 焊球裂缝界面的 EDX 检测结果表明，在故障芯片 R3 焊球裂缝界面上检测到 Pb 元素，如图 No.192-11 所示；裂缝沿着 Pb 的晶界蔓延。

说明：上述分析中出现的 Pt 元素是在做 SEM 试验时喷上去的，是试验时进行的预处理。

6）高温试验故障分析

① 高温试验后失效的 EPLD 芯片外观，如图 No.192-12 所示。

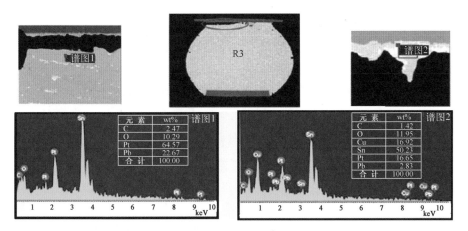

图 No. 192-11　在故障芯片 R3 焊球裂缝界面上检测到 Pb 元素

图 No. 192-12　高温试验后失效的 EPLD 芯片外观

② 高温试验后失效的 EPLD 芯片 T2 的焊点切片 SEM 分析照片（一），如图 No. 192-13 所示。从图中可知，在断裂面的上方表面 Pb 偏析现象有所加剧。

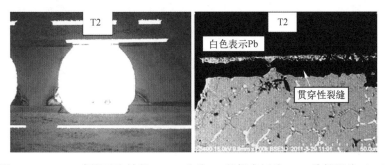

图 No. 192-13　高温后失效的 EPLD 芯片 T2 的焊点切片 SEM 分析照片（一）

③ 高温试验后失效的 EPLD 芯片 T2 的焊点切片 SEM 分析照片（二），如图 No. 192-14 所示，从图中可知，断裂面上方 Pb 元素密集。

④ 高温试验后失效的 EPLD 芯片 R2 的焊点切片 SEM 分析照片（一），如图 No. 192-15 所示，从图中明显可见，断裂是沿着富 Pb 层蔓延的。

⑤ 高温试验后失效的 EPLD 芯片 R2 的焊点切片 SEM 分析照片（二），如图 No. 192-16 所示，从图中明显可见，断裂是沿着富 Pb 层蔓延的。

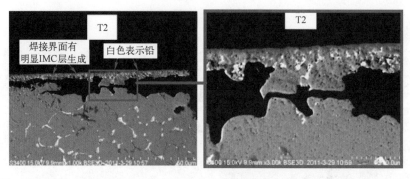

图 No.192-14　高温试验后失效的 EPLD 芯片 T2 的焊点切片 SEM 分析照片（二）

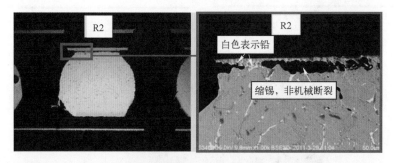

图 No.192-15　高温试验后失效 EPLD 芯片 R2 的焊点切片 SEM 分析照片（一）

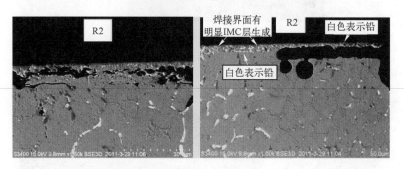

图 No.192-16　高温后失效 EPLD 芯片 R2 的焊点切片 SEM 分析照片（二）

2. 形成原因及机理

（1）形成原因

归纳上述分析，140℃高温老化试验是造成 EPLD 芯片焊点断裂的根本原因。

（2）形成机理

① IMC 层厚度超厚，厚度均匀性较差，生成了 Ni_3Sn_4 与 $(Cu,Ni)_6Sn_5$ 双层 IMC，紧挨芯片的 IMC 层附近出现晶粒粗化等现象，这些现象仅与不合适的高温环境下作用的温度大小和受热时间的长短相关。

由于循环载荷会因机械振动或温度波动的增大而增大，这两种因素都会逐渐地降低焊点互连的完整性，最后导致电气开路。

② 富 Pb 相在芯片侧 IMC 层附近的大量云集，是导致本案例故障的另一个主要因素。有学者研究了界面显微组织在裂纹生长中的影响，沿焊料与基体金属（Cu 和 Ni）界面的疲劳裂纹的生长速率与释放的应变能与老化时间有关。在高温（140℃）下老化，由于 Sn 进入金属间化合物中，故老化产生了一片紧挨着界面 IMC 层的连续的富 Pb 相区域，提供了疲劳裂纹易于扩展的途径，且疲劳裂纹扩展的阈值应变能释放率从刚再流焊接状态下的某个值，随着老化时间的增加而不断减小。

在本案例中富 Pb 相在芯片侧不断云集，其形成虽与纯有铅制程有所不同，但其驱动力却仍然与温度相关。高温老化虽不会使焊球熔化，但却能使焊球内的晶粒变粗，晶隙增大，这为尚不能与 Sn 形成固溶体的那部分 Pb，在温度的驱动下不断向芯片侧的 IMC 层附近云集提供了极为有利的机会，而且该现象随着老化温度的提高和老化时间的延长，将越来越明显和厉害。

③ 企图采用高温老化来改善具有面阵列封装的微焊球焊点的 PCBA 产品质量的手段是不妥的，它只能加速产品可靠性的蜕变速度，折损产品原有的寿命期，而且这种蜕变是不可逆的。

3. 解决措施

① 凡是带微焊球焊点的面阵列球封装芯片（μBGA 芯片和 CSP 芯片等），要尽量避免进行高温老化试验。

② 在采用有铅焊膏和无铅焊球制程时，一定要精细设计好再流焊接"温度-时间曲线"。

③ 在确保不出现冷焊的情况下，选择好再流焊接的峰值温度和时间，不可随意提高峰值温度或延长时间。

No. 193 BGA/EPLD 芯片焊点高温老化的新问题

1. 现象描述及分析

（1）现象描述

① UMTS 的某批次 PCBA 相同故障出现 13 例，均为复位后单板一直不能正常工作，插拔几次有时能正常工作，有时不能，不能正常工作的时候用手按压 EPLD 芯片即可能正常工作，故障全部集中在 EPLD 芯片上，故障样品如图 No. 193-1 所示。

② 故障单板大部分是在高温老化阶段发现的，高温后失效的 EPLD 芯片外观如图 No. 193-2 所示，不良总体情况如表 No. 193-1 所示。

图 No. 193-1 故障样品

图 No. 193-2 高温后失效的 EPLD 芯片外观

表 No. 193-1　不良总体情况

生 产 数 量	不 良 数 量	不 良 率	发现不良工位	故 障 现 象
1500	15	1%	高温老化	DSP NMI 测试项失败
1800	11	0.60%	高温老化	DSP NMI 测试项失败

（2）现象分析

① 故障均出现在无铅焊球+有铅焊膏的混装 PCBA 上，偏向 BGA 焊盘一端的焊料中。焊点断裂界面并未呈现机械断裂或疲劳断裂痕迹，断面呈光滑状熔融界面，并非应力断裂，焊点断裂界面形貌如图 No. 193-3 所示，涉及此类型失效的芯片品牌有 INTEL、BROADCOM、ALTERA、Lattice。

② 不良焊点在 PCB 侧生成的 IMC 层厚度如图 No. 193-4 所示，从图中可知，厚度达 3.32 μm，已接近再流焊接的最大允许值（4 μm），说明再流焊接"温度-时间曲线"设计可行。

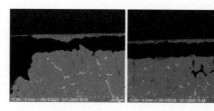

图 No. 193-3　焊点断裂界面形貌

图 No. 193-4　在 PCB 侧已生成的 IMC 层厚度

③ 再流焊接时所采用的"温度-时间曲线"，如图 No. 193-5 和图 No. 193-6 所示。两个线型的"温度-时间曲线"均符合无铅向前兼容的工艺要求。

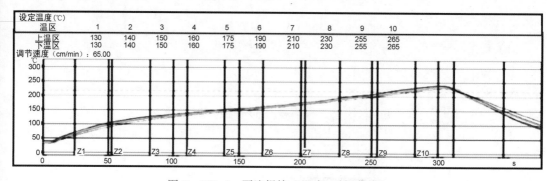

图 No. 193-5　再流焊接"温度-时间曲线"

④ 高温老化后的不良芯片焊点切片的 SEM 形貌说明，不合适的高温老化使得焊球内金相组织粗大化，如图 No. 193-7 所示。

2. 形成原因及机理

（1）形成原因

不合适的高温老化处理造成焊点材料经历了退火的再结晶过程。

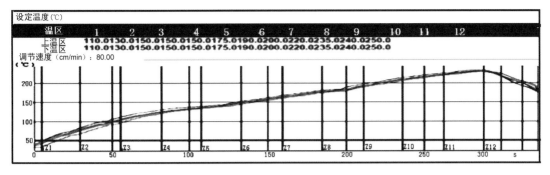

图 No.193-6 再流焊接"温度-时间曲线"（SMT-74/新 BTU-12）

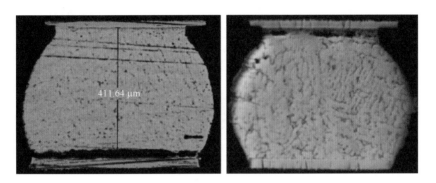

图 No.193-7 不合适的高温老化使得焊球内金相组织粗大化

（2）形成机理

当焊接后冷却时，原子结构被局部打破，在晶格中引入了错位，它妨碍晶体平面的滑动，因而增强了强度，降低了延展性。再结晶过程如图 No.193-8 所示。当温度朝图 No.193-8 中 a 点升高时，材料经历一个恢复过程，此时这些错位相结合，在原生晶格结构内部形成伪晶粒边界，于是内应力被减轻，电导率增高。在图 No.193-8 中 a 点温度上，再结晶便开始了。当再结晶时，这些伪晶粒边界完全形成晶粒边界，结果便形成新的、较小的、更均匀的晶粒。如果材料进一步处于升高温度的 b 点时，这些晶粒将吸收较小的、取向较为不良的晶粒而生长成更大的、具有更良好取向的晶粒。在此生长相中，内应力进一步消除，材料的强度降低，导致焊点最薄弱处出现断裂，延展性提高（退火的效果）。再结晶时晶粒结构的变化和生长在显微镜检查中可观察到，如图 No.193-3、图 No.193-4 及图 No.193-7 所示，这可提供该 PCBA 曾暴露于高温中一段时间的证据。

3. 解决措施

对安装有大量的球阵列封装芯片的 PCBA 和无铅有铅混装的 PCBA 产品是不能采用高温老化处理的，否则不仅不能改善其可靠性，而且还会加速其机电性能的蜕变过程，缩短产品的寿命期。

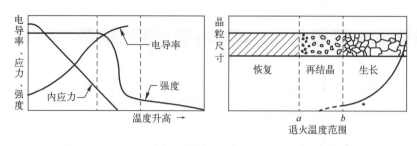

图 No. 193-8　再结晶过程

No. 194　EPLD 芯片在整机测试中焊球断路

1. 现象描述及分析

（1）现象描述

某 PCBA 生产测试筛选正常，但在整机工位电测调整中，却发现 EPLD 芯片的焊球有开路现象，其表现为插拔几次，有时能正常工作，有时不能正常工作，不能正常工作的时候按压 EPLD 芯片就能正常工作了。从上述情况看，生产测试不一定能把故障都筛选出来。

（2）现象分析

① 针对故障焊点进行 X-Ray 探测未见异常，X-Ray 探测形貌如图 No. 194-1 所示。

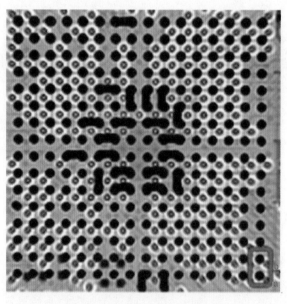

图 No. 194-1　X-Ray 探测形貌

② 针对故障焊点进行切片探测，故障焊点切片 EDM 形貌，如图 No. 194-2 所示。

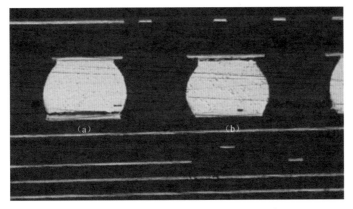

图 No. 194-2　故障焊点切片 EDM 形貌

③ 图 No. 194-2 图中焊点 a 在 PCB 侧的焊盘上断裂，对 PCB 侧 IMC 层厚度进行测量，发现偏厚，且极不均匀，焊点 a 的 IMC 层形貌如图 No. 194-3 所示。

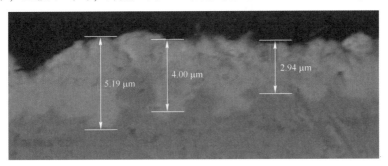

图 No. 194-3　焊点 a 的 IMC 层形貌

④ 图 No. 194-2 图中焊点 b 在芯片侧的焊盘上断裂，IMC 层厚度为 2.38~6.55 μm，偏厚且极不均匀，焊点 b 的 IMC 层形貌如图 No. 194-4 所示。

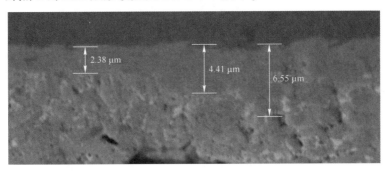

图 No. 194-4　焊点 b 的 IMC 层形貌

⑤ IMC 层普遍偏厚，怀疑芯片在加电工作中存在温升过高，散热不良问题。

⑥ 从两个焊点断口特征来看，系受到某种热应力作用的结果。

2. 形成原因及分析

（1）形成原因

① 芯片在加电状态下工作时，受到了某种热应力作用，这种热应力是由芯片工作中温

升过高、整体热膨胀系数不匹配造成的。

② IMC 层过厚，存在可靠性隐患。

（2）形成机理

整体热膨胀系数不匹配是将具有不同热膨胀系数的电子元器件与 PCB 通过表面上的焊点连接在一起造成的。由于热膨胀系数以及造成热能在有源器件内耗散的热梯度的不同，使得整体热膨胀的程度也有所不同。图 No. 194-2 中焊点 b 所受到的热应力是由于热膨胀系数不匹配所形成的，因为 FR-4 印制板的热膨胀系数约为 $14 \times 10^{-6}/℃$，而高可靠性组装选用的陶瓷元件的热膨胀系数为 $2 \times 10^{-6}/℃$。

局部热膨胀系数不匹配是由焊料和电子元器件或与其焊接的印制电路板的不同热膨胀系数所造成的。图 No. 194-2 中的焊点 a 所受到的热应力就是由于局部热膨胀系数不匹配所形成的。

脆弱的界面 IMC 层及热应力的综合作用，导致了故障的发生。

3. 解决措施

① 应强化芯片的散热处理，降低芯片体在工作过程中的温升。

② 优化再流焊"温度-时间曲线"，将 IMC 层厚度控制在 $0.5 \sim 1.0 \mu m$。

No. 195　某网络用 PCBA 在服役期间出现爬行腐蚀

1. 现象描述及分析

（1）现象描述

① 某网络用 PCBA 在东南亚服役期间，有 6 块板过孔上有黑色物质。观察 PCBA 外观，发现黑色物质都集中在绿油塞孔上，测试点上没有发现有黑色物质。如图 No. 195-1 所示。

② PCBA 上贴片电容器、电阻器端子及芯片引脚也都有不同程度的发黑现象。如图 No. 195-2所示。

图 No. 195-1　绿油塞孔上覆盖的黑色物质　　　图 No. 195-2　电容器、电阻器端子及芯片引脚发黑

（2）现象分析

① 对过孔上不同部位的黑色物质进行 SEM/EDX 分析，焊盘上的 SEM/EDX 代表照片如图 No. 195-3 所示，焊盘延伸处的 SEM/EDS 照片如图 No. 195-4 所示。

在上述焊盘和焊盘延伸处均发现 S 和 Cu 元素，并且含量均很高。

② 为了对比塞孔绿油表面有黑色物质和无黑色物质处的元素在分布上的差异，分别对

其相应表面位置进行 SEM/EDX 分析，塞孔绿油变黑和未变黑表面元素成分如表 No.195-1 所示。从表 No.195-1 显示的分析结果中可以看到，有黑色物质覆盖的绿油表面部分元素 S 和 Cu 的含量均很高（分别为 12.27wt% 和 35.18wt%），而无黑色物质覆盖的绿油位置未检测到 Cu 元素，S 元素含量也较低（1.13wt%）。

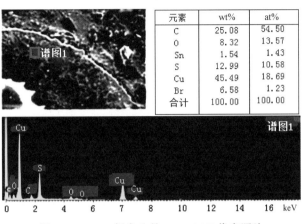

元素	wt%	at%
C	25.08	54.50
O	8.32	13.57
Sn	1.54	1.43
S	12.99	10.58
Cu	45.49	18.69
Br	6.58	1.23
合计	100.00	100.00

图 No.195-3　焊盘上的 SEM/EDX 代表照片

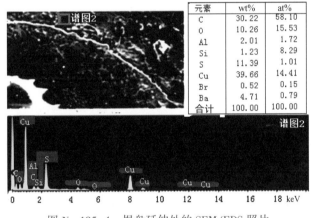

元素	wt%	at%
C	30.22	58.10
O	10.26	15.53
Al	2.01	1.72
Si	1.23	8.29
S	11.39	1.01
Cu	39.66	14.41
Br	0.52	0.15
Ba	4.71	0.79
合计	100.00	100.00

图 No.195-4　焊盘延伸处的 SEM/EDS 照片

③ 一些电容器端子表面也出现发黑现象，故取相关电容器端子表面物质进行 SEM/EDX 分析，图 No.195-5 所示为发黑电容器端子 SEM/EDX 分析照片，图 No.195-6 所示为未发黑电容器端子 SEM/EDX 分析照片。经 SEM/EDX 分析得出发黑电容器端子与未发黑电容器端子的元素成分及浓度，如表 No.195-2 所示。从图 No.195-5、图 No.195-6 和表 No.195-2 中可知，发黑电容端子上检测到 Cu 和 S 元素，而不发黑端子上则未检测到 Cu 和 S 元素。

2. 形成原因及机理

（1）形成原因

从上述 SEM/EDX 分析可以确定这些黑色物质是硫化铜，是 PCBA 上的 Cu 在 S 元素的作用下，发生的爬行腐蚀的产物。

图 No.195-5　发黑电容器端子 SEM/EDX 分析照片　　图 No.195-6　未发黑电容器端子 SEM/EDX 分析照片

表 No.195-1　塞孔绿油变黑和未变黑表面元素成分

位置	塞孔绿油变黑			塞孔绿油未变黑		
名称	元素	wt%	at%	元素	wt%	at%
成分	C	29.12	57.5	C	54.03	63.16
	O	11.14	16.5	O	40.13	35.23
	Si	2.29	1.93	Si	1.27	0.64
	S	12.27	9.07	S	1.13	0.5
	Cu	35.18	13.13	Cl	0.22	0.09
	Br	1.14	0.34	Ca	0.22	0.08
	Ba	8.86	1.53	Ba	3	0.30

表 No.195-2　发黑电容器端子与未发黑电容器端子的元素成分及浓度

位置	Spectrum 8			Spectrum 9		
名称	元素	wt%	at%	元素	wt%	at%
成分	C	17.55	47.87	C	11.86	42.14
	OK	16.41	33.59	N	1.27	3.86
	Al	0.71	0.87	O	10.82	28.87
	Si	0.84	0.97	As	-0.29	-0.17
	S	1.81	1.85	Sn	62.38	22.43
	Cu	2.26	1.16	Pb	13.96	2.87
	Sn	35.02	9.66			
	Pb	25.40	4.03			

（2）形成机理

发黑的电容器端子的 Cu 原子应该是从端子中扩散而来的，而过孔及焊环均被绿油覆盖了，Cu 元子从何而来？在上述的对黑色物质的 SEM/EDX 分析中，发现过孔焊环和焊环周围绿油临界处均存在裂缝，它正好提供了硫的爬行腐蚀产物（黑色物质）中 Cu 原子的来源。那么 PTH 焊环绿油表面发黑部分上的 Cu 原子是从何而来的呢？因此有必要对塞孔表面有黑色物质的部分进行切片，以查清 Cu 原子的来源。塞孔横切面的切片图像如图 No.195-7 所示，绿油层裂缝中爬行腐蚀产物中 Cu 原子的来源如图 No.195-8 所示。

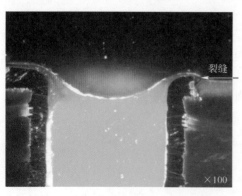

图 No.195-7　塞孔横切面的切片图像

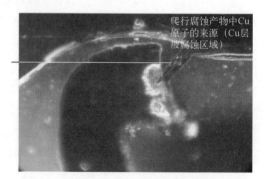

图 No.195-8　绿油层裂缝中爬行腐蚀产物中 Cu 原子的来源

从图 No.195-7 中可以看到，PTH 绿油塞孔焊环边缘表面的绿油出现了裂缝，使得焊环边缘 Cu 外露。图 No.195-8 是对 PTH 绿油塞孔焊环边缘表面的绿油裂缝的局部放大图，从图中可以清楚地看到，正对绿油裂缝底部的 Cu 被腐蚀了一个小圆洞，这部分的 Cu 正好为 S 的爬行腐蚀提供了 Cu 原子的供应源，由于 S 和 Cu 发生了爬行腐蚀，导致裂缝外表面局部出现黑色覆盖物。

3. 解决措施

① 加强对机房工作环境的净化。

② PCB 制造商要确保产品要求的清洁度。

③ PCBA 上元器件焊端和焊盘应避免露 Cu。

④ 对 PCBA 采取三防涂覆保护。

No.196　P3 模块失锁故障

1. 现象描述及分析

（1）现象描述

P3 模块出现失锁故障，怀疑是由 PCBA 上 8129 和 BGA2 两个芯片虚焊引起的，具体检测以下。

- 样品 1#：P3 失效模块 PCBA，该 PCBA 上芯片有虚焊，如图 No.196-1 所示；
- 样品 2#：未经维修焊接的良品芯片的外观，如图 No.196-2 所示。

图 No.196-1　样品 1#：P3 失效模块 PCBA

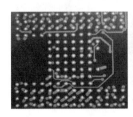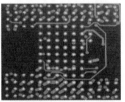

图 No.196-2　样品 2#：未经维修焊接的良品芯片的外观

（2）切片分析（200X）

① 样品 1#切片分析：样品 1#芯片 8129 焊球的金相切片形貌，如图 No.196-3 所示。从图中 8 个焊球的金相切片形貌看，几乎所有焊球内焊料晶粒都粗化，IMC 层几乎不可辨识，表明该芯片在再流焊接时冶金过程进行不充分。

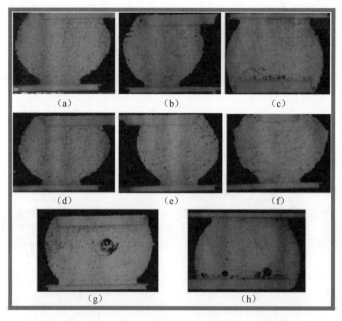

图 No. 196-3　样品 1#芯片 8129 焊球的金相切片形貌

② 样品 2#切片分析：样品 2#芯片 BGA2 焊球的金相切片形貌，如图 No. 196-4 所示。从图中 8 个焊球的金相切片形貌来看，虽然也有少量焊球局部存在晶粒粗化现象，但与芯片 8129 的焊球相比要轻微多了。

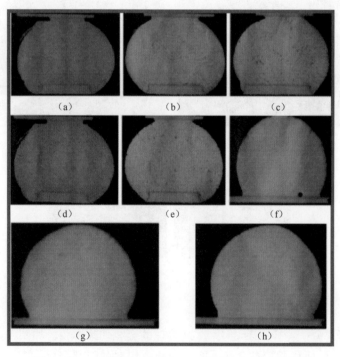

图 No. 196-4　样品 2#芯片 BGA2 焊球的金相切片形貌

2. 形成原因及机理

造成 P3 模块失锁的原因是，样品 1#的 8129 芯片在再流焊接中焊接热量供给不足，焊球尚未完全熔化；IMC 层不可辨识，说明再流焊接的冶金过程并未发生，出现了典型的冷焊现象。

3. 解决措施

必须重新设计和优化再流焊接的"温度-时间曲线"，提高再流焊接的峰值温度，延长焊接时间，确保芯片在焊接中能获得完成冶金反应所必需的热量。

No. 197　某产品的 PCBA 在服役期间发生电化学迁移

1. 现象描述及分析

（1）现象描述

① 该 PCBA 生产采用免清洗的再流焊接工艺，如图 No. 197-1 所示。

图 No. 197-1　该 PCBA 采用免清洗的再流焊接工艺

② 发生电化学迁移的 PCBA 外观，如图 No. 197-2 所示。

③ 进一步观察还发现，该 PCBA 因吸湿和被污染，元器件周围起泡分层，如图 No. 197-3 所示。

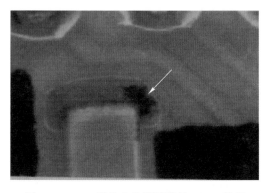

图 No. 197-2　发生电化学迁移的 PCBA 外观

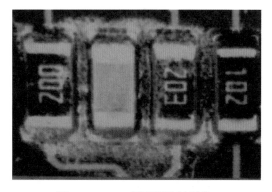

图 No. 197-3　因吸湿和被污染，元器件周围起泡分层

（2）现象分析

为了进一步判断失效的原因是否与免清洗工艺有关，比较免清洗工艺与清洗工艺在某些特性上的差异，特取一块 PCBA 进行清洗，然后对比如下。

- 外观：清洗后 PCBA 样品表面形貌比较光亮，而免清洗 PCBA 样品由于受焊后残留物的污染，表面色泽比较深暗，清洗与免清洗样品图像反差很大，如图 No. 197-4 所示。

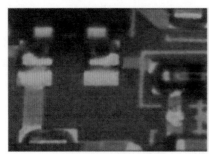

（a）清洗后的PCBA样品　　　　　　　　（b）免清洗的PCBA样品

图 No. 197-4　清洗与免清洗样品图像反差很大

- ICT 测量结果：清洗后的 PCBA 上由于没有污染物测量缺陷率明显减少，如图 No. 197-5 所示。

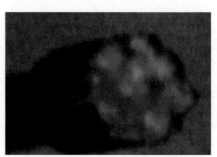

（a）清洗后的PCBA表面ICT测试点的形貌　　　（b）免清洗PCBA表面ICT测试点的形貌

图 No. 197-5　清洗后的 PCBA 上由于没有污染物测量缺陷率明显减少

2. 形成原因及机理

（1）形成原因

由上述分析可知，本案例形成的缺陷是由免清洗焊装工艺造成的。

（2）形成机理

① 据有关资料统计，免清洗工艺虽已成功地应用了十多年，然而在一些敷形涂层组件上，由于采用该工艺，漏电流以及其他 PCBA 的可靠性问题持续上升。

② 焊接工艺主要目的是用于建立焊点，形成可靠的机械与电气的连接。采用清洗焊装工艺，可通过与高活性焊膏或助焊剂组合，实现工艺更大的灵活性，扩大了焊接工艺窗口，缩短了再流焊接工艺周期，改善了工艺变化的容差范围。

③ 免清洗焊装工艺的推广应用基于一种封包理论，即免清洗焊装工艺能理想地封包所有的污染物与残余物，使它们不再造成腐蚀和漏电流。

④ 对有关免清洗封包理论的长期特性研究显示，这些封包膜层的完整性很容易被改变，它主要取决于焊接工艺封包的质量，实际区域温度的高低变化。实现焊膏性能的全部优点，一个基本的条件是需要正确的焊接"温度-时间曲线"，以确保有机活性剂完全封包焊点。免清洗的封包理论如图 No. 197-6 所示。

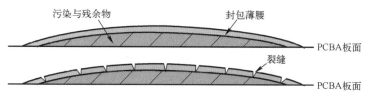

图 No.197-6　免清洗的封包理论

⑤ 尽管助焊剂残余物在理论上能建立电子级的清洁度，然而，实际结果经常比预先期望的会产生更多的问题。例如，再流焊接工艺曲线的优化，通常不能实现与有机活性剂完全封包的一致目标。

⑥ 有些助焊剂经过简单的氧化反应也会变脆，所以它只能在一定时间内具有保护作用。

⑦ 在清洗焊装工艺与免清洗焊装工艺中，包括焊后的敷形涂覆工艺，表面的免清洗残余物可影响交联作用，造成敷形保护膜涂层黏附性劣化。

⑧ 来自组件与元器件内部增加的放气会影响涂覆层或底部材料的黏附性能的长期有效性，清洗焊装工艺能很好地完成对这些非生产性沉积物的清除。

3. 解决措施

在有可靠性要求的高端产品中，应尽量实施清洗焊装工艺。

No.198　某公司 PCBA 服役几年后发现 CSP 芯片出现故障

1. 现象描述及分析

（1）现象描述

① 某产品在服役几年后出现了故障，经分析判断确认是其上的 CSP 芯片出现了故障。

② 该 CSP 芯片是通过再流焊接安装在表面涂覆 ENiG Ni(P)/Au 的 PCB 上的。

（2）现象分析

① 经过切片分析并未发现焊点有焊接问题。

② 但将其他故障产品上未解剖过的同一块 CSP 芯片拆下重新焊接后，产品故障消失。

③ 此类芯片在该公司产品中应用较多，以前焊接这类 CSP 芯片未发现过失效情况。

2. 形成原因及机理

（1）形成原因

通过上述有限的现象描述及分析可以推测，在 ENIG Ni(P)/Au 工艺中，Au 涂层厚度有所变化（稍有增厚），从而导致了慢变的 Au 脆现象，本案例中的故障就是由该现象引起的。

（2）形成机理

① 在焊接过程中，Au 薄膜溶解到焊料中，在凝固时在焊料和基板界面仅有一层薄的 Ni_3Sn_4，焊料中 $AuSn_4$ 呈颗粒状析出并均匀地分布在焊料中。CSP 芯片在组装焊接中，因焊点中 Au 的浓度<1.0wt%，因此，这些焊点通常不会变脆，刚再流焊接完样品焊点内的金相微组织结构形貌如图 No.198-1 所示。

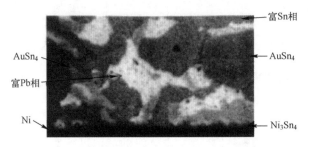

图 No. 198-1　刚再流焊接完样品焊点内的金相微组织结构形貌

② 产品在较长的服役期间，在芯片本身的工作温升和环境温度的叠加作用下，在 Ni_3Sn_4 层上面生成了一层化合物（$AuSn_4$），$AuSn_4$ 从焊料内部向焊料和基板的界面迁移。由于 $AuSn_4$ 化合物中的 Au 和 Sn 的比为 1:4，所以即使很少量的 Au 也会产生较厚的 $AuSn_4$ 层。失效芯片焊点的 SEM 形貌如图 No. 198-2 所示。

③ 产品经过较长的服役期（相当于工作温度下老化）后，主裂纹在 $AuSn_4$ 化合物和 Ni_3Sn_4 间扩展，裂纹穿过 Ni_3Sn_4 化合物层到达 Ni-P 区。图 No. 198-3 所示为 CSP 芯片侧焊盘的 SEM 形貌图，亮区为 $AuSn_4$，暗区为 Ni_3Sn_4；图 No. 198-4 所示为 PCB 侧断裂表面的 SEM 形貌图，亮区为 Ni_3Sn_4，暗区为 Ni-P。

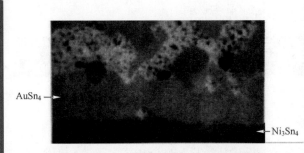

图 No. 198-2　失效芯片焊点的 SEM 形貌

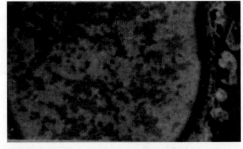

图 No. 198-3　CSP 芯片侧焊盘的 SEM 形貌图

④ 经过某一服役期，老化后 PBGA 焊点的脆性断裂是一种新的界面分层断裂，而不是焊料的脆性断裂，其断裂位置示意图，如图 No. 198-5 所示。

⑤ 对失效芯片重焊一次后，失效现象消除，其机理是，重焊所添加的新焊料稀释了原焊点焊料内的 Au 元素的浓度，故抑制了 Au 脆现象的发生。

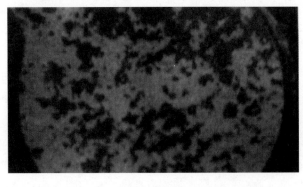

图 No. 198-4　PCB 侧断裂表面的 SEM 形貌图

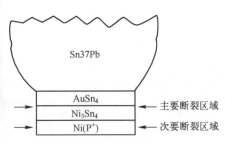

图 No. 198-5　断裂位置示意图

3. 解决措施

① PCB 制造商应优化 ENIG Ni(P)/Au 工艺，控制 Au 层厚度，绝不可超厚。

② 适当优化再流焊接"温度–时间曲线"。

No. 199　某所 PCBA 在服役期间 PBGA 芯片出现故障

1. 现象描述及分析

（1）现象描述

① PCBA 上有一块芯片在外场服役期间，运行 2 年左右出现故障，失效样品外观，如图 No. 199-1 所示。

② 将其他故障产品的 PCBA 上未进行剖切的同一块芯片拆下重新焊接后，产品故障消失，运行正常。

③ PBGA 焊球材料为有铅 Sn37Pb，PCB 焊盘涂层为 HASL Sn37Pb。

图 No. 199-1　失效样品外观

（2）现象分析

1）X-Ray 检测

X-Ray 检测发现焊点内部虽有多个小空洞，但均在合格范围内，未发现开裂等异常现象，焊点内空洞分布如图 No. 199-2 所示。

2）声学扫描

声学扫描未发现明显异常，声学扫描照片如图 No. 199-3 所示。

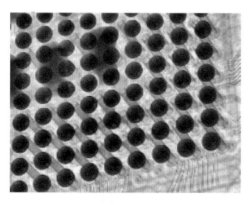

图 No. 199-2　焊点内空洞分布

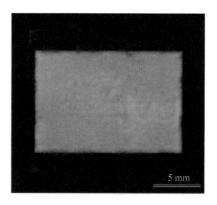

图 No. 199-3　声学扫描照片

3）内层导线及 PTH 金相切片

对相关 PCB 导线及 PTH 进行切片均未发现导线和孔壁有断裂和微裂纹等异常现象，内层导线及 PTH 金相切片图如图 No. 199-4 所示。

4）金相切片和 SEM 检查

① 金相切片矩阵图，如图 No. 199-5 所示。

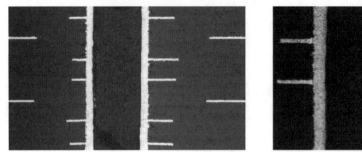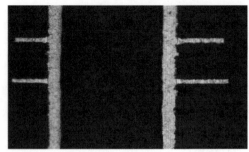

图 No. 199-4　内层导线及 PTH 金相切片图

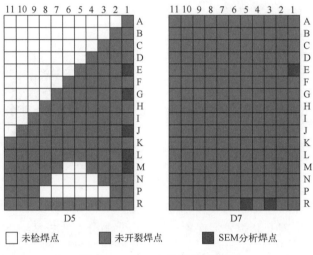

D5　　　　　　　　　　D7

□ 未检焊点　　■ 未开裂焊点　　■ SEM分析焊点

图 No. 199-5　金相切片矩阵图

② 根据金相切片矩阵，分别对(D5,E1)、(D5,G1)、(D5,L1)、(D5,J1)、(D5,M1)、(D7,A3)、(D7,E1)、(D7,R3)、(D7,R5)等代表性的焊点进行金相切片，其形貌分别如图 No. 199-6~图 No. 199-14 所示。

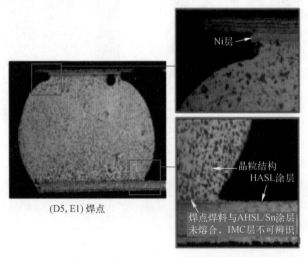

(D5,E1) 焊点

图 No. 199-6　(D5,E1) 焊点形貌

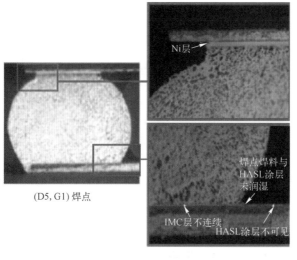

图 No. 199-7 （D5,G1）焊点形貌

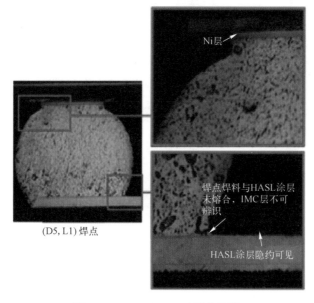

图 No. 199-8 （D5,L1）焊点形貌

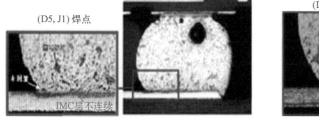

图 No. 199-9 （D5,J1）焊点形貌

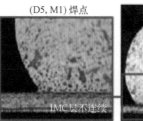

图 No. 199-10 （D5,M1）焊点形貌

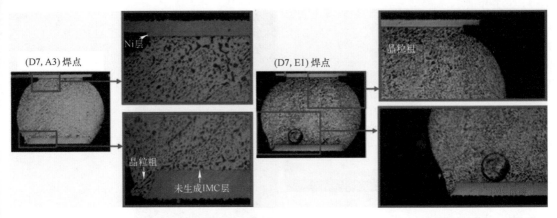

图 No. 199-11　（D7,A3）焊点形貌　　　　图 No. 199-12　（D7,E1）焊点形貌

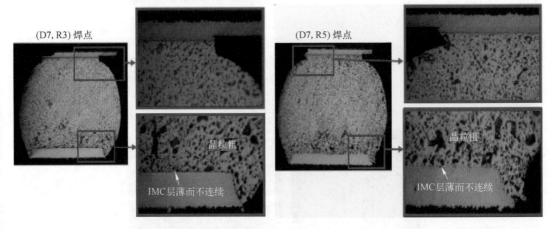

图 No. 199-13　（D7,R3）焊点形貌　　　　图 No. 199-14　（D7,R5）焊点形貌

③ SEM 图像分析。

- 图 No. 199-6 所示（D5,E1）焊点：焊点焊料与 HASL 涂层未充分熔合，IMC 层难辨，晶粒疏松，再流热量供给不充分；

- 图 No. 199-7 所示（D5,G1）焊点：焊点焊料与 HASL 涂层未润湿，HASL 涂层不可见，IMC 层不连续；

- 图 No. 199-8 所示（D5,L1）焊点：未生成 IMC 层，虚焊；

- 图 No. 199-9 所示（D5,J1）焊点：接合界面不润湿，IMC 层不连续，晶粒粗大，焊接热量供给不足；

- 图 No. 199-10 所示（D5,M1）焊点：IMC 层不连续，局部虚焊；

- 图 No. 199-11 所示（D7,A3）焊点：焊点焊料与 HASL 涂层未充分熔合，IMC 层难辨，晶粒疏松，再流热量供给不充分；

- 图 No. 199-12 所示（D7,E1）焊点：焊点焊料与 HASL 涂层未润湿，HASL 涂层不可见，IMC 层不连续；

- 图 No. 199-13 所示（D7,R3）焊点：IMC 层薄而不连续，晶粒粗，虚焊，焊接热量供给不足；

- 图 No. 199-14 所示(D7,R5)焊点：IMC 层薄而不连续，晶粒粗，虚焊，焊接热量供给不足。

2. 形成原因及机理

（1）形成原因

① 能造成批次性大面积虚焊，最大可能是某个环节工艺方案失误或批次性存在某个关键工艺参数不合格，本案例属于批次性质量问题，主要是 PCB 表面可焊性保护涂层不合适造成的。

② 再流焊接热量供给不充分，焊球焊料未能充分熔融，导致焊接的冶金过程进行得不完善。

（2）形成机理

针对间距<1.0 mm 的 PBGA，在再流焊接时采用 HASL 工艺是不合适的。因为，要在 PBGA 小焊点的焊盘上获得理想的再流焊接所需要 HASL 涂层厚度，几乎是不可能的。在 HASL 工艺的高温下形成的极薄的焊料层，再加上在该焊料层表面所形成的致密的 SnO 的纯态膜的阻隔下，在再流焊接时，采用 HASL 工艺形成的焊料层根本无法实现与焊点内其他焊料进行元素交换以完成冶金过程而形成 IMC 层的工作，这样一来虚焊现象是避免不了的。

用于普通非细间距芯片贴片，HASL-Sn37Pb 涂覆层既不能过厚，也不能过薄，过薄由于 Sn 含量不足，易形成不可焊的 Cu_4Sn_3 界面化合物，即使形成了可焊性好的 Cu_2Sn_3 和 Cu_6Sn_5，但老化后也极易转化成不可焊的 Cu_3Sn，焊点的焊接质量将进一步恶化。因此，对表面安装的 PCB，连接焊盘的涂覆层厚度应控制在 3~5 μm。

（3）解释

下面解释一下"将其他故障产品的 PCBA 上未进行剖切的同一块芯片拆下重新焊接后，产品故障消失，运行正常"的机理，简称故障消失机理，如图 No. 199-15 所示。

在 HASL 工艺的高温、高气流热风刀和高活性助焊剂作用下，在 PBGA 细小焊盘上会产生一层极薄的焊料层，并在其表面立即覆盖上一层薄而致密的 SnO 纯态膜，有效地阻断了 HASL 涂层与其外部的液态焊料之间的元素交换。在焊接和服役期间生成 CuSn 化合物的冶金反应就只能在纯态膜所覆盖的薄层内的 Sn 与焊盘 Cu 之间进行。由于在服役期间的常温下冶金反应速度是非常缓慢的（它决定了微焊点的寿命期），HASL 薄层内的 Sn 消耗完也得几年。在焊盘 Cu 原子向 Sn 中扩散生成 CuSn 化合物时，消耗了 Cu，就在 Cu 的原位留下一空穴。待 Sn 消耗完后，便在 CuSn 化合物底部留下了一个空穴层而导致焊点失效。

在将其他故障产品的 PCBA 上未进行剖切的同一块芯片拆下重新焊接的过程中，完全破坏了原来的界面层，重新裸露了的焊盘 Cu 表面便具备很好的可焊性，从而形成新的可靠性良好的焊点。

3. 解决措施

① 优化 HASL 涂层厚度费时费事，而且质量不稳定，建议用 OSP 工艺替代 HASL 工艺。

② 优化再流焊接"温度-时间曲线"。

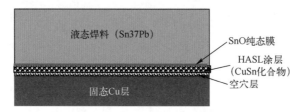

图 No. 199-15　故障消失机理

No. 200　多余物对现代微电子设备工作可靠性的危害

1. 现象描述及分析

（1）现象描述

在现代微电子设备（特别是微波电路）组装过程中会产生多余物，如灰尘、助焊剂残留物或焊渣、手汗迹、唾液细沫等，不同多余物成分的组合具有不同的电性能和热性能，它们对电路工作的稳定性和可靠性是极为有害的。

（2）现象分析

① 多余物不论是物理性的还是化学性的，它们均是通过介电常数 ε、介质损耗角正切值 $\tan\delta$ 来影响射频（RF）电路参数的变化的。

② 介电常数（电容率）ε：表示电容器（两极板间）在有电介质时的电容与在真空状态（无电介质）下的电容的增长倍数。真空中的 ε 最小（$\varepsilon=8.86\times10^{-4}$），空气中 $\varepsilon=1$。

③ 介质损耗角正切值 $\tan\delta$：指电介质在外施电压下发热所消耗的电能，该损耗由电介质中存在水分或其他杂质（碳粒、氧化的金属元素、酸、碱、盐等）产生。介质损耗的大小，可用介质损耗角正切值 $\tan\delta$（介质损耗角 δ）或介质损耗功率 P 来表征。

电路组装中形成的多余物，就是通过 ε 和 $\tan\delta$ 这两个参数，对组装后的 RF 电路的电性能和工作稳定性构成影响的。

2. 形成原因及机理

（1）形成原因

① 焊接中助焊剂残留物等。

② 装焊中人员的一些不文明行为。

（2）形成机理

① 灰尘：灰尘成分很复杂，主要成分为无机盐类，如 Al_2O_3（尘土）等，它们覆盖在 PCB 上，图 No. 200-1 所示为表面被灰尘覆盖的 PCB。灰尘本身就是一种带离子性的极性物质，是产生 RF 电路噪声的主要原因，尤其是在微波情况下工作，由于其频率极高，极化现象更为严重，因而形成的电磁噪声对电磁信号的干扰也将更严重。由于极性离子在快速换向中要消耗不少电磁能，使得微波传输效率明显降低。国外文献报道，在大功率密度的微电子产品中，统计分析表明，产品失效案例中有 6% 的失效案例由尘埃造成。

② 电磁波在助焊剂残留物或焊渣介质中的传输：在空气介质中，$\varepsilon_0\approx1$；$\mu_0=1$，故电

磁能在传输线上传输时，不会产生传输延时现象。但当微波传输线被助焊剂残留物和焊渣等介质所覆盖和包裹时，由于寄生耦合是通过电磁场来实现的，同样一个微波频率为 f 的电磁波，其传输速度在真空或干燥的空气介质中为 $3\times10^{10}\,\mathrm{cm/s}$（光速）；而在介电常数为 ε_n 的介质中的传输速度比真空或干燥的空气介质中要慢了 $\sqrt{\varepsilon_n}$ 倍，出现了明显的传输延迟现象。电磁能在助焊剂残留物或焊渣介质中的传输如图 No. 200-2 所示，微波电磁能的传输方式如图 No. 200-3 所示。

图 No. 200-1　表面被灰尘覆盖的 PCB　　　图 No. 200-2　电磁能在助焊剂残留物或焊渣介质中的传输

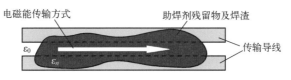

图 No. 200-3　微波电磁的传输方式

③ 手汗迹、唾液细沫对 RF 产品的影响：手汗迹和唾液细沫的影响，是通过在 RF 产品组装过程中人手的触摸和操作者说话时从嘴里飞溅出来的细小的唾液泡沫黏附在 RF 组件的镀 Ag 表面而产生的。手汗迹和唾液中均含有多种有机酸和无机酸成分，汗液中还含有大量的无机盐类，它们均可能对 RF 产品中的金属构件形成腐蚀。特别是在微波极高频率下工作的产品，对手汗迹及唾液中的化学活性成分具有更好的激活作用，使其腐蚀性更强。

④ 助焊剂（特别是 HASL 工艺所用的助焊剂）液体成分中的聚乙二醇会扩散进入环氧基板，这个过程发生在 PWB 基板在玻璃转化温度以上。聚乙二醇增加了基板的吸湿性，使基板性能下降。国外有资料介绍，在助焊剂和熔融液体中使用的聚乙二醇提高了 CAF 形成的敏感性，也有文献介绍了在一定批量生产现场中的失效案例，这种失效源于在生产过程中使用了含聚乙二醇的 HASL 清洗液体，该液体也含有氢溴酸，扩散进入溴化的环氧基板，导致基板中溴化物浓度提高，这两种组成物通过增加吸湿性，提供进行电化学反应的合适阴离子，增强了组件对 CAF 的敏感性。

⑤ 在焊接过程中，聚乙二醇扩散进入 PWB 基板的扩散速率与温度相关，基板处于玻璃转化温度以上的时间将影响环氧基板对聚乙二醇的吸入量，从而影响电特性。焊接温度越高，CAF 的形成物越多，这是环氧基板和玻璃纤维热膨胀系数不同而导致的结果。

⑥ 助焊剂残留物和 RF 信号的完整性：现代无线电通信设备，如智能手机等都需要低损耗的 RF 信号传播，助焊剂残余物对 RF 信号传播的影响是最令人关注的。国外有学者利用 5～10 GHz 之间的 T 型谐振器测试板的电路尺寸，针对使用几种免清洗焊膏的该电路数据，设计了一种有限元模型，利用实验数据和模型计算助焊剂残留物的介电常数，给出了有/无助焊剂情况下介质损耗的差异，图 No. 200-4 所示显示了去除焊膏残留物后和不去除

焊膏残留物的介质损耗的差异。

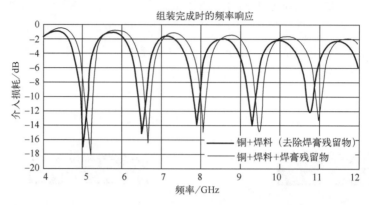

图 No. 200-4　去除焊膏残留物后和不去除焊膏残留物的介质损耗的差异

3. 解决措施

① 对助焊剂残留物要执行清洗工艺。

② 严格执行对装焊现场和操作人员的 7S 管理。

No. 201　电子组件敷形涂覆层的常见缺陷

1. 现象描述及分析

（1）现象描述

① 电子组件敷形涂覆层亦称电子组件的三防涂覆层。敷形涂覆层应该透明，颜色和密度一致性好，且均匀覆盖 PCBA 和元器件，理想的敷形涂覆层如图 No. 201-1 所示。

② 敷形涂覆层应无附着力损失；无空洞或起泡现象；无半润湿、粉点、剥落、皱纹（不黏结区）、破裂、裂纹、鱼眼或橘皮现象；无埋入或卷入的外来物；不变色或降低透明度；完全固化，分布均匀。

（2）现象分析

敷形涂覆层常见的缺陷分析如下。

① 附着缺失：有局部未涂覆上，如图 No. 201-2 所示。

② 剥落：局部被保护区域的涂覆层有剥落现象，如图 No. 201-3 所示。

图 No. 201-1　理想的敷形涂覆层

③ 涂层未固化呈黏性，如图 No. 201-4 所示。

④ 裂纹：涂覆层出现裂纹，如图 No. 201-5 所示。

图 No. 201-2　附着缺失

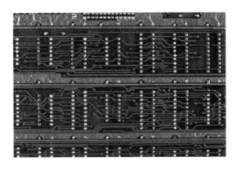

图 No. 201-3　剥落

图 No. 201-4　涂层未固化呈黏性

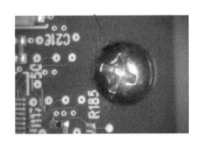

图 No. 201-5　裂纹

⑤ 鱼眼现象：敷形涂层对被保护面不润湿，聚集成颗粒状，如图 No. 201-6 所示。

⑥ 橘皮现象：涂层在被保护面上铺展性不良，厚薄不均匀，如图 No. 201-7 所示。

图 No. 201-6　鱼眼现象

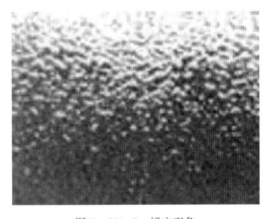

图 No. 201-7　橘皮现象

⑦ 敷形涂覆厚度必须满足表 No. 201-1 的规定要求，涂覆层应具备的涂覆形貌如图 No. 201-8 所示。

图 No. 201-8　涂覆层应具备的涂覆形貌

表 No. 201-1　涂覆厚度

AR 型	丙烯酸树脂	0.03~0.013 mm　[0.00118~0.00512 in]
ER 型	环氧树脂	0.03~0.013 mm　[0.00118~0.00512 in]
UR 型	聚氨酯树脂	0.03~0.013 mm　[0.00118~0.00512 in]
SR 型	硅树脂	0.05~0.21 mm　[0.00197~0.00827 in]
XY 型	对二甲苯树脂	0.01~0.05 mm　[0.00039~0.00197 in]

2. 形成原因及机理

① 造成附着缺失和剥落等缺陷现象的原因是被保护面被污染，丧失了对涂覆料的亲和力。

② 影响涂层未固化呈黏性的原因是：固化温度和时间不足，或者是涂覆料变质。

③ 出现裂纹与应力有关。

④ 出现鱼眼和橘皮现象的原因是：涂覆料黏度增大或变质。

⑤ 涂层厚度与涂覆工艺方法相关，工艺过程控制不良会造成该缺陷。

3. 解决措施

① 涂覆前应对被保护面用溶剂彻底清洗干净。

② 加强对涂覆料来源的质量监控和验收，以及库房储存状况的管理。

参考文献

[1] 樊融融. 现代电子装联无铅焊接技术. 北京：电子工业出版社，2008.
[2] 樊融融. 现代电子装联波峰焊接技术基础. 北京：电子工业出版社，2009.
[3] 樊融融. 现代电子装联再流焊接技术. 北京：电子工业出版社，2009.
[4] 樊融融. 现代电子装联工艺过程控制. 北京：电子工业出版社，2010.
[5] 樊融融. 现代电子装联工艺可靠性. 北京：电子工业出版社，2012.
[6] 樊融融. 现代电子装联工艺缺陷及典型故障100例. 北京：电子工业出版社，2012.
[7] 樊融融. 现代电子装联工程应用1100问. 北京：电子工业出版社，2013.
[8] 樊融融. 现代电子装联工艺装备概论. 北京：电子工业出版社，2015.
[9] 樊融融. 现代电子装联工艺规范及标准体系. 北京：电子工业出版社，2015.
[10] 樊融融. 现代电子装联高密度安装及微焊接技术. 北京：电子工业出版社，2015.
[11] 樊融融. 现代电子装联焊接技术基础及其应用. 北京：电子工业出版社，2016.
[12] 长谷川. 正行 マイクロソルダリング不良解析. 日刊工業新聞社，2008.
[13] 河合一男. カラ-写真で見る 鉛フリーはんだ付けトラブル対策事例集. 日刊工業新聞社，2015.
[14] 吉田弘之. 電子機器設計者が知りたい電子部品の故障原因とその対策. 日刊工業新聞社，2003.
[15] 日本溶接協会マイクロソルダリング教育委員会. 標準マイクロソルダリング技術. 日刊工業新聞社 2012.
[16] 長谷川堅一. 電子回路基板の品质信赖性解析. 社団法人日本電子回路工業会，2008.
[17] 諸貫信行. 微細構造から考える表面機能. 工業調査会，2010.
[18] 藤井哲雄. 目で見てわかる金属材料の腐食対策. 日刊工業新聞社，2009.
[19] 石塚勝，図解入門. よくわかる電子機器の熱設計. 秀和三ステム，2009.
[20] 田中和明，図解入門. よくわかる 最新金属の基本と仕組み. 秀和三ステム，2009.
[21] IPC-7095 BGAs设计和组装过程的实施.
[22] IPC/EIA J-STD-001电气、电子组件焊接技术要求.
[23] IPC-A-610电子组装件的验收条件.
[24] P. L. 马丁，主编. 电子故障分析手册. 张伦，等译. 北京：科学出版社，2005.
[25] 罗道军. 绿色电子组装技术与案例研究. 赛宝分析中心内部资料.
[26] IPC-7095 BGAs设计和组装过程的实施.

反侵权盗版声明

电子工业出版社依法对本作品享有专有出版权。任何未经权利人书面许可，复制、销售或通过信息网络传播本作品的行为；歪曲、篡改、剽窃本作品的行为，均违反《中华人民共和国著作权法》，其行为人应承担相应的民事责任和行政责任，构成犯罪的，将被依法追究刑事责任。

为了维护市场秩序，保护权利人的合法权益，本社将依法查处和打击侵权盗版的单位和个人。欢迎社会各界人士积极举报侵权盗版行为，本社将奖励举报有功人员，并保证举报人的信息不被泄露。

举报电话：(010) 88254396；(010) 88258888

传　　真：(010) 88254397

E-mail：dbqq@ phei. com. cn

通信地址：北京市海淀区万寿路 173 信箱
　　　　　电子工业出版社总编办公室

邮　　编：100036